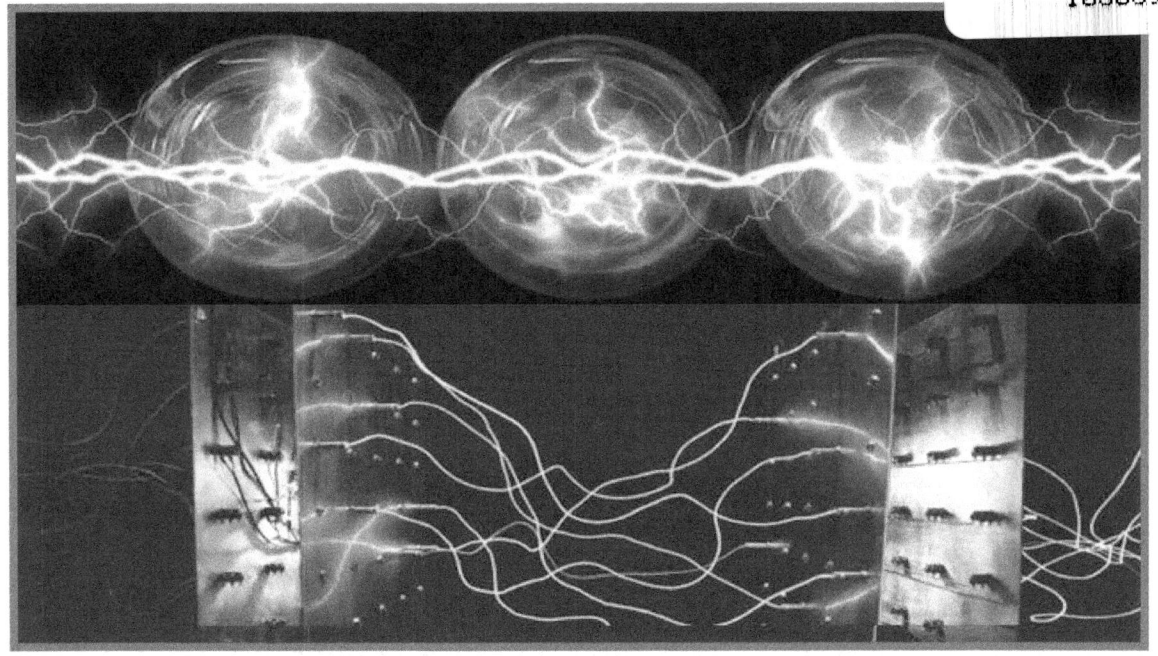

FÍSICA

MARÍA ÁNGELES GALINDO BELLO

FÍSICA

Con Actividades Prácticas y Recreativas

Tomo II

5to Año de Educación Media General

INDICE

PRÓLOGO 7

UNIDAD DE NIVELACIÓN 8

    RADICACIÓN EN R 9

    TRIGONOMETRÍA 16

    TEOREMA DE PITÁGORAS 17

    ACTIVIDADES 22

ELECTROSTÁTICA 28

    INTRODUCCIÓN 31

    INTERACCIONES ENTRE CUERPOS ELECTRIZADOS 32

    CONDUCTORES Y AISLADORES 34

    DETECCIÓN DE CARGAS: Electroscopio 35

    INDUCCIÓN ELECTROSTÁTICA. 37

    CARGA DE UN ELECTROSCOPIO POR INDUCCIÓN 38

    LEY DE COULOMB 39

    PROBLEMAS RESUELTOS DE APLICACIÓN DE LA LEY DE COULOMB 41

    ACTIVIDADES PRÁCTICAS 62

CAMPO ELÉCTRICO 65

    DEFINICIÓN DE CAMPO ELÉCTRICO 66

    CAMPO ELÉCTRICO ORIGINADO POR CARGAS PUNTUALES. 68

    ELECTRÓN Y PROTÓN 70

    PROBLEMAS RESUELTOS DE APLICACIÓN DE LA INTENSIDAD DE CAMPO ELÉCTRICO 71

    ACTIVIDADES 82

    LÍNEAS DE FUERZA 88

    CAMPO ELÉCTRICO UNIFORME 90

    COMPORTAMIENTO DE UN CONDUCTOR ELECTRIZADO 95

    ACTIVIDADES PRÁCTICAS 101

POTENCIAL Y DIFERENCIA DE POTENCIAL ELÉCTRIC0 103

    DIFERENCIA DE POTENCIAL ELÉCTRICO O TENSIÓN ELÉCTRICA. POTENCIAL ELÉCTRICO 104

    PROBLEMAS RESUELTOS DE APLICACIÓN DE LA DIFERENCIA DE POTENCIAL O TENSIÓN ELÉCTRICA Y POTENCIAL ELÉCTRICO 108

    RELACIÓN ENTRE EL POTENCIAL ELÉCTRICO Y LA INTENSIDAD DE CAMPO ELÉCTRICO 114

    ENERGÍA POTENCIAL ELÉCTRICA. 115

    ELECTRÓN-VOLTIO 117

ACTIVIDADES 118

CONDENSADORES Y CAPACIDAD ELÉCTRICA 129

CONDENSADORES Y CAPACIDAD ELÉCTRICA 130

CONEXIÓN DE CONDENSADORES 135

ENERGÍA ALMACENADA EN UN CONDENSADOR CARGADO 144

ELECTROCINÉTICA 158

CORRIENTE ELÉCTRICA 160

RESISTENCIA ELÉCTRICA. LEY DE OHM 164

POTENCIA ELÉCTRICA 169

PROBLEMAS RESUELTOS DE APLICACIÓN DE LA LEY DE OHM, POTENCIA ELÉCTRICA Y LEY DE JOULE O EFECTO JOULE 171

ACTIVIDADES 177

CONEXIÓN DE RESISTENCIAS EN SERIE Y PARALELO 182

CONEXIÓN DE PILAS EN SERIE Y EN PARALELO 185

PROBLEMAS RESUELTOS DE APLICACIÓN DE CIRCUITOS ELÉCTRICOS CON CONEXIÓN DE RESISTENCIAS Y PILAS EN SERIE Y PARALELO 186

ACTIVIDADES 200

REDES ELÉCTRICAS. LEYES DE KIRCHOFF 208

PROBLEMAS RESUELTOS DE APLICACIÓN DE LA LEY DE KIRCHOFF 209

ACTIVIDADES 218

ACTIVIDADES PRÁCTICAS 221

ELECTROMAGNÉTISMO 226

MAGNETISMO 228

ELECTROMAGNETISMO 230

CAMPO MAGNÉTICO 231

MOVIMIENTO CIRCULAR DE UNA PARTÍCULA CARGADA EN UN CAMPO MAGNÉTICO 236

EL CICLOTRÓN 238

FUERZA MAGNÉTICA SOBRE UN CONDUCTOR 238

PROBLEMAS RESUELTOS DE APLICACIÓN DE CAMPO MAGNÉTICO, MOVIMIENTO CIRCULAR DE UNA PARTÍCULA CARGADA EN UN CAMPO MAGNÉTICO, EL CICLOTRÓN Y FUERZA MAGNÉTICA SOBRE UN CONDUCTOR. 241

PROBLEMAS RESUELTOS DE APLICACIÓN DE LA INDUCCIÓN MAGNÉTICA EN LAS PROXIMIDADES DE UNA CORRIENTE RECTILÍNEA, LEY DE AMPÉRE, FUERZA ELECTROMAGNÉTICA ENTRE DOS CORRIENTES PARALELAS, SOLENOIDE, LEY DE BIOT-SARVAT E INDUCCIÓN MAGNÉTICA EN EL CENTRO DE UN CONDUCTOR CIRCULAR. 271

ACTIVIDADES 280

INDUCCIÓN ELECTROMAGNÉTICA 287

PROBLEMAS RESUELTOS DE APLICACIÓN DE FUERZA ELECTROMOTRIZ INDUCIDA, FLUJO DE CAMPO MAGNÉTICO, LEY DE FARADAY, LEYDE LENZ, INDUCCIÓN MUTUA Y AUTOINDUCCIÓN 298

ACTIVIDADES 305

ACTIVIDADES 321

ACTIVIDADES PRÁCTICAS 323

PRÓLOGO

Este libro tiene el propósito de actualizar, analizar y aplicar los conocimientos que se adquirirán con el estudio de la Física, que serán utilizados en nuestra vida diaria. Parte de las actividades del libro son recreativas y prácticas. Esto implica la repetición de ejercicios que progresivamente se hacen más complejos, hasta que el estudiante adquiera una gran destreza al desarrollar los problemas.

El libro fue elaborado después de efectuar un estudio muy detallado del contenido programático de la Física de quinto año de Educación Media General, llegando a la conclusión que el programa debe ampliarse para una mayor comprensión por parte del estudiante. Para el buen desarrollo del libro es necesario tener claro los conocimientos de matemática de los años anteriores y del año en curso.

Para elaborar su contenido se ha tomado en cuenta una serie de características muy importantes:

+ Se ha realizado un gran esfuerzo para que el libro sea claro y preciso; que los estudiantes puedan leer y entender. Las actividades recreativas y prácticas utilizadas son de interés para los estudiantes o cualquier persona.

+ En cada unidad se proponen una serie de actividades, con su respuesta final en la parte recreativa, con la finalidad que el estudiante aprenda a razonar.

+ La variedad y el número de aplicaciones importantes a lo largo de las diferentes unidades del libro, debe convencer a los estudiantes o cualquier persona interesada en desarrollarlo, que la Física es verdadera, útil, práctica e interesante para la vida de las personas.

+ Las unidades están ordenadas de tal modo que facilite la comprensión de cada una de ellas y puede utilizarse como texto para quinto año de Educación Media General.

+ Las actividades prácticas al final de las unidades son sencillas y ayuda al estudiante o cualquier persona interesada a comprender lo explicado anteriormente.

+ Al final del libro hay una serie de entrenamientos y juegos físicos para que lo puedan disfrutar en familia. En el desarrollo de las actividades, entretenimientos y los juegos físicos es conveniente no utilizar las calculadoras, para que el desarrollo del razonamiento sea exitoso.

El objetivo principal es que el estudiante adquiera en quinto año de Educación Media General, una buena base en el aprendizaje de la Física que le conduzca a finalizar exitosamente todos los estudios que realizará posteriormente.

Dedico este libro, aunque ya no están conmigo, sino en mi corazón, a mis padres y hermano; principalmente a mi madre que fue la fuente de inspiración para su elaboración.

Gracias principalmente a Dios y a todos los que me ayudaron a realizarlo de una forma u otra.

María Ángeles Galindo Bello

UNIDAD DE NIVELACIÓN

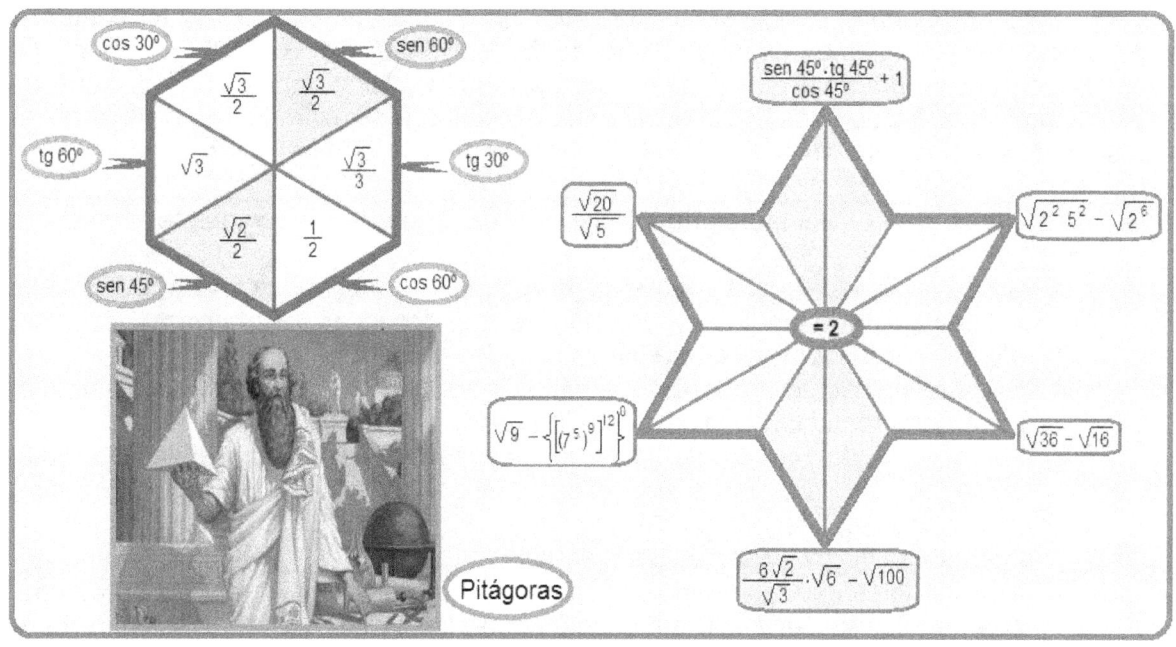

CONTENIDO:
- ➤ RADICACIÓN EN R.
- ➤ POTENCIACIÓN EN R.
- ➤ RACIONALIZACIÓN.
- ➤ TRIGONOMETRÍA.
- ➤ SEGUNDA LEY DE NEWTON: LEY DE LA FUERZA O LEY DE LA MASA.

RADICACIÓN EN R

❖ **Raíz cuadrada de un número real positivo.**

En general, la raíz cuadrada de un número real positivo a, es otro número real b tal que: $b^2 = a$. Esto quiere decir que: $\sqrt{a} = b \implies b^2 = a$ con $a > 0$.

Ejemplos: Determinar la raíz cuadrada exacta de:

  a) $\sqrt{64} = \pm 8$ $ya\ que$ $8^2 = 64$ y $(-8)^2 = 64$

  b) $\sqrt{225} = \pm 15$ $ya\ que$ $15^2 = 225$ y $(-15)^2 = 225$

❖ **Potenciación de números reales con exponente racional.**

Tenemos que: "Si b es un número real positivo y $m > 0$ y $n > 2$, se cumple que $b^{\frac{m}{n}} = \sqrt[n]{b^m}$, que se lee raíz enésima de b^m "

Ejemplos 1: Expresa en forma de raíz estas potencias:

  a) $3^{\frac{3}{4}} = \sqrt[4]{3^3}$

  b) $7^{\frac{9}{5}} = \sqrt[5]{7^9}$

Ejemplos 2: Expresa en forma de potencia estas raíces:

  a) $\sqrt[5]{a^2} = a^{\frac{2}{5}}$

  b) $\sqrt[3]{3^2} = 3^{\frac{2}{3}}$

❖ **Leyes de la potenciación e R.**

➢ **Raíz de un producto:** La raíz enésima del producto de dos o más números reales es igual al producto de las raíces enésimas de cada uno de los factores:

$$\sqrt[n]{a \cdot b} = \sqrt[n]{a} \cdot \sqrt[n]{b} \qquad a, b \in R \ \ y \ \ n \geq 2$$

Ejemplos: Efectuar:

  a) $\sqrt[7]{a^5 \cdot b^3} = \sqrt[7]{a^5} \cdot \sqrt[7]{b^3}$

  b) $\sqrt[11]{x^3 \cdot y^2 \cdot z^3} = \sqrt[11]{x^3} \cdot \sqrt[11]{y^2} \cdot \sqrt[11]{z^3}$

➢ **Raíz de un cociente:** La raíz enésima de la división de dos números reales es igual a la división de la raíz enésima del numerador entre la raíz enésima del denominador:

$$\sqrt[n]{\frac{a}{b}} = \frac{\sqrt[n]{a}}{\sqrt[n]{b}} \qquad donde \quad a \in R, \quad b \neq 0, \quad n \geq 2$$

Ejemplos: Efectúa:

  a) $\sqrt[7]{\frac{3}{5}} = \frac{\sqrt[7]{3}}{\sqrt[7]{5}}$

  b) $\sqrt{\frac{16}{25}} = \frac{\sqrt{16}}{\sqrt{25}} = \frac{4}{5}$

➢ **Potencia de una raíz:** Para determinar la potencia de una raíz, se conserva el índice y se eleva la cantidad subradical al producto de los exponentes:

$$\left(\sqrt[n]{b^p}\right)^m = \sqrt[n]{b^{p \cdot m}} \qquad con \quad b \in R^+ \ y \ \ n \geq 2$$

Ejemplos: Efectúa:

  a) $\left(\sqrt[9]{x^3}\right)^2 = \sqrt[9]{x^{3 \cdot 2}} = \sqrt[9]{x^6}$

  b) $\left(b \cdot \sqrt[7]{c^2}\right)^3 = b^3 \cdot \sqrt[7]{c^{2 \cdot 3}} = b^3 \cdot \sqrt[7]{c^6}$

➢ **Raíz de una raíz:** Para determinar la raíz de una raíz, se multiplica los índices de las raíces y conservamos la cantidad subradical :

$$\sqrt[m]{\sqrt[n]{b}} = \sqrt[m \cdot n]{b} \qquad con \quad b \in R^+, \quad m, n \geq 2$$

<u>Ejemplos</u>: Efectuar:

a) $\sqrt[7]{\sqrt[5]{2}} = \sqrt[7 \cdot 5]{2} = \sqrt[35]{2}$

b) $\sqrt[3]{\sqrt[5]{\sqrt[7]{\sqrt[4]{a^2 \cdot b}}}} = \sqrt[3 \cdot 5 \cdot 7 \cdot 4]{a^2 \cdot b} = \sqrt[980]{a^2 \cdot b}$

❖ **Extraer e introducir los factores de una raíz.**

➤ Para extraer un factor de una raíz se divide el exponente del factor entre el índice de la raíz y se eleva dicho factor al cociente obtenido; si la división después de efectuarla es inexacta, se coloca el factor de la raíz, elevado al residuo.
<u>Ejemplos</u>: Efectuar:

a) $\sqrt[5]{a^{25}} = a^{\frac{25}{5}} = a^5$

b) $\sqrt[3]{a^6 \cdot b^8 \cdot c^{10} \cdot d^9} = a^{\frac{6}{3}} \cdot b^{\frac{8}{3}} \cdot c^{\frac{10}{3}} \cdot d^{\frac{9}{3}} = a^2 b^2 c^3 d^3 \sqrt[3]{b^2 c}$

➤ Para introducir un factor dentro de una raíz, se eleva dicho factor a una potencia, cuyo exponente es el índice de la raíz.
<u>Ejemplos</u>: Efectuar:

a) $3 \cdot \sqrt{3} = \sqrt{3^2 \cdot 3} = \sqrt{3^3}$

b) $x^2 . y^3 . z . \sqrt[5]{x \cdot y \cdot z^2} = \sqrt[5]{x^{10} . y^{15} . z^5 . x . y . z^7} = \sqrt[5]{x^{11} y^{16} z^7}$

❖ **Multiplicación de radicales.**

➤ **Multiplicaciones de radicales de igual índice.**
Al multiplicar dos o más radicales de igual índice nos da otro radical del mismo índice cuya cantidad subradical es la multiplicación de las cantidades subradicales.
<u>Ejemplos</u>: Efectuar:

a) $\sqrt[5]{x} \cdot \sqrt[5]{x^4 \cdot y^3} \cdot \sqrt[5]{y^2} = \sqrt[5]{x \cdot x^4 \cdot y^3 \cdot y^2} = \sqrt[5]{x^5 \cdot y^5} = xy$

b) $\sqrt[3]{2} \cdot \sqrt[3]{5} \cdot \sqrt[3]{7} = \sqrt[3]{2 \cdot 5 \cdot 7} = \sqrt[3]{70}$

➤ **Multiplicaciones de radicales de diferente índice.**
Para efectuar la multiplicación de dos o más radicales de diferentes índices procedemos de la forma siguiente y lo explicaremos con un ejemplo. Al efectuar:

$$\sqrt[3]{2} \cdot \sqrt[5]{3x^2} \cdot \sqrt[6]{7x^3}$$

1. Determinar el mínimo común múltiplo (m.c.m.) entre los índices de las raíces dadas.
Descomponemos en factores primos los valores de los índices de las raíces:
$3 = 3 \quad ; \quad 5 = 5 \quad y \quad 6 = 2 \cdot 3$
$m.c.m.(3, 5\ y\ 6) = 3 \cdot 5 \cdot 2 = 30$

2. Se amplifica cada raíz por el cociente resultante de la división del m.c.m., entre cada índice.

$$\sqrt[30]{2^{10} \cdot 3^6 \cdot x^{2 \cdot 6} \cdot 7^5 \cdot x^{3 \cdot 5}} = \sqrt[30]{2^{10} \cdot 3^6 \cdot x^{12} \cdot 7^5 \cdot x^{15}}$$

3. Multiplicamos en la parte subradical las potencias de igual base.

$$\sqrt[30]{2^{10} \cdot 3^6 \cdot 7^5 \cdot x^{15+12}} = \sqrt[30]{2^{10} \cdot 3^6 \cdot 7^5 \cdot x^{27}}$$

❖ **División de radicales.**

➤ **División de radicales de igual índice.**

Al dividir dos radicales de igual índice nos da otro radical del mismo índice cuya cantidad subradical es la división es la división de las cantidades subradicales.
Ejemplos: Efectuar:

a) $\sqrt[7]{45} \div \sqrt[7]{5} = \sqrt[7]{\dfrac{45}{5}} = \sqrt[7]{9}$

b) $\sqrt[6]{a^5b^3} \div \sqrt[6]{a^4b^3} = \sqrt[6]{\dfrac{a^5b^3}{a^4b^3}} = \sqrt[6]{a}$

> **División de radicales de diferente índice.**
  Para efectuar la división de dos radicales de diferentes índices procedemos de la forma siguiente y lo explicaremos con un ejemplo. Al efectuar:
  $$\sqrt[8]{a^5b^3} \div \sqrt[16]{a^4b^2}$$

1. Determinar el mínimo común múltiplo (m.c.m.) entre los índices de las raíces dadas.
   Descomponemos en factores primos los valores de los índices de las raíces:
   $8 = 2^3 \quad y \quad 16 = 2^4$
   $m.c.m.\,(8\ y\ 16) = 2^4 = 16$

2. Se amplifica cada raíz por el cociente resultante de la división del m.c.m., entre cada índice.
   $$\frac{\sqrt[16]{(a^5b^3)^2}}{\sqrt[16]{a^4b^2}} = \sqrt[16]{\frac{a^{10}b^6}{a^4b^2}}$$

4. Dividimos en la parte subradical las potencias de igual base.
   $$\sqrt[16]{a^6b^4}$$

❖ **Racionalización de denominadores.**
  Racionalizar el denominador de una fracción es convertir una fracción, cuyo denominador sea un número irracional, en una fracción equivalente a ella, cuyo denominador sea un número racional.

• **Racionalización del denominador de una fracción cuando el denominador es un monomio.** Lo explicaremos con un ejemplo. Racionalizar:
  $$\frac{\sqrt{a^5b^3c^2}}{\sqrt[4]{a^2bc^3}}$$

Observemos que el denominador de la fracción $\sqrt[4]{a^2bc^3}$ es un número irracional. Si multiplicamos esa expresión por $\sqrt[4]{a^2b^3c}$, obtenemos un número racional, como veremos a continuación.

La expresión $\sqrt[4]{a^2b^3c}$ se llama *racionalizador* y multiplicamos numerador y denominador por esta última expresión en la fracción dada en el ejercicio y por último efectuamos las operaciones y simplificamos:

$$\frac{\sqrt{a^5b^3c^2}}{\sqrt[4]{a^2bc^3}} = \frac{\sqrt{a^5b^3c^2}}{\sqrt[4]{a^2bc^3}} \cdot \frac{\sqrt[4]{a^2b^3c}}{\sqrt[4]{a^2b^3c}} = \frac{\sqrt{a^5b^3c^2} \cdot \sqrt[4]{a^2b^3c}}{\sqrt[4]{a^4b^4c^4}}$$

$$= \frac{\sqrt[4]{a^{5\cdot2}b^{3\cdot2}c^{2\cdot4}a^2b^3c}}{abc} = \frac{\sqrt[4]{a^{10}b^6c^8a^2b^3c}}{abc}$$

$$= \frac{\sqrt[4]{a^{12}b^9c^9}}{abc} = \frac{a^3b^2c^2\sqrt[4]{bc}}{abc} = a^2bc\sqrt[4]{bc}$$

Ejemplo 2: Racionalizar $\dfrac{10\,xy}{\sqrt[5]{5^2 x^4 y^4}}$

Realizando el ejercicio:

$$\frac{10xy}{\sqrt[5]{5^2 x^4 y^4}} = \frac{10xy}{\sqrt[5]{5^2 x^4 y^4}} \cdot \frac{\sqrt[5]{5^3 xy}}{\sqrt[5]{5^3 xy}} = \frac{10xy\sqrt[5]{5^3 xy}}{\sqrt[5]{5^5 x^5 y^5}} = \frac{10xy\sqrt[5]{5^3 xy}}{5xy} = 2\sqrt[5]{5^3 xy}$$

- **Racionalización del denominador de una fracción cuando el denominador es un binomio que contiene raíces cuadradas.**

Antes de efectuar la explicación de este tipo de racionalización es necesario decir que es una expresión conjugada: "Dada la expresión $\sqrt{x} + \sqrt{y}$, se llama conjugada de dicho binomio la expresión $\sqrt{x} - \sqrt{y}$ ".

Explicaremos este tipo de racionalización por medio de un ejemplo; Racionalizar:

$$\frac{\sqrt{5}}{\sqrt{3} + \sqrt{2}}$$

Multiplicamos el numerador y denominador por la conjugada del denominador $\sqrt{3} - \sqrt{2}$. Luego en numerador aplicamos la propiedad distributiva y efectuamos las operaciones necesarias:

$$\frac{\sqrt{5}}{\sqrt{3} + \sqrt{2}} = \frac{\sqrt{5}}{\sqrt{3} + \sqrt{2}} \cdot \frac{\sqrt{3} - \sqrt{2}}{\sqrt{3} - \sqrt{2}} = \frac{\sqrt{5} \cdot \left(\sqrt{3} - \sqrt{2}\right)}{\left(\sqrt{3}\right)^2 - \left(\sqrt{2}\right)^2} = \frac{\sqrt{5} \cdot \sqrt{3} - \sqrt{5} \cdot \sqrt{2}}{3 - 2} = \sqrt{15} - \sqrt{10}$$

Ejemplo 2: Racionalizar $\dfrac{30\sqrt{5}}{5\sqrt{3} - 3\sqrt{5}}$

Multiplicamos el numerador y denominador por la conjugada del denominador $5\sqrt{3} + 3\sqrt{5}$ .Aplicamos la propiedad distributiva y simplificamos.

Efectuando:

$$\frac{30\sqrt{5}}{5\sqrt{3} - 3\sqrt{5}} = \frac{30\sqrt{5}}{5\sqrt{3} - 3\sqrt{5}} \cdot \frac{5\sqrt{3} + 3\sqrt{5}}{5\sqrt{3} + 3\sqrt{5}} = \frac{30\sqrt{5} \cdot \left(5\sqrt{3} + 3\sqrt{5}\right)}{\left(5\sqrt{3}\right)^2 - \left(3\sqrt{5}\right)^2} = \frac{30\sqrt{5} \cdot \left(5\sqrt{3} + 3\sqrt{5}\right)}{25 \cdot 3 - 9 \cdot 5}$$

$$= \frac{30\sqrt{5} \cdot \left(5\sqrt{3} + 3\sqrt{5}\right)}{75 - 45} = \frac{30\sqrt{5} \cdot \left(5\sqrt{3} + 3\sqrt{5}\right)}{30} = 5\sqrt{15} + 3\sqrt{25} = 5\sqrt{15} + 15$$

ACTIVIDADES

1. Complete el esquema de potenciación de números reales con exponente racional contestando lo que se indica en él, mostrado a continuación:

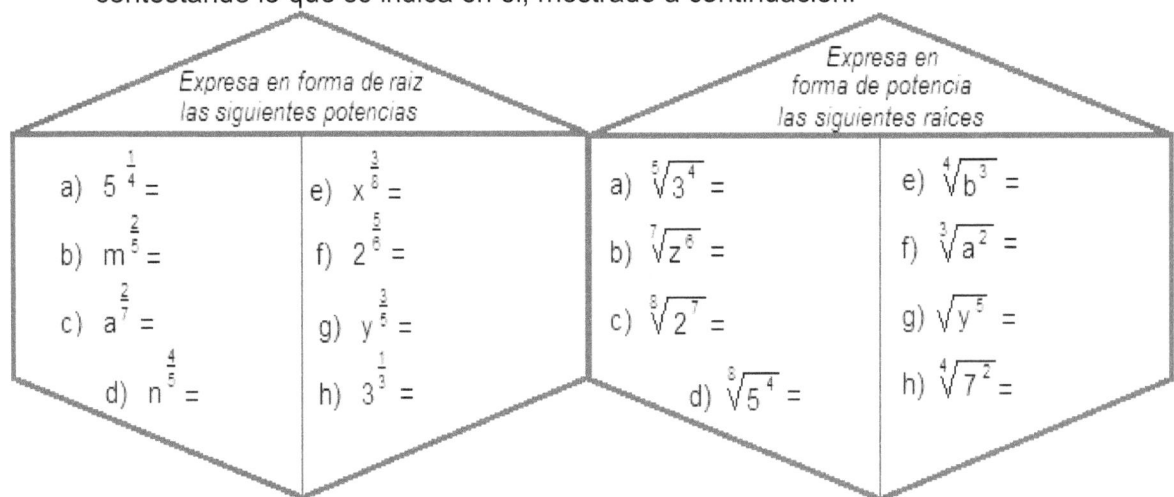

Expresa en forma de raiz las siguientes potencias

a) $5^{\frac{1}{4}} =$

b) $m^{\frac{2}{5}} =$

c) $a^{\frac{2}{7}} =$

d) $n^{\frac{4}{5}} =$

e) $x^{\frac{3}{8}} =$

f) $2^{\frac{5}{6}} =$

g) $y^{\frac{3}{5}} =$

h) $3^{\frac{1}{3}} =$

Expresa en forma de potencia las siguientes raices

a) $\sqrt[5]{3^4} =$

b) $\sqrt[7]{z^6} =$

c) $\sqrt[8]{2^7} =$

d) $\sqrt[8]{5^4} =$

e) $\sqrt[4]{b^3} =$

f) $\sqrt[3]{a^2} =$

g) $\sqrt{y^5} =$

h) $\sqrt[4]{7^2} =$

2. Resultados cruzados: Calcula las siguientes raíces exactas y completa el esquema donde se van a cruzar los números expresados en letras que provienen de los resultados obtenidos en los ejercicios.

(Los resultados se escribirán por ejemplo: treinta, treintinueve, cuarenticinco, ochentinueve, noventa, etc.).

a) $\sqrt{4}$

b) $\sqrt{9}$

c) $\sqrt{16}$

d) $\sqrt{25}$

e) $\sqrt{49}$

f) $\sqrt{36}$

g) $\sqrt{144}$

h) $\sqrt{225}$

i) $\sqrt{81}$

j) $\sqrt{64}$

k) $\sqrt{484}$

l) $\sqrt{1.296}$

ll) $\sqrt{121}$

m) $\sqrt{100}$

n) $\sqrt{400}$

ñ) $\sqrt{900}$

o) $\sqrt{625}$

p) $\sqrt{1.024}$

q) $\sqrt{676}$

r) $\sqrt{169}$

RESULTADOS CRUZADOS

13

3. Calcular las siguientes operaciones de potenciación en R y simplifique, correspondiente a cada una de las casillas mostradas en la figura siguiente:

$$\left(\sqrt[5]{x^2}\right)^3 =$$

$$\left(\sqrt[7]{a^2 \cdot b}\right)^2 =$$

$$\left(\sqrt{5ab}\right)^3 =$$

$$\left(\sqrt[4]{3x^2y^3z^2}\right)^3 =$$

$$\sqrt[6]{a^3b^2c^2} \cdot \sqrt[6]{a^3b^4c^4} =$$

$$\sqrt[9]{3x^5y^7z^2} \cdot \sqrt[9]{3^8x^6y^3z^7} =$$

$$\frac{6\sqrt[5]{x^9y^{10}}}{2\sqrt[5]{x^4y^3}} = \qquad\qquad \frac{\sqrt[4]{a^3b^9c^7}}{\sqrt[4]{a^2b^3c^2}} =$$

$$\left(\sqrt[9]{3^3y^8z^4}\right)^3 = \qquad\qquad \sqrt[8]{a^2} \cdot \sqrt[8]{a} \cdot \sqrt[8]{a^5} =$$

$$\left(\frac{\sqrt[4]{x^3y^7z^5}}{\sqrt[4]{x^2y^3z^2}}\right)^2 = \qquad\qquad \frac{25\sqrt[6]{a^7b^8c^{10}}}{5\sqrt[6]{a^5b^2c^6}} =$$

$$\left(\frac{\sqrt[7]{a^5b^6c^8d^3} \cdot \sqrt[7]{a^3b^2c^8d}}{\sqrt[7]{a^3b^4c^2d^5}}\right)^3 =$$

$$\frac{\sqrt[5]{2} \cdot \sqrt[5]{10}}{\sqrt[5]{4}} = \qquad\qquad \frac{10\sqrt[6]{m^9n^3z^4}}{5\sqrt[6]{m^3n^2z^2}} =$$

$$\sqrt{x^7y^3z^5k^3} \cdot \sqrt{x^5y^3zk^9} =$$

$$\frac{14\sqrt[7]{a^{14}b^{12}c^{10}}}{7\sqrt[7]{a^7b^5c^7}} =$$

$$\sqrt{\sqrt[6]{a^4b^5c^9d}} =$$

$$\sqrt{2 \cdot 5 \cdot 10^3} =$$

$$\left(\sqrt[6]{a^4b^2}\right)^2 =$$

$$\sqrt{5^2a^2} =$$

4. Racionalizar el denominador de cada una de las siguientes expresiones:

a) $\dfrac{6a}{\sqrt{3a}} =$

b) $\dfrac{2a}{\sqrt[5]{a^3b^2}} =$

c) $\dfrac{2xy}{\sqrt[4]{x^2y^3}} =$

d) $\dfrac{xy}{\sqrt[7]{x^5y^6}} =$

e) $\dfrac{xy}{\sqrt[9]{x^2y^7}} =$

f) $\dfrac{5xy}{\sqrt[8]{5^6x^2y^7}} =$

g) $\dfrac{1}{\sqrt[7]{x^5y^4z^6}} =$

h) $\dfrac{6a^2b^2}{\sqrt[6]{6a^2b^3}} =$

i) $\dfrac{\sqrt[4]{a}}{\sqrt[4]{a^3b^2}} =$

j) $\dfrac{10\,a}{\sqrt[9]{5^8a^4b^7}} =$

5. Racionalizar los denominadores de las siguientes expresiones:

a) $\dfrac{12}{\sqrt{5} + \sqrt{3}} =$

b) $\dfrac{\sqrt{5}}{\sqrt{3} - \sqrt{2}} =$

c) $\dfrac{\sqrt{7} - 2}{\sqrt{7} + 2} =$

d) $\dfrac{2\sqrt{5}}{\sqrt{5} + \sqrt{3}} =$

e) $\dfrac{3\sqrt{5}}{5\sqrt{3} - 3\sqrt{5}} =$

f) $\dfrac{3\sqrt{3} + 2\sqrt{2}}{3\sqrt{2} - 2\sqrt{2}} =$

g) $\dfrac{8}{5\sqrt{2} - 4\sqrt{3}} =$

h) $\dfrac{9\sqrt{3} + 3\sqrt{2}}{6 + \sqrt{6}} =$

i) $\dfrac{\sqrt{7} - 3\sqrt{10}}{5\sqrt{7} - 4\sqrt{10}} =$

j) $\dfrac{\sqrt{7} + \sqrt{5}}{2\sqrt{7} + \sqrt{5}} =$

TRIGONOMETRÍA

La trigonometría es la parte de la matemática que estudia las relaciones entre ángulos y los lados de los triángulos. En forma general se encarga del estudio de las funciones seno, coseno, tangente, secante, cosecante y cotangente.

Funciones trigonométrica del triángulo rectángulo.

Consideremos el triángulo rectángulo $\triangle ABC$, de la figura siguiente

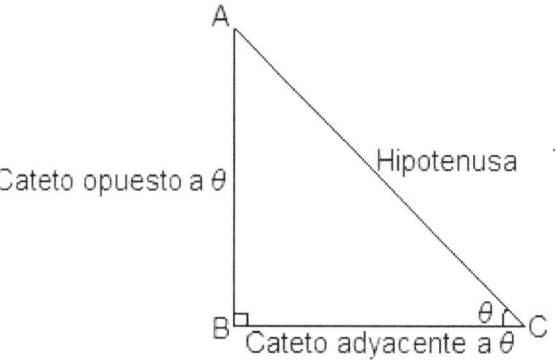

Las funciones ó razones trigonométricas con respecto al ángulo θ son las siguientes:

- Seno: Es la razón (cociente) entre el cateto opuesto al ángulo y la hipotenusa, en forma abreviada *sen* respecto al ángulo θ:

$$\operatorname{sen}\theta = \frac{cateto\ opuesto}{hipotenusa} = \frac{\overline{AB}}{\overline{AC}}$$

- Coseno: Es la razón (cociente) entre el cateto adyacente al ángulo y la hipotenusa, en forma abreviada *cos* respecto al ángulo θ:

$$\cos\theta = \frac{cateto\ adyacente}{hipotenusa} = \frac{\overline{BC}}{\overline{AC}}$$

- Tangente: Es la razón (cociente) entre el cateto opuesto respecto al ángulo y el cateto adyacente, en forma abreviada *tg* respecto al ángulo θ:

$$\operatorname{tg}\theta = \frac{cateto\ opuesto}{cateto\ adyacente} = \frac{\overline{AB}}{\overline{BC}}$$

Las siguientes funciones son las razones recíprocas que se pueden establecer para el mismo ángulo θ.

- Cosecante: Es la razón (cociente) entre la hipotenusa y el cateto opuesto al ángulo, en forma abreviada *csc* ó *cosec* respecto al ánulo θ:

$$\csc\theta = \frac{hipotenusa}{cateto\ opuesto} = \frac{\overline{AC}}{\overline{AB}} \qquad como\ se\ observa \qquad \csc\theta = \frac{1}{\operatorname{sen}\theta}$$

- Secante: Es la razón (cociente) entre la hipotenusa y el cateto adyacente al ángulo, en forma abreviada *sec* respecto al ángulo θ:

$$\sec\theta = \frac{hipotenusa}{cateto\ adyacente} = \frac{\overline{AC}}{\overline{BC}} \qquad como\ se\ observa \qquad \sec\theta = \frac{1}{\cos\theta}$$

- Cotangente: Es la razón (cociente) entre el cateto adyacente y cateto opuesto al ángulo, en forma abreviada *ctg* ó *cotg* respecto al ángulo θ:

$$\operatorname{ctg}\theta = \frac{cateto\ adyacente}{cateto\ opuesto} = \frac{\overline{BC}}{\overline{AB}} \qquad como\ se\ observa \qquad \operatorname{ctg}\theta = \frac{1}{\operatorname{tg}\theta}$$

Tabla de los valores de las funciones trigonométricas de los ángulos 30°, 45° y 60°.

Funciones	30°	45°	60°
sen	$\dfrac{1}{2}$	$\dfrac{\sqrt{2}}{2}$	$\dfrac{\sqrt{3}}{2}$
cos	$\dfrac{\sqrt{3}}{2}$	$\dfrac{\sqrt{2}}{2}$	$\dfrac{1}{2}$
tg	$\dfrac{\sqrt{3}}{3}$	1	$\sqrt{3}$
csc $\left(\dfrac{1}{sen}\right)$	$\dfrac{1}{\frac{1}{2}} = \boxed{2}$	$\dfrac{1}{\frac{\sqrt{2}}{2}} = \dfrac{2}{\sqrt{2}} = \dfrac{2\cdot\sqrt{2}}{\sqrt{2}\cdot\sqrt{2}} =$ $\dfrac{2\cdot\sqrt{2}}{\left(\sqrt{2}\right)^2} = \dfrac{2\cdot\sqrt{2}}{2} = \boxed{\sqrt{2}}$	$\dfrac{1}{\frac{\sqrt{3}}{2}} = \dfrac{2}{\sqrt{3}} = \dfrac{2\cdot\sqrt{3}}{\sqrt{3}\cdot\sqrt{3}} =$ $\dfrac{2\cdot\sqrt{3}}{\left(\sqrt{3}\right)^2} = \boxed{\dfrac{2\cdot\sqrt{3}}{3}}$
sec $\left(\dfrac{1}{cos}\right)$	$\dfrac{1}{\frac{\sqrt{3}}{2}} = \dfrac{2}{\sqrt{3}} = \dfrac{2\cdot\sqrt{3}}{\sqrt{3}\cdot\sqrt{3}} =$ $\dfrac{2\cdot\sqrt{3}}{\left(\sqrt{3}\right)^2} = \boxed{\dfrac{2\cdot\sqrt{3}}{3}}$	$\dfrac{1}{\frac{\sqrt{2}}{2}} = \dfrac{2}{\sqrt{2}} = \dfrac{2\cdot\sqrt{2}}{\sqrt{2}\cdot\sqrt{2}} =$ $\dfrac{2\cdot\sqrt{2}}{\left(\sqrt{2}\right)^2} = \dfrac{2\cdot\sqrt{2}}{2} = \boxed{\sqrt{2}}$	$\dfrac{1}{\frac{1}{2}} = \boxed{2}$
ctg $\left(\dfrac{1}{tg}\right)$	$\dfrac{1}{\frac{\sqrt{3}}{3}} = \dfrac{3}{\sqrt{3}} = \dfrac{3\cdot\sqrt{3}}{\sqrt{3}\cdot\sqrt{3}} =$ $\dfrac{3\cdot\sqrt{3}}{\left(\sqrt{3}\right)^2} = \dfrac{3\cdot\sqrt{3}}{3} = \boxed{\sqrt{3}}$	$\boxed{1}$	$\dfrac{1}{\sqrt{3}} = \dfrac{\sqrt{3}}{\sqrt{3}\cdot\sqrt{3}} =$ $\dfrac{\sqrt{3}}{\left(\sqrt{3}\right)^2} = \boxed{\dfrac{\sqrt{3}}{3}}$

TEOREMA DE PITÁGORAS

"El cuadrado de la hipotenusa es igual a la suma de los cuadrados de los cateto de un triángulo"

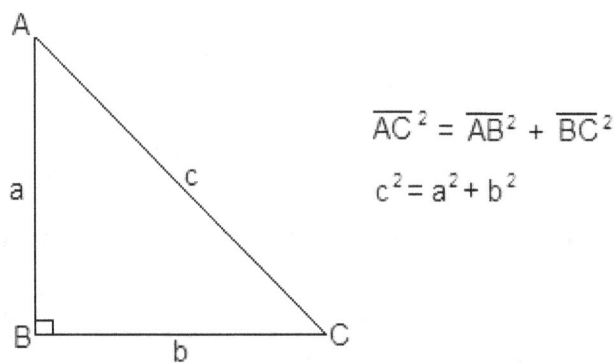

$$\overline{AC}^2 = \overline{AB}^2 + \overline{BC}^2$$

$$c^2 = a^2 + b^2$$

Aplicación de las funciones trigonométricas para resolver triángulos rectángulos:

i.   En el triángulo $\Delta\,ABC$, conociendo $\overline{AB} = 50\ cm$, calcular los lados: $\overline{AC}$ y $\overline{BC}$.

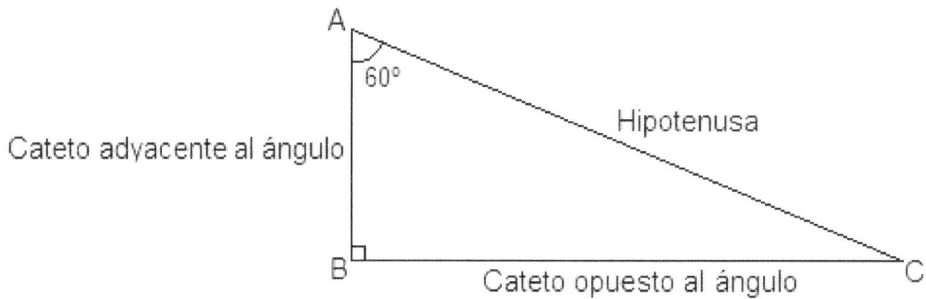

Analizando tenemos que para calcular el lado $\overline{BC}$ por medio del $\cos 60°$ ya que conocemos el lado $\overline{AB}$.

$$\cos 60° = \frac{\overline{AB}}{\overline{AC}} \quad \Rightarrow \quad \overline{AC} = \frac{\overline{AB}}{\cos 60°} = \frac{50\ cm}{\frac{1}{2}} = 100\ cm$$

Para calcular el lado $\overline{BC}$ se puede determinar por el $\operatorname{sen} 60°$ ó la $\operatorname{tg} 60°$.

$$\operatorname{sen} 60° = \frac{\overline{BC}}{\overline{AC}} \quad \Rightarrow \quad \overline{BC} = \overline{AC} \cdot \operatorname{sen} 60° = 100\ cm \cdot \frac{\sqrt{3}}{2} = 50\sqrt{3}\ cm$$

Vamos a demostrar que también podemos calcular el lado $\overline{BC}$ por medio de la $\operatorname{tg} 60°$.

$$\operatorname{tg} 60° = \frac{\overline{BC}}{\overline{AB}} \quad \Rightarrow \quad \overline{BC} = \overline{AB} \cdot \operatorname{tg} 60° = 50\ cm \cdot \sqrt{3} = 50\sqrt{3}\ cm$$

ii. Dado el triángulo mostrado a continuación, sabiendo que $\overline{AD} = 6\sqrt{3}\ cm$, calcular los lados: $\overline{AB}, \overline{BD}, \overline{DC}$ y $\overline{AC}$.

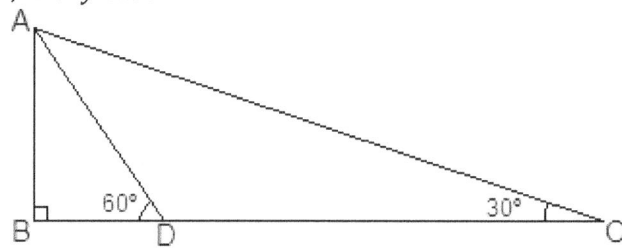

Podemos darnos cuenta que el lado $\overline{AB}$ es el lado (cateto opuesto) común para los triángulos $\triangle ABD$ y $\triangle ABC$, entonces conocemos el lado (hipotenusa) del $\triangle ABD$, entonces determinamos el lado $\overline{AB}$ por medio del $\operatorname{sen} 60°$, entonces:

$$\operatorname{sen} 60° = \frac{\overline{AB}}{\overline{AD}} \Rightarrow \overline{AB} = \overline{AD} \cdot \operatorname{sen} 60° = 6\sqrt{3}\ cm \cdot \frac{\sqrt{3}}{2} = 3 \cdot \left(\sqrt{3}\right)^2 cm = 3 \cdot 3\ cm = 9\ cm$$

Ahora con la función $\cos 60°$, calculamos el lado (cateto adyacente) $\overline{BD}$ del triángulo $\triangle ABD$:

$$\cos 60° = \frac{\overline{BD}}{\overline{AD}} \quad \Rightarrow \quad \overline{BD} = \overline{AD} \cdot \cos 60° = 6\sqrt{3}\ cm \cdot \frac{1}{2} = 3\sqrt{3}\ cm$$

Ahora tenemos que en el triángulo $\triangle ABC$ calculamos el lado $\overline{AC}$, aplicando la función $\operatorname{sen} 30°$, tenemos:

$$\operatorname{sen} 30° = \frac{\overline{AB}}{\overline{AC}} \quad \Rightarrow \quad \overline{AC} = \frac{\overline{AB}}{\operatorname{sen} 30°} = \frac{9\ cm}{\frac{1}{2}} = 18\ cm$$

Para calcular $\overline{DC}$, tenemos primero que calcular el lado $\overline{BC}$ del triángulo $\Delta\,ABC$, ya que el triángulo $\Delta\,ADC$ no es un triángulo rectángulo, de aquí que:

$$\operatorname{tg}30° = \frac{\overline{AB}}{\overline{BC}} \quad\Longrightarrow\quad \overline{BC} = \frac{\overline{AB}}{\operatorname{tg}30°} = \frac{9\ cm}{\dfrac{\sqrt{3}}{3}} = \frac{27\ cm}{\sqrt{3}} = \frac{27\ cm\cdot\sqrt{3}}{\sqrt{3}\cdot\sqrt{3}} = \frac{27\sqrt{3}\ cm}{\left(\sqrt{3}\right)^2}$$

$$\overline{BC} = \frac{27\sqrt{3}\ cm}{3} = 9\sqrt{3}\ cm$$

Entonces para determinar $\overline{DC}$, tenemos que:

$$\overline{BC} = \overline{BD} + \overline{DC} \quad\Longrightarrow\quad \overline{DC} = \overline{BC} - \overline{BD} = 9\sqrt{3}\ cm - 3\sqrt{3}\ cm = (9-3)\cdot\sqrt{3}\ cm$$

$$\overline{DC} = 6\sqrt{3}\ cm$$

SEGUNDA LEY DE NEWTON: LEY DE LA FUERZA O LEY DE LA MASA

"La aceleración que adquiere un cuerpo por la aplicación de una fuerza no equilibrada es directamente proporcional a ellas, e inversamente proporcional a su masa".

$$\vec{a} = \frac{\vec{F}}{m}$$

Esta Ley también es frecuente expresarla en la forma:

$$\vec{F} = m\cdot\vec{a}$$

Cuando hablamos de las características de la segunda Ley de Newton, analizaremos como descomponer en sus proyecciones sobre el $eje\ x$; y sobre el $eje\ y$ como vemos en la figura I.

Esto se hace para todas las fuerzas que actúan sobre el cuerpo, mostrado en la figura I; luego se obtiene la fuerza resultante en la dirección de x y la fuerza resultante en la dirección y; éstas dos componentes se suman vectorialmente para obtener la resultante total que actúa sobre el cuerpo.

Concluimos que las fuerzas son vectoriales ya que poseen dirección y magnitud. El efecto de una fuerza depende de su magnitud, su dirección y su punto de aplicación. El efecto de varias fuerzas es equivalente al efecto causado por la fuerza resultante obtenida como la suma vectorial de todas las fuerzas.

La fórmula matemática que sintetiza la segunda Ley de Newton sobre el movimiento tiene carácter vectorial,

$$\vec{F}_R = m\cdot\vec{a} \quad\text{o bien,}\quad \sum\vec{F} = m\cdot\vec{a}$$

de donde $\vec{F}_R$ es la fuerza resultante o sea la suma vectorial de todas las fuerzas que actúan sobre el cuerpo.

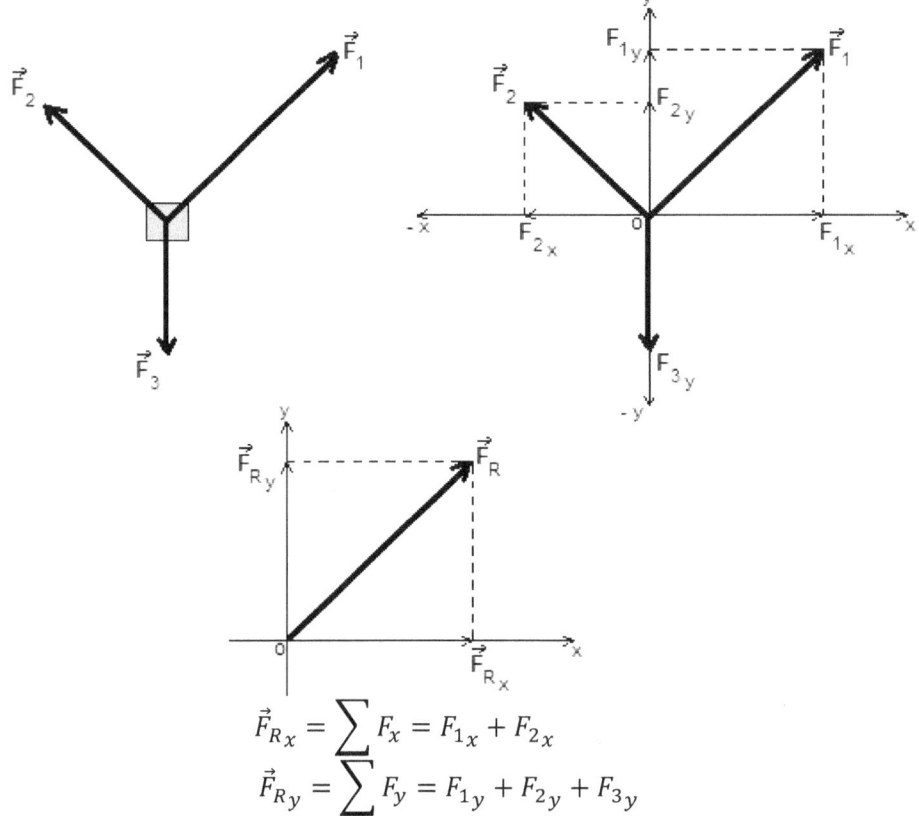

$$\vec{F}_{Rx} = \sum F_x = F_{1x} + F_{2x}$$

$$\vec{F}_{Ry} = \sum F_y = F_{1y} + F_{2y} + F_{3y}$$

Fig. I   Descomposición y composición de fuerzas por el método de proyección ortogonal.

Y por último la fuerza resultante total se determina aplicando el Teorema de Pitágoras:

$$\vec{F}_R{}^2 = \vec{F}_{Rx}{}^2 + \vec{F}_{Ry}{}^2 \quad \Rightarrow \quad \vec{F}_R = \sqrt{\vec{F}_{Rx}{}^2 + \vec{F}_{Ry}{}^2}$$

Ejemplo: Calcular el valor de la fuerza resultante, en la figura mostrada a continuación, sabiendo que las magnitudes de las fuerzas: $F_1 = 10\,N$, $F_2 = 14\,N$, $F_3 = 6\,N$, $F_4 = 20\,N$ y $F_5 = 16\,N$.

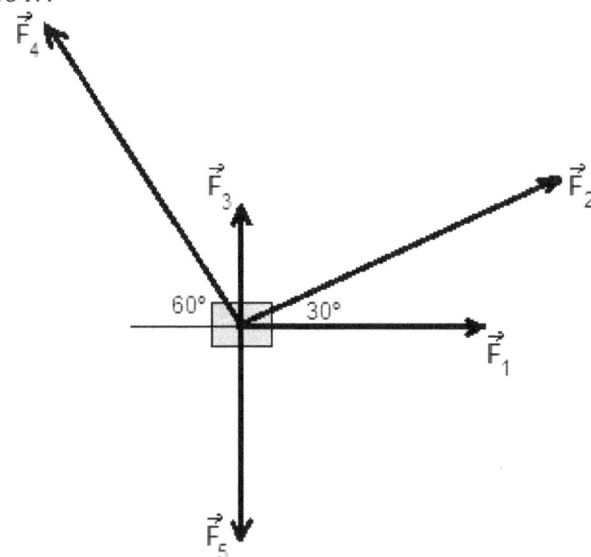

Realizamos un diagrama en los cuales descomponemos las fuerzas, representándolo en un sistema de ejes de coordenadas.

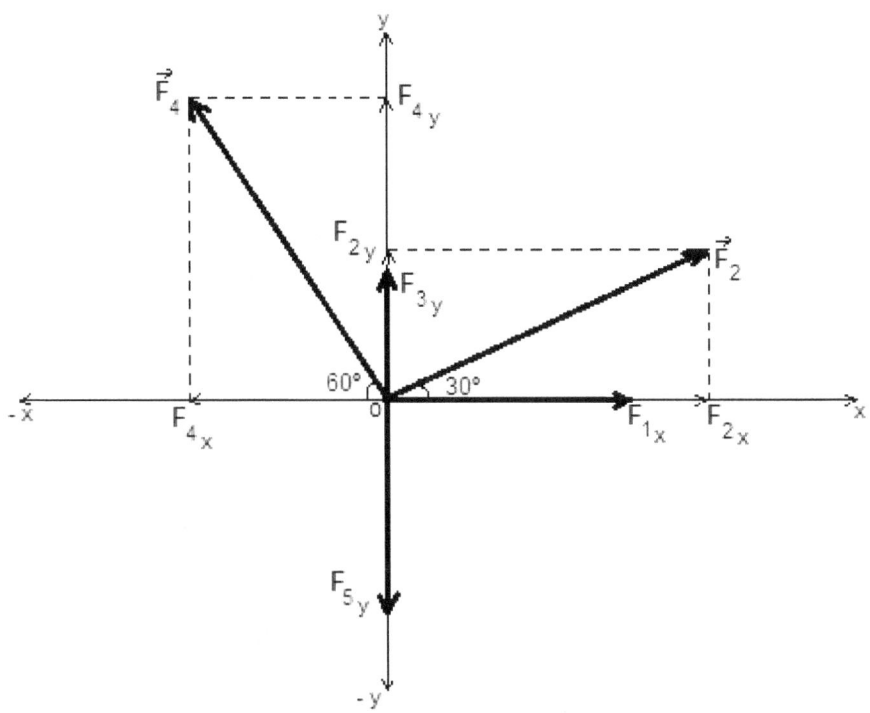

Utilizando las funciones trigonométricas calculamos cada una de las proyecciones:
Determinamos F_{1_x}, F_{2_x} y F_{4_x}:

$$\cos 0° = \frac{F_{1_x}}{F_1} \implies F_{1_x} = F_1 \cdot \cos 0° = 10\,N \cdot 1 = 10\,N$$

$$\cos 30° = \frac{F_{2_x}}{F_2} \implies F_{2_x} = F_2 \cdot \cos 30° = 14\,N \cdot \frac{\sqrt{3}}{2} = 7\sqrt{3}\,N$$

$$\cos 60° = \frac{F_{4_x}}{F_4} \implies F_{4_x} = F_4 \cdot \cos 60° = 20\,N \cdot \frac{1}{2} = 10\,N$$

Determinamos F_{2_y}, F_{3_y}, F_{4_y} y F_{5_y}:

$$\text{sen}\,30° = \frac{F_{2_y}}{F_2} \implies F_{2_y} = F_2 \cdot \text{sen}\,30° = 14\,N \cdot \frac{1}{2} = 7\,N$$

$$\text{sen}\,90° = \frac{F_{3_y}}{F_3} \implies F_{3_y} = F_3 \cdot \text{sen}\,90° = 6\,N \cdot 1 = 6\,N$$

$$\text{sen}\,60° = \frac{F_{4_y}}{F_4} \implies F_{4_y} = F_4 \cdot \text{sen}\,60° = 20\,N \cdot \frac{\sqrt{3}}{2} = 10\sqrt{3}\,N$$

$$\text{sen}\,90° = \frac{F_{5_x}}{F_5} \implies F_{5_y} = F_5 \cdot \text{sen}\,90° = 16\,N \cdot 1 = 16\,N$$

Ahora determinamos F_{R_x} y F_{R_y}:

$$F_{R_x} = F_{1_x} + F_{2_x} - F_{4_x} = 10\,N + 7\sqrt{3}\,N - 10\,N = 7\sqrt{3}\,N$$

$$F_{R_y} = F_{2_y} + F_{3_y} + F_{4_y} - F_{5_y} = 7\,N + 6\,N + 10\sqrt{3} - 16\,N = 7\,N + 6\,N + 10 \cdot (1{,}73) - 16\,N$$
$$= 7\,N + 6\,N + 17{,}3\,N - 16\,N = 14{,}3\,N$$

21

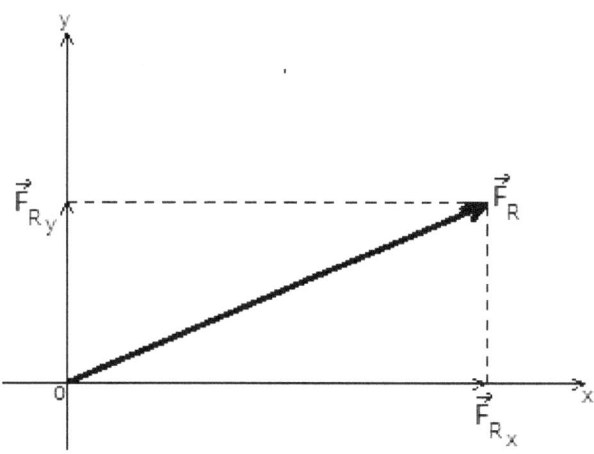

Aplicando el Teorema de Pitágoras:

$$F_R{}^2 = F_{R_x}{}^2 + F_{R_y}{}^2 \implies F_R = \sqrt{F_{R_x}{}^2 + F_{R_y}{}^2} = \sqrt{\left(7\sqrt{3}\,N\right)^2 + (14{,}3\,N)^2}$$

$$= \sqrt{(49 \cdot 3\,N)^2 + (14{,}3\,N)^2} = \sqrt{(147\,N)^2 + (14{,}3\,N)^2}$$

$$= \sqrt{21609\,N^2 + 204{,}29\,N^2} = \sqrt{21.813{,}29\,N^2}$$

$$= 147{,}69\,N$$

ACTIVIDADES

1. En la figura mostrada a continuación, hay una serie de casillas cada una de ellas identificadas por una letra en la que debe colocarse los resultados de los diferentes ejercicios de funciones trigonométricas para resolver triángulos rectángulos y efectuar las operaciones indicadas en dicha figura hasta concluir el resultado dado. Expresar los resultados de los ejercicios en forma decimal donde sea necesario.

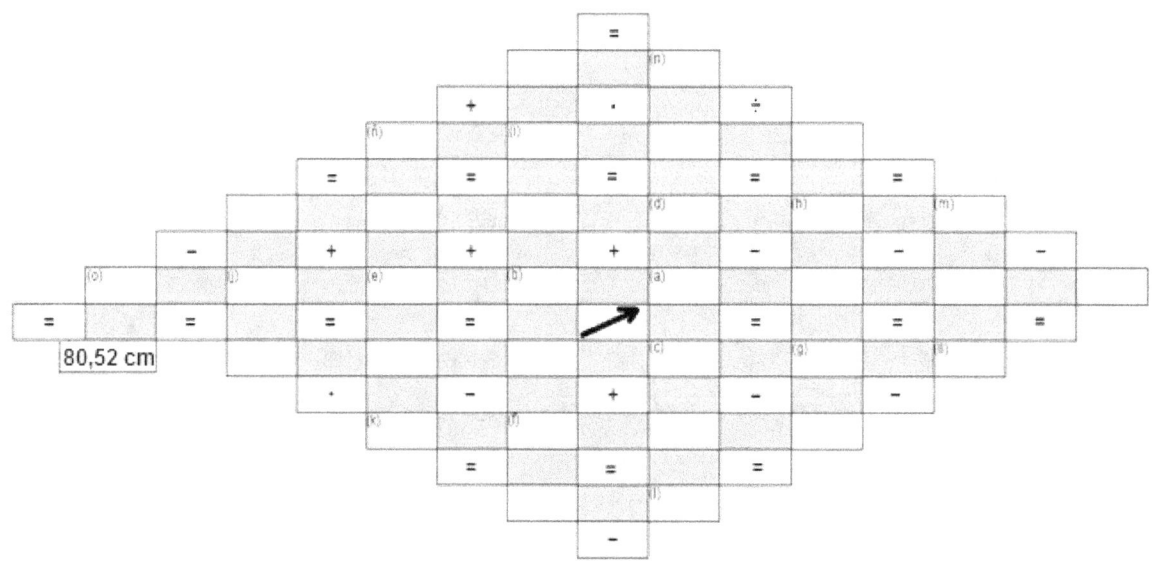

80,52 cm

22

↓ En el triángulo $\Delta\,ABC$ mostrado a continuación, sabiendo que el lado $\overline{BC} = 2\sqrt{2}\ cm$. Calcular:

(a) $\overline{AB}$

(b) $\overline{AC}$

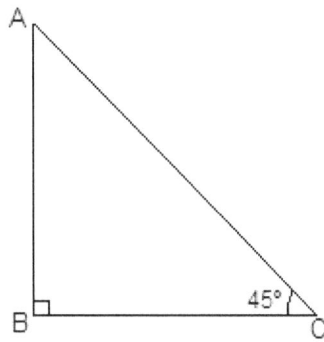

↓ Dado el triángulo mostrado a continuación; sabiendo que $\overline{DC} = 9\sqrt{3}\ cm$. Calcular los lados:

(c) $\overline{AB}$

(d) $\overline{BD}$

(e) $\overline{BC}$

(f) $\overline{AD}$

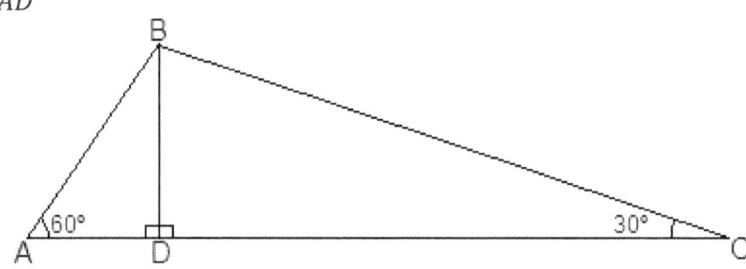

↓ Dado el triángulo mostrado a continuación; sabiendo que $\overline{DC} = 3\sqrt{3}\ cm$. Calcular:

(g) $\overline{BC}$

(h) $\overline{AB}$

(i) $\overline{BD}$

(j) $\overline{AD}$

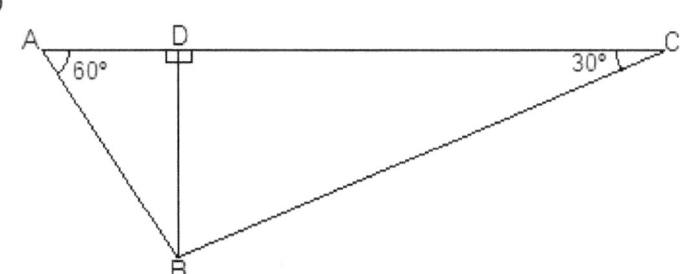

↓ Dado el triángulo mostrado a continuación; sabiendo que $\overline{BC} = 15\sqrt{3}\ cm$. Calcular:

(k) $\overline{CD}$

(l) $\overline{BD}$

(ll) $\overline{AB}$

(m) $\overline{AD}$

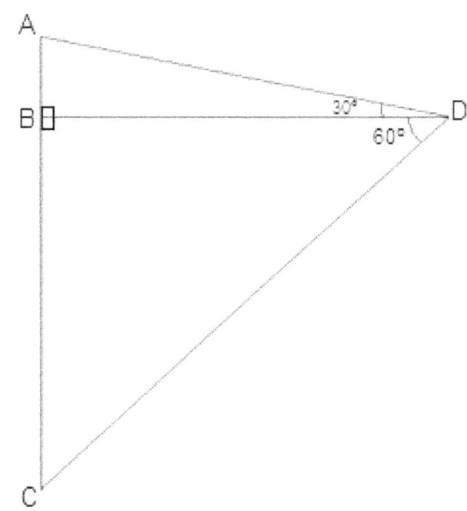

➕ Dado el triángulo mostrado a continuación; sabiendo que $\overline{BD} = 12\ cm$. Calcular:

(n) $\overline{AB}$

(ñ) $\overline{AD}$

(o) $\overline{AC}$

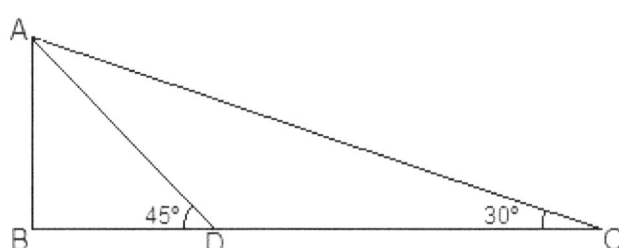

2. En la figura mostrada al final, tiene una serie de casillas cada una de ellas identificadas por una letra en la que debe colocarse los resultados de los diferentes ejercicios de descomposición y composición de fuerzas por el método de proyección ortogonal y efectuar las operaciones indicadas en dicha figura hasta concluir el resultado dado.

➕ Determinar la fuerza resultante en cada uno de los diagramas mostrados a continuación:

(a)

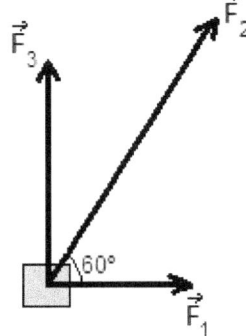

$\vec{F}_1 = 5\ N$

$\vec{F}_2 = 8\sqrt{3}\ N$

$\vec{F}_3 = 12\ N$

(b)

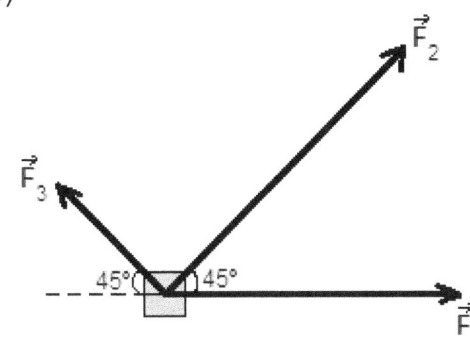

$\vec{F}_1 = 12\sqrt{2}$ N

$\vec{F}_2 = 18$ N

$\vec{F}_3 = 6$ N

(c)

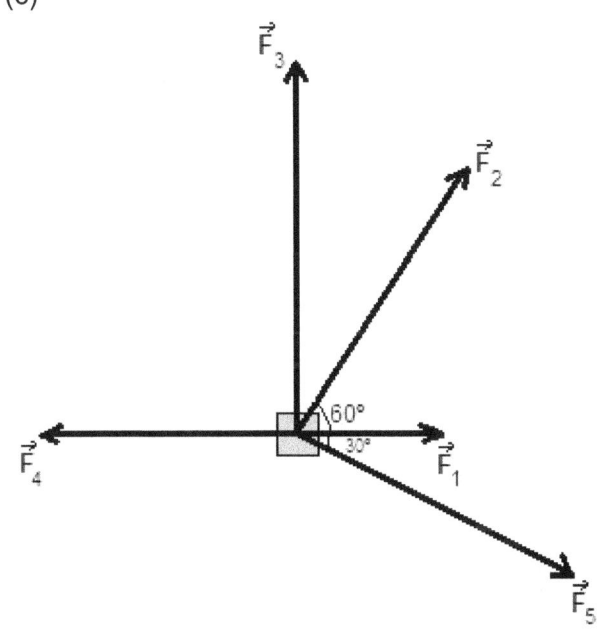

$\vec{F}_1 = 12$ N

$\vec{F}_2 = 20$ N

$\vec{F}_3 = 30$ N

$\vec{F}_4 = 16$ N

$\vec{F}_5 = 26$ N

(d)

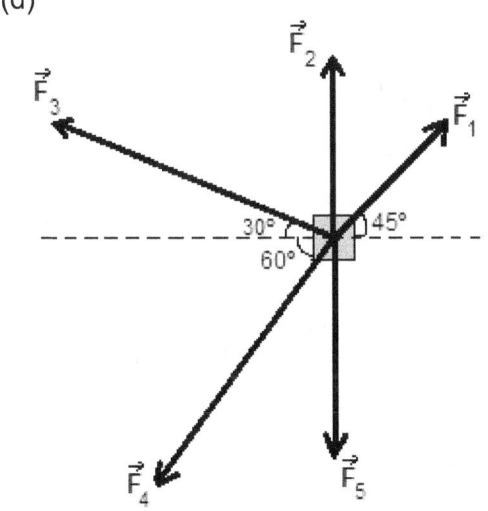

$\vec{F}_1 = 6$ N

$\vec{F}_2 = 8$ N

$\vec{F}_3 = 18$ N

$\vec{F}_4 = 20$ N

$\vec{F}_5 = 15$ N

(e)

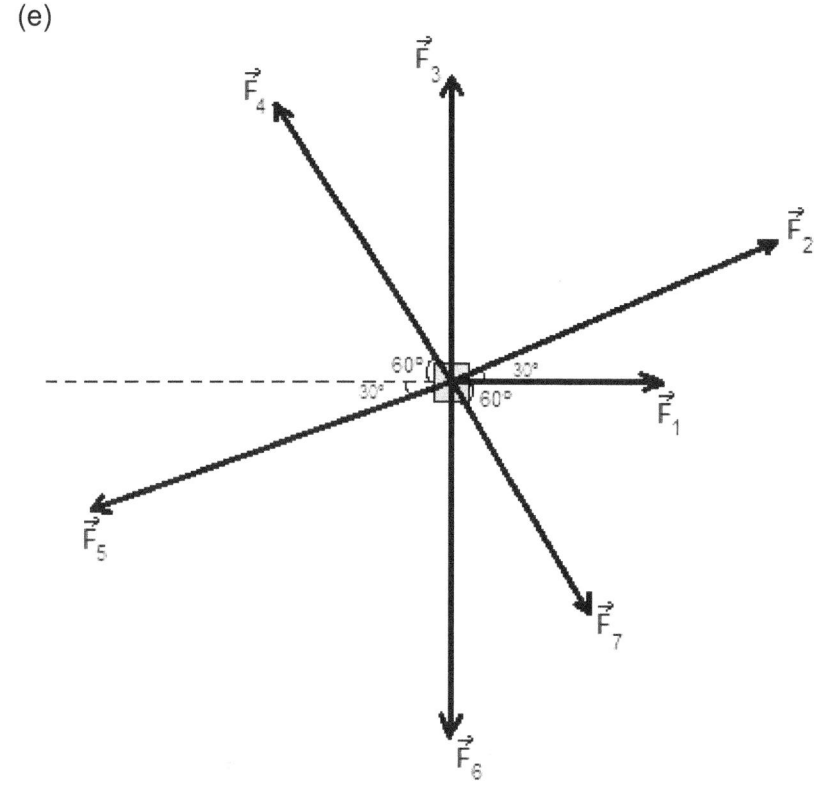

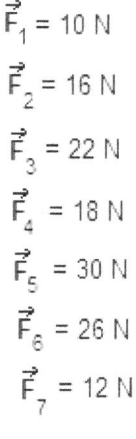

$\vec{F}_1$ = 10 N

$\vec{F}_2$ = 16 N

$\vec{F}_3$ = 22 N

$\vec{F}_4$ = 18 N

$\vec{F}_5$ = 30 N

$\vec{F}_6$ = 26 N

$\vec{F}_7$ = 12 N

(f)

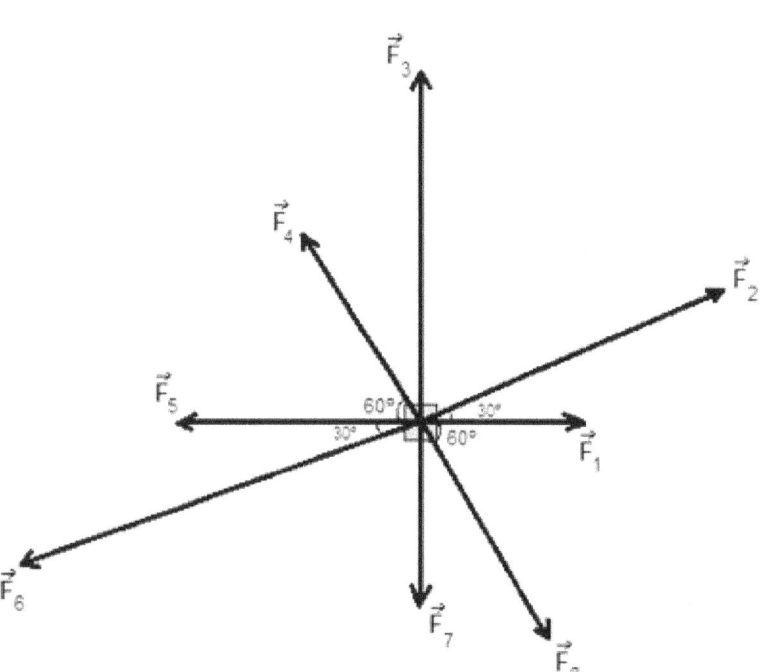

$\vec{F}_1$ = 8 N

$\vec{F}_2$ = 10 $\sqrt{3}$ N

$\vec{F}_3$ = 20 N

$\vec{F}_4$ = 6 $\sqrt{3}$ N

$\vec{F}_5$ = 12 N

$\vec{F}_6$ = 16 $\sqrt{3}$ N

$\vec{F}_7$ = 9 N

$\vec{F}_8$ = 8 $\sqrt{3}$ N

(g)

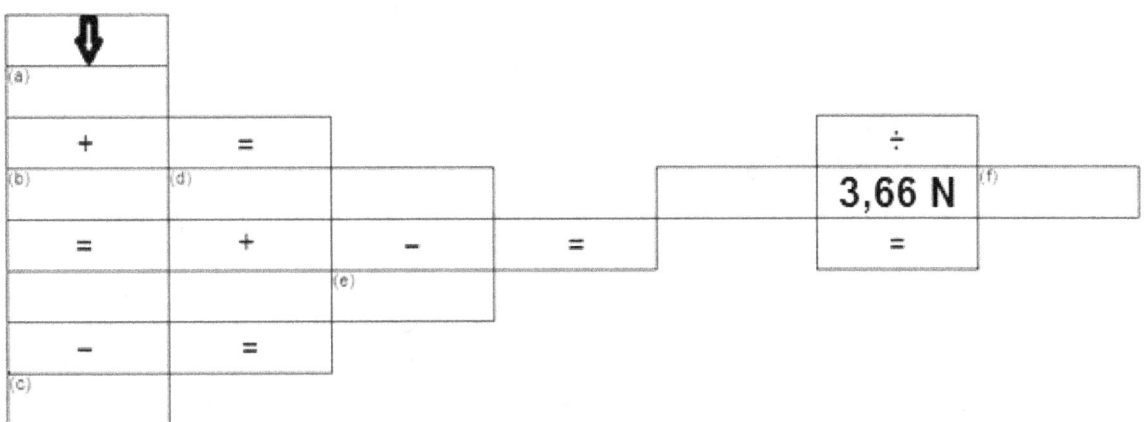

	⇓	
(a)		
+	=	
(b)	(d)	
=	+	−	=
		(e)	
−	=	
(c)		

÷	
3,66 N	(f)
=	

ELECTROSTÁTICA

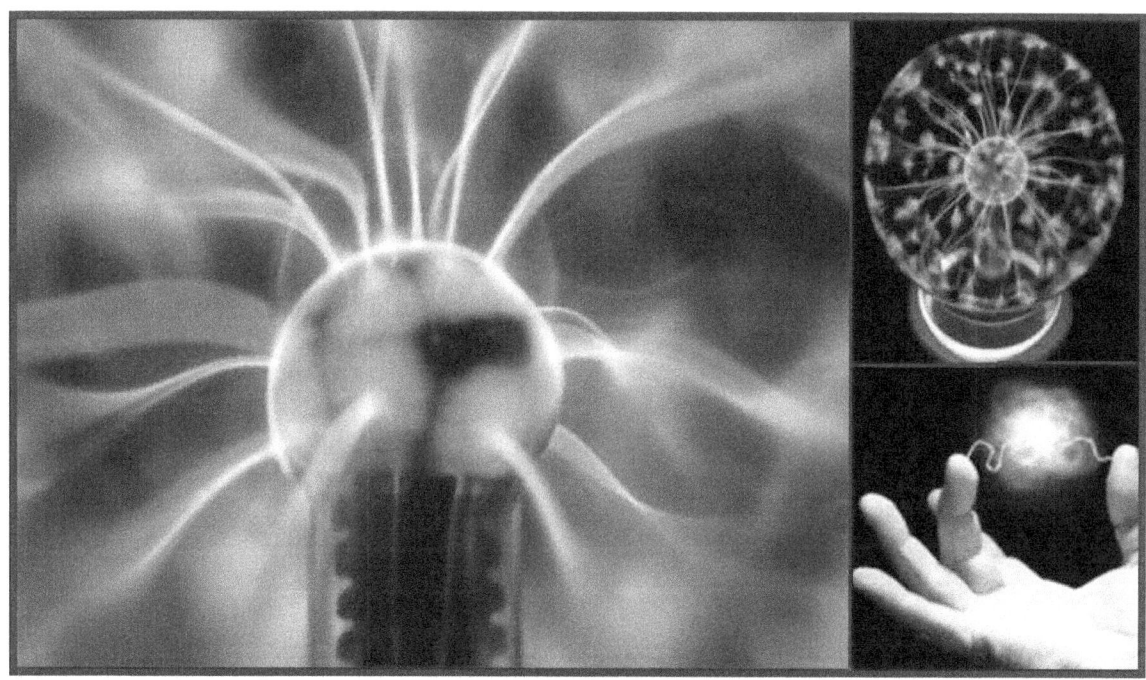

UNIDAD I
CARGA ELÉCTRICA

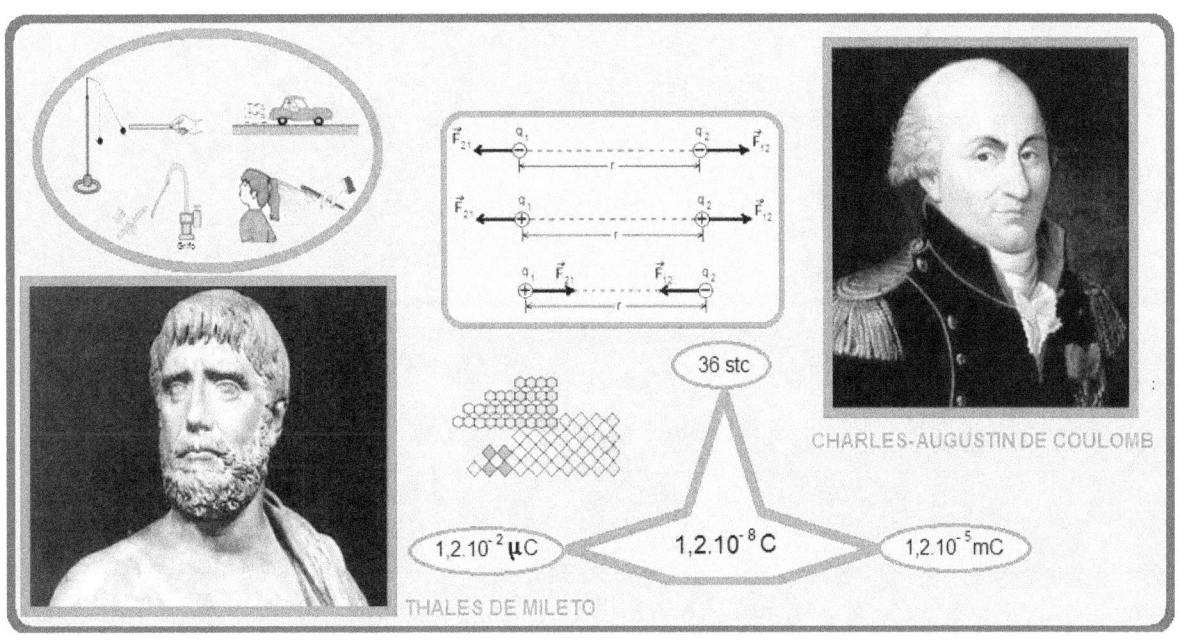

CHARLES-AUGUSTIN DE COULOMB

THALES DE MILETO

CONTENIDO:
- ➤ INTRODUCCIÓN.
- ➤ INTERACCIONES ENTRE CUERPOS ELECTRIZADOS.
- ➤ CONDUCTORES Y AISLADORES.
- ➤ DETECCIÓN DE CARGAS: ELECTROSCOPIO.
- ➤ INDUCCIÓN ELECTROSTÁTICA.
- ➤ CARGA DE UN ELECTROSCOPIO POR INDUCCIÓN.
- ➤ LEY DE COULOMB.
- ➤ ACTIVIDADES CON FÍSICA RECREATIVA.
- ➤ ACTIVIDADES PRÁCTICAS.

INTRODUCCIÓN

Los primeros descubrimientos relacionados con la electricidad se le atribuyen al filósofo y matemático griego Thales de Mileto que vivió en la ciudad de Mileto en el siglo V a. C., este observó que un trozo de ámbar (trozo de mineral amarillento que proviene de la fosilización de resina de árboles de madera dura), frotado con una piel de animal, adquiere la propiedad de atraer objetos livianos, como plumas de aves, trozos de paja, pequeñas semillas.

Este descubriendo, que en apariencia era insignificante en ese momento, permaneció olvidado durante muchísimos años, hasta que en el año 1600 de nuestra era el físico inglés William Gilbert se interesó en el fenómeno y comprobó que también otros objetos frotados, como la ebonita, el azufre, etc. se comportaban de idéntica manera que el ámbar. William Gilbert descubrió esta condición, diciendo que un objeto frotado adquiere la propiedad de atraer objetos livianos que esta electrizado o tiene carga eléctrica.

Como la designación griega que corresponde al ámbar es *electrón*, Gilbert comenzó a usar el término *eléctrico* para referirse a todos aquellos cuerpos que se comportaban como el ámbar, luego comenzaron a surgir las expresiones como *electricidad, electrizar, electrilización,* etc.

Actualmente sabemos que todas las sustancias pueden presentar un comportamiento semejante al ámbar; esto quiere decir que pueden electrizarse al ser frotadas con otra sustancia. Entre algunos ejemplos tenemos: Una barra de plástico se electriza cuando la frotamos con un paño de seda y puede atraer una pequeña esfera de unicel o anime (figura 1.1.a), un peine de plástico se electriza cuando se frota contra el cabello y luego puede atraer a éste (figura 1.1.b), una barra de plástico se electriza cuando la frotamos con un paño de seda o con un papel periódico y lo acercamos a un fino chorrito de agua, observándose que hay una desviación de dicho chorrito de agua (figura 1.1,c), un automóvil en movimiento adquiere electrización por su rozamiento con el aire (figura 1.1.d), etc.

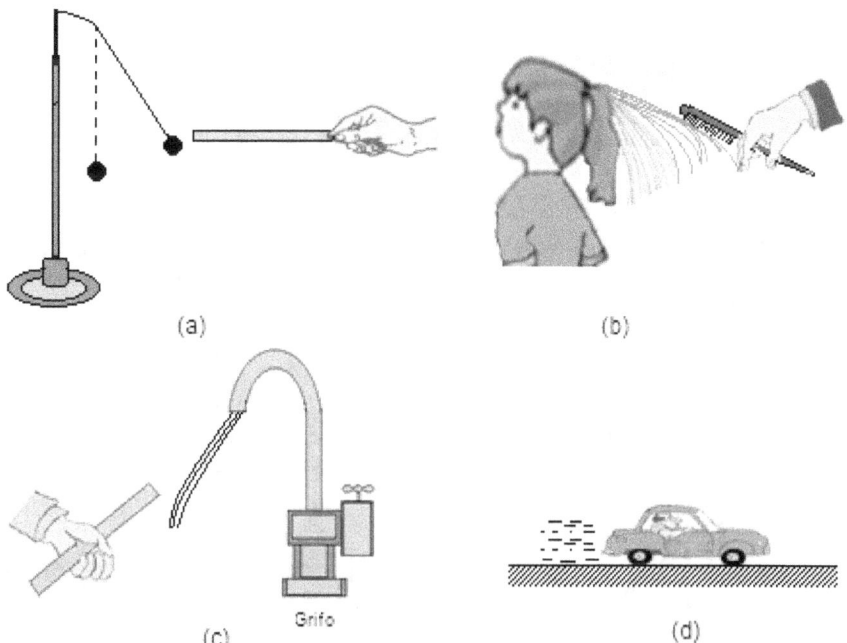

(a)

(b)

(c) Grifo

(d)

Fig. 1.1 Cualquier sustancia se puede electrizar al frotarla con otra.

INTERACCIONES ENTRE CUERPOS ELECTRIZADOS

Analizaremos a continuación la existencia de la carga positiva y la carga negativa. Al realizar experimentos con cuerpos electrizados, se concluye que pueden separarse en dos grupos:

> Primer grupo: Está formado por aquellos cuerpos cuyo comportamiento es igual al de una barra de vidrio que frotamos con un paño de seda. Observándose que los cuerpos electrizados de este conjunto se repelen unos a otros. Entonces decimos que dichos cuerpos están *electrizados positivamente*, o sea, que al ser frotados, adquieren una *carga positiva* (figura 1.2).

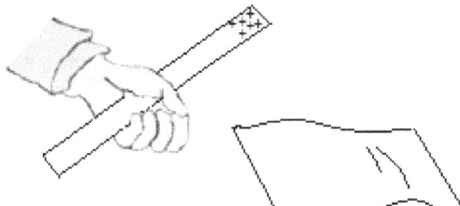

Fig. 1.2 Cuando frotamos con un paño de seda una barra de vidrio,
ésta queda electrizada positivamente.

> Segundo grupo: Está formado por los cuerpos cuyo comportamiento es igual al de una barra de goma, frotada con un trozo de tela de lana. También se puede observar que todos los cuerpos de este grupo se repelen unos a otros, pero atraen los cuerpos del grupo anterior. Por lo tanto decimos que los cuerpos de este segundo grupo se encuentran *electrizados negativamente, o sea que poseen carga negativa* (figura 1.3) cuando se les frota.

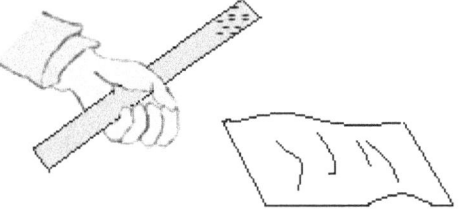

Fig. 1.3 Cuando frotamos una barra de goma o caucho con un de
lana, la barra queda electrizada negativamente.

En la figura 1.4.a, se muestra una varilla de vidrio que ha sido frotada con un paño de seda y se ha suspendido de un soporte mediante un hilo de seda. Frotando otra varilla de vidrio con el paño de seda y acercándole a la primera se observa que las dos varillas de vidrio se repelen entre sí como se observa en la figura 1.4.b.

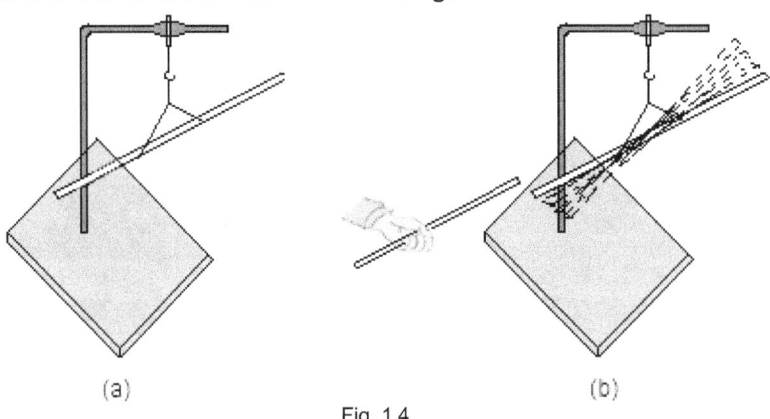

(a)   (b)

Fig. 1.4

Repitiendo el experimento el experimento utilizando dos barras de plástico frotada con un paño de lana o con piel, se observa idéntico fenómeno; las dos barras de plástico se repelen entre sí.

Si la varilla de vidrio y plástico frotada con un paño de lana, se observa a las varillas de vidrio y plástico se atraen mutuamente.

Estos hechos comprueban que el estado eléctrico correspondiente al vidrio frotado con seda es diferente del estado eléctrico correspondiente al plástico frotado con lana. Es decir, *existen dos clases de electricidad o carga eléctrica.* Para distinguirlas se ha convenido en llamar *electricidad positiva* (+) a la que se produce en el vidrio frotado con seda y *electricidad negativa* (-) a la que se produce en el plástico frotado con lana, como dijimos anteriormente. Haciendo experimentos con otros cuerpos frotados se obtiene siempre una de estas dos electricidades, encontrándose, encontrándose que *electricidades o cargas eléctricas del mismo nombre (mismo signo) se repelen y de diferente nombre (diferente signo) se atraen, figura 1.5.*

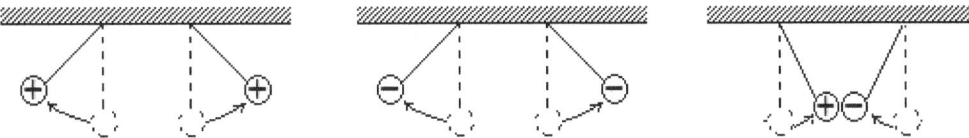

Fig. 1.5 Los cuerpos electrizados cuya carga o electricidad es del mismo nombre se repelen, y los que tienen carga o electricidad de nombre contario o diferente se atraen.

Los fenómenos descritos y otros que se expondrán más adelante, se explica mediante la TEORIA O MODELO ELECTRÓNICO, cuyos aspectos fundamentales son los siguientes:

Un átomo de cualquier elemento está formado por tres tipos de partículas subatómicas: electrones, protones y neutrones. Los protones y neutrones constituyen la parte central del átomo, llamada núcleo atómico, a cuyo alrededor se encuentran los electrones, girando según órbitas circulares o elípticas. Los protones ejercen fuerza de atracción sobre los electrones; pero los protones entre si se repelen, ocurriendo este mismo fenómeno de repulsión entre unos electrones y otros. Estos fenómeno de atracción y de repulsión se explican atribuyendo a los electrones y protones una propiedad llamada electricidad o carga eléctrica, que por convención es positiva para los protones y negativa para los electrones.

Mientras los protones y neutrones están siempre dentro del núcleo del átomo, los electrones de las órbitas más externas pueden pasar de los átomos de un cuerpo a los átomos de otro, en cuyo caso el primero queda con déficit de electrones, predominando la carga positivo de los protones, y en el segundo cuerpo en cambio, tiene exceso de electrones y queda electrizado negativamente.

Cuando los átomos de un cuerpo el número de protones es igual al número de electrones, la carga eléctrica positiva de los protones está contenida con la carga eléctrica negativa de los electrones y el cuerpo se manifiesta eléctricamente neutro.

Así podemos concluir que existen dos estados eléctricos:

- *Estado eléctrico positivo:* Cuándo el átomo o un cuerpo tiene déficit de electrones ($e^+ > e^-$).
- *Estado eléctrico negativo:* Cuándo el átomo o un cuerpo tiene exceso de electrones ($e^+ < e^-$).

De un cuerpo que tiene el número de protones igual al número de electrones, diremos que es *eléctricamente neutro* ($e^+ = e^-$).

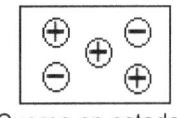
Cuerpo en estado
eléctrico positivo.

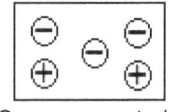
Cuerpo en estado
eléctrico negativo.

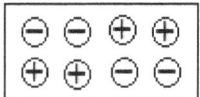
Cuerpo en estado
eléctrico neutro.

Mediante esta teoría puede ahora explicarse el qué al frotar una barra de vidrio con un paño de seda la barra de vidrio se electriza positivamente y al frotar con un paño de lana una barra de plástico, ésta se electriza negativamente. En el primer caso ha habido desplazamiento de electrones de los átomos de la seda, por lo que en vidrio hay déficit de electrones y se demuestra cargado positivamente. La seda, en cambio, tiene exceso de electrones y se manifiesta cargado negativamente. En el caso del plástico frotado con lana el fenómeno ocurre a la inversa, es decir, hay desplazamiento de electrones de los átomos de la lana a los átomos del plástico, por lo que éste se carga negativamente y la lana positivamente.

CONDUCTORES Y AISLADORES

❖ **Conductores de electricidad:** Los cuerpos están constituido por átomos y éstos poseen partículas eléctricas (protones y electrones). Cuando varios átomos se reúnen para formar ciertos sólidos, los electrones de las órbitas más lejanos no permanecen unidos a sus respectivos átomos, y adquieren libertad de movimiento en el interior del sólido. Estas partículas se denominan *electrones libres*, (figura 1.6).

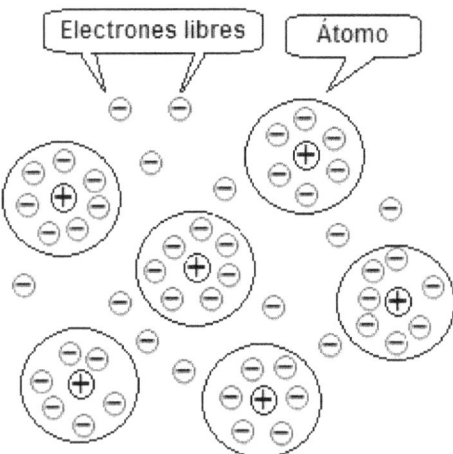

Fig. 1.6 En los metales, los electrones de las órbitas externas no permanecen unidos a los átomos y se denominan electrones libres.

Por esta razón, en materiales que poseen electrones libres es posible que la carga eléctrica sea transportada por medio de ellos, entonces decimos que estas sustancias son *conductores eléctricos.*

Podemos resumir de lo anterior diciendo que las sustancias que, como los métales, poseen electrones libres en su interior, permiten el desplazamiento de carga eléctrica a través de ellas, por lo cual se denomina *conductores eléctricos.*

Entre algunos buenos conductores tenemos: los métales, el cuerpo humano, las sustancias electrolíticas y en general, todos los buenos conductores del calor.

❖ **Aislantes eléctricos o dieléctricos:** Existen materiales en los cuales los electrones están muy unidos a sus respectivos átomos esto quiere decir que estas sustancias no poseen electrones libres (o el número libres son muy pequeños o insuficiente). Por esta razón no es posible el desplazamiento de carga eléctrica libre a través de dichos cuerpos, por lo que se denominan aisladores eléctricos o dieléctricos.

Por eso es que dice que los aisladores eléctricos son materiales en los cuales, la carga adquirida queda localizada en la región de penetración; de allí su dificultad para moverse en el interior del volumen del material.

Entre algunos aisladores o dieléctricos tenemos el vidrio, la madera, el papel, etc.

Realizaremos un analisis sobre el movimiento de los electrones dentro de un cuerpo:

❖ Tomemos un cuerpo metálico, cargado negativamente, apoyado en un soporte aislante (figura 1.7.a). Supongamos que dicho cuerpo es conectado a Tierra por medio de un conductor, por ejemplo, un alambre de cobre. En estas condiciones, los electrones que están en exceso en el cuerpo metálico, escaparán hacia Tierra a través del conductor, ocurriendo que dicho cuerpo pierde su carga negativa pasando al estado neutro.

En la figura 1.7.b se muestra lo que ocurriría si el cuerpo metálico estuviera electrizado positivamente: Los electrones libres de la Tierra pasarían a través del conductor hasta que la carga positiva del cuerpo metálico quedara neutralizado. Entonces podemos observar que en ambos casos el cuerpo metálico electrizado, al conectarse a Tierra mediante un conductor, pierde su carga y se vuelve neutro.

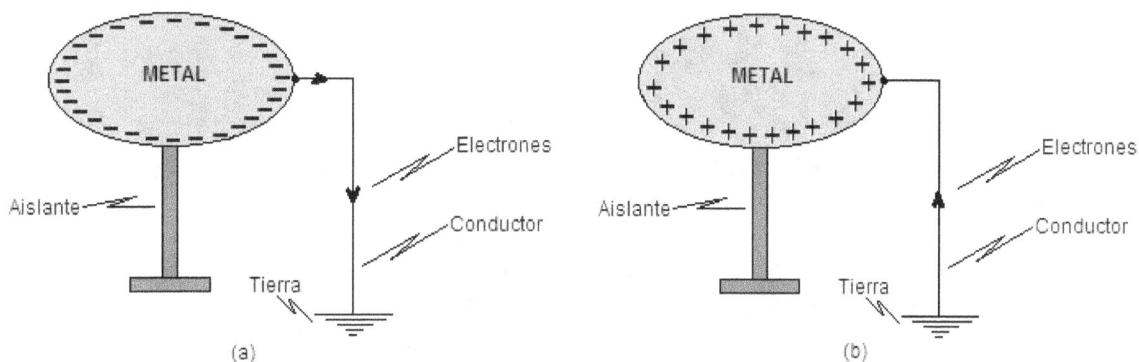

Fig. 1.7 Al conectar a Tierra un cuerpo electrizado, mediante un conductor
pierde su carga y se vuelve eléctricamente neutro.

❖ En la figura 1.7 (a y b), si sustituimos el hilo conductor por un hilo aislante por ejemplo de plástico, para hacer la conexión a Tierra no habría, como ya sabemos, movimiento de electrones a través de dicho hilo aislante. De esta forma, el cuerpo metálico se descargaría y permanecería electrizado.

DETECCIÓN DE CARGAS: Electroscopio

Una barra de vidrio cargada positivamente o una barra de plástico cargada negativamente y suspendida de un hilo de seda pueden utilizarse para detectar o revelar la presencia de cargas eléctricas en un objeto y determinar la clase de carga que ésta posee. Para ellos basta acercar a un extremo de la varilla de vidrio o barra de plástico un objeto electrizado y observar si la varilla o barra es atraída o repelida por el objeto. Un dispositivo más sencillo para detectar cargas eléctricas es el electroscopio.

El *electroscopio es un dispositivo que permite comprobar si un cuerpo esta electrizado*. Un electroscopio muy sencillo puede formarse con un pequeño cuerpo ligero (una pequeña esfera de unicel por ejemplo) colgado en el extremo de un hilo. Este electroscopio comúnmente se le denomina *péndulo simple.*

Al acercar al electroscopio un cuerpo electrizado que esté cargado positiva o negativamente, atraerá la esferita, figura 1.8. Por esta razón el hecho de que la pequeña esfera sea atraída por el cuerpo, indica que el cuerpo está electrizado, aun cuando no podemos determinar el signo de su carga eléctrica.

Para que se pueda determinar con este electroscopio el signo de la carga de un cuerpo, sería necesario que la esferita estuviera electrizada con carga de signo conocido. Por ejemplo, si estuviera electrizada negativamente y fuera repelida por un cuerpo determinado, podemos concluir que tal cuerpo también está electrizado negativamente, pero si fuera atraída, el cuerpo estaría cargado positivamente.

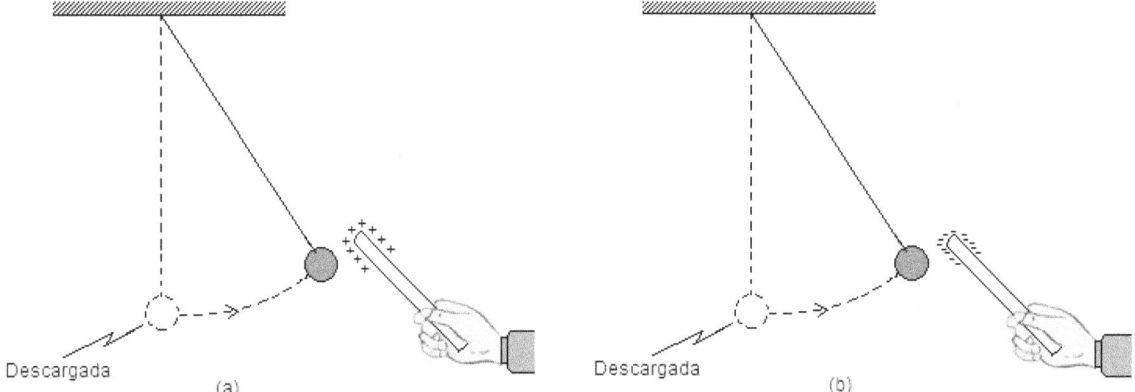

Fig. 1.8 Un electroscopio simple se obtiene con una esferita ligera colgada de un hilo aislante.

* ❖ **Electroscopio de laminillas.** Tenemos otro tipo de electroscopio muy común es el que se denomina *electroscopio de laminillas.* Este aparato consta esencialmente de una varilla conductora que tiene en su extremo superior una esfera metálica, y en su extremo inferior, dos tiras o laminillas muy finas (que suelen ser de plata, aluminio o estaño), sujeta de modo que se puedan acercar o separar fácilmente en su parte libre, (figura 1.9). Este conjunto suele estar dentro de una caja protectora (totalmente de vidrio, o metálica con mirillas de vidrio), sostenida en ellas mediante un aislante.

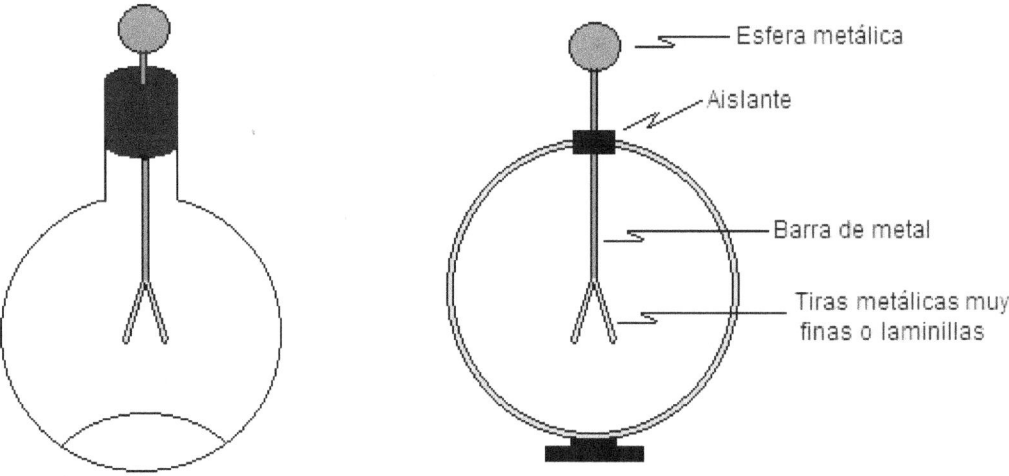

Fig. 1.9 Electroscopios de laminillas.

Si se toca la esferita o esfera metálica del electroscopio con un objeto cargado negativamente, algunos electrones del objeto pasan a la varilla metálica del electroscopio y las laminillas. Como éstas quedan con exceso de electrones, o sea cargadas negativamente, se repelen y se abren, (figura 1.10.a). Poniendo en comunicación la esferita del electroscopio con la Tierra mediante un conductor metálico, o simplemente, tocando la esferita con un dedo, las laminillas se cierran (figura 1.10.b), lo cual indica que el exceso de electrones pasa por el conductor o por nuestro cuerpo a Tierra y el electroscopio queda en estado neutro.

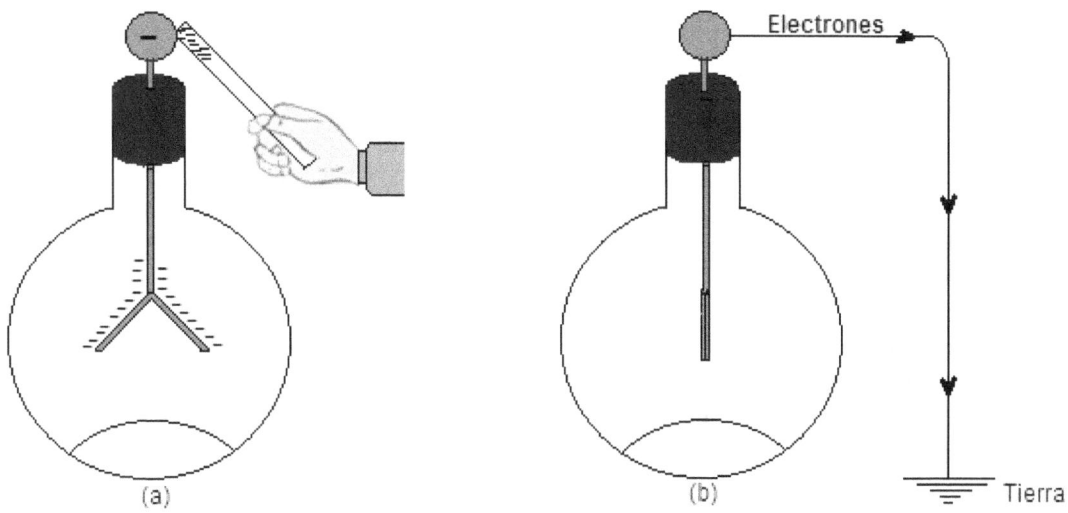

Fig. 1.10

Si se toca la esferita del electroscopio con un objeto cargado positivamente, algunos electrones de la verilla del electroscopio y de las laminillas pasan al objeto cargado positivamente para compensar la carga de algunos núcleos.

El electroscopio queda con déficit de electrones y se manifiesta cargado positivamente por lo que las laminillas se repelen y se abren. Poniendo en comunicación la esferita del electroscopio con Tierra mediante un conductor metálico, o simplemente, tocando l esferita con el dedo, las laminillas se cierran. Esto quiere decir que los electrones de la Tierra suben por el conductor o por nuestro cuerpo al electroscopio, atraídos por la carga positiva de éste.

Cargando el electroscopio con electricidad positiva y acercándole un objeto cargado también positivamente, las laminillas se separa más. Si se repite el experimento acercándole a la esferita del electroscopio un objeto con electricidad negativa, las laminillas se cierran. Estos experimentos nos dicen que un objeto está cargado positivamente, si al acercarlo a un electroscopio con electricidad positiva aumenta el ángulo de las laminillas y está cargado negativamente, si en iguales condiciones disminuye el ángulo de estas.

INDUCCIÓN ELECTROSTÁTICA.

Tomando en cuenta un conductor AB que se encuentra en estado neutro, sostenido por un soporte aislante o dieléctrico (figura 1.11.a). Acercamos al conductor, sin tocarlo, un cuerpo que está electrizado positivamente (figura 1.11.b). Los electrones libres que tiene en gran cantidad el conductor, serán atraídos por la carga positiva que presenta el cuerpo y se acumularán en el extremo A. Como las cargas negativas se desplazan hacia el extremo A entonces el extremo B presentará un exceso de cargas positivas, como se observa en la figura 1.11.b.

37

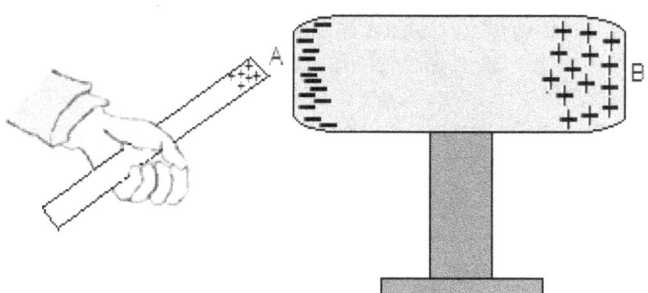

Fig. 1.11 Cuando acercamos un cuerpo electrizado a un conductor, se observa en éste una separación de cargas.

Podemos observar que el acercamiento del cuerpo cargado produjo en el conductor una separación de cargas, pero aun cuando en su totalidad sigue el conductor estando en estado neutro. Esta separación de cargas en un conductor, originada por el acercamiento de un cuerpo electrizado, se denomina *inducción electrostática,* el cuerpo que produjo la inducción se denomina *inductor* y las cargas que aparen en los extremos del conductor *cargas inducidas*

Para realizar la **electrización por inducción**, suponiendo que mantenemos el inductor fijo en su posición dada conectamos a Tierra, mediante un hilo metálico, al conductor que sufrió la inducción electrostática (figura 1.11). Entonces esta conexión hará que los electrones libres pasen de la Tierra hacia el conductor, de forma similar a como se muestra en la figura 1.7.b. Estos electrones van a neutralizar la carga positiva inducida que se localiza en el extremo B del conductor (figura 1.11).

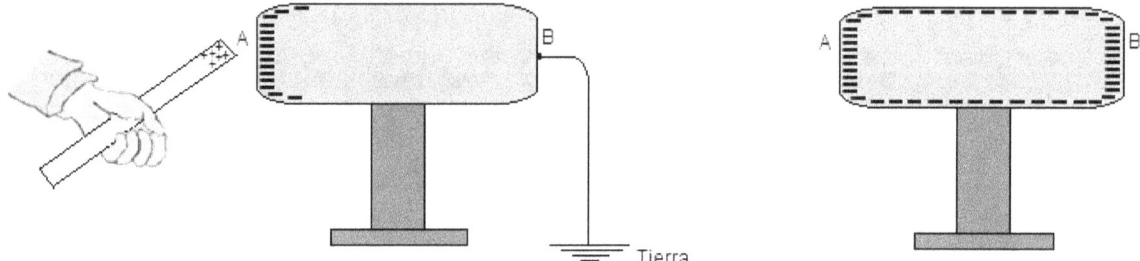

Fig. 1.11 Al ser conectado a Tierra el conductor que sufrió inducción, quedará electrizado negativamente, pues los electrones libes de la Tierra pasarán hacia él.

Fig. 1.12 La carga negativa inducida en el conductor, se distribuye ahora sobre toda su superficie.

Si quitamos la conexión a Tierra, y enseguida, alejamos el inductor, la carga negativa inducida que se encontraba acumulada en el extremo A, se distribuirá por la superficie de dicho conductor, como se observa en la figura 1.12. Nos podemos dar cuenta que el conductor adquirió de esta forma la carga negativa, es decir, carga de signo contrario de la carga del inductor. Este, a su vez, no perdió ni recibió carga alguna durante el proceso. Esta manera de electrizar un cuerpo conductor se denomina *electrización por inducción.*

CARGA DE UN ELECTROSCOPIO POR INDUCCIÓN

A continuación analizaremos como por medio de la inducción electrostática se puede cargar un electroscopio negativa o positivamente. Para cargar un electroscopio negativamente por inducción procederemos de la forma siguiente:

Acercamos a la esferita del electroscopio, un objeto cargado positivamente, como en este caso una varilla de vidrio frotada con un paño de seda, (figura 1.13.a). Los electrones libres de la barra del electroscopio se desplazan hacia la esferita atraídos por la carga positiva de la varilla, quedando entonces las laminillas del electroscopio con déficit de electrones, las cuales se repelen por tener cargas del mismo signo.

Ahora se pone la esferita del electroscopio en comunicación con Tierra por medio de un alambre (figura 1.13.b), o por medio de nuestro cuerpo, tan solo al tocar con el dedo la esferita. La carga positiva de la varilla atrae electrones libres de la Tierra, que suben a través del conductor o de nuestro cuerpo hacia la esferita y pasan a las laminillas, que se cierran un poco.

Por último se rompe la comunicación con Tierra y después se retira la varilla cargada positivamente (figura 1.13.c). El electroscopio queda con exceso de electrones y por esta razón se concluye que queda cargado negativamente.

Para cargar un electroscopio positivamente por inducción electrostática se realiza el mismo procedimiento explicado anteriormente, pero se acerca a la esferita del electroscopio un objeto cargado negativamente, como en este caso una varilla de plástico

frotada con un paño de lana, pues *un objeto se carga por inducción con electricidad de nombre contrario a la que tiene el inductor,* figura 1.14.

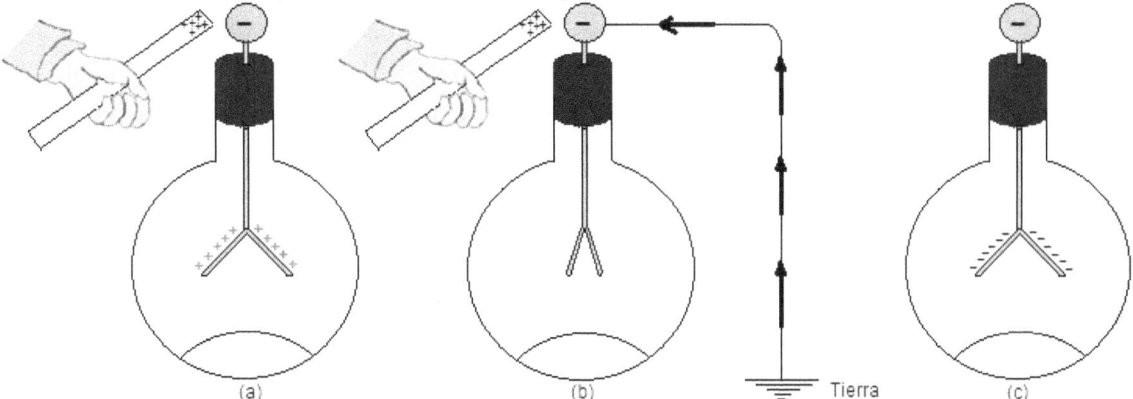

Fig. 1.13 Cargar el electroscopio negativamente por inducción electrostática.

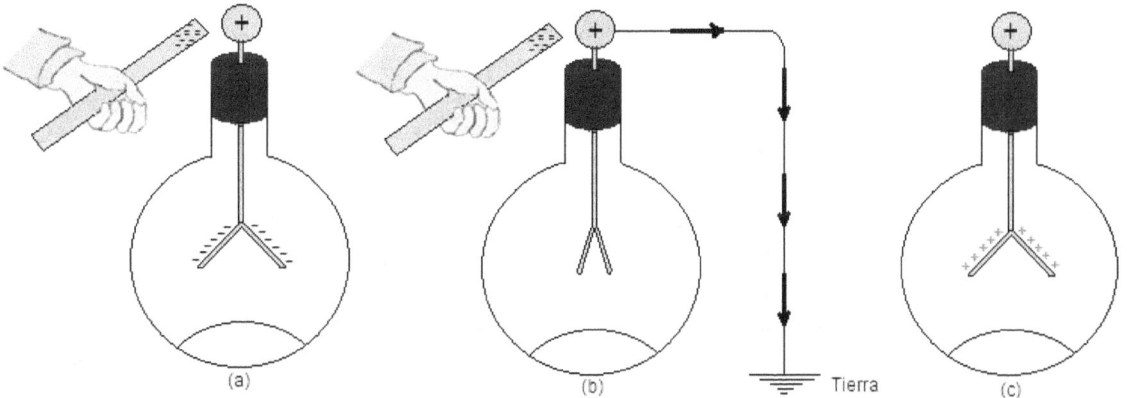

Fig. 1.13 Cargar el electroscopio positivamente por inducción electrostática.

LEY DE COULOMB

Ya hemos estudiado los aspectos cualitativos que intervienen en las interacciones de cargas eléctricas, sin tomar en cuenta en ningún momento, los aspectos cuantitativos que rigen estas interacciones.

Los primeros estudios realizados de las medidas relacionadas con las atracciones y repulsiones eléctricas se deben al científico francés Charles Augustin de Coulomb, que se le conoce principalmente por la formulación de la ley que lleva su nombre. Este científico descubrió en término matemático precisos, como cargas positivas y negativas se atraen o se repelen mutuamente y que va a constituir la segunda ley de la electricidad.

La ley de Coulomb manifiesta que la atracción y repulsión se debilita muy rápidamente con la distancia y aumenta con igual rapidez cuando las partículas cargadas se acercan una y otra.

Esta ley es válida solamente para *cargas puntuales.* Una carga puntual o puntiforme es la que está distribuida en un cuerpo cuyas dimensiones son despreciables en comparación con las demás dimensiones que intervienen en el problema.

En siglo XVII, Coulomb realizó una serie de medidas muy detalladamente de las fuerzas existentes entre dos cargas puntuales, utilizando una balanza de torsión muy parecida a la que empleo Cavendish para evaluar la ley de gravitación universal.

La fuerza electrostática que actúa entre dos cargas es proporcional al producto de las mismas y varía en proporción inversa al cuadrado de la distancia que las separa.

Entonces:

$$|\vec{F}| \propto |q_1| \cdot |q_2| \qquad y \qquad |\vec{F}| \propto \frac{1}{r^2}$$

Asociando estas relaciones obtenemos que:

$$|\vec{F}| \propto \frac{|q_1| \cdot |q_2|}{r^2}$$

Si tenemos dos cargas q_1 y q_2, ambas son positivas o negativas, como ya sabemos habrá una repulsión, es decir q_1 aplica a q_2 una fuerza eléctrica de repulsión a la cual llamaremos $\vec{F}_{12}$ (Fuerza que q_1 aplica q_2), lógicamente, de acuerdo a la tercera Ley de Newton, q_2 responde a q_1 aplicándole una fuerza igual y contraria $\vec{F}_{21}$ (Fuerza que q_2 aplica a q_1), figura 1.14.

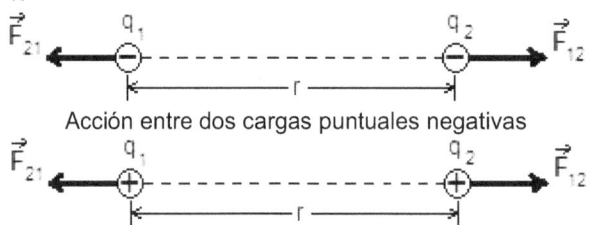

Acción entre dos cargas puntuales negativas

Acción entre dos cargas puntuales positivas
Fig. 1.14 Acción entre dos cargas puntuales de igual signo.

Nótese que ambas fuerza están aplicadas en cargas diferentes, jamás en una sola carga. Tácticamente estamos hablando de *Fuerza* electrostática, o sea, fuerzas eléctricas con carga en equilibrio.

Examinaremos ahora cuando q_1 y q_2 son dos cargas de signos contrarios; en este caso la fuerza es de atracción, es decir, q_1 aplica a q_2 una fuerza $\vec{F}_{12}$ y q_2 responde aplicando a q_1, una igual y contraria u opuesta $\vec{F}_{21}$, figura 1.15.

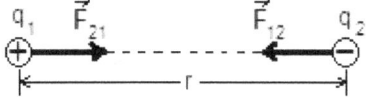

Fig. 1.15 Acción entre cargas puntuales opuestas.

La dirección de la fuerza Coulombiana de tracción o repulsión, es la misma que la de la recta de unión de las cargas puntuales.

Cuando hay más de dos cargas, debe completar la Ley de Coulomb con otro hecho de la naturaleza: "*La fuerza sobre cualquier carga, es la suma vectorial de las fuerzas Coulombianas provenientes de cada una de las otras cargas*". Esto se conoce como *Principio de superposición,* esa es toda la electrostática.

La expresión matemática que permite el cálculo cuantitativo de la fuerza de atracción o repulsión entre cargas puntuales es:

$$F = \frac{1}{4\pi\varepsilon_o} \cdot \frac{|q_1| \cdot |q_2|}{r^2}$$

Como $\varepsilon_o = 8,9.\,10^{-12}\,\frac{C^2}{N \cdot m^2}$ es la constante de proporcionalidad introducida para transformar la proporcionalidad $F \propto \frac{q_1 \cdot q_2}{r^2}$ en la ecuación de fuerza eléctrica anterior. Esta constante de proporcionalidad que se denomina constancia dieléctrica la representamos por K. Entonces sustituyendo tenemos que:

$$K = \frac{1}{4\pi\varepsilon_o} = \frac{1}{4 \cdot 3,1415926535 \cdot 8,9.\,10^{-12}\,\frac{C^2}{N \cdot m^2}} = 8,941288935.\,10^9\,\frac{N.\,m^2}{C^2}$$

En la práctica se toma el valor:

$$K = 9.\,10^9\,\frac{N \cdot m^2}{C^2}$$

Concluyendo tenemos que la ecuación para determinar la fuerza de interacción eléctrica de atracción o repulsión entre dos cargas puntuales y que representa la Ley de Coulomb:

$$F = K\,\frac{|q_1| \cdot |q_2|}{r^2}$$

La Ley de Coulomb se puede enunciar de la forma siguiente:
"La magnitud de cada una de las fuerzas de interacción eléctrica de atracción o repulsión entre dos cargas puntuales en reposo es directamente proporcional al producto de la magnitud de ambas cargas e inversamente proporcional al cuadrado de la distancia que las separa".

En el Sistema Internacional (S.I) la unidad de carga eléctrica se denomina *coulomb., cuyo símbolo es la C*, en honor al científico francés Charles Augusto de Coulomb. Cuando decimos que un cuerpo posee una carga de $1\,C$, ello significa que perdió o ganó $6,25.\,10^{18}\,electrones$, esto quiere decir que:

$1\,C$ corresponde a $6,25.\,10^{18}\,electrones$ *en exceso (si la carga del cuerpo fue negativa), o en defecto (si la carga del cuerpo fue positiva).*

En electrostática generalmente trabajamos con cargas eléctricas mucho más pequeñas que $1\,C$. En este caso se acostumbra expresar los valores de las cargas de los cuerpos electrizados en milicoulombs ($mC = 10^{-3}\,C$) y el microcoulombs ($\mu C = 10^{-6}\,C$).

La unidad de carga eléctrica en los sistemas M.K.S.C. y c.g.s.s., son respectivamente el coulomb y el statcoulomb siendo su equivalencia: $1\,C = 3.\,10^9\,stc$.

En el sistema c.g.s.s. la constante dieléctrica K vale $1\,dyn \cdot cm^2/stc^2$

PROBLEMAS RESUELTOS DE APLICACIÓN DE LA LEY DE COULOMB

1. Una carga puntual positiva $q_1 = 3,3.\,10^{-7}\,C$, se coloca a una distancia $r = 0,04\,m$ de otra también puntual pero negativa $q_2 = -6,2.\,10^{-7}\,C$; las cargas están ubicadas en el vacío.

Figura del ejercicio.

a) Calcular la magnitud de la fuerza eléctrica F_{21} que q_2 ejerce sobre q_1.

b) El valor de la fuerza eléctrica F_{12} que q_1 ejerce sobre q_2. ¿Es mayor, menor o igual al valor de F_{21}?

Antes de comenzar a resolver el ejercicio representemos las fuerzas eléctricas en la figura del problema:

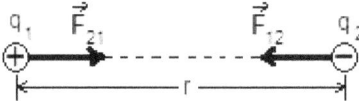

Solución.

a) Como podemos observar las cargas están ubicadas en el vacío, tenemos que q_1 y q_2 son dos cargas de signos contrarios, entonces la fuerza eléctrica es de atracción. La magnitud de F_{21} estará dada por:

$$F_{21} = K \frac{|q_1| \cdot |q_2|}{r^2}$$

Al sustituir estos valores en la expresión de la Ley de Coulomb, obtenemos el valor de F_{21}, no es necesario tomar el signo de las cargas, pues como ya sabemos cuál es el sentido de la fuerza, hay que calcular únicamente el valor.

Tenemos entonces:

$$F_{21} = 9.10^9 \frac{N \cdot m^2}{C^2} \cdot \frac{3,3.10^{-7}\, C \cdot 6,2.10^{-7}\, C}{(0,04\, m)^2} = 9.10^9 \frac{N \cdot m^2}{C^2} \cdot \frac{2,046.10^{-13}\, C^2}{1,6.10^{-3}\, m^2}$$

$$= \frac{1,8414.10^{-3}\, N}{1,6 \cdot 10^{-3}} = 1,15\, N$$

Entonces tenemos que la magnitud de la F_{21} es de 1,15 N.

b) Por la tercera Ley de Newton sabemos que si q_2 atrae a q_1, esta carga q_1 atraerá a q_2 con una fuerza igual y opuesta. O sea, las fuerzas $\vec{F}_{21}$ y $\vec{F}_{12}$ que se muestra en la figura del problema, forman una pareja de acción y reacción, y entonces sus magnitudes son iguales, es decir tenemos que $F_{12} = 1,15\, N$.

2. Tres cargas eléctricas están situadas en el vacío, según indica el dibujo siguiente, sabiendo que $q_a = 2.10^{-8}\, C$, $q_b = -5.10^{-8}\, C$ y $q_c = 4.10^{-8}\, C$.

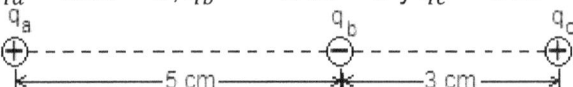

Calcular:

a) La magnitud de la fuerza electrostática resultante que actúa sobre q_b por efecto de q_a y q_c.

b) La magnitud de la fuerza electrostática resultante que actúa sobre q_c por efecto de q_a y q_b.

Solución.

a) Esquema del problema en que representemos las fuerzas eléctricas que actúan sobre q_b

Reducimos las distancias que hay entre las cargas a metro:

$$5\, cm = 5\, cm \cdot \left(\frac{1\, m}{10^2\, cm} \right) = 5.10^{-2}\, m$$

$$3 \, cm = 3 \, cm \cdot \left(\frac{1 \, m}{10^2 \, cm} \right) = 3.10^{-2} \, m$$

La carga q_a atrae a la carga q_b con una fuerza cuya magnitud viene dada por:

$$F_{ab} = K \frac{|q_a| \cdot |q_b|}{r_{ab}{}^2} = 9.10^9 \frac{N \cdot m^2}{C^2} \cdot \frac{2.10^{-8} \, C \cdot 5.10^{-8} \, C}{(5.10^{-2} \, m)^2}$$

$$= 9.10^9 \frac{N \cdot m^2}{C^2} \cdot \frac{10.10^{-16} \, C^2}{2,5.10^{-3} \, m^2} = \frac{9.10^{-6} \, N}{2,5.10^{-3}} = 3,6.10^{-3} \, N$$

Entonces $F_{ab} = 3,6.10^{-3} \, N$.

La carga q_c atrae a la carga q_b con una fuerza cuya magnitud viene dada por:

$$F_{cb} = K \frac{|q_c| \cdot |q_b|}{r_{bc}{}^2} = 9.10^9 \frac{N \cdot m^2}{C^2} \cdot \frac{4.10^{-8} \, C \cdot 5.10^{-8} \, C}{(3.10^{-2} \, m)^2}$$

$$= 9.10^9 \frac{N \cdot m^2}{C^2} \cdot \frac{20.10^{-16} \, C^2}{9.10^{-4} \, m^2} == 2.10^{-2} \, N$$

Entonces $F_{cb} = 2.10^{-2} \, N$.

Como las fuerzas de magnitudes F_{ab} y F_{cb}, tienen la misma dirección pero sentidos contrarios, entonces la fuerza electrostática resultante F_R sobre q_b tiene de magnitud:

$$F_R = F_{cb} - F_{ab} = 2.10^{-2} \, N - 3,6.10^{-3} \, N = 2.10^{-2} \, N - 0,36.10^{-2} \, N$$
$$= 1,64.10^{-2} \, N$$

Concluyendo la magnitud de la fuerza electrostática resultante que actúa sobre q_b por efecto de q_a y q_c: $F_R = 1,64.10^{-2} \, N$

b) Esquema del problema en que representemos las fuerzas eléctricas que actúan sobre q_c.

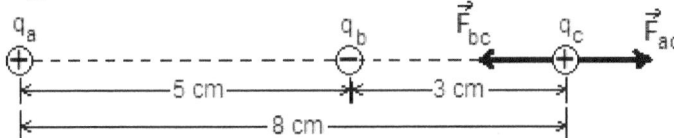

Reducimos a metro la distancia entre las cargas q_a y q_c.

$$8 \, cm = 8 \, cm \cdot \left(\frac{1 \, m}{10^2} \right) = 8.10^{-2} \, m$$

La carga q_a repele a la carga q_c con una fuerza cuya magnitud viene dada por:

$$F_{ac} = K \frac{|q_a| \cdot |q_c|}{r_{ac}{}^2} = 9.10^9 \frac{N \cdot m^2}{C^2} \cdot \frac{2.10^{-8} \, C \cdot 4.10^{-8} \, C}{(8.10^{-2} \, m)^2}$$

$$= 9.10^9 \frac{N \cdot m^2}{C^2} \cdot \frac{8.10^{-16} \, C^2}{6,4.10^{-3} \, m^2} = \frac{7,2.10^{-6} \, N}{6,4.10^{-3}} = 1,125.10^{-3} \, N$$

Entonces $F_{ac} = 1,125.10^{-3} \, N$.

La carga q_b atrae a la carga q_c, pero podemos observar que las fuerzas electrostáticas F_{bc} y F_{cb}, tienen la misma dirección y sentidos contrarios entonces concluimos que en magnitud:

$$F_{bc} = F_{cb} \implies F_{bc} = 2.10^{-2} \, N$$

Como las fuerzas de magnitudes F_{ac} y F_{bc}, tienen la misma dirección pero sentidos contrarios, entonces la fuerza electrostática resultante F_R sobre q_b tiene de magnitud:

$$F_R = F_{bc} - F_{ac} = 2.10^{-2} \, N - 1,125.10^{-3} \, N = 2.10^{-2} \, N - 0,1125.10^{-2} \, N$$
$$= 1,8875.10^{-2} N = 1,89.10^{-2} \, N$$

Concluyendo la magnitud de la fuerza electrostática resultante que actúa sobre q_c por efecto de q_a y q_b: $F_R = 1,89.10^{-2}\ N$.

3. En los vértices A, B y C del triángulo mostrado a continuación, se colocan tres cargas: $q_a = 2.10^{-6}\ C$, $q_b = -4.10^{-6}\ C$ y $q_c = -5.10^{-6}\ C$, respectivamente. Calcular la magnitud de la fuerza electrostática resultante que actúa sobre q_b por la acción de las otras dos cargas.

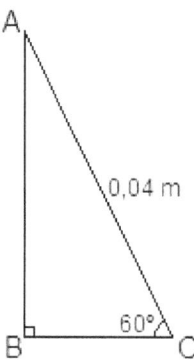

Realicemos el esquema del problema:

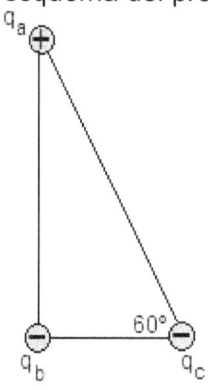
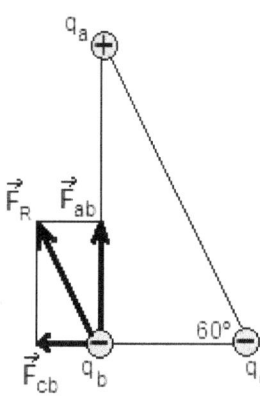

Solución.

Comenzamos calculando las distancias que separa las cargas, aplicando las funciones trigonométricas en el triángulo dado en el problema:

$$sen\ 60° = \frac{\overline{AB}}{\overline{AC}} \implies \overline{AB} = \overline{AC} \cdot sen\ 60° = 0,04\ m \cdot \frac{\sqrt{3}}{2} = 2\sqrt{3}.10^{-2}\ m$$

$$cos\ 60° = \frac{\overline{BC}}{\overline{AC}} \implies \overline{BC} = \overline{AC} \cdot cos\ 60° = 0,04\ m \cdot \frac{1}{2} = 0,02\ m = 2.10^{-2}\ m$$

Concluimos que: $r_{AB} = 2\sqrt{3}.10^{-2}\ m$ y $r_{BC} = 2.10^{-2}\ m$.

Las cargas q_a y q_b son de signo contrario o diferente por lo tanto q_a atrae a q_b con una fuerza que está representada por $\vec{F}_{ab}$ en el esquema del problema. Calculando la magnitud de la fuerza electrostática F_{ab} aplicando la Ley de Coulomb:

$$F_{ab} = K\ \frac{|q_a| \cdot |q_b|}{r_{AB}^2} = 9.10^9\ \frac{N \cdot m^2}{C^2} \cdot \frac{2.10^{-6}\ C \cdot 4.10^{-6}\ C}{\left(2\sqrt{3}.10^{-2}\ m\right)^2} = 9.10^9\ \frac{N \cdot m^2}{C^2} \cdot \frac{8.10^{-12} C^2}{12.10^{-4}\ m^2}$$

$$= \frac{7,2.10^{-2}\ N}{1,2.10^{-3}} = 60\ N$$

Las cargas q_c y q_b son del mismo signo por lo tanto q_c repele a q_b con una fuerza que está representada por $\vec{F}_{cb}$ en el esquema del problema. Calculando la magnitud de la fuerza electrostática F_{cb} aplicando la Ley de Coulomb:

$$F_{cb} = K \frac{|q_c| \cdot |q_b|}{r_{BC}{}^2} = 9.10^9 \frac{N \cdot m^2}{C^2} \cdot \frac{5.10^{-6} \, C \cdot 4.10^{-6} \, C}{(2.10^{-2} \, m)^2} = 9.10^9 \frac{N \cdot m^2}{C^2} \cdot \frac{20.10^{-12} \, C^2}{4.10^{-4} \, m^2}$$

$$= \frac{1,8.10^{-1} \, N}{4.10^{-4}} = 450 \, N$$

La fuerza resultante sobre q_b es la suma vectorial de estas dos fuerzas:

$$\vec{F}_R = \vec{F}_{ab} + \vec{F}_{cb}$$

Observando el esquema del problema, la magnitud de la fuerza electrostática resultante F_R se determina aplicando el Teorema de Pitágoras:

$$F_R{}^2 = F_{ab}{}^2 + F_{cb}{}^2$$

$$F_R = \sqrt{F_{ab}{}^2 + F_{cb}{}^2} = \sqrt{(60 \, N)^2 + (450 \, N)^2} = \sqrt{3600 \, N^2 + 202500 \, N^2}$$

$$= \sqrt{206.100 \, N^2} = 453,98 \, N$$

Concluyendo La magnitud de la fuerza electrostática resultante que actúa sobre q_b por la acción de las otras dos fuerzas: $F_R = 453,98 \, N$

4. En los vértices A, B, y C del triángulo mostrado a continuación, se encuentran cargas $q_a = 8.10^{-7} \, C$, $q_b = -5.10^{-7} \, C$ y $q_c = -3.10^{-7} \, C$, respectivamente. Si $\overline{CD}$ es la altura correspondiente al triángulo $\triangle ABC$ y en el punto D colocamos una carga $q_d = 6.10^{-9} \, C$. Calcular la magnitud de la fuerza electrostática resultante sobre la carga q_d por la acción de las otras tres cargas.

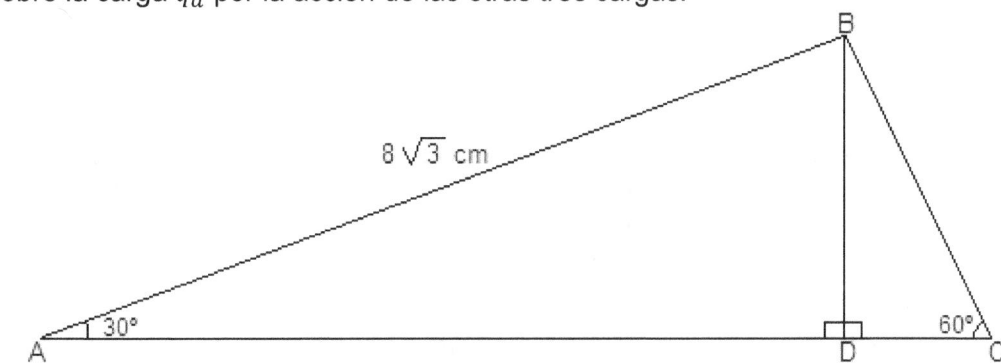

Realicemos los esquemas del problema:

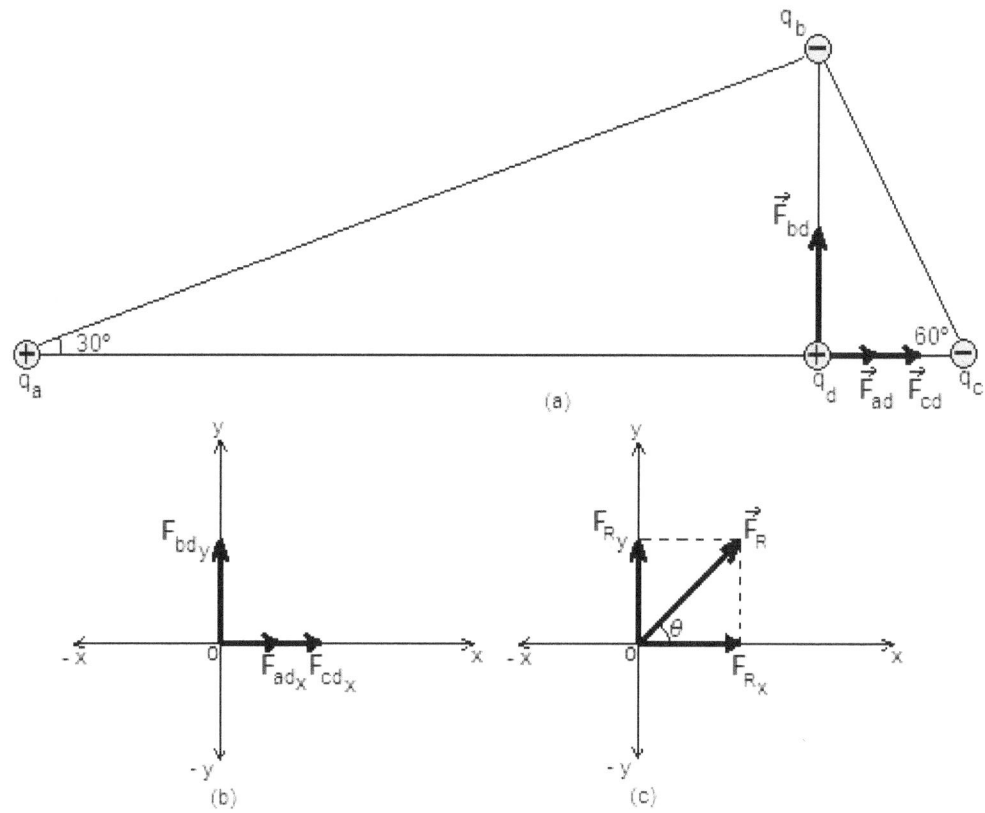

(a)

(b)   (c)

Solución

Comenzaremos reduciendo la distancia $r_{AB} = 8\sqrt{3}\ cm$ a m y calcularemos las otras distancias que separan las cargas, aplicando las funciones trigonométricas en el triángulo dado en el problema:

$$r_{AB} = 8\sqrt{3}\ cm = 8\sqrt{3}\ cm \left(\frac{1\ m}{10^2\ cm}\right) = 8\sqrt{3}\ .\ 10^{-2}\ m$$

$$\text{sen}\ 30° = \frac{\overline{BD}}{\overline{AB}} \implies \overline{BD} = \overline{AB} \cdot \text{sen}\ 30° = 8\sqrt{3}\ .\ 10^{-2}\ m \cdot \frac{1}{2} = 4\sqrt{3}\ .\ 10^{-2}\ m$$

$$\cos 30° = \frac{\overline{AD}}{\overline{AB}} \implies \overline{AD} = \overline{AB} \cdot \cos 30° = 8\sqrt{3}\ .\ 10^{-2}\ m \cdot \frac{\sqrt{3}}{2} = 4\left(\sqrt{3}\right)^2.\ 10^{-2}\ m$$
$$= 1{,}2.\ 10^{-1}\ m$$

$$\text{tg}\ 60° = \frac{\overline{BD}}{\overline{CD}} \implies \overline{CD} = \frac{\overline{BD}}{\text{tg}\ 60°} = \frac{4\sqrt{3}\ .\ 10^{-2}\ m}{\sqrt{3}} = 4.\ 10^{-2}\ m$$

Concluimos que $r_{BD} = 4\sqrt{3}\ .\ 10^{-2}\ m$, $r_{AD} = 1{,}2.\ 10^{-1}\ m$ y $r_{CD} = 4.\ 10^{-2}\ m$

Se observa en el esquema del problema parte (a) que:

La carga q_a repele a la carga q_d con una fuerza que está representada por el vector $\vec{F}_{ad}$. La carga q_b atrae a la carga q_d con una fuerza que está representada por el vector $\vec{F}_{bd}$. Y la carga q_c atrae a la carga q_d con una fuerza que está representada por el vector $\vec{F}_{cd}$.

Calculamos las magnitudes electrostáticas mencionadas anteriormente aplicando la Ley de Coulomb.

$$F_{ad} = K\ \frac{|q_a| \cdot |q_d|}{r_{AD}^2} = 9.\ 10^9\ \frac{N \cdot m^2}{C^2} \cdot \frac{8.\ 10^{-7} C \cdot 6.\ 10^{-9}\ C}{(1{,}2.\ 10^{-1}\ m)^2}$$

46

$$= 9.10^9 \frac{N \cdot m^2}{C^2} \cdot \frac{4,8.10^{-15} C^2}{1,44.10^{-2} m^2} = \frac{4,32.10^{-15} N}{1,44.10^{-2}} = 3.10^{-3} N$$

$$F_{bd} = K \frac{|q_b| \cdot |q_d|}{r_{AD}^2} = 9.10^9 \frac{N \cdot m^2}{C^2} \cdot \frac{5.10^{-7} C \cdot 6.10^{-9} C}{\left(4\sqrt{3}.10^{-2} m\right)^2}$$

$$= 9.10^9 \frac{N \cdot m^2}{C^2} \cdot \frac{3.10^{-15} C^2}{4,8.10^{-3} m^2} = \frac{2,7.10^{-5} N}{4,8.10^{-3}} = 5,625.10^{-3} N$$

$$F_{cd} = K \frac{|q_c| \cdot |q_d|}{r_{CD}^2} = 9.10^9 \frac{N \cdot m^2}{C^2} \cdot \frac{3.10^{-7} C \cdot 6.10^{-9} C}{(4.10^{-2} m)^2}$$

$$= 9.10^9 \frac{N \cdot m^2}{C^2} \cdot \frac{1,8.10^{-15} C^2}{1,6.10^{-3} m^2} = \frac{1,62.10^{-5} N}{1,6.10^{-3}} = 1,0125.10^{-2} N$$

Analizando las componentes de la fuerza en los ejes de coordenada x e y, observado en el esquema del problema parte (b):

$$F_{ad_x} = F_{ad} \implies F_{ad_x} = 3.10^{-3} N$$
$$F_{cd_x} = F_{cd} \implies F_{cd_x} = 1,0125.10^{-2} N$$
$$F_{bd_y} = F_{bd} \implies F_{bd_y} = 5,625.10^{-3} N$$

La sumatoria de estas fuerzas según los ejes x e y, son respectivamente:

$$F_{R_x} = F_{ad_x} + F_{cd_x} = 3.10^{-3} N + 10,125.10^{-3} N = 13,125.10^{-3} N$$
$$F_{R_y} = F_{bd_y} \implies F_{R_y} = 5,625.10^{-3} N$$

En el esquema parte €, se ha representado las fuerzas F_{R_x}, F_{R_y} y la fuerza resultante $\vec{F}_R$. Calculamos la magnitud de la fuerza electrostática resultante F_R, aplicando el Teorema de Pitágoras:

$$F_R^2 = F_{R_x}^2 + F_{R_y}^2 \implies F_R = \sqrt{F_{R_x}^2 + R_{R_y}^2} = \sqrt{(13,125.10^{-3} N)^2 + (5,625.10^{-3} N)^2}$$

$$= \sqrt{17,2265625.10^{-5} N^2 + 3,1640625.10^{-5} N^2}$$
$$= \sqrt{20,390625.10^{-5} N^2} = 1,43.10^{-2} N$$

Concluimos que la magnitud de la fuerza electrostática resultante F_R sobre la carga q_d por las otras tres cargas da como resultado $F_R = 1,43.10^{-2} N$

5. En los vértices A, B, y C del triángulo mostrado a continuación, se encuentran cargas $q_a = -6.10^{-6} C$, $q_b = -4.10^{-6} C$ y $q_c = 3.10^{-6} C$, respectivamente. Si $\overline{CD}$ es la altura correspondiente al triángulo ΔABC y en el punto D colocamos una carga $q_d = 5.10^{-6} C$. Calcular la magnitud de la fuerza electrostática resultante sobre la carga q_c por la acción de las otras tres cargas.

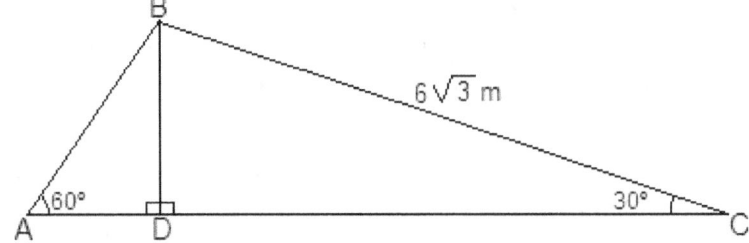

Realicemos los esquemas del problema:

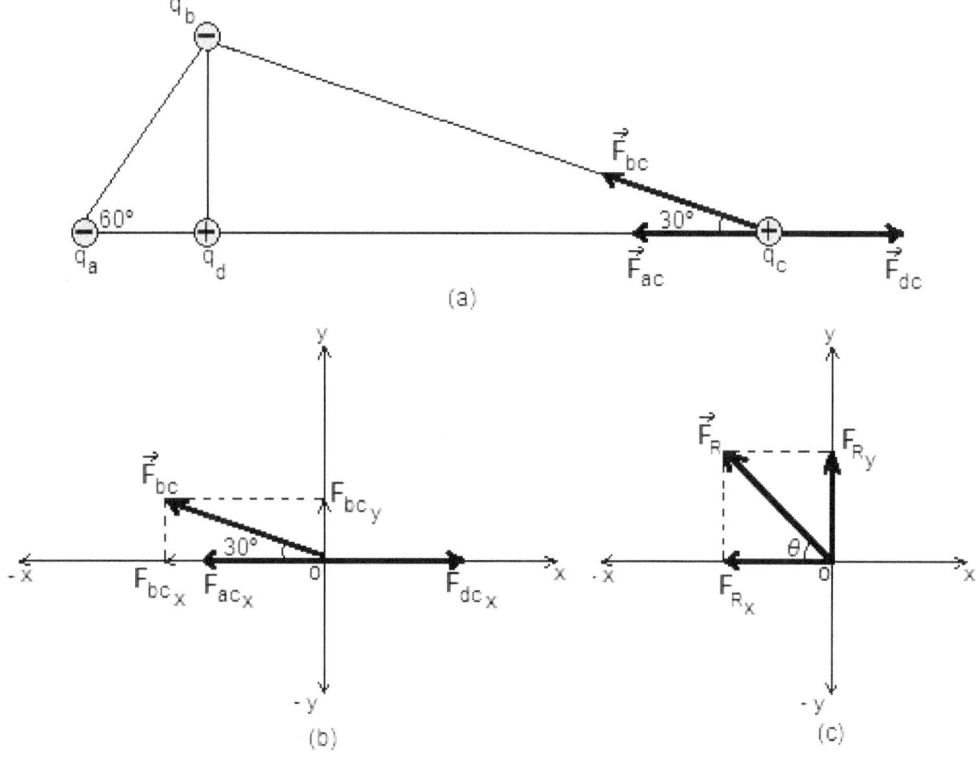

(a)

(b)   (c)

Solución

Calcularemos las distancias que separan las cargas, aplicando las funciones trigonométricas en el triángulo dado en el problema:

$$\operatorname{sen} 30° = \frac{\overline{BD}}{\overline{BC}} \implies \overline{BD} = \overline{BC} \cdot \operatorname{sen} 30° = 6\sqrt{3}\, m \cdot \frac{1}{2} = 3\sqrt{3}\, m$$

$$\cos 30° = \frac{\overline{DC}}{\overline{BC}} \implies \overline{DC} = \overline{BC} \cdot \cos 30° = 6\sqrt{3}\, m \cdot \frac{\sqrt{3}}{2} = 3\left(\sqrt{3}\right)^2 m = 9\, m$$

$$\operatorname{tg} 60° = \frac{\overline{BD}}{\overline{AD}} \implies \overline{AD} = \frac{\overline{BD}}{\operatorname{tg} 60°} = \frac{3\sqrt{3}\, m}{\sqrt{3}} = 3\, m$$

donde: $\overline{AC} = \overline{AD} + \overline{DC} = 3\, m + 9\, m = 12\, m$

Concluimos que $r_{AC} = 12\, m$, $r_{DC} = 9\, m$ y $r_{BC} = 6\sqrt{3}\, m$

Se observa en el esquema del problema parte (a) que:

La carga q_a atrae a la carga q_c con una fuerza que está representada por el vector $\vec{F}_{ac}$. La carga q_b a la atrae la carga q_c con una fuerza que está representada por el vector $\vec{F}_{bc}$. Y la carga q_d repele a la carga q_c con una fuerza que está representada por el vector $\vec{F}_{dc}$.

Calculamos las magnitudes electrostáticas mencionadas anteriormente aplicando la Ley de Coulomb.

$$F_{ac} = K \frac{|q_a| \cdot |q_c|}{r_{AC}^2} = 9.10^9\, \frac{N \cdot m^2}{C^2} \cdot \frac{6.10^{-6}\, C \cdot 3.10^{-6}\, C}{(12\, m)^2}$$

$$= 9.10^9\, \frac{N \cdot m^2}{C^2} \cdot \frac{1,8.10^{-11}\, C^2}{144\, m^2} = 1,125.10^{-3}\, N$$

$$F_{bc} = K \frac{|q_b| \cdot |q_c|}{r_{BC}{}^2} = 9.10^9 \frac{N \cdot m^2}{C^2} \cdot \frac{4.10^{-6}\,C \cdot 3.10^{-6}\,C}{\left(3\sqrt{3}\,m\right)^2}$$

$$= 9.10^9 \frac{N \cdot m^2}{C^2} \cdot \frac{1,2.10^{-11}\,C^2}{27\,m^2} = 4.10^{-3}\,N$$

$$F_{dc} = K \frac{|q_d| \cdot |q_c|}{r_{DC}{}^2} = 9.10^9 \frac{N \cdot m^2}{C^2} \cdot \frac{5.10^{-6}\,C \cdot 3.10^{-6}\,C}{(9\,m)^2}$$

$$= 9.10^9 \frac{N \cdot m^2}{C^2} \cdot \frac{1,5 \cdot 10^{-11}\,C^2}{81\,m^2} = 1,67.10^{-3}\,N$$

Analizando las componentes de la fuerza en los ejes de coordenada x e y, observado en el esquema del problema parte (b):

$$F_{ac_x} = F_{ac} \implies F_{ac_x} = 1,125.10^{-3}\,N$$

$$F_{dc_x} = F_{dc} \implies F_{dc_x} = 1,67.10^{-3}\,N$$

$$\cos 30° = \frac{F_{bc_x}}{F_{bc}} \implies F_{bc_x} = F_{bc}.\cos 30° = 4.10^{-3}\,N \cdot 0,87 = 3,48.10^{-3}\,N$$

$$\text{sen}\,30° = \frac{F_{bc_y}}{F_{bc}} \implies F_{bc_y} = F_{bc} \cdot \text{sen}\,30° = 4.10^{-3}\,N \cdot 0,5 = 2.10^{-3}\,N$$

La sumatoria de estas fuerzas según los ejes x e y, son respectivamente:
$$F_{R_x} = F_{dc_x} - F_{ac_x} - F_{bc_x} = 1,67.10^{-3}\,N - 1,125.10^{-3}\,N - 3,48.10^{-3}\,N$$
$$= -2,935.10^{-3}\,N$$

$$F_{R_y} = F_{bc_y} \implies F_{R_y} = 2.10^{-3}\,N$$

En el esquema parte €, se ha representado las fuerzas F_{R_x}, F_{R_y} y la fuerza resultante $\vec{F}_R$. Calculamos la magnitud de la fuerza electrostática resultante F_R, aplicando el Teorema de Pitágoras:

$$F_R{}^2 = F_{R_x}{}^2 + F_{R_y}{}^2 \implies F_R = \sqrt{F_{R_x}{}^2 + F_{R_y}{}^2}$$

$$= \sqrt{(-2,935.10^{-3}N)^2 + (2.10^{-3}\,N)^2}$$
$$= \sqrt{8,614225.10^{-6}\,N^2 + 4.10^{-6}\,N^2}$$
$$= \sqrt{12,614225.10^{-6}\,N^2}$$
$$= 3,55.10^{-3}\,N$$

Concluimos que la magnitud de la fuerza electrostática resultante F_R sobre la carga q_c por las otras tres cargas da como resultado $F_R = 3,55.10^{-3}\,N$

6. En los vértices A, B, C y D del rombo mostrado a continuación, se encuentran cargas $q_a = 4.10^{-5}\,C$, $q_b = -3.10^{-5}\,C$, $q_c = -2.10^{-5}\,C$ y $q_d = 8.10^{-5}\,C$, respectivamente. En el punto medio E de las diagonales se colocamos una carga $q_e = 9.10^{-7}\,C$. Calcular la magnitud de la fuerza electrostática resultante sobre la carga q_e por la acción de las otras cuatro cargas.

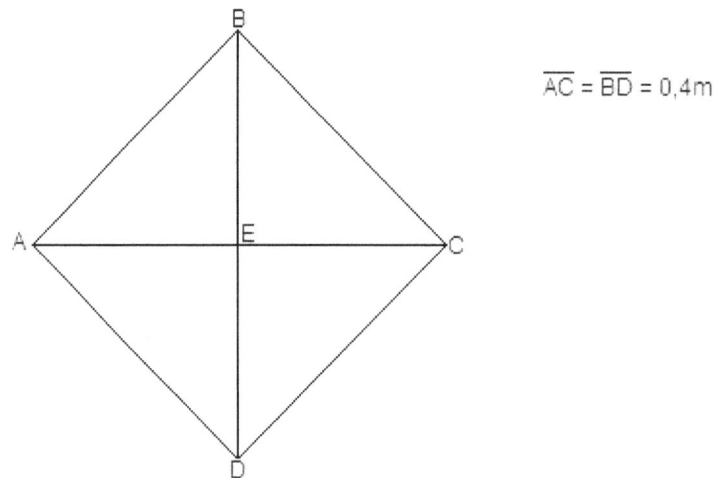

$$\overline{AC} = \overline{BD} = 0,4m$$

Realicemos los esquemas del problema:

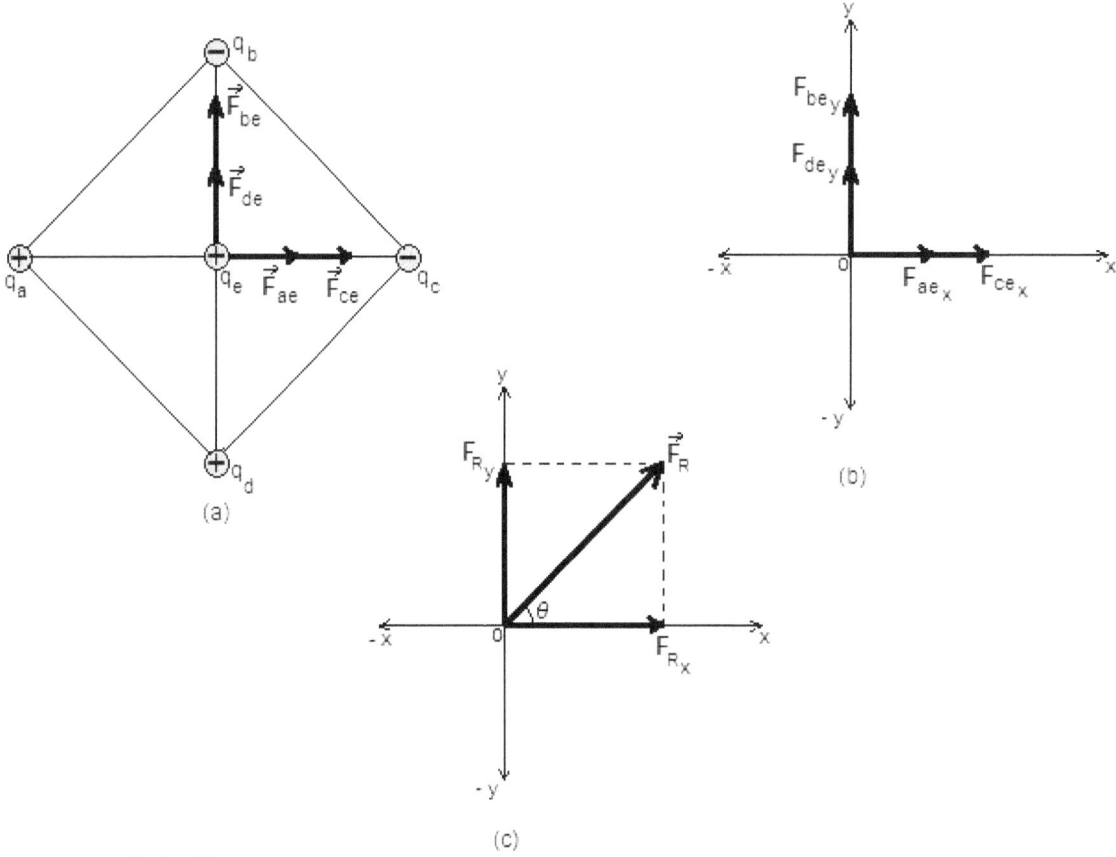

(a)

(b)

(c)

Solución.

Se observa en el esquema del problema parte (a) que:

La carga q_a repele a la carga q_e con una fuerza que está representada por el vector $\vec{F}_{ae}$. La carga q_b a la atrae la carga e con una fuerza que está representada por el vector $\vec{F}_{be}$. La carga q_c atrae a la carga q_e con una fuerza que está representada por el vector $\vec{F}_{ce}$. Y la carga q_d repele a la carga q_e que está representada por el vector $\vec{F}_{de}$.

Calculamos las magnitudes electrostáticas mencionadas anteriormente aplicando la Ley de Coulomb.

$$F_{ae} = K \frac{|q_a| \cdot |q_e|}{r_{AE}^2} = 9.10^9 \frac{N \cdot m^2}{C^2} \cdot \frac{4.10^{-5} C \cdot 9.10^{-7} C}{(0,2 \, m)^2} = 9.10^9 \frac{N \cdot m^2}{C^2} \cdot \frac{3,6.10^{-11} C^2}{0,04 \, m^2}$$
$$= 8,1 \, N$$

$$F_{be} = K \frac{|q_b| \cdot |q_e|}{r_{BE}^2} = 9.10^9 \frac{N \cdot m^2}{C^2} \cdot \frac{3.10^{-5} C \cdot 9.10^{-7} C}{(0,2 \, m)^2} = 9.10^9 \frac{N \cdot m^2}{C^2} \cdot \frac{2,7.10^{-11} C^2}{0,04 \, m^2}$$
$$= 6,075 \, N$$

$$F_{ce} = K \frac{|q_c| \cdot |q_e|}{r_{CE}^2} = 9.10^9 \frac{N \cdot m^2}{C^2} \cdot \frac{2.10^{-5} C \cdot 9.10^{-7} C}{(0,2 \, m)^2} = 9.10^9 \frac{N \cdot m^2}{C^2} \cdot \frac{1,8.10^{-11} C^2}{0,04 \, m^2}$$
$$= 4,05 \, N$$

$$F_{de} = K \frac{|q_d| \cdot |q_e|}{r_{DE}^2} = 9.10^9 \frac{N \cdot m^2}{C^2} \cdot \frac{8.10^{-5} C \cdot 9.10^{-7} C}{(0,2 \, m)^2} = 9.10^9 \frac{N \cdot m^2}{C^2} \cdot \frac{7,2.10^{-11} C^2}{0,04 \, m^2}$$
$$= 16,2 \, N$$

Analizando las componentes de la fuerza en los ejes de coordenada x e y, observado en el esquema del problema parte (b):

$$F_{ae_x} = F_{ae} \implies F_{ae_x} = 8,1 \, N$$

$$F_{ce_x} = F_{ce} \implies F_{ce_x} = 4,05 \, N$$
$$F_{be_y} = F_{be} \implies F_{be_y} = 6,075 \, N$$
$$F_{de_y} = F_{de} \implies F_{de_y} = 16,2 \, N$$

La sumatoria de estas fuerzas según los ejes x e y, son respectivamente:
$$F_{R_x} = F_{ae_x} + F_{ce_x} = 8,1 \, N \; + 4,05 \, N = 12,15 \, N$$
$$F_{R_y} = F_{be_y} + F_{de_y} = 6,075 \, N + 16,2 \, N = 22,275 \, N$$

En el esquema parte €, se ha representado las fuerzas F_{R_x}, F_{R_y} y la fuerza resultante $\vec{F_R}$. Calculamos la magnitud de la fuerza electrostática resultante F_R, aplicando el Teorema de Pitágoras:

$$F_R^2 = F_{R_x}^2 + F_{R_y}^2 \implies F_R = \sqrt{F_{R_x}^2 + F_{R_y}^2} = \sqrt{(12,15 \, N)^2 + (22,275 \, N)^2}$$
$$= \sqrt{147,6225 \, N^2 + 496,175625 \, N^2} = \sqrt{643,798125 \, N^2}$$
$$= 25,37 \, N$$

Concluimos que la magnitud de la fuerza electrostática resultante F_R sobre la carga q_e por las otras cuatro cargas da como resultado $F_R = 25,37 \, N$

7. Dos esferitas iguales cuyos pesos tienen de magnitud $6.10^{-4} \, N$, están suspendidas de un mismo punto mediantes hilos o cuerda de longitud $30 \, cm$. Si las esferitas tienen cargas positivas de la misma magnitud, se repelen, y los hilos de suspensión forman entre si un ángulo de 50°.

a) ¿Cuál es la magnitud de fuerza electrostática resultante?
b) ¿Cuál es la carga eléctrica de cada esferita?
c) Determine la magnitud de la tensión de la cuerda.
   Esquema del ejercicio.

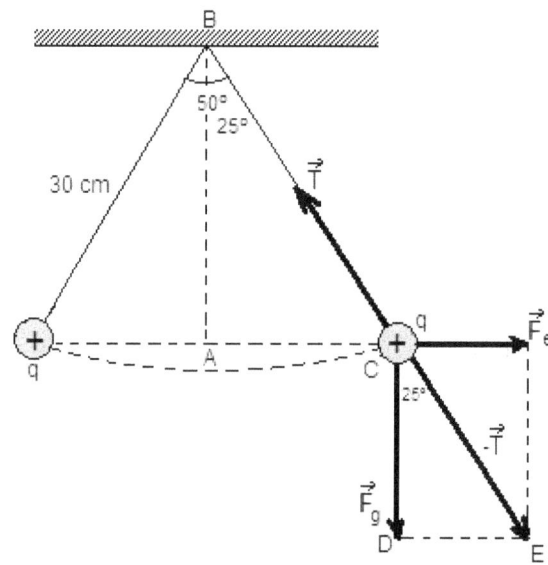

Las fuerzas que actúan sobre cada esfera son:

$\vec{F}_g$ = Fuerza de gravedad o Peso.

$\vec{F}_e$ = Fuerza electrostática de repulsión.

$\vec{T}$ = Tensión del hilo o cuerda.

Reduzcamos la longitud del hilo o cuerda a m:

$$l = 30 \ cm \cdot \left(\frac{1 \ m}{10^2 \ cm}\right) = 0,3 \ m$$

Como las esferitas están en equilibrio entonces la suma vectorial de estas fuerzas debe ser cero. Esto quiere decir que:

$$\vec{F}_g + \vec{F}_e + \vec{T} = 0$$

a) Los triángulos $\Delta \ ABC$ y $\Delta \ DCE$ son iguales por correspondientes, por esta razón tenemos que:

$$\text{tg} \ 25° = \frac{\overline{DE}}{\overline{CD}} \implies \overline{DE} = \overline{CD} \cdot \text{tg} \ 25°$$

Sustituyendo, podemos calcular la magnitud de la fuerza electrostática de repulsión es:

$$F_e = F_g \cdot \text{tg} \ 25° = 6.\ 10^{-4}N \cdot 0,47 = 2,82.\ 10^{-4}N$$

b) Si la carga de cada esferita es q, aplicando la Ley de Coulomb se tiene que:

$$F_e = K \ \frac{q^2}{r^2} \implies F_e \cdot r^2 = K \cdot q^2 \implies q^2 = \frac{F_e \cdot r^2}{K}$$

La separación entre las esferitas es: $r = 2 \cdot \overline{AC}$ y $\overline{BC} = l$ es la longitud del hilo o cuerda del péndulo. Calculamos $\overline{AC}$ por medio de la función trigonométrica seno, tenemos:

$$\text{sen} \ 25° = \frac{\overline{AC}}{\overline{BC}} \implies \overline{AC} = \overline{BC} \cdot \text{sen} \ 25° = l \cdot \text{sen} \ 25° = 0,3 \ m \cdot 0,42 = 0,126 \ m$$

Sustituyendo calculamos r:

$$r = 2 \cdot \overline{AC} = 2 \cdot 0,126 \ m = 0,252 \ m$$

Sustituyendo en el despeje de q^2 realizado anteriormente, podemos determinar el valor de la carga q:

$$q = \sqrt{\frac{F_e \cdot r^2}{K}} = \sqrt{\frac{2{,}82.\,10^{-4}\,N \cdot (0{,}252\,m)^2}{9.\,10^9\,\frac{N \cdot m^2}{C^2}}} = \sqrt{\frac{2{,}82.\,10^{-4}\,N \cdot 0{,}063504\,m^2}{9.\,10^9\,\frac{N \cdot m^2}{C^2}}}$$

$$= \sqrt{\frac{1{,}7908128.\,10^{-5}\,N \cdot m^2}{9.\,10^9\,\frac{N \cdot m^2}{C^2}}} = \sqrt{1{,}989792.\,10^{-15}\,C^2} = 4{,}46.\,10^{-8}\,C$$

c) La magnitud de la tensión del hilo o cuerda aplicando la calculamos aplicando el Teorema de Pitágoras en el $\triangle\,CDE$:

$$T^2 = F_e{}^2 + F_g{}^2 \implies T = \sqrt{F_e{}^2 + F_g{}^2} = \sqrt{(2{,}82.\,10^{-4}\,N)^2 + (6.\,10^{-4})^2}$$
$$= \sqrt{7{,}9524.\,10^{-8}\,N^2 + 36.\,10^{-8}\,N^2}$$
$$= \sqrt{4{,}39524.\,10^{-7}\,N^2}$$
$$= 6{,}63.\,10^{-4}\,N$$

ACTIVIDADES

Responda brevemente las actividades del 1 a la 14, dadas a continuación:

1. Tomando en cuenta la figura 1.3, contestar:
   a) ¿El pequeño paño de lana queda electrizado?
   b) ¿Qué signo tiene la carga en el paño de lana?
   c) ¿Cuál de los cuerpos (barra de goma o caucho y el paño de lana) recibió electrones?
   d) ¿Cuál de los dos cuerpos quedó con exceso de protones?

2. Dos hojas de un mismo tipo de papel son frotadas entre sí.
   - Quedarán electrizadas.
   - Y si frotamos dos barras hechas del mismo material de plástico.
   Explique la respuesta.

3. Se sabe que el cuerpo humano es capaz de conducir cargas eléctricas (buen conductor de la electricidad). Explique entones, por qué una persona con una barra metálica en sus manos, no consigue electrizarla por frotamiento.

4. Para evitar la formación de chispas eléctricas, los camiones que transportan gasolina suele traer arrastrando por el suelo una cadena o barra metálica. Explique por qué debe hacerse eso.

5. Si tenemos una barra electrizada negativamente se coloca cerca de un cuerpo metálico AB (no electrizado), como observa la figura de este ejercicio.

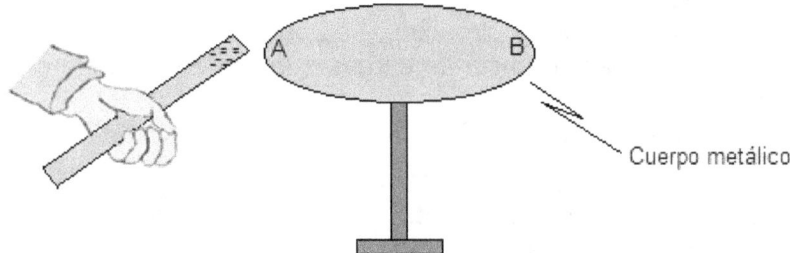

a) ¿Diga hacia dónde se desplazarán los electrones libres de este cuerpo metálico?
b) Entonces, ¿Cuál es el signo de la carga aparece en A? ¿Y en B?

c) ¿Cómo podemos denominar esta separación de cargas que ocurrió en el cuerpo metálico?

Suponga ahora que el cuerpo AB se sustituye por un dieléctrico o aislante.

d) ¿Existirá movimiento de electrones libres en AB?

e) Explique lo que sucede con las moléculas de este dieléctrico o aislante (realice un dibujo que represente su respuesta).

f) ¿Cuál es el signo de la carga eléctrica que aparece en el extremo A del aislante o dieléctrico? ¿Y en B?

Tomando en cuenta el cuerpo metálico, suponga que el extremo B del mismo se conecta a Tierra mediante un hilo conductor.

g) Explique el movimiento de la carga que se producirá debido a esta conexión.

h) Al eliminar esta conexión de AB con Tierra y alejar el inductor. ¿El cuerpo metálico quedará electrizado? ¿El cuerpo metálico quedará electrizado?.

6. En la figura 1.11 suponga que alejamos el inductor del conductor antes de deshacer su conexión a Tierra.

a) ¿Qué sucedería con los electrones en exceso del conductor AB?

b) ¿El cuerpo AB permanecería electrizado positivamente o negativamente, o bien, quedaría en estado neutro?

7. Un cuerpo electrizado con carga positiva se acerca a la esferita de un péndulo eléctrico.

a) Si la esferita fuera atraída por un cuerpo, ¿podríamos decir que está electrizada negativamente?

b) Si la esferita fuera repelida, ¿podríamos concluir que posee carga positiva?

8. En la figura mostrada a continuación, se supone que el cuerpo C está electrizado negativamente.

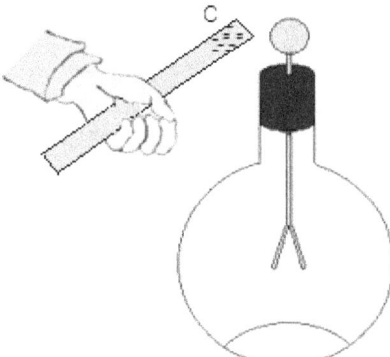

a) ¿Cuál es el signo de la carga que aparecería en la esfera del electroscopio? ¿Y en sus laminillas?

b) ¿Las laminillas del electroscopio se abrirán?

c) Explique la transferencia de cargas que se produciría si el cuerpo C tocara la esfera?

d) Al separar el cuerpo C, ¿cuál sería el signo de la carga que quedaría distribuida en el electroscopio?

9. Un electroscopio de laminillas se encuentra electrizado negativamente y acercamos a su esfera una barra electrizada.

a) Nos damos cuenta que las laminillas del electroscopio tienen un aumento en su separación, ¿cuál es el signo de la carga en la barra?

b) Si la carga de la barra fuera positiva, ¿qué sucedería con la separación entre las laminillas del electroscopio?

10. Dos cargas puntuales negativas cuyas magnitudes son $q_a = 5.10^{-6}\,C$ y $q_b = 3.10^{-6}\,C$, están situadas en el vacío y separada una distancia $r = 0,4\,m$.

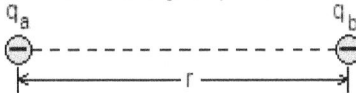

a) Trace en la figura, la fuerza que q_a ejerce sobre q_b, ¿cuál es la magnitud de esta fuerza eléctrica?

b) Trace en la figura, la fuerza que q_b ejerce sobre q_a, ¿cuál es la magnitud de esta fuerza eléctrica?
Suponiendo en el ejercicio que el valor de la carga q_a se volvió 10 veces mayor, que el valor de q_b se redujo a la mitad, y que la distancia entre ellas se mantuvo constante.

c) ¿Por qué factor quedaría multiplicado el valor de la fuerza eléctrica entre las cargas?

d) Entonces, ¿cuál sería el nuevo valor de esta fuerza eléctrica?

11. La carga eléctrica de un electrón es, en módulo, $1,6.10^{-19}\,C$. ¿Qué separación debe existir entre dos electrones para que la magnitud de la fuerza electrostática de repulsión sea igual a $2.10^{-20}\,N$, dichas cargas están ubicadas en el vacío?

12. Dos pequeñas esferas iguales cargadas distan $0,1\,m$, ellas están ubicadas en el vacío y se repelen con una fuerza de $5.10^{-4}\,N$. Calcular la carga de cada esfera.

13. Dos cargas eléctricas ubicadas en el vacío, están separadas por una distancia de $6.10^{-3}\,m$ y sus valores son: $q_1 = 3.10^{-3}\,C$ y $q_2 = 1,5.10^{-3}\,C$. Determinar la magnitud de la fuerza electrostática entre las cargas.

14. Una carga de $4,5.10^{-5}\,C$, interactúa con otra con una fuerza de 600 N cuando están separadas 0,5 m. Calcular el valor de la otra carga, ambas cargas están ubicadas en el vacío.

15. En la figura mostrada en la actividad hay una serie de casillas cada una de ellas identificadas por una letra en la que debe colocarse los resultados expresados en un mismo sistema de unidades, de los diferentes problemas de aplicación de la Ley de Coulomb, luego efectuar las operaciones hasta concluir el resultado dado. Realizar los problemas en un cuaderno, hojas o block.

    ⊹ Tres cargas eléctricas están situadas en el vacío según indica en la figura del ejercicio, sabiendo que $q_a = -3,2.10^{-7}C$, $q_2 = -2,2.10^{-8}\,C$ y $q_c = 5,2.10^{-7}\,C$. Calcular:

(a) La magnitud de la fuerza electrostática resultante que actúa sobre q_b por efecto de q_a y q_c.

(b) La magnitud de la fuerza electrostática resultante que actúa sobre q_a por efecto de q_b y q_c.

(c) La magnitud de la fuerza electrostática resultante que actúa sobre q_c por efecto de q_a y q_b.

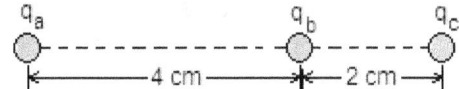

(d) Se dispone de tres cargas eléctricas situadas en el vacío según indica la figura siguiente, q_a vale $3.10^{-6}\ C$ y repele a q_b con una fuerza de $2,16.10^{-5}\ N$, donde q_c vale $2.10^{-6}\ C$. Calcular la magnitud de la fuerza electrostática con que q_b accionada a q_c.

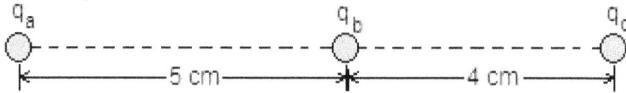

✦ Tres cargas eléctricas están situadas en el vacío, según indica la figura del ejercicio, se tiene que $q_a = 4\ \mu C$, $q_b = 5.10^{-6}\ C$ y $q_c = -3\ \mu C$. Calcular:

  (e) La magnitud de la fuerza electrostática resultante que actúa sobre q_b por efecto de q_a y q_c.

  (f) La magnitud de la fuerza electrostática resultante que actúa sobre q_c por efecto q_a y q_b.

  (g) La magnitud de la fuerza electrostática resultante que actúa sobre q_a por efecto q_a y q_b.

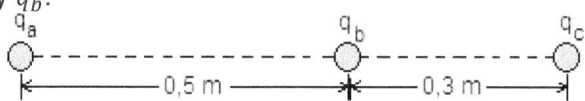

✦ (h) Tres esferitas situadas en el vacío, se disponen como se observa en la figura siguiente, pero sus cargas son $q_a = -3,6.10^{-8}\ C$, $q_b = 6,6.10^{-8}\ C$ y $q_c = 9,6.10^{-8}\ C$, respectivamente. Calcular la magnitud de la fuerza electrostática resultante sobre q_a por la acción de q_b y q_c.

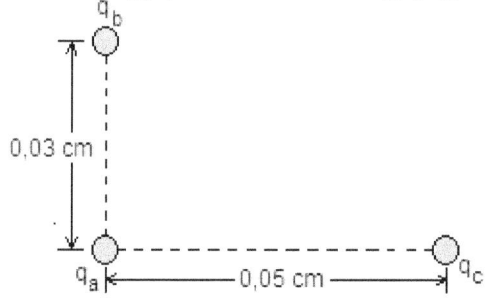

✦ (i) En los vértices A, B, y C del triángulo rectángulo mostrado en la figura del ejercicio se sitúan cargas $q_a = 3.10^{-7}\ C$, $q_b = 8.10^{-7}\ C$ y $q_c = -5.10^{-7}\ C$, respectivamente, estas están situadas en el vacío. Calcular la magnitud de la fuerza electrostática resultante ejercida sobre la carga q_b por la acción de las otras dos cargas.

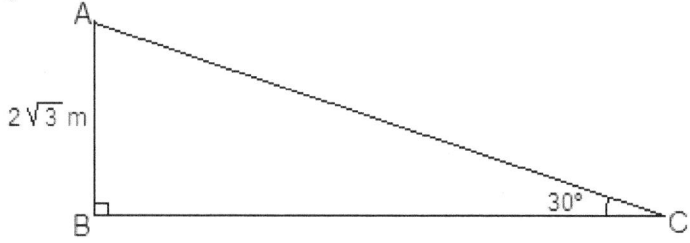

✦ Tres cargas eléctricas están situadas en el vacío, según indica la figura del problema, se tiene que $q_a = -8.10^{-9}\ C$, $q_b = 9.10^{-9}\ C$ y $q_c = -2.10^{-9}\ C$. Calcular:

  (j) La magnitud de la fuerza electrostática resultante que actúa sobre q_b por efecto de q_a y q_c.

(k) La magnitud de la fuerza electrostática resultante que actúa sobre q_c por efecto de q_a y q_b.

(l) La magnitud de la fuerza electrostática resultante que actúa sobre q_a por efecto de q_b y q_c.

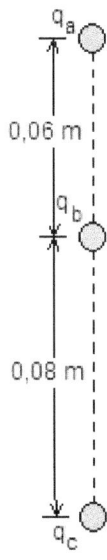

(II) En los vértices del triángulo mostrado en la figura del problema, se colocan tres cargas $q_a = 1,2.10^{-6}\ C$, $q_b = -1,3.10^{-6}\ C$ y $q_c = -2,2.10^{-6}\ C$, respectivamente, las cargas están situadas en el vacío. Determinar la magnitud de la fuerza electrostática resultante que actúa sobre q_a por la acción de las otras dos cargas.

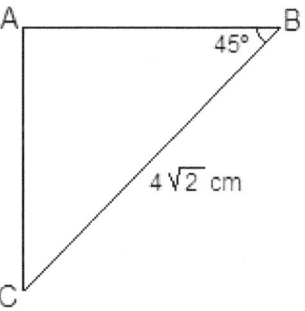

Fuerza electrostática expresado en Newton (N)

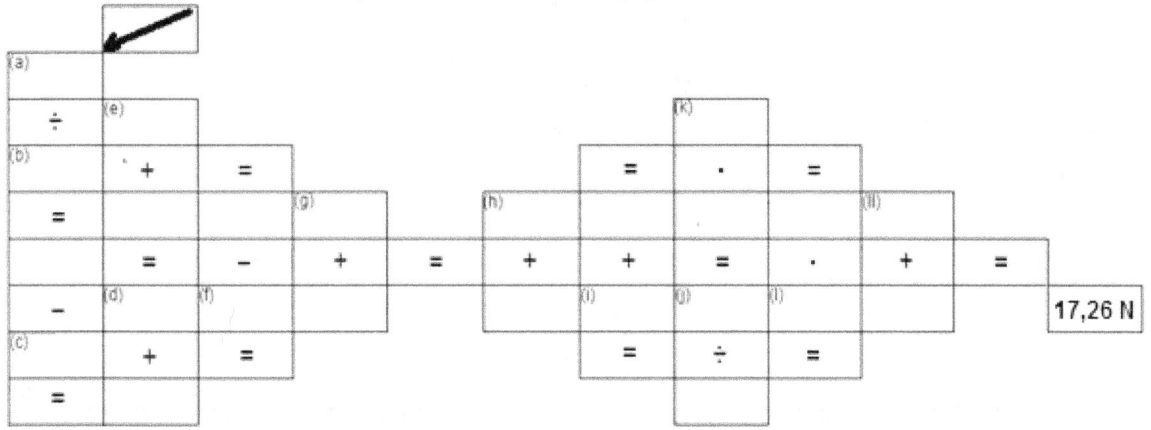

16. En la figura mostrada en la actividad hay una serie de casillas cada una de ellas identificadas por una letra en la que debe colocarse los resultados expresados en un mismo sistema de unidades, de los diferentes problemas de aplicación de la Ley de Coulomb, luego efectuar las operaciones hasta concluir el resultado dado. Realizar los problemas en un cuaderno, hojas o block.

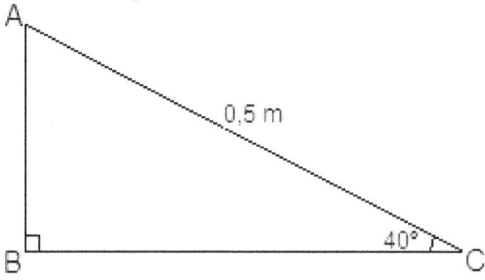

		(b)	−	(a)			
		=	+	(c)	=	
(e)	+	=	(d)	+	
=	+	(f)	=	−	(g)	=
(i)	+	=	(h)	−	
	=	+	(j)	=	
(k)	−		
	=		
(l)	−		
=	−	(ll)	=	
(n)	−	=	(m)	−	
=	−	(ñ)	=	
(o)	−		
=		
(p)	−	3,36.10⁴ N
=	÷	(q)	=	

$$3{,}36.10^{4}\,N$$

+ En los vértices A, B y C del triángulo mostrado a continuación, se colocan tres cargas $q_a = 3.10^{-8}\,C$, $q_b = -2.10^{-8}\,C$ y $q_c = -6.10^{-8}\,C$, respectivamente, las cargas están situadas en el vacío, Calcular:

(a) La magnitud de la fuerza electrostática resultante que actúa sobre q_b por la acción de las otras dos cargas.

(b) La magnitud de la fuerza electrostática resultante que actúa sobre q_c por la acción de las otras dos cargas.

A
0,5 m
40°
B   C

+ En los vértices A, B, y C de un triángulo rectángulo como se indica en la figura

58

del problema, se encuentran tres cargas $q_a = -5{,}2.10^{-7}\, C$, $q_b = -3{,}6.10^{-7}\, C$ y $q_c = 1{,}2.10^{-7}\, C$, respectivamente, las cargas están situadas en el vacío.

(c) ¿Cuál es la magnitud de la fuerza electrostática resultante que actúa sobre q_a por la efecto de las cargas q_b y q_c?

(d) ¿Cuál es la magnitud de la fuerza electrostática resultante que actúa sobre q_b por la efecto de las cargas q_a y q_c?

(e) ¿Cuál es la magnitud de la fuerza electrostática resultante que actúa sobre q_c por la efecto de las cargas q_a y q_b?

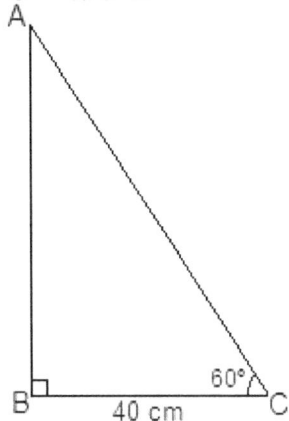

✦ En los vértices A, B, y C del triángulo mostrado a continuación, se encuentran cargas $q_a = 6.10^{-9}\, C$, $q_b = -8.10^{-9}\, C$ y $q_c = -4.10^{-9}\, C$, respectivamente. Si $\overline{BD}$ es la altura correspondiente al triángulo ABC y en el punto D colocamos una carga $q_d = -5.10^{-9}\, C$; las cargas están situadas en el vacío. Determinar:

(f) La magnitud de la fuerza electrostática resultante que actúa sobre q_d por la acción de las otras tres cargas.

(g) La magnitud de la fuerza electrostática resultante que actúa sobre q_c por la acción de las otras tres cargas.

(h) La magnitud de la fuerza electrostática resultante que actúa sobre q_b por la acción de las otras tres cargas.

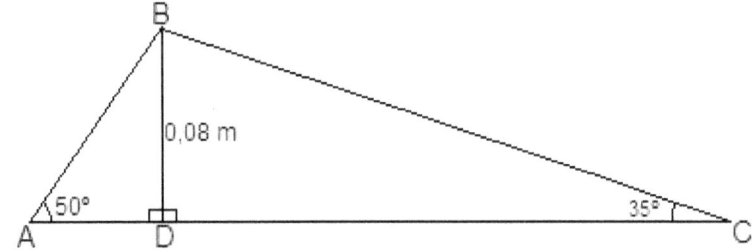

✦ En los vértices A, B, y C del triángulo mostrado a continuación, se encuentran cargas $q_a = -9.10^{-6}\, C$, $q_b = -5.10^{-6}\, C$ y $q_c = -4.10^{-6}\, C$, respectivamente. Si en un punto D entre los vértices A y C, se coloca una carga $q_d = 2.10^{-7} C$, las cargas están situadas en el vacío. Calcular:

(i) La magnitud de la fuerza electrostática resultante que actúa sobre q_d por efecto de las otras tres cargas.

(j) La magnitud de la fuerza electrostática resultante que actúa sobre q_c por efecto de las otras tres cargas.

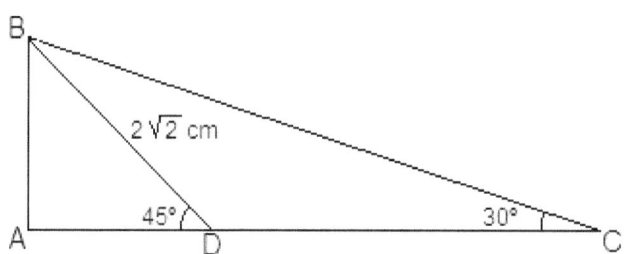

✦ En los vértices A, B, y C del triángulo mostrado a continuación, se encuentran tres cargas $q_a = -1,6.10^{-8}\,C$, $q_b = 2,6.10^{-8}\,C$ y $q_c = -4,6.10^{-8}\,C$, respectivamente. Si en un punto D entre los vértices A y C, se coloca una carga $q_d = 3.10^{-9}\,C$, las cargas están situadas en el vacío. Calcular:
(k) La magnitud de la fuerza electrostática resultante que actúa sobre q_d por efecto de las otras tres cargas.
(l) La magnitud de la fuerza electrostática resultante que actúa sobre q_b por efecto de las otras tres cargas.

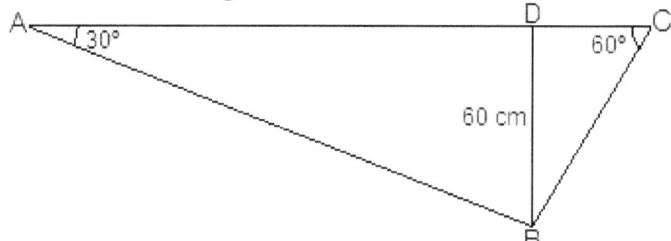

✦ En los vértices A, B, C y D de un cuadrado mostrado en la figura siguiente se encuentran cargas $q_a = 5.10^{-9}\,C$, $q_b = -2.10^{-9}\,C$, $q_c = -8.10^{-9}\,C$ y $q_d = 3.10^{-9}\,C$, respectivamente. En el punto medio de las diagonales se encuentra una carga $q_e = 4.10^{-9}\,C$, las cargas están situadas en el vacío. Calcular:
(ll) La magnitud de la fuerza electrostática resultante sobre la carga q_e por la acción de las otras cuatro cargas.
(m) La magnitud de la fuerza electrostática resultante sobre la carga q_b por la acción de las otras cuatro cargas.

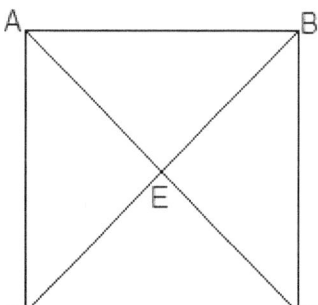

$\overline{AC} = \overline{BD} = 40$ cm

✦ En los vértices A, B, C y D de un rombo mostrado en la figura siguiente se encuentran cargas $q_a = -3.10^{-6}\,C$, $q_b = -4.10^{-6}\,C$, $q_c = -2.10^{-6}\,C$ y $q_d = 5.10^{-6}\,C$, respectivamente. En el punto medio de las diagonales se encuentra una carga $q_e = -7.10^{-6}\,C$, las cargas están situadas en el vacío. La diagonal mayor mide $60\,cm$. Calcular:

(n) La magnitud de la fuerza electrostática resultante sobre la carga q_e por la acción de las otras cuatro cargas.

(ñ) La magnitud de la fuerza electrostática resultante sobre la carga q_b por la acción de las otras cuatro cargas.

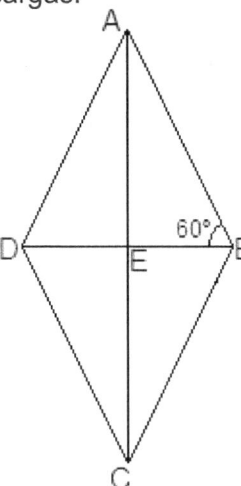

+ (o) En los vértices A, B, C y D de un rectángulo mostrado en la figura del problema se encuentran cuatro cargas $q_a = 1,6.10^{-7}\,C$, $q_b = -3,2.10^{-7}\,C$, $q_c = -2,2.10^{-7}\,C$ y $q_d = 4,6.10^{-7}\,C$, respectivamente, las cargas están situadas en el vacío. Determinar la magnitud de la fuerza electrostática resultante sobre la carga q_d por la acción de las otras tres cargas.

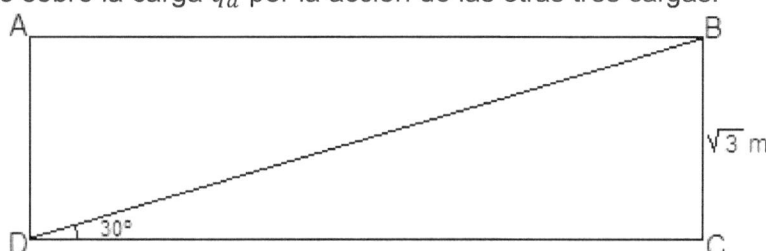

+ Dos pequeñas esferas cuyos pesos tiene de magnitud $8.10^{-3}\,N$ están suspendidas de un mismo punto mediante hilos de longitud $30\,cm$. Si las esferitas tienen cargas negativas de la misma magnitud, se repelen y los hilos de suspensión forman entre sí un ángulo 70°.

(p) ¿Cuál es la magnitud de la fuerza eléctrica que actúa sobre cada carga?

(q) ¿Cuál es la magnitud de la tensión del hilo?

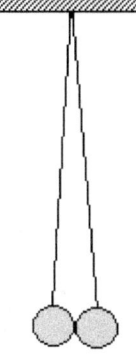

ACTIVIDADES PRÁCTICAS

Primer experimento

En este experimento utilizamos un peine de plástico, un globo, papel o unicel; todos estos materiales deben de estar limpios y secos.

- Tome un peine de plástico y frótelo con el cabello luego acerque el peine a objetos que sean ligeros como pedacitos de papel, anime o de unicel.
- Tome un globo inflado y frótelo con el cabello o con paño de lana y acérquelo al igual que antes a trozos de papel, anime o unicel.
- Abra una lleve del agua y deje escurrir un chorro fino de agua y acerque a ella el peine electrizado.

Observe con cuidado que sucede en cada uno de los casos.

¿Los pedacitos de papel o unicel y el filamento de agua se encontraban inicialmente electrizados? Explique entonces, por qué fueron electrizados por el peine y el globo.

Segundo experimento.

Construya un péndulo simple utilice papel de aluminio para formar las pequeñas esferas y cuélguelo de un hilo de cocer ó pábilo, en el otro extremo del hilo coloque un soporte aislante puede ser madera o cualquier cuerpo aislante.

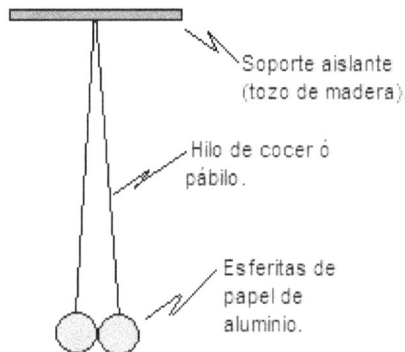

Soporte aislante (tozo de madera).

Hilo de cocer ó pábilo.

Esferitas de papel de aluminio.

Electrizando un peine frotándolo en el cabello ó una barra de plástico (ó una barra de ebonita) que se frotara con un paño de lana, acérquelos luego ala esferita del péndulo simple. Observe que ésta es inicialmente atraída por el peine o la barra de plástico, pero después de hacer contacto con él, es rechazada: compruebe está repulsión tratando de aproximar el peine o la barra de plástico a la esferita de aluminio.

Conteste las siguientes preguntas:

- ¿La esferita del péndulo simple estaba inicialmente electrizada?
- Según su respuesta, explique, ¿por qué fue atraída la esferita por el peine o la barra plástica?
- ¿Por qué, después de tocar el peine o la barra de plástico a la esferita, esta última fue repelida por dichos objetos?

Tercer experimento.

Construya un electroscopio de laminillas, como se observa en la figura mostrada en el experimento, todas las piezas utilizadas deben de estar bien limpias y secas.

Una vez construido el electroscopio tenemos que:

- Al acercar a la esferita del electroscopio sin tocarla, una barra o cuerpo electrizado positivamente se producirá una inducción electrostática en la parte metálica del aparato.

- Explique, qué sucede con los electrones libres.
- ¿Qué se observa cuando alejamos la barra o cuerpo electrizado?
- ¿Qué sucede si el cuerpo que acercamos está electrizado negativamente?

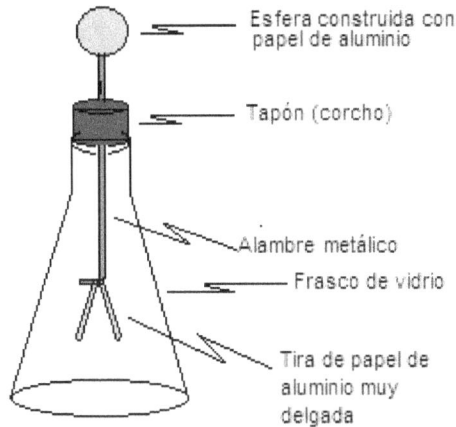

Esfera construida con papel de aluminio

Tapón (corcho)

Alambre metálico

Frasco de vidrio

Tira de papel de aluminio muy delgada

➤ Para electrizar un electroscopio por inducción, acercamos un cuerpo electrizado a la esfera enseguida conecte por medio de un cable metálico a tierra dicho electroscopio, y por último al eliminar esa conexión y alejar al mismo tiempo el cuerpo electrizado.
➤ ¿Diga con qué carga queda cargado el electroscopio?
➤ Al finalizar el experimento que sucede cuando lo tocamos con la mano.

UNIDAD II

CAMPO ELÉCTRICO

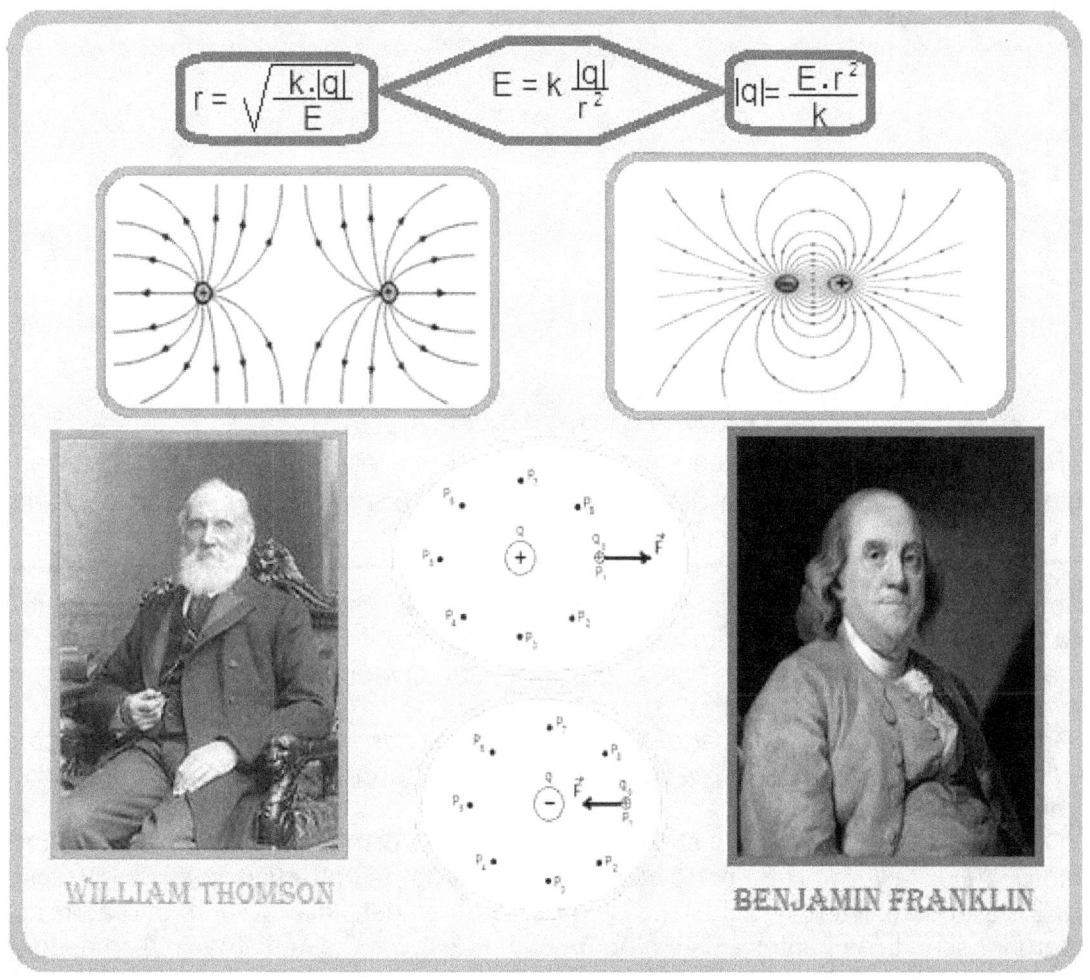

$$r = \sqrt{\frac{k \cdot |q|}{E}} \qquad E = k\frac{|q|}{r^2} \qquad |q| = \frac{E \cdot r^2}{k}$$

WILLIAM THOMSON

BENJAMIN FRANKLIN

CONTENIDO:

- ➢ DEFINICIÓN DE CAMPO ELÉTRICO.
- ➢ CAMPO ELÉCTRICO ORIGINADO POR CARGAS PUNTUALES
- ➢ ELECTRÓN Y PROTÓN.
- ➢ PROBLEMAS RESUELTOS DE APLICACIÓN DE LA INTENSIDAD DE CAMPO ELÉCTRICO.
- ➢ LÍNEAS DE FUERZA.
- ➢ CAMPO ELÉCTRICO UNIFORME.
- ➢ COMPORTAMIENTO DE UN CONDUCTOR ELECTRIZADO.
- ➢ ACTIVIDADES CON FÍSICA RECREATIVA.
- ➢ ACTIVIDADES PRÁCTICAS.

DEFINICIÓN DE CAMPO ELÉCTRICO

Vamos a considerar una carga fija q en una posición determinada, como podemos observar en la figura 2.1.

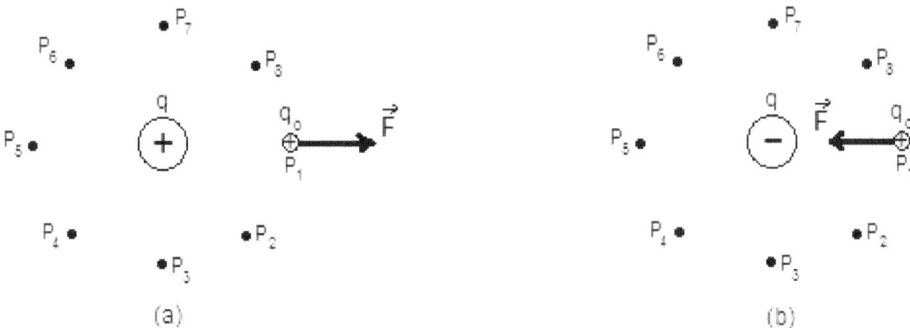

Fig. 2.1 Alrededor de una carga eléctrica, q, existe un campo
eléctrico producido por dicha carga.

Por lo estudiado anteriormente sabemos que si otra carga q_o fuese colocada en un punto P_1, a una corta distancia de la carga q, se tendrá una fuerza eléctrica $\vec{F}$ actuando sobre q_o (Fig. 2.1).

Suponiendo que la carga q_o fuese desplazada alrededor de la carga q, a cualquiera de los otros puntos P_1, P_2, P_3, P_4, P_5, etc.; en cada uno de esos puntos actuaría sobre q_o. Para analizar este hecho, decimos que en cualquier punto del espacio alrededor de la carga q existe un campo de fuerza eléctrica que comúnmente se denomina *campo eléctrico* producido por esta carga.

De lo dicho podemos destacar que *en un punto ubicado en el espacio existe un campo eléctrico cuando sobre una carga q_o colocada* en dicho punto, se ejerce una fuerza de origen eléctrico.

Observando de nuevo la figura 2.1, tenemos que el campo eléctrico se estable en los puntos P_1, P_2, P_3, P_4, P_5, etc. por acción de la carga q, la cual podrá ser positiva (Fig. 2.1.a) ó negativa (Fig. 2.1.b). La carga q_o, que se desplaza de un punto a otro para comprobar si en tales puntos existe o no un *campo eléctrico,* esta carga (q_o) se denomina *carga de prueba y siempre se considera positiva.*

Cuando se coloca una carga de prueba en un punto, solo queremos verificar si la fuerza eléctrica actúa o no sobre ella, lo cual nos permite concluir si existe o no un campo eléctrico. Comúnmente se dice que (Fig. 2.1) la fuerza eléctrica $\vec{F}$ es ejercida por q sobre q_o. Al introducir la definición de campo eléctrico en los puntos del espacio que la rodean, y que este campo eléctrico es quien se encarga de la aparición de la fuerza eléctrica sobre la carga q_o colocada en dichos puntos. En otras palabras, podemos considerar que la fuerza eléctrica que actúa sobre q_o se debe a la acción del campo eléctrico, y no a la acción directa de q *sobre* q_o.

2.1.1 Vector campo eléctrico. El campo eléctrico se puede representar, en cada uno de los puntos del espacio, por un vector que en forma general se simboliza por $\vec{E}$, y que denomina *vector campo eléctrico.* A continuación estudiaremos las características de dicho vector, su magnitud, dirección y sentido.

> Magnitud del vector campo eléctrico $\vec{E}$: El valor del vector $\vec{E}$ en un punto dado, se denomina *intensidad de campo eléctrico* en ese punto. Para definir esta magnitud consideremos la carga q, la cual crea un campo eléctrico en el espacio que la rodea, figura 2.1. Al colocar una carga de prueba q_o en un punto cualquiera, como

el P_1 por ejemplo una fuerza eléctrica $\vec{F}$ actuará sobre dicha carga de pueba.

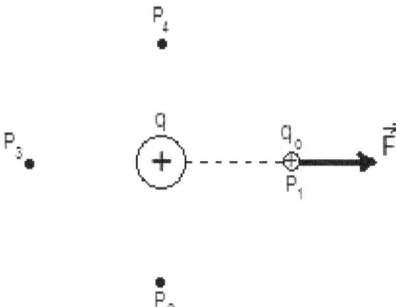

Fig. 2.2 En cada punto del espacio alrededor de una carga q, el campo de fuerza eléctrica está representado por un vector campo eléctrico, $\vec{E}$. La intensidad del campo eléctrico en el punto P_1 , cuya expresión es: $E = \dfrac{F}{q_o}$

En forma general se define la intensidad de campo eléctrico en un punto como *la fuerza por unidad de carga situada en un punto, cuya expresión viene dada por:*

$$E = \frac{F}{q_o}$$

Observando la expresión tenemos que la unidad para la medida de E será en sistema internacional (S.I.) el *Newton por Coulomb o sea: N/C.* En forma más especifica la unidad de intensidad de campo eléctrico para la realización de problemas, en los sistemas M.K.S.C. y c.g.s.s., son respectivamente el *Newton por Coulomb (N/C)* y la *dina por statcoulomb (dyn/stc).*

Esta expresión permite calcular la intensidad del campo eléctrico en cualquier punto como P_1, P_2, P_3, P_4, P_5, etc. Con dicha expresión $E = \dfrac{F}{q_o}$, podemos calcular la fuerza que actúa sobre una carga cualquiera q_o colocada en dicho punto:

$$F = q_o \cdot E$$

➤ Dirección y sentido del vector campo eléctrico $\vec{E}$: La dirección y sentido del vector campo eléctrico en un punto están por definición, dados por la dirección y sentido de la fuerza que actúa sobre la carga de prueba (positiva) colocada en el punto.

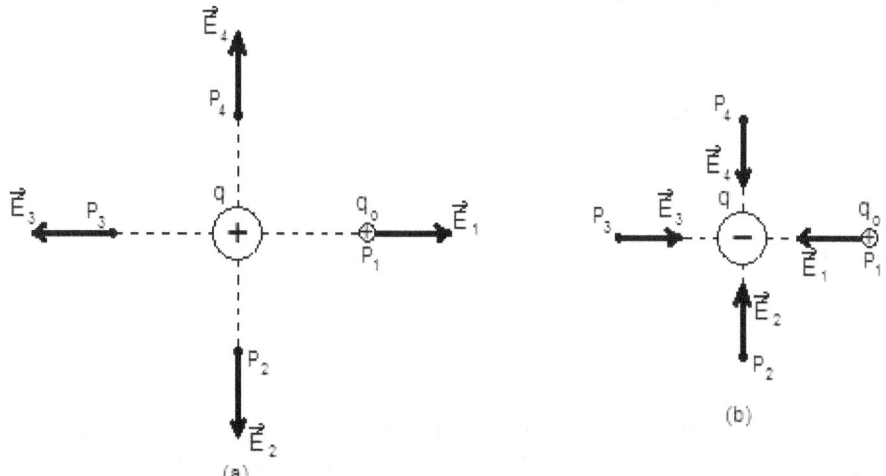

Fig. 2.3. (a) La carga q positiva, crea en los puntos P_1, P_2 , P_3 y P_4 los vectores de campo eléctrico $\vec{E}_1 , \vec{E}_2 , \vec{E}_3$ y $\vec{E}_4$ con las direcciones y sentidos que se indican en la figura.
(b) La carga q negativa, crea en los puntos P_1, P_2 , P_3 y P_4 los vectores de campo eléctrico $\vec{E}_1 , \vec{E}_2 , \vec{E}_3$ y $\vec{E}_4$ con las direcciones y sentidos que se indican en la figura.

Por ejemplo, consideremos el punto P_1 que se muestra en la figura 2.3.a. Si la carga de prueba positiva se colocara en P_1 sería repelida por q con una fuerza horizontal hacia la derecha, entonces el vector campo eléctrico $\vec{E}_1$ en ese punto también sería horizontal y estaría dirigido hacia la derecha. Ahora si en P_4 tenemos un vector $\vec{E}_4$ dirigido verticalmente hacia arriba, pues si la carga de prueba positiva se colocara en tal punto, quedaría sometida a la acción de la fuerza que tendría dicha dirección y sentido. Entonces, se podrá comprobar fácilmente que en P_2 y P_3, los vectores $\vec{E}_2$ y $\vec{E}_3$, tienen las direcciones y sentidos que se indica en la figura 2.3.a.

Suponga ahora que la carga generadora del campo es negativa como se observa en la figura 2.3.b, en este caso colocamos la carga de prueba en el punto P_1, esta sería atraída por q con una fuerza hacia la izquierda. Por esta razón tenemos que el vector campo eléctrico estará dirigido hacia la izquierda en el mismo sentido que la fuerza que actúa sobre la carga de prueba q_o. Siguiendo este razonamiento se puede observar en la figura 2.3.b la dirección y sentidos de los vectores de los campos eléctricos $\vec{E}_2$, $\vec{E}_3$ y $\vec{E}_4$.

Concluyendo *la dirección y sentido del vector campo eléctrico $\vec{E}$ están dados por la dirección y sentido de la fuerza que actúa sobre la carga de prueba q_o (positiva) colocada en el punto.*

Observando la figura 2.3 podemos decir que el *movimiento de cargas en un campo eléctrico* en la cual tenemos una carga positiva colocada en un punto donde existe un campo eléctrico $\vec{E}$, tiende a desplazarse en el sentido del campo, y una carga negativa en el mismo sitio, tiende a desplazarse en sentido contrario.

CAMPO ELÉCTRICO ORIGINADO POR CARGAS PUNTUALES.

La expresión $E = F/q_o$ nos permite calcular la intensidad de un campo eléctrico, cualquiera que sean las cargas que lo produzcan. Vamos a aplicarla a un caso particular, el cual la carga que crea el campo es puntual.

De acuerdo con la Ley de Coulomb la fuerza que actúe sobre una carga de prueba q_o, situada a una distancia r de una carga puntual q, viene dada por la expresión:

$$F = k\,\frac{|q_o| \cdot |q|}{r^2}$$

Dividiendo ambos miembros de la igualdad por q_o obtenemos la magnitud del campo eléctrico E en el punto situado a una distancia r de la carga q.

$$\frac{F}{|q_o|} = k\,\frac{|q|}{r^2}$$

Como $E = F/q_o$ entonces la igualdad anterior nos queda:

$$E = k\,\frac{|q|}{r^2}$$

Entonces esta última expresión permite determinar la intensidad de campo eléctrico en un punto dado cuando conocemos el valor de la carga puntual q que lo origina y la distancia r desde la carga puntual al punto, figura 2.4. Esta expresión únicamente puede ser empleada en el caso de un campo eléctrico creado por una carga puntual.

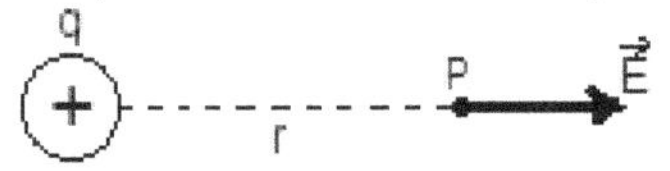

Fig. 2.4 Magnitud, dirección y sentido del vector campo eléctrico, creado por la carga puntual q, en un punto cuya distancia a la carga es igual a r.

Analizando la expresión $E = k.q/r^2$, tenemos que:

➤ La carga de prueba q_o no aparece en esta expresión; entonces podemos concluir que la intensidad del campo eléctrico en un punto no depende de la carga de prueba q_o.

➤ La intensidad del campo eléctrico E en un punto dado, es directamente proporcional a la carga q que origina el campo. Entonces al observar la figura 2.5.a, al variar el valor de q, la intensidad del campo eléctrico en el punto mostrado variará de modo que la gráfica $E = f(q)$ o $E - q$, tendrá la forma que se observa en la figura 2.5.a.

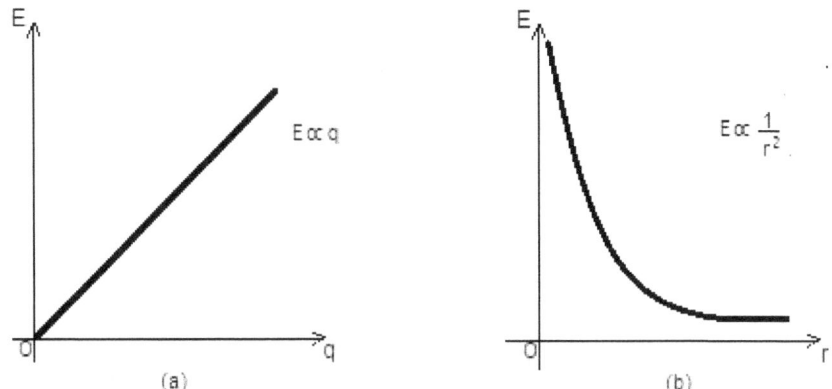

Fig. 2.5 Formas de los diagramas $E = f(q)$ y $E = f(r)$, correspondientes a una carga puntual.

Ahora bien, dicha expresión también muestra que en el campo de una de una carga q, la magnitud del campo eléctrico E será tanto menor cuanto mayor sea la distancia r entre el punto y la carga q. Tenemos que la intensidad es inversamente proporcional al cuadrado de la distancia, entonces $E \propto \dfrac{1}{r^2}$, tenemos que en la gráfica $E = f(r)$ o $E - r$, será como se observa en la figura 2.5.b.

Para encontrar el campo resultante $\vec{E}_R$ debido a la acción de un grupo de cargas puntuales, se calcula cada uno de los campos eléctricos $\left(\vec{E}_i\right)$, debido a cada carga en el punto dado como se fuera el único valor existente y luego se suman vectorialmente esos valores, encontrándose la intensidad de campo eléctrico resultante en dicho punto.

Ejemplo: Sean los manantiales de carga q_1, q_2, q_3, q_4 y q_5, situados a una distancia r_1, r_2, r_3, r_4 y r_5, respectivamente de un punto P, como lo indica la figura 2.6.

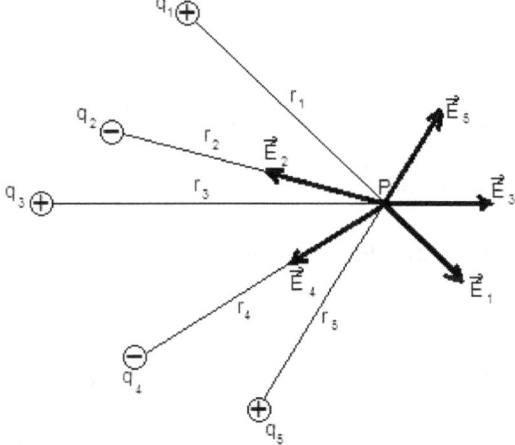

Fig. 2.6 Las cargas q_1, q_2, q_3, q_4 y q_5 crean en el punto P los vectores de los campos eléctricos $\vec{E}_1, \vec{E}_2, \vec{E}_3, \vec{E}_4$ y $\vec{E}_5$.

Si consideramos en el punto P una unidad de carga positiva, la cual no influye en el valor del campo eléctrico $\vec{E}$, el campo eléctrico resultante será:

$$\vec{E}_R = \vec{E}_1 + \vec{E}_2 + \vec{E}_3 + \vec{E}_4 + \vec{E}_5$$

En general si se tienen n cargas, la intensidad de campo eléctrico resultante en el punto P es:

$$\vec{E}_R = \sum_{i=1}^{n} \vec{E}_i$$

Como es de notar, también es válido el PRINCIPIO DE SUPERPOSICIÓN del cual hablamos en la Ley de Coulomb. El vector $\vec{E}$ es único en cada punto del espacio.

*El **campo originado por una esfera electrizada,*** en puntos exteriores a ella, se puede calcular considerando que toda la carga de la esfera se encuentra concentrada, como si fuera una carga puntual, en el centro.

Después de realizarse un estudio y cálculos matemáticos superiores, se llegó a la conclusión que el campo eléctrico $\vec{E}$ creado en un punto P por la carga q de la esfera, tiene la dirección y sentido, dependiendo de la carga de dicha esfera, que se observa en la figura 2.7 y su magnitud está dada por:

$$E = k\,\frac{|q|}{r^2}$$

donde r es la distancia desde el punto P al centro de la esfera, que esta determinada por la suma de la distancia de la superficie de la esfera y el radio R de dicha esfera, podemos darnos cuenta que esta expresión es la misma a la que proporciona el campo eléctrico ocasionado por una carga puntual.

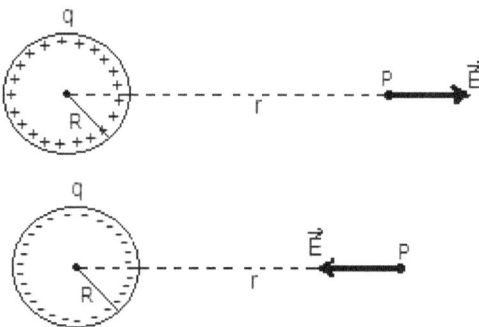

Fig. 2.7 Vector del campo eléctrico $\vec{E}$ creado por una esfera electrizada, en el punto P, situado a una distancia r del centro de la esfera.

ELECTRÓN Y PROTÓN

A continuación efectuaremos un resumen sobre el electrón y protón.

➢ **Electrón:** En una conferencia pronunciada el 30 de Abril de 1897, el inglés Joseph John Thomson dio las primeras pruebas irrefutables de la existencia del electrón, la relación e/m determinada por Thomson. El mejor valor para la masa del electrón es de $9,1.10^{-31}\,Kg$.

Algunas características del electrón son:
a) Carga del electrón: $e = 1,6.10^{-19}\,C$
b) Masa del electrón: $m = 9,1.10^{-31}\,Kg$
c) Carga específica: $\dfrac{e}{m}$

$$\frac{e}{m} = \frac{1,6.10^{-19}\,C}{9,1.10^{-31}\,Kg} = 0,18.10^{12}\,\frac{C}{Kg} = 1,8.10^{11}\,\frac{C}{Kg}$$

- > **Protón:** Es una partícula elemental de carga positiva que forma parte del núcleo de todos los elementos. Su carga es idéntica en valor absoluto, pero de signo contrario, a la del electrón.

  La masa del protón en reposo es igual a $1,7.10^{-24}\,g$ ó $1,7.10^{-27}\,Kg$.

Esquema de las propiedades del protón y el electrón:

PARTÍCULA	SÍMBOLO	CARGA	MASA
PROTÓN	p	$+e$	$1,7.10^{-27}\,Kg$
ELECTRÓN	e	$-e$	$9,1.10^{-31}\,Kg$

PROBLEMAS RESUELTOS DE APLICACIÓN DE LA INTENSIDAD DE CAMPO ELÉCTRICO

1. Un joven encontró que en el punto P de la figura del ejercicio, existe un campo eléctrico $\vec{E}$, horizontal hacia la derecha creado por el cuerpo electrizado que se ve en dicha figura. Para medir la intensidad del campo eléctrico en P, el joven colocó en ese punto una carga $q_o = 2,5.10^{-8}\,C$, y encontró que sobre dicha carga actuaba una fuerza eléctrica de magnitud $F = 5,5.10^{-3}N$.

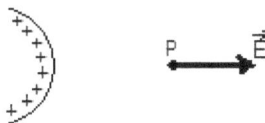

a) ¿Cuál es la magnitud de la intensidad del campo eléctrico en el punto P?

b) Al retirar la carga q_o y colocar en P una carga $q_1 = 3,5.10^{-8}\,C$, determinar la magnitud de la fuerza $\vec{F_1}$ que actuará sobre esta carga y diga cuál es el sentido del movimiento que tiende a adquirir.

c) Ahora retiramos la carga q_1 y colocamos una carga negativa en P cuya magnitud es $q_2 = -3,5.10^{-8}\,C$, determinar la magnitud de la fuerza $\vec{F_2}$ que actuará sobre esta carga y diga cuál es el sentido del movimiento que tiende a adquirir.

Solución.

a) Tenemos que para calcular la magnitud de la intensidad de campo eléctrico en un punto cualquiera está dada por la ecuación $E = F/q_o$ de aquí que:

$$E = \frac{F}{q_o} = \frac{5,5.10^{-3}\,N}{2,5.10^{-8}\,C} = 2,2.10^5\,\frac{N}{C}$$

b) En este caso tenemos que:

$$E = \frac{F_1}{q_1} \quad \Rightarrow \quad F_1 = q_1 \cdot E = 3,5.10^{-8}\,C \cdot 2,2.10^5\,\frac{N}{C} = 7,7.10^{-3}\,N$$

Como la carga q_1 es positiva, sabemos que tiende a desplazarse en el mismo sentido del vector de la intensidad de campo eléctrico $\vec{E}$ o sea se desplaza hacia la derecha.

c) Como las magnitudes de las cargas q_1 y q_2, son iguales, entonces tenemos que la fuerza $\vec{F_2}$ que actúa sobre la carga q_2, será igual al de la fuerza $\vec{F_1}$ que actuaba sobre la carga q_1, o sea la magnitud de la fuerza $F_2 = 7,7.10^{-3}\,N$. Pero como la carga q_2 es negativa, entonces esta tenderá a desplazarse hacia la izquierda, esto quiere decir que tendrá un sentido contrario al del campo eléctrico.

2. Una esfera de radio $R = 8\,cm$ está electrizada positivamente con una carga de magnitud $q = 4.10^{-6}\,C$, distribuida uniformemente en su superficie (figura del problema). Considerando un punto P situado a $12\,cm$ de la superficie de la esfera.

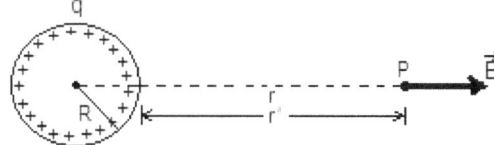

a) ¿Cuál es el sentido del campo eléctrico creado por la esfera en el punto P?
b) Si la carga está situada en el vacío, ¿cuál será la magnitud de la intensidad del campo eléctrico en el punto P?
Solución.
   a) El campo formado por una carga positiva siempre está dirigido en sentido contrario a la del campo eléctrico existente, entonces el vector $\vec{E}$ en el punto P, tendrá la dirección y sentido que se observa en la figura.
   b) La intensidad del campo eléctrico producido por una esfera esta dada por la expresión:
$$E = k\,\frac{|q|}{r^2}$$
donde r es la distancia al punto P desde el centro de la esfera. Entonces:
$$r = R + r' = 8\,cm + 12\,cm = 20\,cm$$
Reduciendo r a m, tenemos:
$$r = 20\,cm \cdot \left(\frac{1\,m}{10^2\,cm}\right) = 20.10^{-2}\,m = 2.10^{-1}\,m$$
Calculando la magnitud de la intensidad de campo eléctrico:
$$E = K\,\frac{|q|}{r^2} = 9.10^9\,\frac{N \cdot m^2}{C^2} \cdot \frac{4.10^{-6}\,C}{(2.10^{-1}\,m)^2} = 9.10^9\,\frac{N \cdot m^2}{C^2} \cdot \frac{4.10^{-6}\,C}{4.10^{-2}\,m^2}$$
$$= 9.10^5\,\frac{N}{C}$$
Concluyendo, la magnitud de la intensidad del campo eléctrico en el punto P es de $9.10^5\,N/C$.

3. Dadas dos cargas eléctricas de $9.10^{-5}\,C$ y $3.10^{-5}\,C$, están separadas un distancia de $0,4\,m$, situadas en el vacío. Calcular la magnitud del campo eléctrico en el punto medio de la distancia que une a ambas cargas.
   a) Si las cargas son del mismo signo.
   b) Si son de signos diferentes o contrarios.
Solución.
   a) Supongamos que ambas cargas son positivas, designándolas $q_1 = 9.10^{-5}\,C$ y $q_2 = 3.10^{-5}\,C$, realizando la figura correspondiente, la distancia que separa ambas cargas es $r = 0,4\,m$, el punto medio de la distancia entre ambas cargas lo designamos por P.

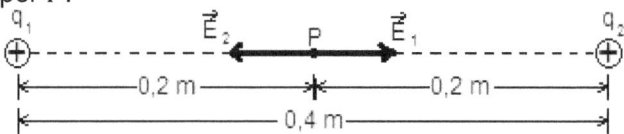

En el punto P hay una carga de prueba positiva por esta razón:

La carga q_1 es positiva, origina en el punto P el vector campo eléctrico $\vec{E}_1$, dirigido en sentido opuesto a la carga q_1.

La carga q_2 es positiva, origina en el punto P el vector campo eléctrico $\vec{E}_2$, dirigido en sentido opuesto a la carga q_2.

Calculando las magnitudes de las intensidades de campo eléctrico E_1 y E_2, entonces:

$$E_1 = k\,\frac{|q_1|}{{r_1}^2} = 9.10^9\,\frac{N \cdot m^2}{C^2} \cdot \frac{9.10^{-5}C}{(0,2\ m)^2} = 9.10^9\,\frac{N \cdot m^2}{C^2} \cdot \frac{9.10^{-5}\ C}{0,04\ m^2} = 2,025.10^7\,\frac{N}{C}$$

$$E_2 = k\,\frac{|q_2|}{{r_2}^2} = 9.10^9\,\frac{N \cdot m^2}{C^2} \cdot \frac{3.10^{-5}C}{(0,2\ m)^2} = 9.10^9\,\frac{N \cdot m^2}{C^2} \cdot \frac{3.10^{-5}\ C}{0,04\ m^2} = 6,75.10^6\,\frac{N}{C}$$

La magnitud de la intensidad del campo eléctrico resultante en el punto P es:

$$E_R = E_1 - E_2 = 2,025.10^7\,\frac{N}{C} - 6,75.10^6\,\frac{N}{C} = 2,025.10^7\,\frac{N}{C} - 0,675.10^7\,\frac{N}{C}$$
$$= 1,35.10^7\,\frac{N}{C}$$

Como la magnitud de la intensidad del campo eléctrico E_1 es mayor que la magnitud de la intensidad del campo eléctrico E_2 o sea $E_1 > E_2$, entonces tenemos que el vector $\vec{E}_R$ es de la misma dirección y sentido que el vector $\vec{E}_1$.

b) Si las cargas tienen diferentes signos, designándolas $q_1 = 9.10^{-5}\ C$ y $q_2 = -3.10^{-5}\ C$, realizando la figura correspondiente en este caso:

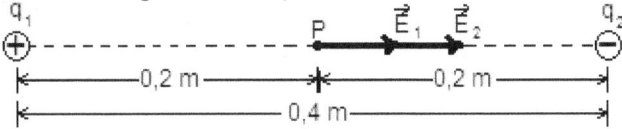

Recordemos que en el punto P hay una carga de prueba positiva por esta razón:

La carga q_1 es positiva, origina en el punto P el vector campo eléctrico $\vec{E}_1$, dirigido en sentido opuesto a la carga q_1.

La carga q_2 es negativa, origina en el punto P el vector campo eléctrico $\vec{E}_2$, dirigido hacia la carga q_2.

Las magnitudes de las intensidades de campo eléctrico E_1 y E_2 ya fueron calculas en la parte a) y observamos en la figura los vectores $\vec{E}_1$ y $\vec{E}_2$ tienen la misma dirección y sentido.

La magnitud de la intensidad del campo eléctrico resultante en el punto P es:

$$E_R = E_1 + E_2 = 2,025.10^7\,\frac{N}{C} + 6,75.10^6\,\frac{N}{C} = 2,025.10^7\,\frac{N}{C} + 0,675.10^7\,\frac{N}{C}$$
$$= 2,7.10^7\,\frac{N}{C}$$

Concluyendo tenemos que el vector $\vec{E}_R$ tiene de magnitud $2,7.10^7\ N/C$, dirección horizontal y sentido hacia la derecha.

4. Se sitúan dos cargas eléctricas $q_a = 5,5.10^{-6}C$ y $q_b = -8,5.10^{-6}$, en los extremos de la hipotenusa de un triángulo rectángulo cuyos catetos miden $12\ cm$ y $5\ cm$ respectivamente; las cargas están situadas en el vacío. Calcular:

a) La magnitud de la intensidad del campo eléctrico resultante en el punto medio de la hipotenusa.
b) La magnitud de la intensidad del campo eléctrico resultante en el vértice C.

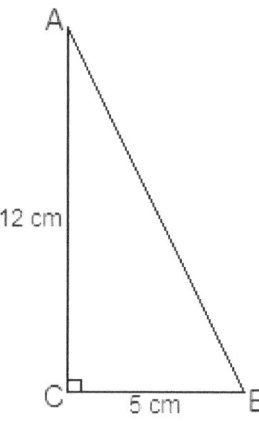

<u>Solución</u>

Comenzaremos efectuando las reducciones de las medidas de los catetos del triángulo y determinando la medida de la hipotenusa

$$\overline{AC} = 12 \ cm = 12 \ cm \cdot \left(\frac{1 \ m}{10^2 \ cm}\right) = 0{,}12 \ m$$

$$\overline{CB} = 5 \ cm = 5 cm \cdot \left(\frac{1 \ m}{10^2 \ cm}\right) = 0{,}05 \ m$$

Para determinar la medida de la hipotenusa aplicamos el Teorema de Pitágoras:

$$\overline{AB}^2 = \overline{AC}^2 + \overline{CB}^2 \implies \overline{AB} = \sqrt{\overline{AC}^2 + \overline{CB}^2} = \sqrt{(0{,}12 \ m)^2 + (0{,}05 \ m)^2}$$
$$= \sqrt{0{,}0144 \ m^2 + 0{,}0025 \ m^2} = \sqrt{0{,}0169 \ m^2} = 0{,}13 \ m$$

En el punto medio de la hipotenusa tenemos que: $\overline{AP} = \overline{BP} = 0{,}065 \ m$

a) Efectuaremos el esquema de esta pregunta del problema:

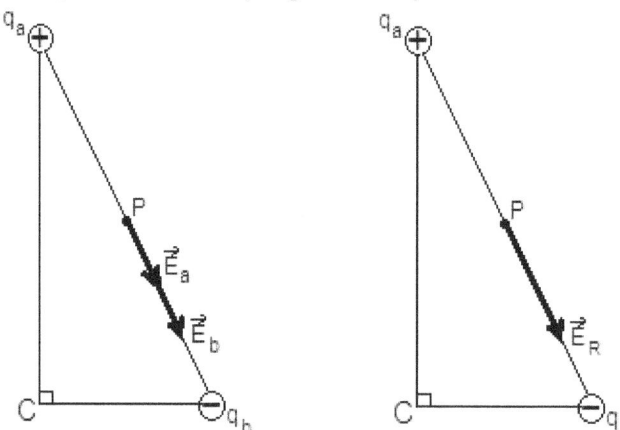

Tenemos que:

La carga q_a es positiva, origina en el punto medio de la hipotenusa (P) el vector campo eléctrico $\vec{E}_a$, dirigido en sentido opuesto a la carga q_a.

La carga q_b es negativa, origina en el punto medio de la hipotenusa (P) el vector campo eléctrico $\vec{E}_b$, dirigido hacia la carga q_b.

Calculando la magnitud de la intensidad del campo eléctrico: $\vec{E}_a$ y $\vec{E}_b$.

74

$$E_a = k \, \frac{|q_a|}{r_{AP}^2} = 9.10^9 \, \frac{N \cdot m^2}{C^2} \cdot \frac{5,5.10^{-6} \, C}{(6,5.10^{-2} \, m)^2} = 9.10^9 \, \frac{N \cdot m^2}{C^2} \cdot \frac{5,5.10^{-6} \, C}{4,225.10^{-3} \, m^2}$$
$$= 1,17.10^7 \, \frac{N}{C}$$

$$E_b = k \, \frac{|q_b|}{r_{BP}^2} = 9.10^9 \, \frac{N \cdot m^2}{C^2} \cdot \frac{8,5.10^{-6} \, C}{(6,5.10^{-2} \, m)^2} = 9.10^9 \, \frac{N \cdot m^2}{C^2} \cdot \frac{8,5.10^{-6} \, C}{4,225.10^{-3} \, m^2}$$
$$= 1,81.10^7 \, \frac{N}{C}$$

La magnitud de la intensidad de campo eléctrico resultante se calcula con la suma algebraica de E_a y E_b.

$$E_R = E_a + E_b = 1,17.10^7 \, \frac{N}{C} + 1,81.10^7 \, \frac{N}{C} = 2,98.10^7 \, \frac{N}{C}$$

Concluyendo: el vector del campo eléctrico resultante $\vec{E}_R$ en el punto medio de la hipotenusa tiene de magnitud $2,98.10^7 \, N/C$, la dirección y sentido de los vectores $\vec{E}_a$ y $\vec{E}_b$.

b) Esquema del problema para calcular la magnitud de la intensidad del campo eléctrico en el vértice C.

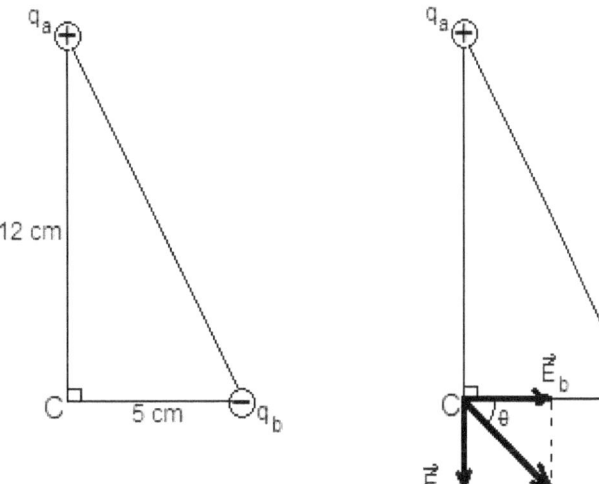

En el esquema del problema observamos que:

La carga q_a es positiva, origina en el vértice C el vector campo eléctrico $\vec{E}_a$, dirigido en sentido opuesto a dicha carga.

La carga q_b es negativa, origina en el vértice C el vector campo eléctrico $\vec{E}_b$, dirigido hacia la carga q_b.

Calculando las magnitudes de las intensidades de campo eléctrico: E_a y E_b.

$$E_a = k \, \frac{|q_a|}{r_{AC}^2} = 9.10^9 \, \frac{N \cdot m^2}{C^2} \cdot \frac{5,5.10^{-6} \, C}{(0,12 \, m)^2} = 9.10^9 \, \frac{N \cdot m^2}{C^2} \cdot \frac{5,5.10^{-6} \, C}{1,44.10^{-2} \, m^2}$$
$$= 3,44.10^6 \, \frac{N}{C}$$

$$E_b = k \, \frac{|q_b|}{r_{BP}^2} = 9.10^9 \, \frac{N \cdot m^2}{C^2} \cdot \frac{8,5.10^{-6} \, C}{(0,05 \, m)^2} = 9.10^9 \, \frac{N \cdot m^2}{C^2} \cdot \frac{8,5.10^{-6} \, C}{2,5.10^{-3} \, m^2}$$
$$= 3,06.10^7 \, \frac{N}{C}$$

Para calcular la magnitud de la intensidad del campo eléctrico resultante, aplicamos el Teorema de Pitágoras:

$$E_R{}^2 = E_a{}^2 + E_b{}^2 \implies E_R = \sqrt{E_a{}^2 + E_b{}^2}$$

$$E_R = \sqrt{\left(3{,}44.10^6\,\frac{N}{C}\right)^2 + \left(3{,}06.10^6\,\frac{N}{C}\right)^2} = \sqrt{1{,}18336.10^{13}\,\frac{N^2}{C^2} + 9{,}3636.10^{12}\,\frac{N^2}{C^2}}$$

$$= \sqrt{1{,}18336.10^{13}\,\frac{N^2}{C^2} + 0{,}93636.10^{13}\,\frac{N^2}{C^2}} = \sqrt{2{,}11972.10^{13}\,\frac{N^2}{C^2}} = 4{,}60.10^6\,\frac{N}{C}$$

Concluyendo la magnitud de la intensidad del campo eléctrico resultante en el vértice C es $4{,}60.10^6\,N/C$.

5. En los vértices A, B y C del triángulo mostrado en el problema, están colocadas cargas $q_a = 2.10^{-8}\,C$, $q_b = 5.10^{-8}\,C$ y $q_c = -6.10^{-8}\,C$ respectivamente, las cargas están situadas en el vacío. $\overline{BD}$ corresponde a la altura del triángulo ABC. Calcular la magnitud de la intensidad del campo eléctrico en el punto D.

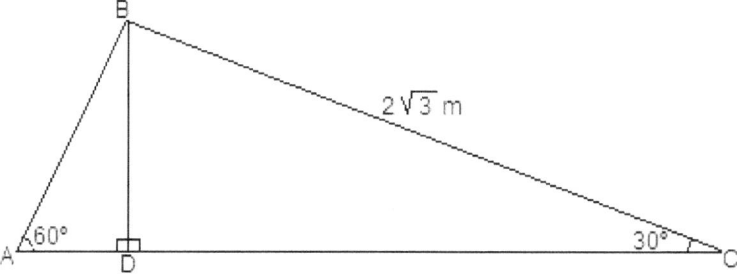

Realicemos los esquemas del problema:

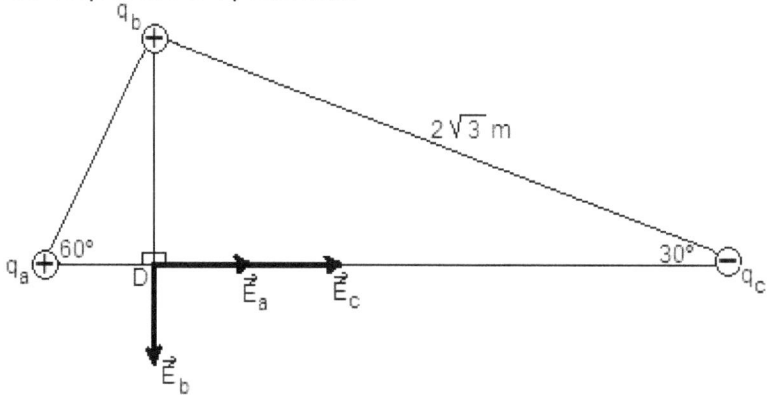

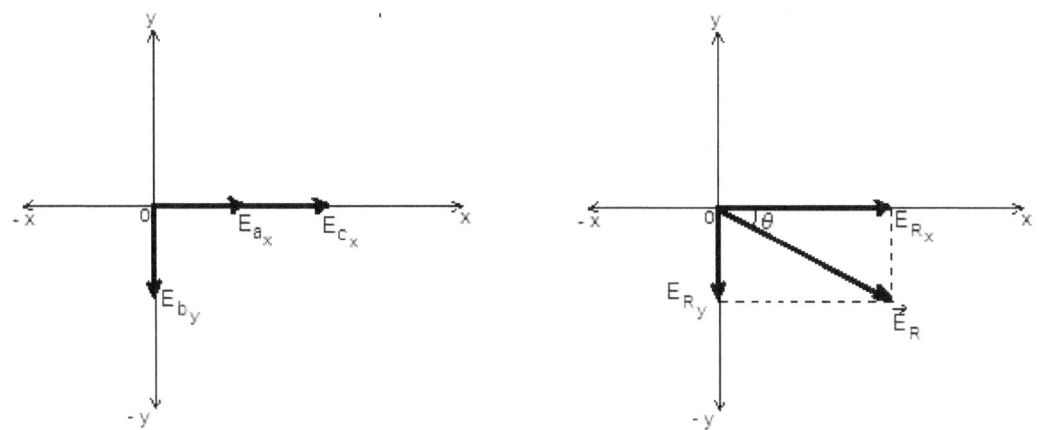

<u>Solución.</u>

Calcularemos las distancias $\overline{AD}$, $\overline{BD}$ y $\overline{CD}$, aplicando las funciones trigonométricas en el triángulo dado en el problema:

$$\operatorname{sen} 30° = \frac{\overline{BD}}{\overline{BC}} \implies \overline{BD} = \overline{BC} \cdot \operatorname{sen} 30° = 2\sqrt{3}\ m \cdot \frac{1}{2} = \sqrt{3}\ m$$

$$\cos 30° = \frac{\overline{CD}}{\overline{BC}} \implies \overline{CD} = \overline{BC} \cdot \cos 30° = 2\sqrt{3}\ m \cdot \frac{\sqrt{3}}{2} = \left(\sqrt{3}\right)^2 m = 3\ m$$

$$\operatorname{tg} 60° = \frac{\overline{BD}}{\overline{AD}} \implies \overline{AD} = \frac{\overline{BD}}{\operatorname{tg} 60°} = \frac{\sqrt{3}\ m}{\sqrt{3}} = 1\ m$$

Tenemos que:

La carga q_a es positiva, origina en el punto D ubicado entre los vértices A y C, el vector campo eléctrico $\vec{E}_a$, dirigido en sentido opuesto la carga q_a.

La carga q_b es positiva, origina en el punto D ubicado entre los vértices A y C, el vector campo eléctrico $\vec{E}_b$, dirigido en sentido opuesto la carga q_b.

La carga q_c es negativa, origina en el punto D ubicado entre los vértices A y C, el vector campo eléctrico $\vec{E}_c$, dirigido hacia la carga q_c.

Calculando las magnitudes de las intensidades de campo eléctrico: E_a, E_b y E_c.

$$E_a = k\ \frac{|q_a|}{r_{AD}{}^2} = 9.10^9\ \frac{N \cdot m^2}{C^2} \cdot \frac{2.10^{-8}\ C}{(1\ m)^2} = 9.10^9\ \frac{N \cdot m^2}{C^2} \cdot \frac{2.10^{-8}\ C}{1\ m^2} = 180\ \frac{N}{C}$$

$$E_b = k\ \frac{|q_b|}{r_{BD}{}^2} = 9.10^9\ \frac{N \cdot m^2}{C^2} \cdot \frac{5.10^{-8}\ C}{\left(\sqrt{3}\ m\right)^2} = 9.10^9\ \frac{N \cdot m^2}{C^2} \cdot \frac{5.10^{-8}\ C}{3\ m^2} = 150\ \frac{N}{C}$$

$$E_c = k\ \frac{|q_c|}{r_{CD}{}^2} = 9.10^9\ \frac{N \cdot m^2}{C^2} \cdot \frac{6.10^{-8}\ C}{(3\ m)^2} = 9.10^9\ \frac{N \cdot m^2}{C^2} \cdot \frac{6.10^{-8}\ C}{9\ m^2} = 60\ \frac{N}{C}$$

En el esquema del problema, podemos observar la representación de estos vectores en un sistema de ejes de coordenadas rectangulares, entonces tenemos que:

$$E_{a_x} = E_a \implies E_{a_x} = 180\ \frac{N}{C}$$

$$E_{b_y} = E_b \implies E_{b_y} = 150\ \frac{N}{C}$$

$$E_{c_x} = E_c \implies E_{c_x} = 60\ \frac{N}{C}$$

Ahora bien:

$$E_{R_x} = E_{a_x} + E_{c_x} = 180 \, \frac{N}{C} + 60 \, \frac{N}{C} = 240 \, \frac{N}{C}$$

$$E_{R_y} = -150 \, \frac{N}{C}$$

Para determinar la magnitud de la intensidad del campo eléctrico resultante, aplicamos el Teorema de Pitágoras:

$$E_R{}^2 = E_{R_x}{}^2 + E_{R_y}{}^2$$

$$E_R = \sqrt{E_{R_x}{}^2 + E_{R_y}{}^2} = \sqrt{\left(240 \, \frac{N}{C}\right)^2 + \left(-150 \, \frac{N}{C}\right)^2} = \sqrt{57600 \, \frac{N^2}{C^2} + 22500 \, \frac{N^2}{C^2}}$$

$$= \sqrt{80100 \, \frac{N^2}{C^2}} = 283{,}02 \, \frac{N}{C}$$

Concluyendo la magnitud de la intensidad del campo eléctrico resultante en el punto D es de $283{,}02 \; N/C$.

6. En los vértices A, B y C del triángulo mostrado a continuación, se encuentran cargas de $q_a = -6.10^{-7}C$, $q_b = -5.10^{-7} \, C$ y $q_c = -9.10^{-7} \, C$, respectivamente, las cargas situadas en el vacío. Calcular la magnitud de la intensidad del campo eléctrico resultante en el punto D ubicado entre el vértice A y C.

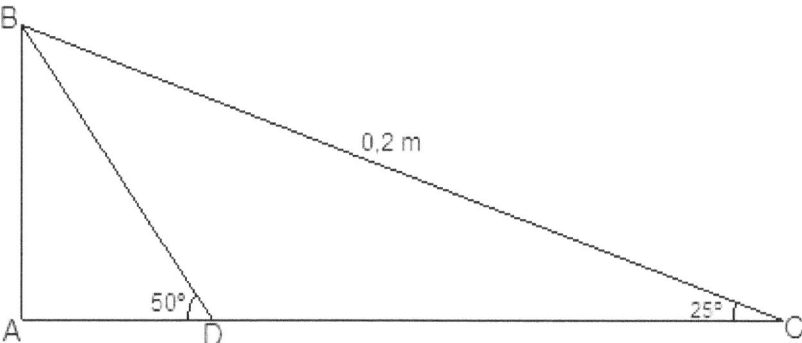

Realicemos los esquemas del problema:

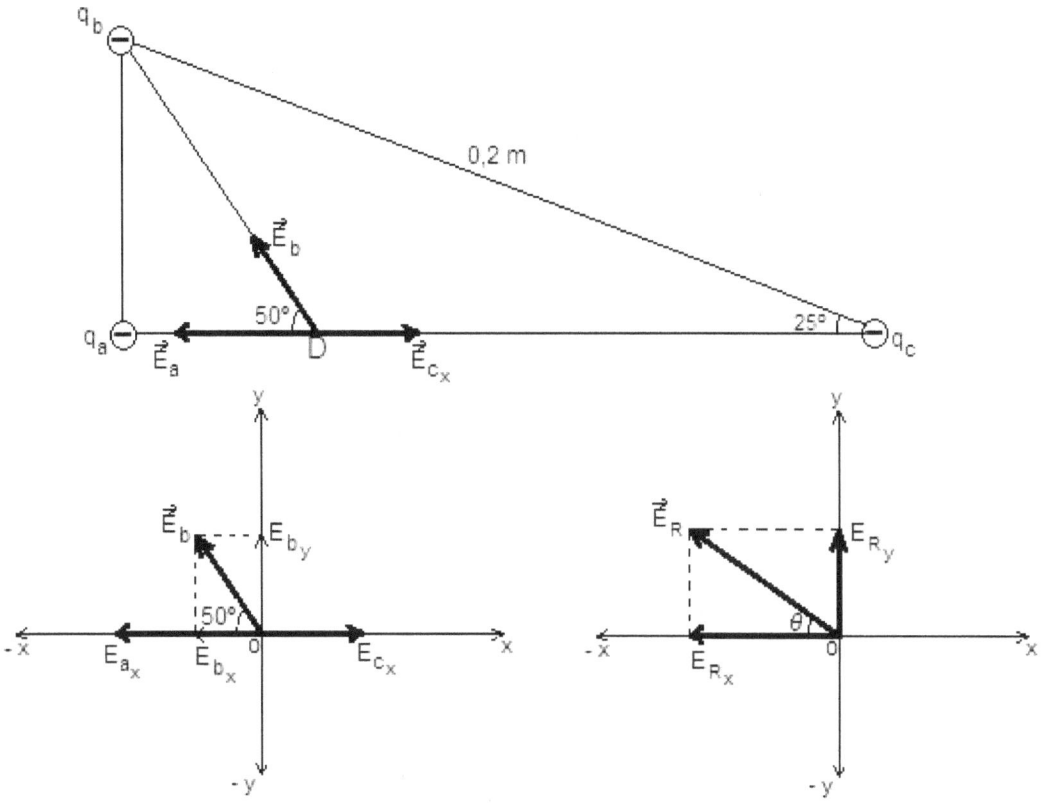

<u>Solución.</u>

Calcularemos las distancias $\overline{AD}$, $\overline{BD}$ y $\overline{CD}$, aplicando las funciones trigonométricas en el triángulo dado en el problema:

$$\operatorname{sen} 25° = \frac{\overline{AB}}{\overline{BC}} \implies \overline{AB} = \overline{BC} \cdot \operatorname{sen} 25° = 0,2\ m \cdot 0,422 = 0,08\ m$$

$$\cos 25° = \frac{\overline{AC}}{\overline{BC}} \implies \overline{AC} = \overline{BC} \cdot \cos 25° = 0,2\ m \cdot 0,906 = 0,18\ m$$

$$\operatorname{sen} 50° = \frac{\overline{AB}}{\overline{BD}} \implies \overline{BD} = \frac{\overline{AB}}{\operatorname{sen} 50°} = \frac{0,08\ m}{0,766} = 0,1\ m$$

$$\operatorname{tg} 50° = \frac{\overline{AB}}{\overline{AD}} \implies \overline{AD} = \frac{\overline{AB}}{tg 50°} = \frac{0,08\ m}{1,191} = 0,07\ m$$

$$\overline{AC} = \overline{AD} + \overline{CD} \implies \overline{CD} = \overline{AC} - \overline{AD} = 0,18\ m - 0,07\ m = 0,11\ m$$

Tenemos que:

La carga q_a es negativa, origina en el punto D el vector campo eléctrico $\vec{E}_a$, dirigido hacia la carga q_a.

La carga q_b es negativa, origina en el punto D el vector campo eléctrico $\vec{E}_b$, dirigido hacia la carga q_b.

La carga q_c es negativa, origina en el vértice D el vector campo eléctrico $\vec{E}_c$, dirigido hacia la carga q_c.

Recordemos que en el punto D hay una carga de prueba positiva.

Calculando las magnitudes de las intensidades de campo eléctrico: E_a, E_b y E_c.

$$E_a = k\ \frac{|q_a|}{r_{AD}{}^2} = 9.10^9\ \frac{N \cdot m^2}{C^2} \cdot \frac{6.10^{-7}\ C}{(0,07\ m)^2} = 9.10^9\ \frac{N \cdot m^2}{C^2} \cdot \frac{6.10^{-7}\ C}{4,9.10^{-3}\ m^2} = 1,1.10^6\ \frac{N}{C}$$

79

$$E_b = k \frac{|q_b|}{r_{BD}{}^2} = 9.10^9 \frac{N \cdot m^2}{C^2} \cdot \frac{5.10^{-7}\, C}{(0,1\, m)^2} = 9.10^9 \frac{N \cdot m^2}{C^2} \cdot \frac{5.10^{-7}\, C}{10^{-2}\, m^2} = 4,5.10^5 \frac{N}{C}$$

$$E_c = k \frac{|q_c|}{r_{CD}{}^2} = 9.10^9 \frac{N \cdot m^2}{C^2} \cdot \frac{9.10^{-7}\, C}{(0,11\, m)^2} = 9.10^9 \frac{N \cdot m^2}{C^2} \cdot \frac{9.10^{-7}\, C}{1,21.10^{-2}\, m^2} = 6,69.10^5 \frac{N}{C}$$

En el esquema del problema, podemos observar la representación de estos vectores en un sistema de ejes de coordenadas rectangulares, entonces tenemos que:

$$E_{a_x} = E_a \implies E_{a_x} = 1,1.10^6 \frac{N}{C}$$

$$E_{c_x} = E_c \implies E_{c_x} = 6,69.10^5 \frac{N}{C}$$

$$\cos 50° = \frac{E_{b_x}}{E_b} \implies E_{b_x} = E_b \cdot \cos 50° = 4,5.10^5 \frac{N}{C} \cdot 0,643 = 2,89.10^5 \frac{N}{C}$$

$$\operatorname{sen} 50° = \frac{E_{b_y}}{E_b} \implies E_{b_y} = E_b \cdot \operatorname{sen} 50° = 4,5.10^5 \frac{N}{C} \cdot 0,766 = 3,45.10^5 \frac{N}{C}$$

Ahora bien:

$$E_{R_x} = E_{c_x} - E_{b_x} - E_{a_x} = 6,69.10^5 \frac{N}{C} - 2,89.10^5 \frac{N}{C} - 1,1.10^6 \frac{N}{C}$$

$$= 6,69.10^5 \frac{N}{C} - 13,89.10^5 \frac{N}{C} = -7,2.10^5 \frac{N}{C}$$

$$E_{R_y} = E_{b_y} \implies E_{R_y} = 3,45.10^5 \frac{N}{C}$$

Para determinar la magnitud de la intensidad del campo eléctrico resultante, aplicamos el Teorema de Pitágoras:

$$E_R{}^2 = E_{R_x}{}^2 + E_{R_y}{}^2 \implies E_R = \sqrt{E_{R_x}{}^2 + E_{R_y}{}^2} = \sqrt{\left(-7,2.10^5 \frac{N}{C}\right)^2 + \left(3,45.10^5 \frac{N}{C}\right)^2}$$

$$E_R = \sqrt{5,184.10^{11} \frac{N^2}{C^2} + 1,19025.10^{11} \frac{N^2}{C^2}} = \sqrt{6,37425.10^{11} \frac{N^2}{C^2}} = 7,98.10^5 \frac{N}{C}$$

Podemos concluir que la magnitud de la intensidad del campo eléctrico resultante en el punto D es de $7,98.10^5$ N/C.

7. En los vértices A, B y D de un rombo mostrado en la figura del problema, se encuentran cargas $q_a = 5,4.10^{-5}\, C$, $q_b = -3,5.10^{-5}\, C$ y $q_d = -8,4.10^{-5}\, C$, respectivamente, las cargas están situadas en el vacío. Determinar la magnitud de la intensidad del campo eléctrico resultante en un punto ubicado en el vértice C.

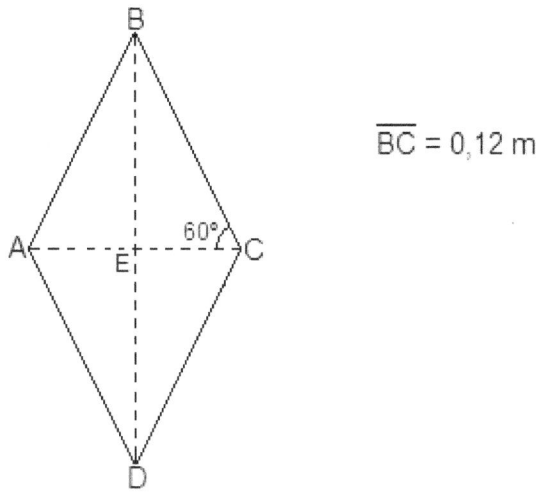

$$\overline{BC} = 0{,}12\ m$$

Realicemos los esquemas del problema:

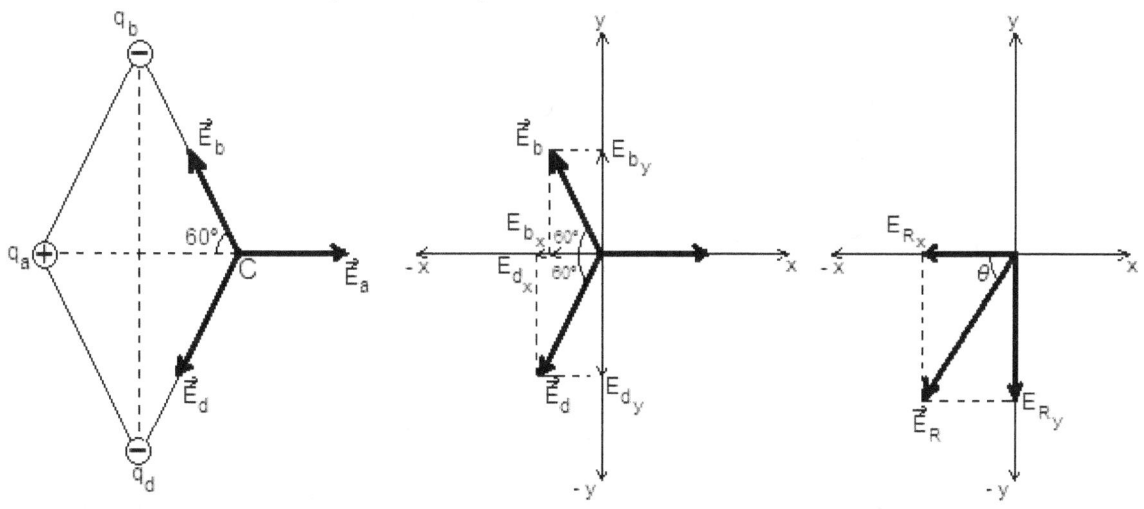

<u>Solución</u>.

Calcularemos las distancias $\overline{AC}$ y $\overline{CD}$, aplicando las funciones trigonométricas en el triángulo dado en el problema:

$$\cos 60° = \frac{\overline{CE}}{\overline{BC}} \quad \Rightarrow \quad \overline{CE} = \overline{BC} \cdot \cos 60° = 0{,}12\ m \cdot \frac{1}{2} = 0{,}06\ m$$

$$\overline{AC} = 2 \cdot \overline{CE} = 2 \cdot 0{,}06\ m = 0{,}12\ m$$

$$\overline{BC} = \overline{CD} = 0{,}12\ m$$

Tenemos que:

La carga q_a es positiva, origina en el vértice C el vector campo eléctrico $\vec{E}_a$, dirigido en sentido opuesto la carga q_a.

La carga q_b es negativa, origina en el vértice C el vector campo eléctrico $\vec{E}_b$, dirigido hacia la carga q_b.

La carga q_d es negativa, origina en el vértice C el vector campo eléctrico $\vec{E}_d$, dirigido hacia la carga q_d.

Recordemos que en el vértice C hay una carga de prueba positiva.

Calculando las magnitudes de las intensidades de campo eléctrico: E_a, E_b y E_d.

81

$$E_a = k \frac{|q_a|}{r_{AC}^2} = 9.\,10^9 \, \frac{N \cdot m^2}{C^2} \cdot \frac{5,4.\,10^{-5} \, C}{(0,12 \, m)^2} = 9.\,10^9 \, \frac{N \cdot m^2}{C^2} \cdot \frac{5,4.\,10^{-5} \, C}{1,44.\,10^{-2} \, m^2} = 3,375.\,10^7 \, \frac{N}{C}$$

$$E_b = k \frac{|q_b|}{r_{BC}^2} = 9.\,10^9 \, \frac{N \cdot m^2}{C^2} \cdot \frac{3,5.\,10^{-5} \, C}{(0,12 \, m)^2} = 9.\,10^9 \, \frac{N \cdot m^2}{C^2} \cdot \frac{3,5.\,10^{-5} \, C}{1,44.\,10^{-2} \, m^2} = 2,19.\,10^7 \, \frac{N}{C}$$

$$E_d = k \frac{|q_c|}{r_{CD}^2} = 9.\,10^9 \, \frac{N \cdot m^2}{C^2} \cdot \frac{8,4.\,10^{-5} \, C}{(0,12 \, m)^2} = 9.\,10^9 \, \frac{N \cdot m^2}{C^2} \cdot \frac{8,4.\,10^{-5} \, C}{1,44.\,10^{-2} \, m^2} = 5,25.\,10^7 \, \frac{N}{C}$$

En el esquema del problema, podemos observar la representación de estos vectores en un sistema de ejes de coordenadas rectangulares, entonces tenemos que:

$$E_{a_x} = E_a \implies E_{a_x} = 3,375.\,10^7 \, \frac{N}{C}$$

$$\cos 60° = \frac{E_{b_x}}{E_b} \implies E_{b_x} = E_b \cdot \cos 60° = 2,19.\,10^7 \, \frac{N}{C} \cdot 0,5 = 1,095.\,10^7 \, \frac{N}{C}$$

$$\text{sen} \, 60° = \frac{E_{b_y}}{E_b} \implies E_{b_y} = E_b \cdot \text{sen} \, 60° = 2,19.\,10^7 \, \frac{N}{C} \cdot 0,866 = 1,897.\,10^7 \, \frac{N}{C}$$

$$\cos 60° = \frac{E_{d_x}}{E_d} \implies E_{d_x} = E_d \cdot \cos 60° = 5,25.\,10^7 \, \frac{N}{C} \cdot 0,5 = 2,625.\,10^7 \, \frac{N}{C}$$

$$\text{sen} \, 60° = \frac{E_{d_y}}{E_d} \implies E_{d_y} = E_d \cdot \text{sen} \, 60° = 5,25.\,10^7 \, \frac{N}{C} \cdot 0,866 = 4,547.\,10^7 \, \frac{N}{C}$$

Ahora bien:

$$E_{R_x} = E_{a_x} - E_{b_x} - E_{d_x} \implies E_{R_x} = 3,375.\,10^7 \, \frac{N}{C} - 1,095.\,10^7 \, \frac{N}{C} - 2,625.\,10^7 \, \frac{N}{C}$$
$$= -3,45.\,10^6 \, \frac{N}{C}$$

$$E_{R_y} = E_{b_y} - E_{d_y} \implies E_{R_y} = 1,897.\,10^7 \, \frac{N}{C} - 4,547.\,10^7 \, \frac{N}{C} = -2,65.\,10^7 \, \frac{N}{C}$$

Para determinar la magnitud de la intensidad del campo eléctrico resultante, en el vértice C, aplicamos el Teorema de Pitágoras:

$$E_R^2 = E_{R_x}^2 + E_{R_y}^2$$

$$E_R = \sqrt{E_{R_x}^2 + E_{R_y}^2} = \sqrt{\left(-3,45.\,10^6 \, \frac{N}{C}\right)^2 + \left(-2,65.\,10^7 \, \frac{N}{C}\right)^2}$$

$$= \sqrt{1,19025.\,10^{13} \, \frac{N^2}{C^2} + 7,0225.\,10^{14} \, \frac{N^2}{C^2}} = \sqrt{7,141525.\,10^{14} \, \frac{N^2}{C^2}} = 2,67.\,10^7 \, \frac{N}{C}$$

Podemos concluir que la magnitud de la intensidad del campo eléctrico resultante en el vértice C es de $2,67.\,10^7 \, N/C$.

ACTIVIDADES

Responda brevemente las actividades del 1 al 8, dadas a continuación:

1. Una carga q está ubicada en forma fija en el centro de una mesa horizontal, como se observa en la figura siguiente:

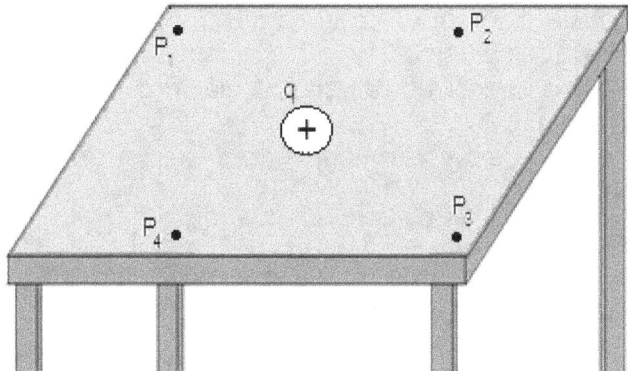

Una joven que desea averiguar si existe una campo eléctrico en P_1 coloca en dicho punto una carga q_o.

a) ¿Cómo podemos concluir que existe un campo eléctrico en el punto P_1?

b) ¿Cuál es la carga que creó el campo eléctrico en P_1?

c) ¿Cómo denominaremos la carga q_o colocada en el punto P_1?

d) Si retiramos la carga q_o del punto P_1, ¿el campo eléctrico seguirá existiendo en este punto?

e) En la figura del ejercicio, trace el vector campo eléctrico en cada uno de los puntos P_1, P_2, P_3 y P_4.

f) Suponiendo que en la figura del ejercicio la carga q ahora fuese negativa, trace el vector campo eléctrico en cada uno de los puntos P_1, P_2, P_3 y P_4.

2. En un punto del espacio existe un campo eléctrico $E = 6.10^5\ N/C$, horizontal hacia la izquierda. Si colocamos una carga q_0 en ese punto, observemos que tiende a desplazarse hacia la derecha por efecto de una fuerza eléctrica de magnitud $F = 0,3\ N$.

a) ¿Cuál es el signo de la carga q_o?

b) Calcular la magnitud de la carga q_o.

3. Al colocar una carga positiva de magnitud $2,5.10^{-6}\ C$ en un punto P, observamos que queda sujeta a una fuerza eléctrica de magnitud $0,5\ N$, vertical hacia abajo.

a) Determinar la magnitud de la intensidad de campo eléctrico en el punto P.

b) Trace en la figura, la dirección y sentido del vector del campo eléctrico $\vec{E}$ en P.

4. Una carga eléctrica puntual positiva $q = 8.10^{-6}\ C$, se encuentra ubicada en el vacío; considere un punto P situado a una distancia $r = 40\ cm$ de la carga q.

a) Determine la magnitud de la intensidad del campo eléctrico creado por la carga q en el punto P.

b) Si la magnitud de la carga q se duplicara, ¿cuántas veces mayor se volvería la intensidad del campo eléctrico en el punto P?

c) Ahora bien, ¿cuál sería la nueva magnitud de la intensidad del campo eléctrico en el punto P?

Después de duplicar la magnitud de la carga q, considere otro punto P' situado a $120\ cm$ de esta carga.

d) La distancia del punto P' a la carga q, ¿cuántas veces es mayor la distancia del punto P a la carga q?

e) Entonces, la intensidad del campo eléctrico en P', ¿cuántas veces es menor que en el punto P?

f) Ahora bien, ¿Cuál es la magnitud de la intensidad del campo eléctrico en el punto P'?

5. Dos cargas puntuales $q_1 = 9.10^{-9}C$ y $q_2 = -9.10^{-9}\,C$, se encuentran ubicadas en el vacío, a una distancia de $60\,cm$, figura del ejercicio a continuación. Se coloca una carga de prueba en el punto P, entre ambas cargas.

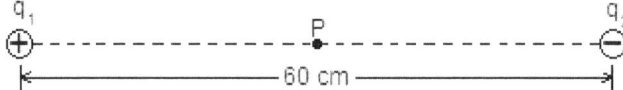

a) Trace, en la figura los vectores de campo eléctrico $\vec{E}_1$ originado por la carga q_1, y $\vec{E}_2$ originado por la carga q_2; en el punto P, situado en el punto medio de la distancia entre ambas cargas.

b) ¿Cuál es la magnitud de la intensidad del campo eléctrico E_1?

c) ¿Cuál es la magnitud de la intensidad del campo eléctrico E_2?

d) Calcular la magnitud de la intensidad del campo eléctrico resultante formado por las cargas q_1 y q_2 en el punto P.

6. Dos cargas puntuales $q_a = -3.10^{-5}C$ y $q_b = -4.10^{-5}\,C$, se encuentran ubicadas en el vacío, a una distancia de $0{,}4\,m$, como se observa en la figura del problema. Se coloca una carga de prueba en el punto P, entre ambas cargas.

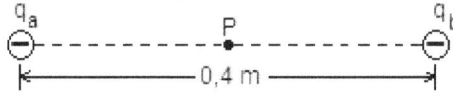

a) Trace, en la figura los vectores de campo eléctrico $\vec{E}_a$ originado por la carga q_a, y $\vec{E}_b$ originado por la carga q_b; en el punto P, situado en el punto medio de la distancia entre ambas cargas.

b) Calcular la magnitud de la intensidad del campo eléctrico E_a

c) Calcular la magnitud de la intensidad del campo eléctrico E_b

d) Determinar la magnitud de la intensidad del campo eléctrico resultante formado por las cargas q_a y q_b en el punto P.

7. Una esfera electrizada uniformemente produce, en un punto P exterior a ella, un campo eléctrico de magnitud $E = 2.10^6\,N/C$, cuya dirección y sentido se observa en la figura del ejercicio. La distancia de P a la superficie de l esfera es igual al propio radio de ésta.

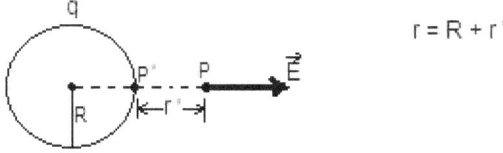

$r = R + r'$

a) ¿Cuál es el signo de la carga en la esfera?

b) Considerando un punto P' muy cercano a la superficie del cuerpo. La distancia del punto P' al centro de la esfera, ¿cuántas veces es menor que la distancia del punto P al centro?

c) Entonces, la intensidad del campo eléctrico en P', ¿es menor o mayor que en P? ¿cuántas veces?

d) Ahora bien, ¿cuál será la magnitud de la intensidad del campo eléctrico en cualquier punto cercano a la superficie de esta esfera?

8. Dos cargas puntuales $q_1 = -2,5.10^{-8}C$ y $q_2 = 4,5.10^{-9}\,C$, se encuentran ubicadas en el vacío, a una distancia de $0,9\,m$, como se observa en la figura del ejercicio. Se coloca una carga de prueba en el punto medio P, entre ambas cargas.

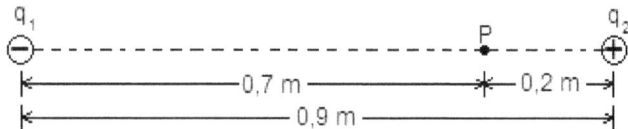

e) Trace, en la figura los vectores de campo eléctrico $\vec{E}_1$ originado por la carga q_1, y $\vec{E}_2$ originado por la carga q_2; en el punto P, situado entre ambas cargas.
f) ¿Cuál es la magnitud de la intensidad del campo eléctrico E_1?
g) ¿Cuál es la magnitud de la intensidad del campo eléctrico E_2?
h) Calcular la magnitud de la intensidad del campo eléctrico resultante formado por las cargas q_1 y q_2 en el punto P.

9. En la figura mostrada en la actividad hay una serie de casillas cada una de ellas identificadas por una letra en la que debe colocarse los resultados expresados en un mismo sistema de unidades, de los diferentes problemas de aplicación campo eléctrico, luego efectuar las operaciones hasta concluir el resultado dado.
Realizar los problemas en un cuaderno, hojas o block.

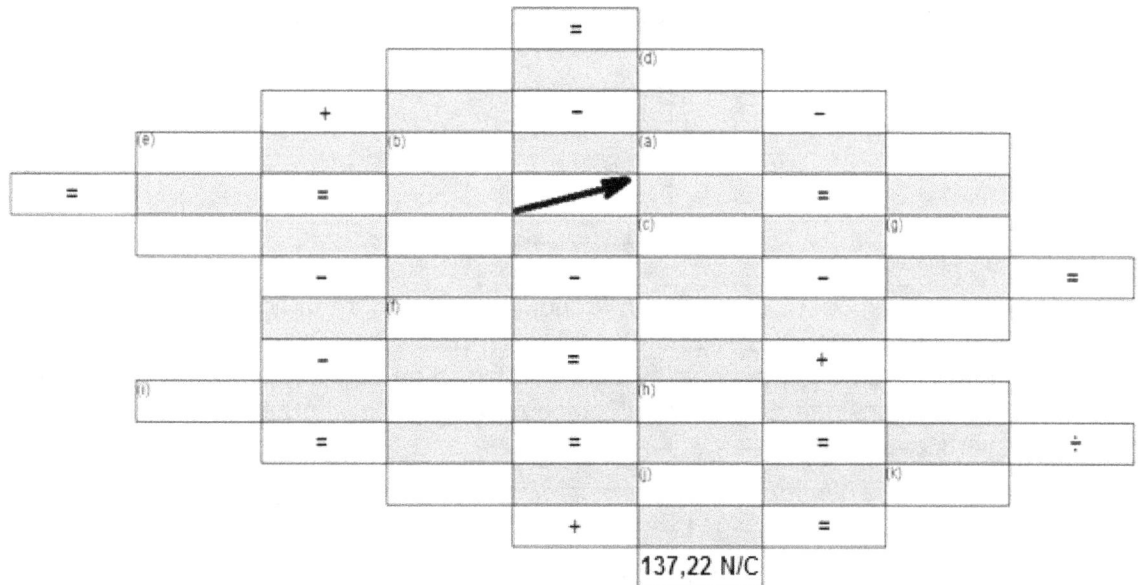

(a) Dos cargas están situadas en el vacío, según indica la figura del problema, $q_a = 8.10^{-6}\,C$ y $q_b = -5.10^{-6}\,C$, ambas cargas están separadas una distancia de $50\,cm$. Calcular la magnitud de la intensidad del campo eléctrico en el punto P ubicado entre ambas cargas.

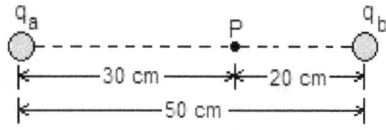

(b) En los vértices A, B y C de un triángulo equilátero de lado $2\sqrt{3}\,m$, se encuentran respectivamente cargas $q_a = -5.10^{-8}\,C$, $q_b = -9.10^{-8}\,C$ y $q_c = 8.10^{-8}\,C$, las cargas están situadas en el vacío. ¿Cuál es la magnitud de la intensidad del campo eléctrico resultante en el punto medio del lado $\overline{AB}$.

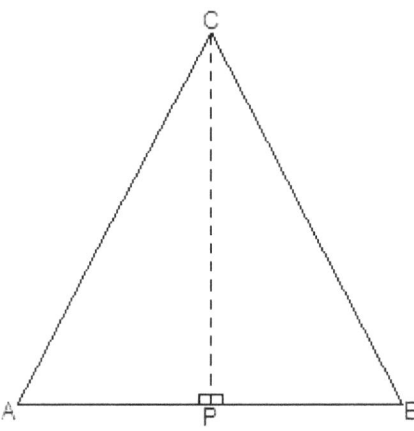

❖ Se sitúan dos cargas eléctrica $q_a = -4{,}5.10^{-7}\,C$ y $q_c = -8{,}5.10^{-7}\,C$ en los vértices de la hipotenusa de un triángulo rectángulo cuyos catetos miden $30\,cm$ y $40\,cm$ respectivamente; las cargas están situadas en el vacío. Calcular:

(c) La magnitud de la intensidad del campo eléctrico resultante en el punto medio de la hipotenusa.

(d) La magnitud de la intensidad del campo eléctrico resultante en el vértice B.

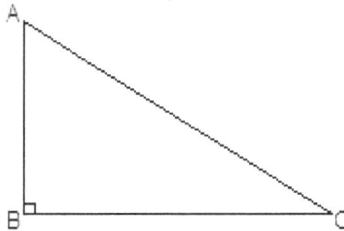

(e) En los vértices A, B y C de un triángulo mostrado en la figura del problema, se encuentran cargas $q_a = -2{,}6.10^{-9}\,C$, $q_b = -3{,}6.10^{-9}\,C$ y $q_c = 8{,}6.10^{-9}\,C$, respectivamente, las cargas están situadas en el vacío. Calcular la magnitud de la intensidad del campo eléctrico resultante en el punto D situado entre los vértices A y B.

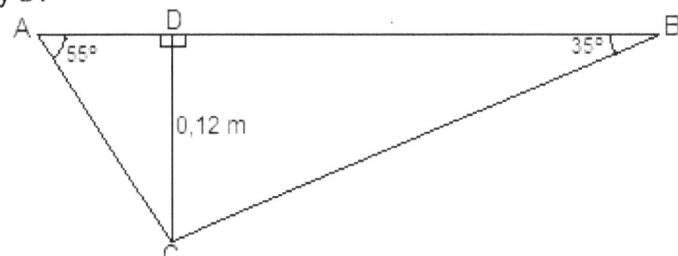

(f) En los vértices A, B y C de un triángulo mostrado en la figura del problema, se encuentran cargas $q_a = -2.10^{-8}\,C$, $q_b = -4.10^{-8}\,C$ y $q_c = 6.10^{-8}\,C$, respectivamente, las cargas están situadas en el vacío. Calcular la magnitud de la intensidad del campo eléctrico resultante en el punto D situado entre los vértices C y B.

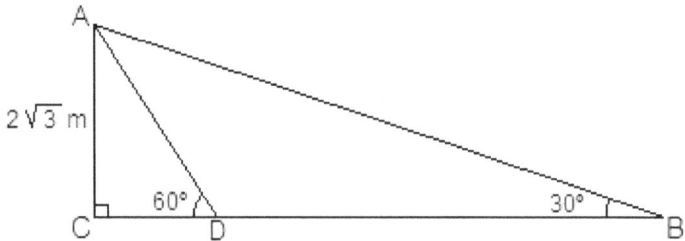

(g) En los vértices A, B y C de un triángulo mostrado en la figura a continuación, se encuentran cargas $q_a = -3{,}25.\,10^{-10}\,C$, $q_b = 2{,}35.\,10^{-10}\,C$ y $q_c = -5{,}25.\,10^{-10}\,C$, respectivamente; las cargas están situadas en el vacío. Calcular la magnitud de la intensidad del campo eléctrico resultante en el punto D ubicado entre los vértices A y B.

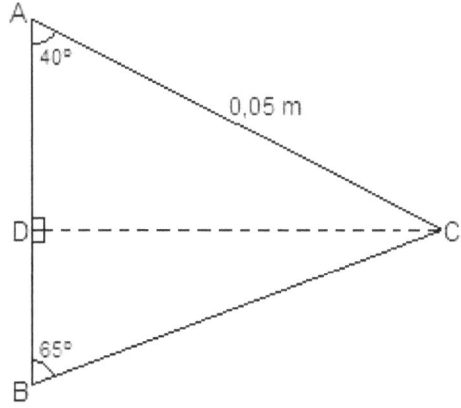

(h) En los vértices A, B y C de un cudrado mostrado en la figura del problema, se encuentran cargas $q_a = 1{,}5.\,10^{-9}\,C$, $q_b = -4.\,10^{-9}\,C$ y $q_c = 5{,}5.\,10^{-9}\,C$, respectivamente; las cargas están situadas en el vacío. La diagonal del cuadrado mide $0{,}5\,m$. Calcular la magnitud de la intensidad del campo eléctrico resultante en el vértice D del cuadrado $ABCD$.

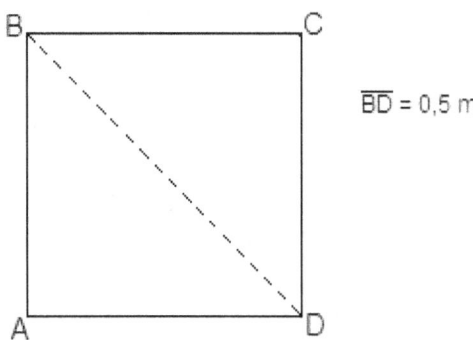

(i) En los vértices A, B, C y D de un rombo mostrado en la figura del problema, se encuentran las cargas $q_a = 3{,}2.\,10^{-8}\,C$, $q_b = -1{,}5.\,10^{-8}\,C$, $q_c = -2{,}4.\,10^{-8}\,C$ y

$q_d = 4{,}3.\,10^{-8}\,C$, respectivamente; las cargas están situadas en el vacío. Calcular la magnitud de la intensidad del campo eléctrico en el punto medio de las diagonales.

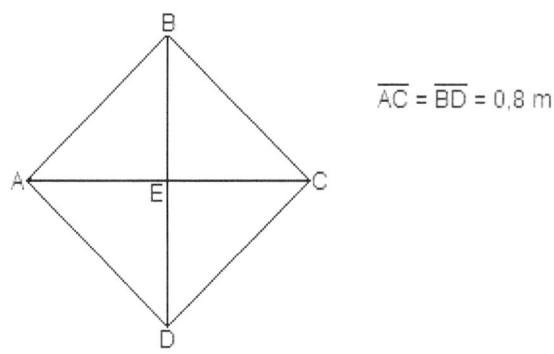

$\overline{AC} = \overline{BD} = 0,8$ m

(j) En los vértices A, B, C y D de un trapecio mostrado en la figura del problema, se encuentran las cargas $q_a = 5.10^{-7}\,C$, $q_b = -3.10^{-7}\,C$, $q_c = -2.10^{-7}\,C$ y $q_d = 6.10^{-7}\,C$, respectivamente; las cargas están situadas en el vacío. Calcular la magnitud de la intensidad del campo eléctrico resultante en el punto E ubicado entre los vértices A y D de la figura.

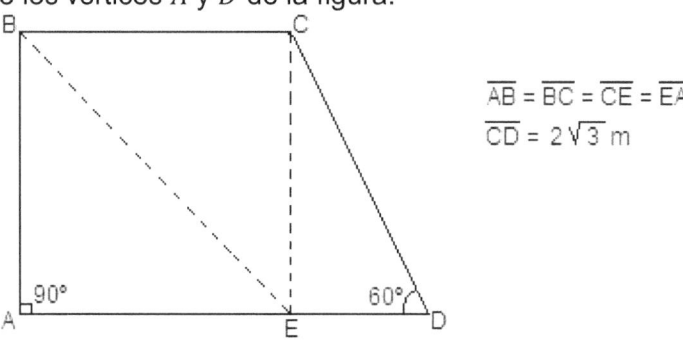

$\overline{AB} = \overline{BC} = \overline{CE} = \overline{EA}$

$\overline{CD} = 2\sqrt{3}$ m

(k) ¿Cuál es la magnitud de la intensidad de campo eléctrico resultante en el punto medio de las diagonales, del cuadrado mostrado en la figura siguiente, sabiendo que la magnitud de la carga $q = 2.10^{-9}\,C$, se encuentra ubicada en el vacío y el cuadrado mide de lado $10\sqrt{3}\ cm$?

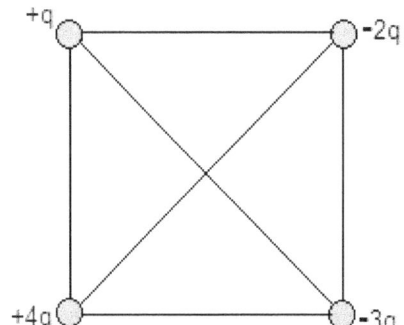

LÍNEAS DE FUERZA

El físico inglés Michael Faraday (1791 – 1867) introdujo el concepto de líneas de fuerza, con la finalidad de representar el campo eléctrico mediante diagramas.

Para entender el concepto de Michael Faraday, vamos a suponer una carga puntual q

que crea un campo eléctrico en el espacio que la rodea. Tenemos en cada punto de este espacio. Como yaa sabemos que en cada punto de este espacio tenemos un vector de campo eléctrico $\vec{E}$, cuya magnitud disminuye a medida que nos alejamos de la carga. En la figura 2.8.a, se representa estos vectores en algunos puntos alrededor de la carga puntual q.

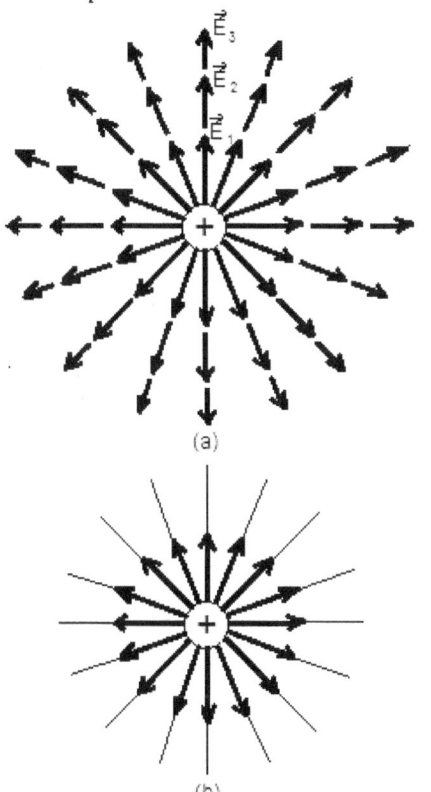

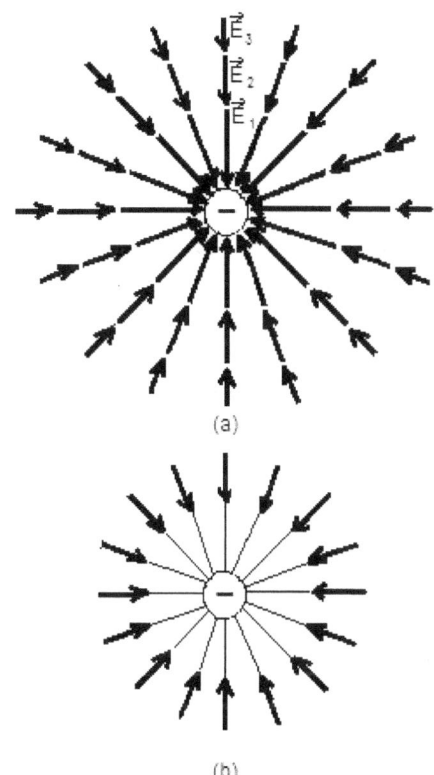

Fig. 2.8 Líneas de fuerza del campo eléctrico originado por una carga puntual positiva.

Fig. 2.9 Líneas de fuerza del campo eléctrico originado por una carga puntual negativa.

Consideremos los vectores de campo eléctrico $\vec{E}_1$, $\vec{E}_2$, $\vec{E}_3$, $\vec{E}_4$, etc. que tienen la misma dirección, y dibujamos una línea que pase por estos vectores y orientadas en el mismo sentido que ellos, como podemos observarlo en la figura 2.8.b. Esta recta es tangente a cada uno de los vectores de campo $\vec{E}_1$, $\vec{E}_2$, $\vec{E}_3$, $\vec{E}_4$, etc.. Una línea como ésta se denomina *línea de fuerza* del campo eléctrico. De forma semejante podemos trazar algunas otras líneas de fuerza del campo eléctrico originado por la carga eléctrica q.

Ahora bien, si tenemos que la carga que origina el campo eléctrico es una *carga puntual negativa*, nos damos cuenta que el vector del campo eléctrico $\vec{E}$ en cada punto del espacio, estará dirigido hacia la carga según observamos en la figura 2.9.a. Entonces se puede dibujar las líneas de fuerza de fuerza que representa dicho campo eléctrico. Observando la figura 2.9.b, la configuración de de las líneas de fuerza en el campo eléctrico de la carga negativa convergen hacia dicha carga. O sea se dirigen hacia la carga negativa.

Entre algunas de las características de las líneas de fuerza tenemos que:
➢ El vector campo eléctrico es tangente a las líneas de campo en cada punto.
➢ Las líneas de fuerza salientes (salen de la carga) para las cargas eléctricas positivas y las líneas de fuerza son entrantes (se dirigen a la carga) para las cargas negativas.

➢ Las líneas de fuerza son siempre radianes.

➢ Las líneas de campo eléctrico se origina en las cargas puntuales positivas y terminan en las cargas negativas, (como observaremos más adelante).

➢ El número de líneas de campo eléctrico que salen de una carga puntual o entran en ellas es proporcional a la magnitud de la carga eléctrica q.

➢ Por un punto del campo eléctrico pasa una y sólo una línea de fuerza.

➢ El número de líneas de fuerza que pasan a través de cada unidad de superficie es proporcional a la magnitud del campo eléctrico $\vec{E}$.

Ahora vamos a estudiar otras distribuciones de cargas que forman campos cuyas líneas de fuerza presentan una forma más complicada que las estudiadas hasta el momento. Tomando como ejemplo lo observado en la figura 2.10 a, mostramos las líneas de fuerza del campo eléctrico creado por dos cargas eléctricas puntuales de la misma magnitud pero de signos contrarios. En cambio en la figura 2.10.b, observamos la configuración de las líneas de fuerza para el caso en que las cargas eléctricas puntuales tienen el mismo signo. En ambos casos, cada línea de fuerza debe trazarse de forma que, en cada punto, el vector de campo eléctrico $\vec{E}$ sea tangente.

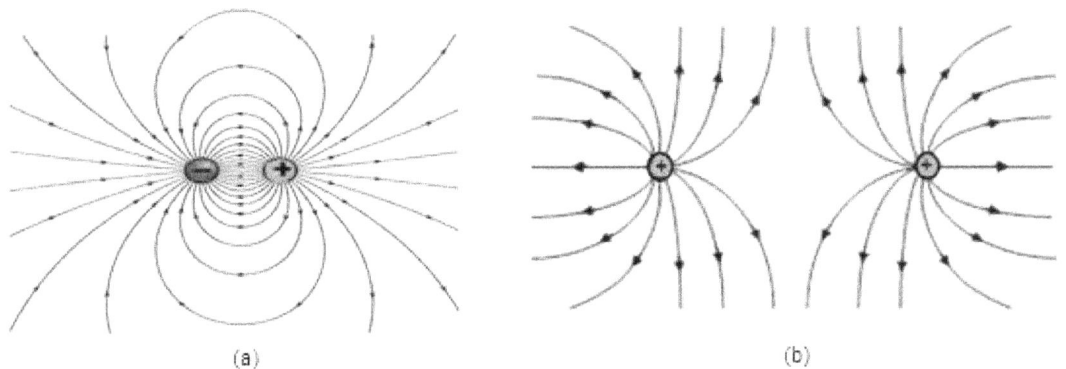

(a)   (b)

Fig. 2.10 Líneas de fuerza del campo eléctrico producido   por dos cargas puntuales de signos contrarios (a), y por dos cargas puntuales de signos iguales (b).

Observando las figuras 2.8.b y 2.9.b, se observa que las líneas de fuerza están más juntas en la proximidad de las cargas, señalando que el campo eléctrico es más intenso en esta región, en cambio, conforme nos alejamos de las cargas, las líneas de fuerza están más separadas, mostrándose que la intensidad del campo eléctrico disminuye.

CAMPO ELÉCTRICO UNIFORME

Tenemos dos placas paralelas, separadas una distancia pequeña en comparación con sus dimensiones, se encuentran uniformemente electrizadas con cargas de una misma magnitud, y de signos diferentes, como se observa en la figura 2.10. Si colocamos una carga eléctrica de prueba (positiva) q_o en un punto P_1 situado entre las placas (Fig. 2.10), dicha carga quedará sujeta a la acción de la fuerza F, debida al campo eléctrico originado por las placas en el espacio que existe entre ellas; ; dicha fuerza es perpendicular a las placas y está orientada de la placa positiva a la negativa. Al desplazar la carga de prueba q_o hacia otro punto cualquiera entre las placas, como puede ser el punto P_2, o el P_3, o el P_4, etc., observándose que sobre q_o actuará una fuerza $\vec{F}$ de la misma magnitud, dirección y sentido que la que actuaba cuando q_o se hallaba en P_1.

90

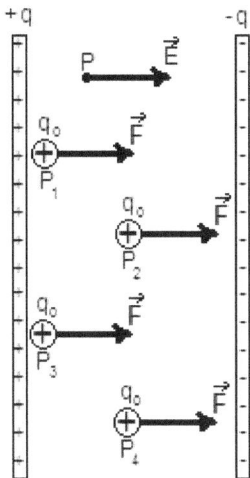

Fig. 2.10 Dos placas planas y paralelas, electrizadas uniformemente con cargas de signos contrarios (diferentes), crean un campo uniforme en el espacio que hay entre ellas.

Concluyendo: *que un campo eléctrico es uniforme en una determinada región del espacio cuando presenta la misma magnitud (recordemos que $E = F/q_o$), dirección y sentido en todos los puntos de tal región.* La figura 2.10, muestra una de las formas de obtener un campo eléctrico uniforme: entre las dos plazas, el vector del campo eléctrico $\vec{E}$ no cambia cuando pasamos de un punto a otro, estando orientado siempre de la placa positiva a la placa negativa.

2.1.1 Movimiento de partículas cargadas en un campo eléctrico uniforme.

Vamos a examinar cómo es que se comporta una partícula cargada q, dentro de un campo eléctrico uniforme, es decir, un campo creado por un dispositivo, sin tomar en cuenta los efectos de bornes como se observa en la figura 2.11.

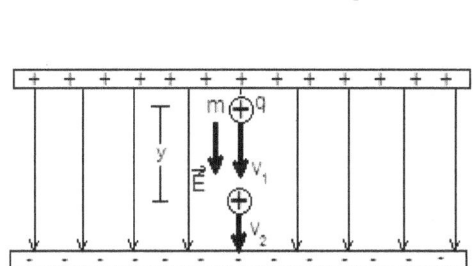

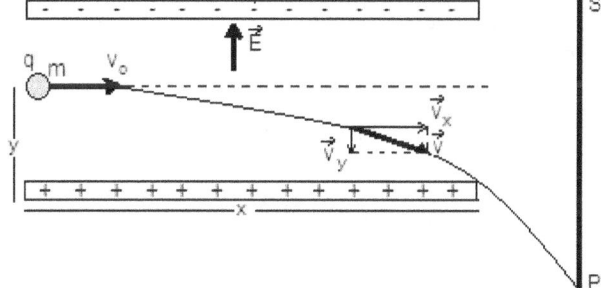

Fig. 2.11 Carga en caída libre dentro de un campo eléctrico uniforme creado por dos placas metálicas con cargas opuestas.

Fig. 2.12 Trayectoria de una partícula dentro de un campo eléctrico uniforme. La carga choca con una pantalla fluorescente S en un punto P, en dicho punto se observa una mancha luminosa.

El campo eléctrico sobre esta carga q ejercerá una fuerza que como ya sabemos vendrá dada por la ecuación $\vec{F} = |q| \cdot \vec{E}$; esta fuerza produce sobre la partícula una aceleración $a = \vec{F}/m$, donde m es la masa de la partícula.

El movimiento de dicha partícula es semejante al de un cuerpo que cae en el campo gravitacional terrestre si consideramos una partícula de masa m y carga q, parte del reposo dentro del campo eléctrico uniforme.

Como la aceleración de esta partícula es constante, son válidas todas las ecuaciones correspondientes al movimiento uniformemente acelerado; la aceleración está dada por:

$$a = \frac{F}{m}$$

Sustituyendo la fuerza F:

$$a = \frac{|q| \cdot E}{m}$$

Como la partícula parte del reposo su rapidez es igual a cero ($v_o = 0$) entonces:

$$v = a \cdot t$$

Sustituyendo en la ecuación anterior la aceleración, nos queda que:

$$v = \frac{|q| \cdot E}{m} \cdot t$$

Esta será la rapidez, para cualquier tiempo, que tendrá la partícula colocada en el campo eléctrico.

La distancia recorrida será:

$$y = v_o \cdot t + \frac{1}{2} a \cdot t^2$$

Pero como $v_o = 0$ y sustituyendo la aceleración obtenemos:

$$y = \frac{1}{2} \cdot \left(\frac{|q| \cdot E}{m} \right) \cdot t^2 \quad \Rightarrow \quad y = \frac{|q| \cdot E}{2m} t^2$$

La rapidez final al cuadrado $v_f{}^2 = 2 \cdot a \cdot y$, sustituyendo la aceleración y la distancia recorrida, obtenemos:

$$v_f{}^2 = 2 \cdot \frac{|q| \cdot E}{m} \cdot \left(\frac{|q| \cdot E}{2m} t^2 \right) \quad \Rightarrow \quad v_f{}^2 = \frac{2 \cdot |q|^2 \cdot E^2}{2m^2} t^2 \quad \Rightarrow \quad v_f{}^2 = \frac{|q|^2 \cdot E^2}{m^2} t^2$$

Describiendo ahora el movimiento de una partícula de masa m y carga q, que se mueve, con una velocidad inicial v_o, perpendicular a un campo eléctrico uniforme; como se puede observar en la figura 2.12. Como éste es un movimiento en un plano (dos dimensiones) las coordenadas (x, y); entonces tenemos que el movimiento de dicha partícula dentro del campo eléctrico es semejante al de un proyectil que es disparado horizontalmente con una velocidad inicial v_o en el campo gravitacional terrestre, por lo cual podemos aplicar las ecuaciones las ecuaciones estudiadas en el lanzamiento horizontal en el campo gravitacional.

En el movimiento horizontal se cumple en módulo que:

Velocidad inicial: $\quad v_x = v_o$ (Constante)

Desplazamiento horizontal: $\quad x = v_x \cdot t \quad \Rightarrow \quad x = v_o \cdot t$

En el movimiento vertical se cumple en módulo que:

Velocidad vertical: $\quad v_y = a \cdot t \quad$ sustituyendo la aceleración

$$v_y = \frac{q \cdot E}{m} \cdot t$$

Desplazamiento vertical:

$$y = \frac{a \cdot t^2}{2} = \frac{q \cdot E}{2m} t^2$$

La velocidad en punto de la trayectoria, en módulo:

$$v^2 = v_x{}^2 + v_y{}^2$$

Despejando t en la ecuación $x = v_o \cdot t$ donde obtenemos que $t = x/v_o$ sustituyendo en y obtenemos la ecuación de la trayectoria:

$$y = \frac{q \cdot E}{2m} t^2 = \frac{q \cdot E}{2m} \cdot \left(\frac{x}{v_o} \right)^2 = \frac{q \cdot E}{2m} \cdot \frac{x^2}{v_o{}^2} = \frac{q \cdot E}{2m \cdot v_o{}^2} \cdot x^2$$

El tiempo que tarda la partícula en describir la trayectoria parabólica (tiempo de vuelo):

$$t_v = \sqrt{\frac{2 \cdot y}{a}}$$

Tenemos que $\dfrac{q \cdot E}{2m \cdot v_o{}^2}$ es un valor constante lo que nos indica que la trayectoria descrita por la partícula es una parábola. Este es el fundamento de la construcción de un osciloscopio de rayos catódicos.

Ejemplo 1.

El campo eléctrico que se observa en las placas mostradas en la figura del ejemplo, la magnitud de la intensidad del campo eléctrico $E = 3.10^5\ N/C$, y la distancia entre las placas es de $d = 8.10^{-3}\ m$. Suponiendo que un electrón se deja libre y en reposo, cerca de la placa negativa; la carga del electrón $e = 1,6.10^{-19}\ C$ y la masa $m = 9,1.10^{-31}\ Kg$.

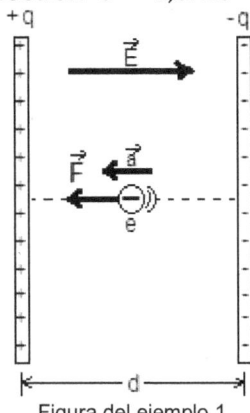

Figura del ejemplo 1

a) Determinar la magnitud, dirección y sentido de la fuerza eléctrica que actúa sobre el electrón.

Como ya se sabe, un electrón tiene carga negativa, entonces la fuerza $\vec{F}$ que actuará sobre él tendrá la misma dirección, pero sentido contrario al campo eléctrico $\vec{E}$ esto quiere decir que la fuerza estará orientada de la placa negativa hacia la placa positiva como se observa en la figura del ejemplo.

La magnitud de la fuerza $\vec{F}$ está dada por la expresión $F = e \cdot E$. Entonces:
$$F = e \cdot E = 1,6.10^{-19}\ C \cdot 3.10^5\ N/C = 4,8.10^{-14}\ N$$

b) Sabiendo que el peso del electrón es despreciable en comparación con la fuerza eléctrica que actúa sobre él, ¿diga qué tipo de movimiento describe la partícula?

Como ya dijimos anteriormente, el campo eléctrico entre las placas es uniforme, la fuerza eléctrica $\vec{F}$ que actúa sobre el electrón, permanecerá constante mientras aquél se desplaza. Entonces esta fuerza le imprimirá al electrón una aceleración también constante; esto quiere decir, que el movimiento del electrón será *acelerado y uniformemente acelerado*.

c) Determinar la magnitud de la aceleración adquirida por el electrón.

Calcularemos la magnitud de la aceleración aplicando la segunda ley de Newton $F = m \cdot a$, donde la masa m es la masa del electrón:

$$F = m \cdot a \quad \Rightarrow \quad a = \frac{F}{m} = \frac{4,8.10^{-14}\ N}{9,1.10^{-31}\ Kg} = \frac{4,8.10^{-14}\ Kg\ \frac{m}{s^2}}{9,1.10^{-31}\ Kg} = 5,27.10^{16}\ \frac{m}{s^2}$$

Podemos darnos cuenta que aun cuando la fuerza sobre el electrón sea muy pequeña, ésta adquiere una aceleración de magnitud sumamente elevada.

d) Determinar el tiempo que tardará el electrón en desplazarse de la placa negativa a la placa positiva.

Como el movimiento es uniformemente acelerado, sabemos que la distancia d que recorrerá el electrón esta dado por:

$$d = \frac{1}{2}a \cdot t^2$$

Despejando el tiempo, tenemos que:

$$t^2 = \frac{2 \cdot d}{a} \quad \Rightarrow \quad t = \sqrt{\frac{2 \cdot d}{a}} = \sqrt{\frac{2 \cdot 8.10^{-3}\, m}{5,27.10^{16}\, \frac{m}{s^2}}} = \sqrt{\frac{16 \cdot 10^{-3}\, m}{5,27.10^{16}\, \frac{m}{s^2}}} = \sqrt{3,036.10^{-19}\, s^2}$$

De donde:

$$t = 5,51.10^{-10}\, s$$

e) Determinar la magnitud de la velocidad del electrón al llegar a la placa positiva.

Como el electrón se mueve con un movimiento uniformemente acelerado, y parte del reposo entonces $v_o = 0$, entonces la magnitud de la velocidad del electrón se determina por $v_f = a \cdot t$. Entonces:

$$v_f = a \cdot t = 5,27.10^{16}\, \frac{m}{s^2} \cdot 5,51.10^{-10}\, s = 2,9.10^7\, \frac{m}{s}$$

Ejemplo 2.

La separación existente entre dos placas con cargas de igual magnitud y signo contrario es de $0,12\, m$. Si el electrón se dispara desde un punto que equidista de dichas placas, perpendicularmente al campo, con rapidez inicial $v_o = 3.10^5\, m/s$, y la intensidad del campo eléctrico es de magnitud $E = 12\, N/C$.

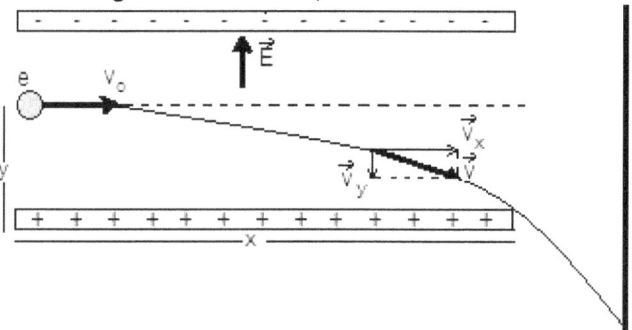

Figura del ejemplo 2.

a) Determine la magnitud de la velocidad del electrón en el instante de salir del campo eléctrico.

En el momento de salir del campo eléctrico la velocidad del electrón, es su velocidad final $\vec{v}_f = \vec{v}_x + \vec{v}_y$, tenemos que $v_o = v_x$. Calculando la magnitud de la velocidad final del electrón tenemos que:

$$v_f{}^2 = v_x{}^2 + v_y{}^2$$

Determinando la magnitud de la velocidad horizontal:

$$v_x = v_o \quad \Rightarrow \quad v_x = 3.10^5\, \frac{m}{s}$$

Ahora la magnitud de la velocidad vertical:

$$v_y = a \cdot t_v$$

Calculando la magnitud de la aceleración y el tiempo del vuelo, tenemos que como $F = e \cdot E$ y según la segunda ley de Newton $F = m.a$ entonces despejando la aceleración y sustituyendo la fuerza eléctrica:

$$a = \frac{F}{m} = \frac{e \cdot E}{m} = \frac{1,6.10^{-19}\, C \cdot 12\, \frac{N}{C}}{9,1.10^{-31}\, Kg} = \frac{1,92.10^{-18}\, N}{9,1.10^{-31}\, Kg} = \frac{1,92.10^{-18}\, Kg\frac{m}{s^2}}{9,1.10^{-31}\, Kg} =$$

$$a = 2,11.\,10^{12}\,\frac{m}{s^2}$$

El tiempo que tarda el electrón en describir la trayectoria parabólica se denomina de vuelo; como $y = d/2$ entonces $y = 0,12\,m/2 = 0,06\,m$ de aquí que el tiempo de vuelo:

$$t_v = \sqrt{\frac{2 \cdot y}{a}} = \sqrt{\frac{2 \cdot 0,06\,m}{2,11.\,10^{12}\frac{m}{s^2}}} = \sqrt{\frac{0,12\,m}{2,11.\,10^{12}\frac{m}{s^2}}} = \sqrt{5,687.\,10^{-14}\,s^2} = 2,38.\,10^{-7}\,s$$

Sustituyendo en la ecuación de v_y, tenemos:

$$v_y = a \cdot t_v = 2,11.\,10^{12}\,\frac{m}{s^2} \cdot 2,38.\,10^{-7}s = 5,02.\,10^5\,\frac{m}{s}$$

Entonces la magnitud de la velocidad del electrón en el instante de salir del campo eléctrico es:

$$v_f{}^2 = v_x{}^2 + v_y{}^2$$

$$v_f = \sqrt{v_x{}^2 + v_y{}^2} = \sqrt{\left(3.\,10^5\,\frac{m}{s}\right)^2 + \left(5,02.\,10^5\,\frac{m}{s}\right)^2} = \sqrt{9.\,10^{10}\,\frac{m^2}{s^2} + 2,52004.\,10^{11}\,\frac{m^2}{s^2}}$$

$$= \sqrt{3,42004.\,10^{11}\,\frac{m^2}{s^2}} = 5,85.\,10^5\,\frac{m}{s}$$

Concluyendo la magnitud de la velocidad del electrón en el instante de salir del campo eléctrico es $v_f = 5,85.\,10^5\,m/s$.

b) Determinar la magnitud del desplazamiento horizontal ó alcance horizontal.
   El alcance horizontal se determina por el producto de la rapidez horizontal v_x y el tiempo de vuelo, recordemos que $v_x = v_o$, entonces:
$$x = v_x \cdot t_v = 3.\,10^5\frac{m}{s} \cdot 2,38.\,10^{-7}s = 7,14.\,10^{-2}\,m$$

COMPORTAMIENTO DE UN CONDUCTOR ELECTRIZADO

2.7.1 Carga eléctrica distribuida en la superficie del conductor: Dado un cuerpo conductor de metal frotado en determinada región de su superficie adquiriendo de esta forma cargas negativas, por lógica, la electrización en el cuerpo aparecerá en la región friccionada, como podemos observar en la figura 2.13.

Fig. 2.13 Al frotar el cuerpo que se indica adquiere carga negativa.

Dichas cargas eléctricas, constituidas por un exceso de electrones, se repelen entre sí y actúan sobre los electrones libres del conductor, haciendo que se desplacen hasta llegar a un distribución final, denominada, *situación de equilibrio electrostático,* en la cual las cargas eléctricas del conductor se encuentran en reposo. Cuando llegamos a esta situación final de equilibrio electrostático, observándose experimentalmente que la carga negativa adquirida por el conductor está distribuida en toda la superficie del conductor, figura 2.14.

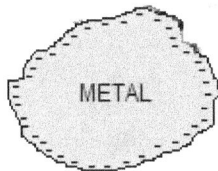

Fig. 2.14 Los electrones libres adquiridos por el conductor se distribuyen en toda su superficie.

Ahora bien si el conductor fuese electrizado positivamente, al final obtendremos el mismo resultado. La carga positiva que fue adquirida por el conductor en una región dada de su superficie, figura 2.14.a, atraería los electrones libres de este cuerpo. Dichos electrones se desplazarían hasta alcanzar el equilibrio electrostático y entonces la *carga positiva se distribuirá en la superficie del conductor* figura 2.14.b.

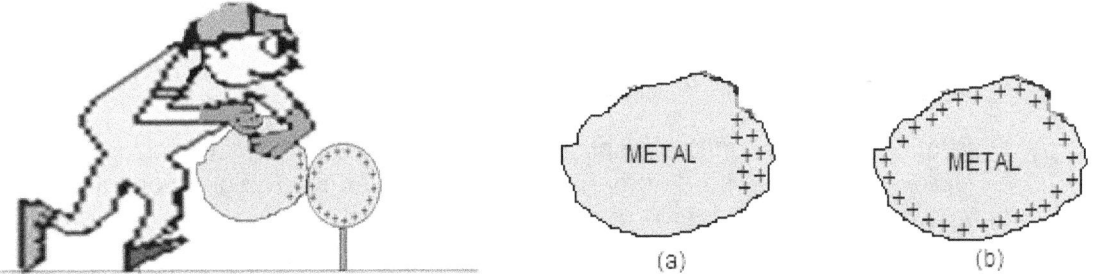

Fig. 2.14 Aunque un conductor adquiere carga positiva local, ésta quedará distribuida en su superficie, debido al movimiento de los electrones libres.

Tenemos que este comportamiento es característico de los conductores. Si frotásemos un aislante, como este no posee electrones libres, entonces las cargas eléctricas no podrán desplazarse en este material.

Concluyendo; *si un cuerpo electrizado está en equilibrio electrostático, las cargas eléctricas se encontrarán distribuidas en su superficie.*

2.7.2 Campo eléctrico en el interior y en la superficie del conductor: Como se analizó, cuando se alcanza el equilibrio electrostático las cargas eléctricas de un conductor están distribuidas en la superficie y se encuentra en reposo. En estas condiciones tenemos que la distribución de estas cargas debe ser tal que anule el campo eléctrico en cualquier punto interno del conductor. Ahora bien como las cargas en el conductor están en equilibrio, este movimiento no puede tener lugar, y por lo tanto, *el campo eléctrico debe ser nulo en el interior del conductor.*

Estudiaremos ahora, lo que sucede en puntos de la superficie del conductor en equilibrio estático. En estos puntos es probable que exista un campo eléctrico, sin que ello altere dicha condición de equilibrio electrostático, tenemos que el vector del campo eléctrico $\vec{E}$, es perpendicular a la superficie del conductor, tal como se observa en los puntos A, B, C, D, E y F de la figura 2.15.

Concluyendo, si un conductor electrizado está en equilibrio electrostático, el campo eléctrico será nulo en todos sus puntos internos, y en los puntos de la superficie del conductor el vector del campo eléctrico $\vec{E}$ esta perpendicular a ella, figura 2.15.

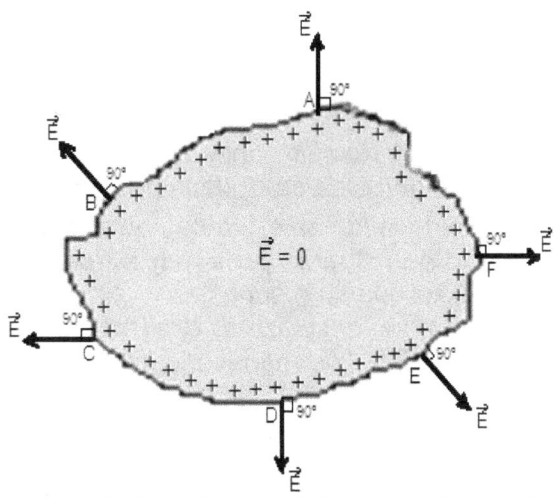

Fig. 2.15 El vector campo eléctrico en la superficie de un conductor cargado y en equilibrio electrostático, es perpendicular a la superficie de dicho conductor.

Ejemplo.

Una esfera metálica hueca de radio R se encuentra, se encuentra el vacio, está electrizada positivamente con una carga q.

a) Grafique el vector campo eléctrico $\vec{E}$ en un punto exterior cercano a la superficie de la esfera.

Tenemos que el campo eléctrico en un punto exterior cercano a la superficie de un conductor es perpendicular a la misma. En el caso de la esfera el vector del campo eléctrico $\vec{E}$ tiene dirección radical como se observa en la figura a continuación:

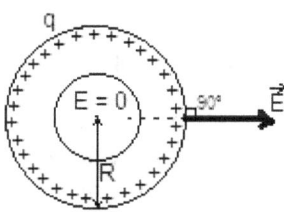

b) ¿Cuál es la expresión que permite determinar la magnitud de la intensidad de campo eléctrico en el punto externo cercano a la superficie de la esfera?

En un punto muy cercano a la superficie tenemos que $r = R$ y de esta forma, en dicho punto la magnitud de la intensidad de campo eléctrico se determina por la expresión:

$$E = k\,\frac{q}{R^2}$$

c) Determinar la magnitud de la intensidad del campo eléctrico en los puntos internos de la esfera.

En los puntos internos de la esfera la expresión $E = k.\,q/r^2$ no es válida para este caso, pues ya sabemos que en el interior de un cuerpo metálico cualquiera, en equilibrio electrostático se tiene que $E = 0$.

ACTIVIDADES

Responda brevemente las actividades del 1 al 5, dadas a continuación:

1. a) En la figura 2.10, sea r la distancia del punto P_1 a la placa positiva, ¿la magnitud del campo eléctrico en el punto se podría determinar mediante la expresión $E = k \cdot q/r^2$? Explique su respuesta.

97

b) ¿La magnitud del campo eléctrico en el punto P_3, podría determinarse mediante la relación $E = F/q$? Explique su respuesta.

2. En la figura del ejemplo 1 resuelto anteriormente, suponga que en lugar de un electrón se libera un protón cerca de la placa positiva.
   a) ¿Cuál es el sentido de la fuerza eléctrica $\vec{F}$, que actuaría sobre el protón?
   b) Diga si la magnitud de la fuerza sería mayor, menor o igual a la que se ejerce sobre el electrón. Explique su respuesta.
   c) Conforme el protón se desplazara, ¿la fuerza eléctrica ejercida sobre él disminuiría, aumentaría ó permanecería constante? Entonces ¿qué tipo de movimiento describiría el protón?
   d) La aceleración que habría de adquirir, ¿sería menor, mayor ó igual a la que adquirió el electrón?
   e) Ahora bien, el tiempo que el protón tardaría en trasladarse de una placa a la otra, ¿sería menor, mayor ó igual al tiempo que tarda el electrón en efectuar el mismo recorrido?

3. Un electrón es acelerado, a partir del reposo, por una campo eléctrico uniforme $E = 5.10^5 \ N/C$. La masa del electrón $m = 9,1.10^{-31} \ Kg$ y la carga del electrón $e = 1,6.10^{-19} \ C$. Calcular la aceleración adquirida por el electrón.

4. Se tienen dos placas metálicas planas y paralelas con cargas iguales y de signo contrario separadas una distancia de $6.10^{-2} \ m$ en el vacío. Un electrón cuya carga es $e = 1,6.10^{-19} \ C$ tarda $2.10^{-9} \ s$ en ir de la placa negativa a la positiva; la masa del electrón $m = 9,1.10^{-31} \ Kg$. Calcular:
   a) La aceleración adquirida por el electrón.
   b) La magnitud de la intensidad del campo eléctrico entre las placas.

5. Se tienen dos láminas metálicas planas y paralelas con cargas iguales y de signo contrario. Si un electrón que se abandona en reposo entre las láminas, adquiere una aceleración de magnitud $9.10^{12} \ m/s^2$, determinar la magnitud de la intensidad del campo eléctrico entre las láminas.

6. En cada una de las figuras mostradas en la actividad hay una serie de casillas cada una de ellas identificadas por una letra en la que debe colocarse los resultados expresados en un mismo sistema de unidades, de los diferentes problemas de movimiento de partículas cargadas en un campo eléctrico uniforme, según la magnitud física señalada en cada figura y luego en cada caso efectuar las operaciones hasta concluir el resultado dado.
   Realizar los problemas en un cuaderno, hojas o block.

❖ Una partícula de masa $0,04 \ g$ con una carga de $5.10^{-6} \ C$ se deja en libertad en un campo eléctrico uniforme cuya intensidad es de magnitud $10 \ N/C$. Calcular:
   (a) La magnitud de la aceleración de la partícula.
   (b) La distancia recorrida por la partícula en un tiempo de $2.10^{-6} \ s$.
   (c) La magnitud de la fuerza eléctrica que actúa sobre la carga.

❖ Una partícula de masa $0,08 \ g$ con una carga $8.10^{-4} \ C$ se deja en libertad dentro de un campo eléctrico uniforme, variando su rapidez de $12 \ m/s$ a $62 \ m/s$ en un tiempo de $\frac{1}{30} \cdot 10^{-6} \ min$.
   (d) ¿Cuál es la magnitud de la aceleración de la partícula?

(e) ¿Cuál es la magnitud de la fuerza eléctrica que actúa sobre la carga?

(f) ¿Qué distancia recorre la partícula en dicho tiempo?

❖ Se tienen dos placas con cargas de la misma magnitud y signo contrario separadas una distancia de $16\ cm$. Si la magnitud de la intensidad del campo eléctrico entre las placas es de $5\ N/C$. Sabiendo que la carga del electrón $e = 1,6.\,10^{-19}\ C$ y la masa del electrón $m = 9,1.\,10^{-31}\ Kg$.

(g) ¿Cuál es la magnitud de la aceleración que adquiere un electrón que se desprende de la placa negativa?

(h) ¿Qué tiempo tarda el electrón en llegar a la placa positiva?

(i) ¿Cuál es la magnitud de la velocidad del electrón cuándo llega a esta placa?

❖ El campo eléctrico que se observa en la figura del problema, entre dos placas, tienen de magnitud $E = 5.\,10^3\ N/C$, y la distancia entre ellas es de $0,9\ cm$; supongamos que un electrón se deja libre y en reposo, cerca de la placa negativa; el movimiento del electrón es rectilíneo y uniformemente acelerado.

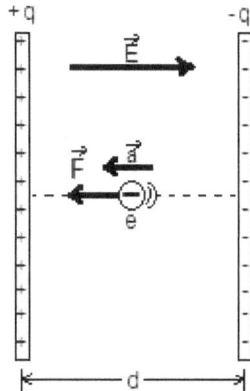

(j) ¿Cuál es la magnitud de la fuerza eléctrica que actúa sobre el electrón?

(k) ¿Cuál es la magnitud de la aceleración adquirida por el electrón?

(l) ¿Cuánto tardará el electrón en desplazarse de la placa negativa a la placa positiva?

(m) ¿Cuál es la magnitud de la velocidad del electrón al llegar a la placa positiva?
La carga del electrón $e = 1,6.\,10^{-19}\ C$ y la masa del electrón $m = 9,1.\,10^{-31}\ Kg$.

❖ Se dispara un electrón perpendicularmente a un campo eléctrico uniforme con una rapidez inicial $v_o = 4.\,10^5\ m/s$. Si la magnitud de la intensidad del campo eléctrico es $E = 6\ N/C$. Calcular al cabo de un tiempo de $3.\,10^{-7}\ s$; la magnitud:

(n) De la velocidad del electrón en ese tiempo.

(ñ) El desplazamiento horizontal en dicho tiempo.

(o) El desplazamiento vertical en dicho tiempo.
La carga del electrón $e = 1,6.\,10^{-19}\ C$ y la masa del electrón $m = 9,1.\,10^{-31}\ Kg$.

❖ Entre dos placas metálicas y paralelas con cargas iguales y de signo contrario la magnitud de la intensidad del campo eléctrico es $5.\,10^3\ N/C$.

(p) ¿Cuál es la magnitud de la fuerza que ejerce el campo eléctrico sobre un electrón?

(q) ¿Qué magnitud de la aceleración adquiere el electrón?

(r) ¿Cuál es la magnitud de la velocidad del electrón al cabo de $1,5.\,10^{-6}\ s$
La carga del electrón $e = 1,6.\,10^{-19}\ C$ y la masa del electrón $m = 9,1.\,10^{-31}\ Kg$.

❖ La separación existente entre dos placas con cargas de una misma magnitud y signo contrario es de $14\,cm$; si un electrón es disparado desde un punto que equidista de dichas placas perpendicularmente al campo eléctrico con una velocidad inicial de magnitud $v_o = 5.10^3\ m/s$, y la magnitud de la intensidad del campo eléctrico es $E\ = 8\ N/C$. Calcular:

(s) La magnitud de la aceleración que adquiere el electrón?

(t) Tiempo de vuelo del electrón.

(u) La magnitud de la velocidad del electrón en el instante de salir del campo.

(v) La magnitud del desplazamiento horizontal.

(w) La magnitud de la fuerza que ejerce el campo eléctrico sobre el electrón.

La carga del electrón $e = 1,6.10^{-19}\ C$ y la masa del electrón $m = 9,1.10^{-31}\ Kg$.

❖ (y) Se tienen dos placas con cargas de la misma magnitud y signo contrario separadas una distancia de $26\,cm$. Si la magnitud de la intensidad del campo eléctrico entre las placas es $10\ N/C$; sabiendo que la carga del electrón $e = 1,6.10^{-19}\ C$ y la masa del electrón $m = 9,1.10^{-31}\ Kg$. Calcular el tiempo que tarda el electrón en llegar a la placa positiva.

Los resultados de cada una de las magnitudes físicas calculadas en los problemas:

Magnitud de la *Aceleración* (a)

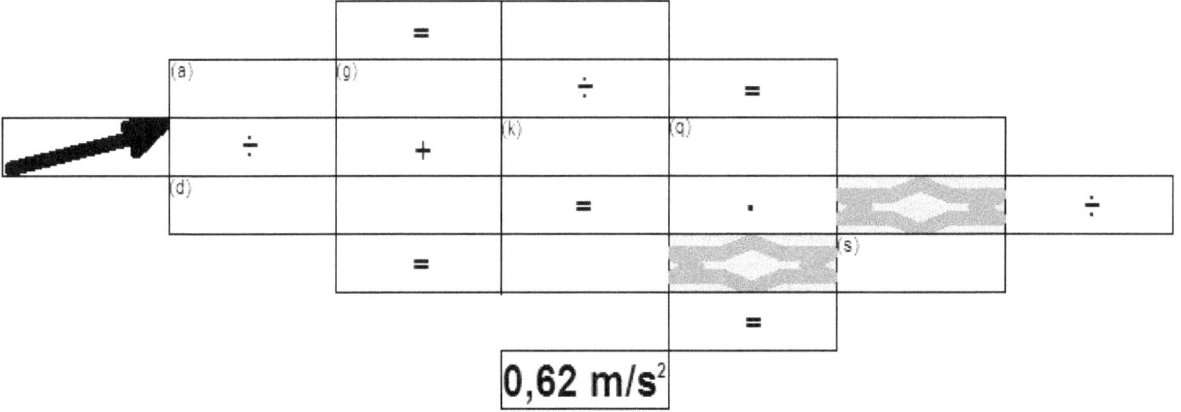

Magnitud de la Fuerza (F)

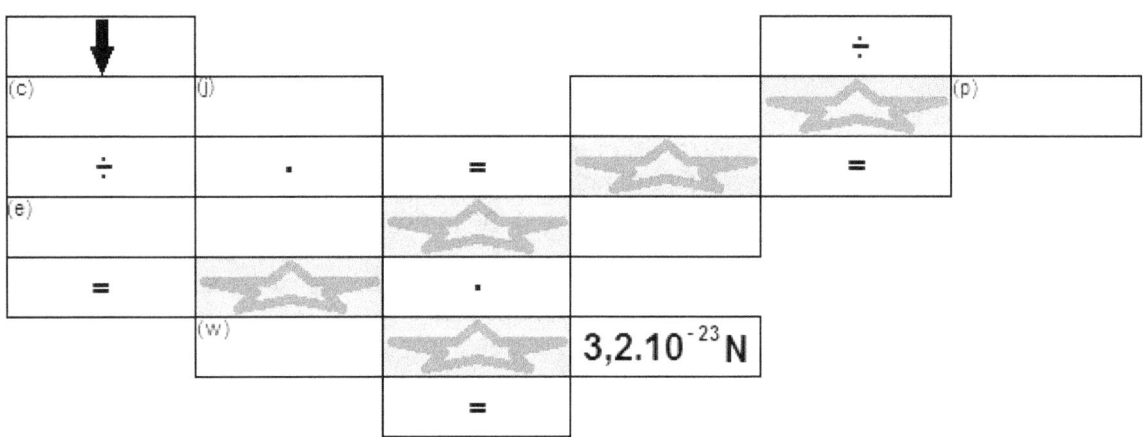

Magnitud del desplazamiento (d)

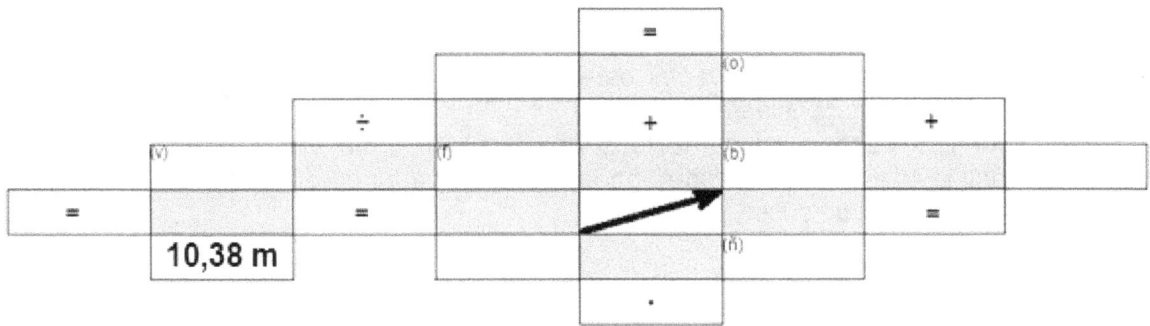

10,38 m

Magnitud de la velocidad (v)

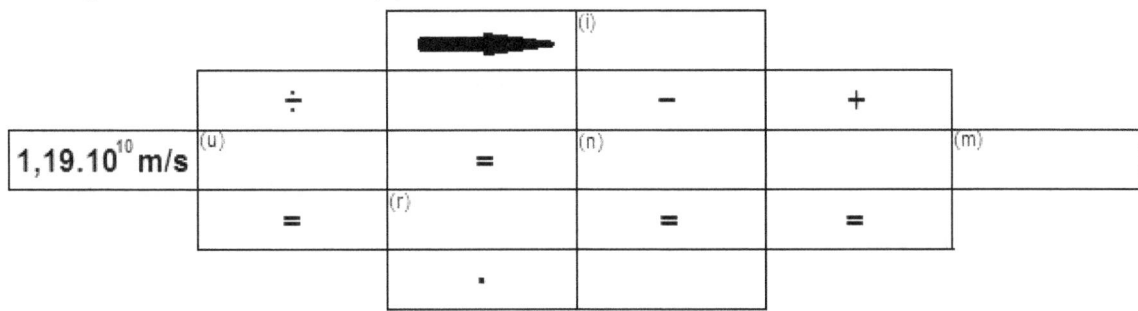

$1,19.10^{10}$ m/s

Tiempo (t)

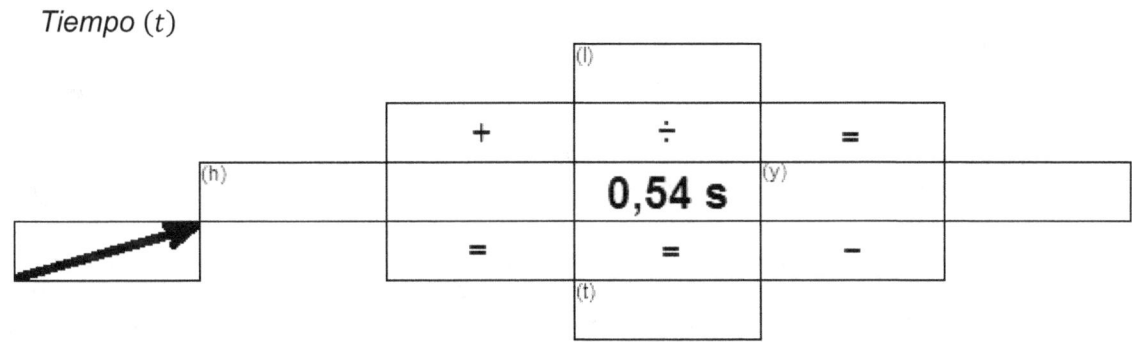

0,54 s

ACTIVIDADES PRÁCTICAS

Primer experimento

Anteriormente estudiamos el comportamiento de un conductor electrizado y ello observamos que la carga eléctrica en un cuerpo metálico electrizado, se distribuye en la superficie externa, esto podrá ser demostrado con este experimento.

➤ Tomemos un recipiente metálico, como un vaso metálico, una jarra, una lata de leche, etc.; y lo colocamos sobre una superficie aislante (de goma, corcho, anime, madera, etc.), figura del experimento (a).

➤ Corte algunas tiras de papel de seda muy delgadas, y cuelgue algunas de ellas en la parte interna del recipiente, y otras en su parte exterior, como se observa en la figura del experimento (b).

➤ Tome un peine de plástico y electrícelo pasándolo por los cabello durante un rato, luego al acercar y tocar el peine al recipiente, éste quedará electrizado por contacto. Repita varias veces este proceso par que el recipiente adquiera una carga bastante considerable.

➤ Podemos observar que las tiras de papel de seda de la parte externa son repelidas, lo cual no sucede con las tiras de papel de seda de la parte interna. Explique por qué sucede esto.

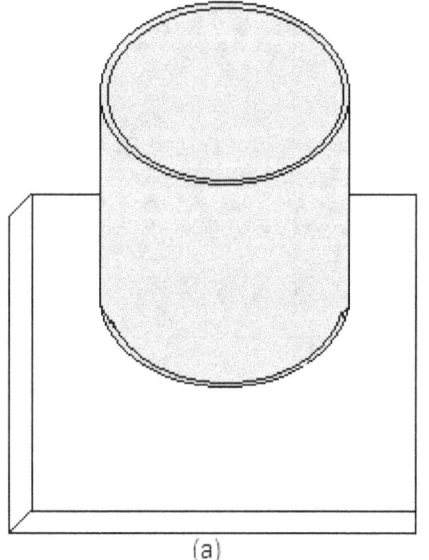
(a)

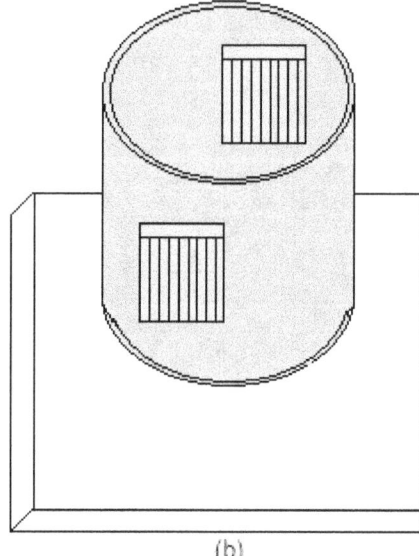
(b)

Figura del experimento 1

Segundo experimento.

Comience este experimento investigue sobre el fenómeno del *blindaje electrostático*. Para observar y analizar este fenómeno, se procede de la forma siguiente:

➤ Tome un trozo de papel y córtelo en trocitos pequeño, colocándolo sobre una superficie aislante, y acérqueles un peine de plástico frotado en el cabello, ¿qué observa?

➤ Ahora interponga entre el peine y los trocitos de papel una coladera de plástico de las que se usan en la cocina, dicho colador debe de estar bien limpio y seco (buen aislante), usted podrá observar que los trocitos del papel seguirán siendo atraídos por el peine. Entonces, ¿el aislante o sea el colador de plástico produce un blindaje electrostático sobre los trocitos de papel?

➤ Sustituya la coladera de plástico por una coladera de metal. ¿en este caso, los trocitos de papel seguirán siendo atraídos por el peine?

Manteniendo el peine en su posición, retire la coladera de metal y observe que el peine atraerá entonces los trocitos de papel. Ahora bien, ¿los trocitos de papel estaban blindados electrostáticamente por la coladera de metal?

UNIDAD III

POTENCIAL Y DIFERENCIA DE POTENCIAL ELÉCTRICO

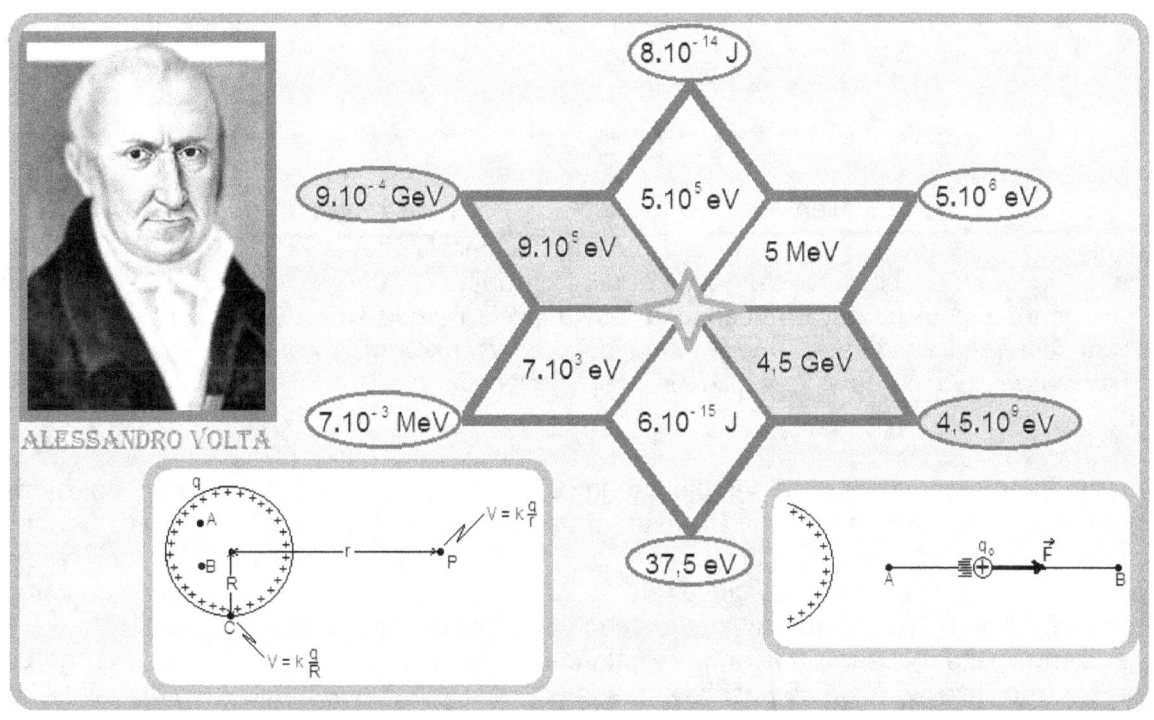

CONTENIDO:
- ➤ DIFERENCIA DE POTENCIAL ELÉCTRICO O TENSIÓN ELÉCTRICA. POTENCIAL ELÉCTRICO.
- ➤ PROBLEMAS RESUELTOS DE APLICACIÓN DE LA DIFERENCIA DE POTENCIAL O TENSIÓN ELÉCTRICA Y POTENCIAL ELÉCTRICO.
- ➤ RELACIÓN ENTRE EL POTENCIAL ELÉCTRICO Y LA INTENSIDAD DE CAMPO ELÉCTRICO.
- ➤ ENERGÍA POTENCIAL ELÉCTRICA.
- ➤ ELECTRÓN-VOLTIO.
- ➤ ACTIVIDADES CON FÍSICA RECREATIVA.

DIFERENCIA DE POTENCIAL ELÉCTRICO O TENSIÓN ELÉCTRICA.
POTENCIAL ELÉCTRICO

Si se supone un cuerpo electrizado que produce un cuerpo eléctrico en el campo que lo rodea. Considerando dos puntos A y B, en dicho campo eléctrico, como se observa en la figura 3.1. Si en el punto A soltamos una carga de prueba (positiva) q_o, la fuerza eléctrica $\vec{F}$, producida por el campo eléctrico que actuará sobre ella. Si se supone además, que bajo la acción de esta fuerza entonces la carga se desplaza del punto A hacia el punto B.

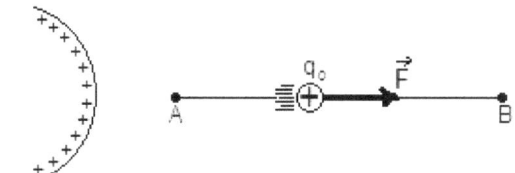

Fig. 3.1 La diferencia de potencial eléctrico entre los puntos A y B
está dado por la expresión $V_A - V_B = T_{AB}/q_o$.

En dicho desplazamiento la fuerza eléctrica $\vec{F}$ estará *realizando un trabajo*, que se designa T_{AB} representa una cantidad de energía que la fuerza eléctrica $\vec{F}$ imparte a la carga q_o en su desplazamiento desde el punto A hasta el punto B. Cuando se estudio los fenómenos eléctricos hay una cantidad muy importante que se relaciona en este trabajo. Dicha cantidad se denomina *diferencia de potencial eléctrico entre los puntos A y B, representándolo* por $V_A - V_B$ y se define por la relación:

$$V_A - V_B = \frac{T_{AB}}{q_o}$$

La diferencia de potencial también se le puede denominar *tensión eléctrica* entre dos puntos y se representa por V_{AB}. De esta forma cuando decimos que la tensión V_{AB} entre dos puntos es muy grande, esto significa que el campo eléctrico realizará un trabajo considerable sobre la carga eléctrica que se desplace entre dichos puntos, o sea, la carga recibirá del campo una gran cantidad de energía en su desplazamiento.

Concluyendo: cuando un campo eléctrico realiza un trabajo T_{AB} sobre una carga de prueba (positiva) q_o, esta se desplaza desde el punto A hasta el punto B, la diferencia de potencial o tensión eléctrica V_{AB} entre esos puntos, se determina por el cociente entre el trabajo realizado T_{AB} y el valor de la carga que se desplazó, o sea:

$$V_A - V_B = \frac{T_{AB}}{q_o} \qquad o \qquad V_{AB} = \frac{T_{AB}}{q_o}$$

El trabajo realizado por la fuerza eléctrica entre dos puntos, es el mismo cualquiera que sea la trayectoria recorrida por la carga. Entonces tenemos que la diferencia de potencial entre dos puntos de un campo eléctrico determinado, tiene un valor único, independiente de la trayectoria que siga la carga de prueba que se emplee para evaluar esta diferencia de potencial.

Hablando del sentido del movimiento de una carga, tenemos que una carga positiva que se suelta en un campo eléctrico, tiende a desplazarse de los puntos donde la diferencia de potencial es mayor hacia los puntos donde es menor. Una carga negativa tenderá a moverse en sentido contrario, esto quiere decir que de los puntos donde la diferencia de potencial es menor hacia aquellos donde es mayor.

En un *potencial eléctrico*, si suponemos que el punto B es llevado al infinito y asumimos que en dicho punto el potencial es cero, la expresión:

$$V_A - V_B = \frac{T_{AB}}{q_o}$$

Toma la forma:

$$V_A = \frac{T_{A\infty}}{q_o} \qquad o \; simplemente \qquad V = \frac{T}{q_o}$$

De esta manera, el potencial V del campo en un punto dado se puede definir: *Como el trabajo que realiza la fuerza del campo eléctrico al mover con velocidad constante una carga de prueba positiva desde el punto dado al infinito.*

Si consideramos el trabajo que se realiza contra la fuerza del campo y no realizado por éste. El potencial del campo en el punto dado es igual al trabajo que hay que realizar al mover con velocidad constante una carga unitaria positiva desde el infinito hasta el punto considerado.

Unidades de diferencia de potencial o tensión eléctrica y potencial eléctrica: En cualquier sistema de unidades V_{AB} o V, se obtienen dividiendo las unidades de trabajo (que es una magnitud escalar) y las unidades de carga. Así que en el sistema internacional S.I. el voltio (V); o sea:

$$[V] = \frac{[T]}{[q]} = \frac{J}{C} = V$$

Esta unidad se denomina voltio, en honor del físico italiano Alessandro Volta, que vivió en el siglo XVIII. El voltio se define como: *El potencial eléctrico en un punto de un campo cuando se realiza el trabajo de un Joule para trasladar a velocidad constante, la unidad de carga positiva de un Coulomb desde el infinito hasta un punto considerado.*

La misma unidad mide la diferencia de potencial o tensión eléctrica entre dos puntos cuando se realiza el trabajo de un Joule para mover la unidad de.0 carga positiva de un Coulomb, a velocidad constante entre dichos puntos.

Si la unidad de potencial eléctrico es el statvoltio entonces su equivalencia con el voltio es:

$$1\,V = \frac{1}{300\,stv}$$

3.1.1 Aplicaciones del concepto de diferencia de potencial o tensión eléctrica.

❖ **Potencial eléctrico en un punto del campo creado por una carga puntual:**

Obtengamos dentro de los márgenes de las limitaciones que nos impone todo lo anterior el potencial eléctrico en un punto del campo eléctrico debido a una carga puntual q y consideremos dicho punto a una distancia r de la carga.

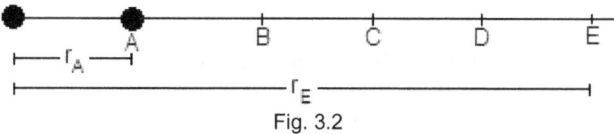

Fig. 3.2

Debido a que la fuerza coulombiana es función del inverso del cuadrado de la distancia, en la figura 3.2 la fuerza que siente q_o en el punto A es diferente de la que va a sentir en los puntos B, en C, en D y en E, lo que nos permite afirmar que la fuerza que siente la carga q_o en su movimiento en de A hasta E no es constante, se nos presenta el inconveniente de tener que calcular, de acuerdo a la definición de potencial, el trabajo realizado por una fuerza que no es constante. Afrontaremos este problema de la siguiente manera: Como sabemos el trabajo realizado por una fuerza constante en la dirección del movimiento viene dada por:

$$T = F \cdot r$$

Calculemos qué fuerza constante o promedio siente nuestra carga de prueba al moverse bajo la acción de la fuerza del campo, del punto A al punto E, esta fuerza promedio, que llamamos simplemente F, será la medida geométrica entre la fuerza que siente la carga de prueba q_o en el punto A y la siente en el punto E. A y E son puntos muy cercanos dentro del campo de la carga q. El valor de esta fuerza será:

$$F = \sqrt{F_A \cdot F_E}$$

Donde F_A y F_B son las fuerzas que siente q_o en los puntos A y E respectivamente y las expresiones matemáticas son:

$$F_A = k\,\frac{q_o \cdot q}{r_A{}^2} \quad ; \quad F_E = k\,\frac{q_o \cdot q}{r_E{}^2}$$

Sustituyendo F_A y F_E en la ecuación anterior, obtenemos:

$$F = \sqrt{\left(k\,\frac{q_o \cdot q}{r_A{}^2}\right) \cdot \left(k\,\frac{q_o \cdot q}{r_E{}^2}\right)} = \sqrt{k^2\,\frac{q_o{}^2 \cdot q^2}{r_A{}^2 \cdot r_E{}^2}} = k\,\frac{q_o \cdot q}{r_A \cdot r_B}$$

El trabajo realizado por la fuerza F para mover a q_o desde el punto A hasta el punto E es:

$$T_{AE} = k\,\frac{q_o \cdot q}{r_A \cdot r_E}\,(r_E - r_A)$$

Efectuando tenemos:

$$T_{AE} = k\,\frac{q_o \cdot q}{r_A \cdot r_E}\,r_E - k\,\frac{q_o \cdot q}{r_A \cdot r_B}\,r_A$$

Simplificando:

$$T_{AE} = k\,\frac{q_o \cdot q}{r_A} - k\,\frac{q_o \cdot q}{r_B}$$

Sacando factor común:

$$T_{AE} = k \cdot q_o \cdot q \cdot \left(\frac{1}{r_A} - \frac{1}{r_E}\right)$$

Dividiendo la expresión anterior por q_o, obtenemos la ecuación que nos permite calcular la diferencia de potencial o tensión eléctrica entre dos puntos:

$$\frac{T_{AE}}{q_o} = \frac{k \cdot q}{r_A} - \frac{k \cdot q}{r_E} = V_A - V_E$$

Si el punto E se toma en el infinito esto es, si $r_E \longrightarrow \infty$ y admitimos como ya antes se hizo que a distancia infinita $V_A = 0$, se tiene que el potencial en A:

$$V_A = k\,\frac{q}{r_A}$$

En general el potencial eléctrico creado por una carga r será:

$$V = k\,\frac{q}{r}$$

❖ **Potencial eléctrico debido a varias cargas puntuales:**
Ahora resulta muy fácil deducir, a que es igual el potencial V del campo debido a un sistema de cargas puntuales en un punto.

Si llamamos $V_1, V_2, V_3, V_4, V_5, \dots\dots\dots\dots\dots\dots\dots\dots, V_n$, los valores de potenciales en el punto considerado $q_1, q_2, q_3, q_4, q_5, \dots\dots\dots\dots\dots\dots\dots\dots, q_n$, respectivamente, el potencial V resultante se obtiene como consecuencia de la aplicación del *Principio de Superposición* y como el potencial es un escalar su valor será igual a la suma algebraica de los potenciales debido a cada carga por separado; o sea:

$$V = \sum_{i=1}^{n} V_i \quad \Rightarrow \quad V = V_1, V_2, V_3, V_4, V_5, \ldots\ldots\ldots\ldots\ldots\ldots\ldots , V_n$$

En esta suma, los potenciales debidos a las cargas positivas se toma con signo más, mientras los debidos a las cargas negativas con signo menos.

❖ **Potencial eléctrico establecido por una esfera electrizada:**

Recordemos que el campo eléctrico creado por una esfera uniformemente electrizada en puntos exteriores a ella, todo sucede como si la carga de la esfera estuviera concentrada en el centro. Por esta razón, cuando hay que determinar el potencial eléctrico establecido por una esfera electrizada en un punto exterior a ella, también podemos utilizar la expresión que ya conocemos, y que nos proporciona el potencial eléctrico originado por una carga puntual. Entonces, en la figura 3.3, podemos afirmar que la carga q distribuida en la esfera, establece en el punto P un potencial eléctrico, en relación con un nivel en el infinito, dado por:

$$V = k\frac{q}{r}$$

donde r es la distancia de P al centro de la esfera.

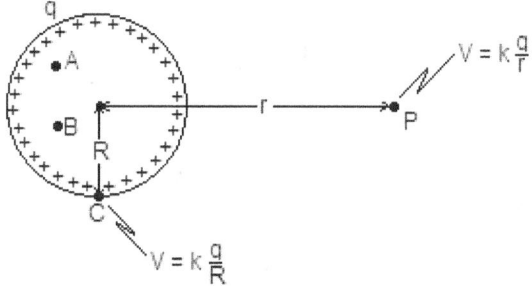

Fig. 3.3 El potencial eléctrico establecido en el punto P externo a la esfera por la esfera electrizada con carga q, está dado por $V = k\, q/r$.

Si el punto estuviera P situado muy cerca de la superficie de la esfera, como el punto C, que se indica en la figura 3.3, ahora bien $r = R$, siendo R el radio de la esfera; entonces el potencial eléctrico en cualquier punto de la superficie de la esfera estará dado por la expresión:

$$V = k\frac{q}{R}$$

Analizaremos qué sucede con el potencial eléctrico en puntos interiores de la esfera. Suponiendo que la esfera fuera metálica en equilibrio electrostático, sabemos que el campo eléctrico es nulo en su interior; entonces nos podemos imaginar una carga de prueba q_o que se desplaza del punto A hacia el punto B (Fig. 3.3), por lógica tenemos que el trabajo T_{AB}, que el campo eléctrico realiza sobre ella, será nulo ya que no hay fuerza eléctrica que actúe sobre la carga. Por esta razón $T_{AB} = 0$, resultando:

$$V_A - V_B = \frac{T_{AB}}{q_o} \qquad de\ donde \qquad V_A - V_B = 0$$

o bien:

$$V_A = V_B$$

Es decir, los puntos situados en el interior de una esfera metálica electrizada se encuentran al mismo potencial eléctrico.

Por lógica tenemos que una carga de prueba se desplaza del punto A hacia el punto C (Fig. 3.3), por la misma razón anterior el $T_{AC} = 0$, y entonces $V_A - V_C$. Concluimos que todos los puntos de la esfera, aun cuando se encuentren en su interior, o bien, en su superficie, se encuentran a un mismo potencial eléctrico. Por esta razón, como la expresión:

$$V = k\frac{q}{R}$$

proporciona el potencial eléctrico en un punto de la superficie, por lógica, puede ser utilizada para determinar el potencial eléctrico en cualquier punto de la esfera.

PROBLEMAS RESUELTOS DE APLICACIÓN DE LA DIFERENCIA DE POTENCIAL O TENSIÓN ELÉCTRICA Y POTENCIAL ELÉCTRICO

1. En la figura siguiente del problema.

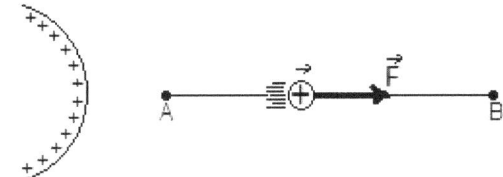

a) Vamos a suponer que una carga positiva $q_o = 3.10^{-8}\ C$ se desplaza del punto A hasta el punto B, y que el trabajo realizado por la fuerza eléctrica sobre ella es $T_{AB} = 6.10^{-4}\ J$. Determinar el valor de la diferencia de potencial o tensión eléctrica.

   La diferencia de potencial o tensión eléctrica entre los puntos A y B está dada por la relación: $V_A - V_B = T_{AB}/q_o$ o $V_{AB} = T_{AB}/q_o$, entonces:

$$V_{AB} = \frac{T_{AB}}{q_o} = \frac{6.10^{-4}\ J}{3.10^{-8}\ C} = 2.10^4\ V$$

b) Si una carga positiva $q_o = 8.10^{-7} C$ se soltara en el punto A de la figura del ejercicio, ¿qué trabajo realizará la fuerza eléctrica sobre esta carga, al desplazarla de A hasta B.

   De la expresión:

$$V_{AB} = \frac{T_{AB}}{q_o}$$

   Despejamos el trabajo que realizará la fuerza eléctrica sobre dicha carga:

$$T_{AB} = q_o \cdot V_{AB}$$

   Como ya determinamos el valor de V_{AB}, entonces sustituimos:

$$T_{AB} = 8.10^{-7}\ C \cdot 2.10^4\ V = 8.10^{-7}\ C \cdot 2.10^4\ \frac{J}{C} = 1,6.10^{-2}\ J$$

2. En los vértices A, B y C de un triángulo equilátero de lado $0,5\ m$, se tienen cargas $q_a = -3.10^{-8}\ C$, $q_b = -2.10^{-8}\ C$ y $q_c = 5 \cdot 10^{-8}\ C$, respectivamente; las cargas están ubicadas en el vacío. ¿Cuál es el potencial eléctrico resultante en el punto medio del lado $\overline{AB}$?

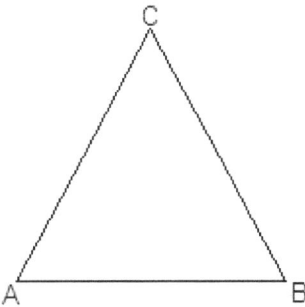

Para comenzar a efectuar el problema, en los vértices del triángulo colocamos las cargas correspondientes y calculamos la altura de dicho triángulo $\overline{CD}$.

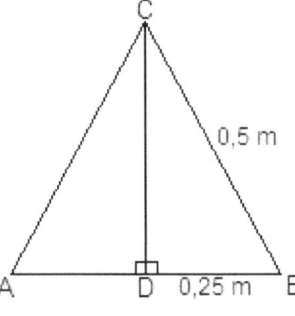
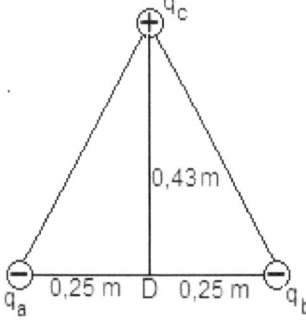

Para calcular la altura del triángulo aplicamos el Teorema de Pitágoras, en el triángulo $\Delta\,DCB$:

$$\overline{BC}^2 = \overline{CD}^2 + \overline{DB}^2 \quad\Rightarrow\quad \overline{CD}^2 = \overline{BC}^2 - \overline{DB}^2 \quad\Rightarrow\quad \overline{CD} = \sqrt{\overline{BC}^2 - \overline{DB}^2}$$

$$\overline{CD} = \sqrt{(0,5\ m)^2 - (0,25\ m)^2} = \sqrt{0,25\ m^2 - 0,0625\ m^2} = \sqrt{0,1875\ m^2} = 0,43\ m$$

$$\overline{AD} = \overline{DB} = 0,25\ m$$

Calculamos cada uno de los potenciales eléctricos correspondientes, recordemos que el potencial eléctrico es una magnitud escalar y al determinar se toma en cuenta los signos de las cargas:

$$V_A = k\,\frac{q_a}{r_{AD}} = 9.10^9\,\frac{N\cdot m^2}{C^2}\cdot\frac{-3.10^{-8}\ C}{0,25\ m} = -1.080\,\frac{N\cdot m}{C} = -1.080\,\frac{J}{C} = -1.080\ V$$

$$V_B = k\,\frac{q_b}{r_{BD}} = 9.10^9\,\frac{N\cdot m^2}{C^2}\cdot\frac{-2.10^{-8}\ C}{0,25\ m} = -720\,\frac{N\cdot m}{C} = -720\,\frac{J}{C} = -720\ V$$

$$V_C = k\,\frac{q_c}{r_{CD}} = 9.10^9\,\frac{N\cdot m^2}{C^2}\cdot\frac{5.10^{-8}\ C}{0,43\ m} = 1.046,51\,\frac{N\cdot m}{C} = 1.046,51\,\frac{J}{C} = 1.046,51\ V$$

El potencial eléctrico resultante V en el punto medio del lado $\overline{AB}$:
$$V = V_A + V_B + V_c = -1.080\ V - 720\ V + 1.046,51\ V = -753,49\ V$$

3. En los vértices A, B, C y D de un cuadrado de lado $0,2\ m$, se tienen respectivamente cargas $+3q, -2q,\ -q$ y $+4q$. Si la carga $q = 2.10^{-6}C$, las cargas están situadas en el vacío. Determinar el potencial eléctrico resultante en el punto medio de las diagonales del cuadrado.

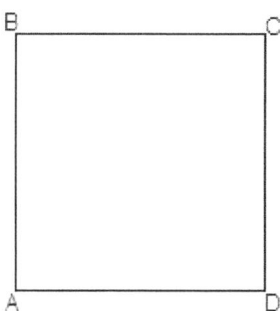

Para comenzar a efectuar el problema, en los vértices del cuadrado colocamos las cargas correspondientes y calculamos la distancia del vértice al punto medio de las diagonales.

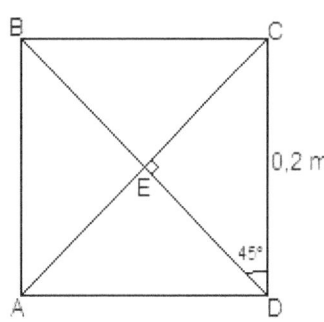
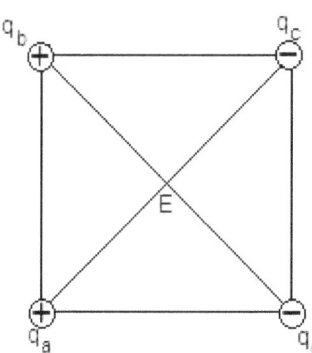

$$\text{sen } 45° = \frac{\overline{CE}}{\overline{CD}} \quad \Rightarrow \quad \overline{CE} = \overline{CD} \cdot \text{sen } 45° = 0,2 \ m \cdot 0,707 = 0,14 \ m$$

De donde:

$$\overline{CE} = \overline{BE} = \overline{DE} = \overline{AE} = 0,14 \ m$$

Además tenemos que:

$$q_a = +3q \quad ; \quad q_b = -2q \quad ; \quad q_c = -q \quad y \quad q_d = +4q$$

Calculando cada uno de los potenciales eléctrico tenemos que:

$$V_A = k \ \frac{q_a}{r_{AE}} = 9.10^9 \frac{N \cdot m^2}{C^2} \cdot \frac{+3q}{0,14 \ m} = 9.10^9 \frac{N \cdot m^2}{C^2} \cdot \frac{3 \cdot (2.10^{-6} \ C)}{0,14 \ m} = 3,86.10^5 \frac{N \cdot m}{C}$$

$$= 3,86.10^5 \ \frac{J}{C} = 3,86.10^5 \ V$$

$$V_B = k \ \frac{q_b}{r_{BE}} = 9.10^9 \frac{N \cdot m^2}{C^2} \cdot \frac{-2q}{0,14 \ m} = 9.10^9 \frac{N \cdot m^2}{C^2} \cdot \frac{-2 \cdot (2.10^{-6} \ C)}{0,14 \ m}$$

$$= -2,57.10^5 \frac{N \cdot m}{C} = -2,57.10^5 \ \frac{J}{C} = -2,57.10^5 \ V$$

$$V_C = k \ \frac{q_c}{r_{CE}} = 9.10^9 \frac{N \cdot m^2}{C^2} \cdot \frac{-q}{0,14 \ m} = 9.10^9 \frac{N \cdot m^2}{C^2} \cdot \frac{-(2.10^{-6} \ C)}{0,14 \ m} = -1,29.10^5 \frac{N \cdot m}{C}$$

$$= -1,29.10^5 \ \frac{J}{C} = -1,29.10^5 \ V$$

$$V_D = k \ \frac{q_d}{r_{DE}} = 9.10^9 \frac{N \cdot m^2}{C^2} \cdot \frac{+4q}{0,14 \ m} = 9.10^9 \frac{N \cdot m^2}{C^2} \cdot \frac{4 \cdot (2.10^{-6} \ C)}{0,14 \ m} = 5,14.10^5 \frac{N \cdot m}{C}$$

$$= 5,14.10^5 \ \frac{J}{C} = 5,14.10^5 \ V$$

El potencial eléctrico resultante V en el punto medio de de las diagonales del cuadrado $ABCD$, se determina sumando algebraicamente los potenciales eléctricos:

$$V = V_A + V_B + V_C + V_D = 3{,}86 \cdot 10^5\ V - 2{,}57 \cdot 10^5\ V - 1{,}29 \cdot 10^5\ V + 5{,}14 \cdot 10^5\ V$$
$$= 5{,}14 \cdot 10^5\ V$$

4. En los vértices B y C del triángulo mostrado en el problema, se colocan cargas $q_b = 5 \cdot 10^{-9}\ C$ y $q_c = 3 \cdot 10^{-9}\ C$, respectivamente. Las cargas están situadas en el vacío. Determinar el trabajo realizado por un agente externo para transportar una carga positiva de $12\ C$, con una rapidez contante, desde el infinito hasta el punto ubicado en el vértice A.

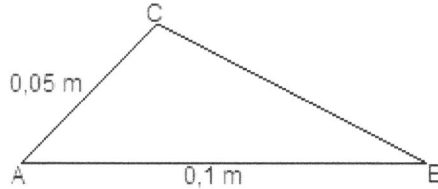

Para comenzar a efectuar el problema, en los vértices del triángulo colocamos las cargas correspondientes q_b y q_b.

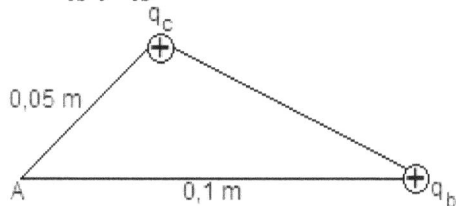

Calculamos los potenciales eléctricos V_B y V_C:

$$V_B = k\ \frac{q_b}{r_{BA}} = 9 \cdot 10^9\ \frac{N \cdot m^2}{C^2} \cdot \frac{5 \cdot 10^{-9}\ C}{0{,}1\ m} = 450\ \frac{N \cdot m}{C} = 450\ \frac{J}{C} = 450\ V$$

$$V_C = k\ \frac{q_c}{r_{CA}} = 9 \cdot 10^9\ \frac{N \cdot m^2}{C^2} \cdot \frac{3 \cdot 10^{-9}\ C}{0{,}05\ m} = 540\ \frac{N \cdot m}{C} = 540\ \frac{J}{C} = 540\ V$$

El potencial eléctrico resultante V en el punto ubicado en el vértice A,
$$V = V_B + V_C = 450\ V + 540\ V = 990\ V$$

Por definición, el trabajo T para transportar una carga q_o positiva con rapidez constante, desde el infinito hasta el punto considerado viene dado por:

$$V = \frac{T}{q_o} \quad \Rightarrow \quad T = q_o \cdot V = 12\ C \cdot 990\ V = 11.880\ C \cdot \frac{J}{C} = 11.880\ J$$

5. En los vértices A y B del triángulo mostrado en la figura del problema, se encuentran cargas $-3 \cdot 10^{-6}\ C$ y $4 \cdot 10^{-6}\ C$, respectivamente; las cargas está, situadas en el vacío. $\overline{AD}$ corresponde a la altura del triángulo ABC. Determinar:
   a) El potencial eléctrico en el punto ubicado en el vértice C.
   b) El potencial eléctrico en el punto D.
   c) La diferencia de potencial eléctrico entre C y D.
   d) El trabajo realizado para llevar una carga q_o de valor $6 \cdot 10^{-6}\ C$, con una rapidez constante desde D hasta C.

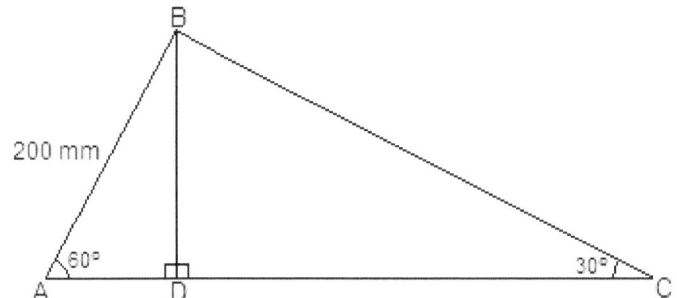

Para comenzar a efectuar el problema, en los vértices del triángulo colocamos las cargas correspondientes q_a y q_b; efectuamos la reducción del lado $\overline{AB}$, y aplicando lo ya conocido por usted sobre funciones trigonométricas calculamos los lados $\overline{AD}$, $\overline{CD}$, $\overline{BC}$, la altura $\overline{BD}$ y la distancia $\overline{AC}$.

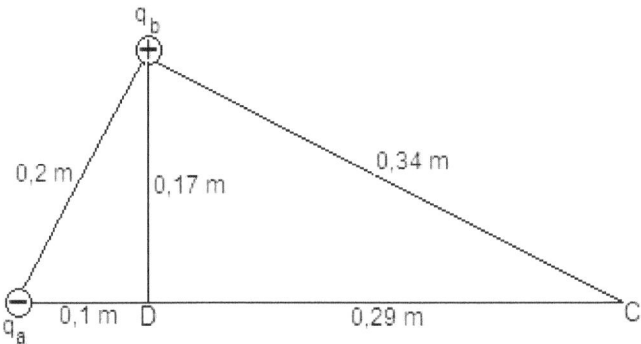

Observando la figura dada en el problema:

$$200 \; mm = 200 \; mm \cdot \left(\frac{1 \; m}{10^3 \; mm}\right) = 0{,}2 \; m$$

$$\text{sen } 60° = \frac{\overline{BD}}{\overline{AB}} \quad \Rightarrow \quad \overline{BD} = \overline{AB} \cdot \text{sen } 60° = 0{,}2 \; m \cdot \frac{\sqrt{3}}{2} = 0{,}2 \; m \cdot 0{,}866 = 0{,}17 \; m$$

$$\cos 60° = \frac{\overline{AD}}{\overline{AB}} \quad \Rightarrow \quad \overline{AD} = \overline{AB} \cdot \cos 60° = 0{,}2 \; m \cdot \frac{1}{2} = 0{,}1 \; m$$

$$\text{tg } 30° = \frac{\overline{BD}}{\overline{DC}} \quad \Rightarrow \quad \overline{DC} = \frac{\overline{BD}}{\text{tg } 30°} = \frac{0{,}17 \; m}{\frac{\sqrt{3}}{3}} = \frac{0{,}17 \; m}{0{,}577} = 0{,}29 \; m$$

$$\text{sen } 30° = \frac{\overline{BD}}{\overline{BC}} \quad \Rightarrow \quad \overline{BC} = \frac{\overline{BD}}{\text{sen } 30°} = \frac{0{,}17 \; m}{\frac{1}{2}} = 0{,}34 \; m$$

$$\overline{AC} = \overline{AD} + \overline{DC} = 0{,}1 \; m + 0{,}29 \; m = 0{,}39 \; m$$

a) Los potenciales eléctricos que las cargas q_a y q_b originan en el punto ubicado en el vértice C.

$$V_A = k \, \frac{q_a}{r_{AC}} = 9.10^9 \frac{N \cdot m^2}{C^2} \cdot \frac{-3.10^{-6} \; C}{0{,}39 \; m} = -6{,}92.10^4 \, \frac{N \cdot m}{C} = -6{,}92.10^4 \, \frac{J}{C}$$
$$= -6{,}92.10^4 \; V$$

$$V_B = k \, \frac{q_b}{r_{BC}} = 9.10^9 \frac{N \cdot m^2}{C^2} \cdot \frac{4.10^{-6} \; C}{0{,}34 \; m} = 1{,}06.10^5 \, \frac{N \cdot m}{C} = 1{,}06.10^5 \, \frac{J}{C}$$
$$= 1{,}06.10^5 \; V$$

Calculamos el potencial eléctrico V_C sumando algebraicamente los potenciales V_A y V_B.
$$V_C = V_A + V_B = -6,69.10^4\ V + 1,06.10^5\ V = 3,68.10^4\ V$$

b) Los potenciales eléctricos que las cargas q_a y q_b originan en el punto D.
$$V_A = k\ \frac{q_a}{r_{AD}} = 9.10^9 \frac{N \cdot m^2}{C^2} \cdot \frac{-3.10^{-6}\ C}{0,1\ m} = -2,7.10^5\ \frac{N \cdot m}{C} = -2,7.10^5\ \frac{J}{C}$$
$$= -2,7.10^5\ V$$

$$V_B = k\ \frac{q_b}{r_{BD}} = 9.10^9 \frac{N \cdot m^2}{C^2} \cdot \frac{4.10^{-6}\ C}{0,17\ m} = 2,12.10^5\ \frac{N \cdot m}{C} = 2,12.10^5\ \frac{J}{C}$$
$$= 2,12.10^5\ V$$

Calculamos el potencial eléctrico V_D sumando algebraicamente los potenciales V_A y V_B.
$$V_D = V_A + V_B = -2,7.10^5\ V + 2,12.10^5\ V = -5,8.10^4\ V$$

c) La diferencia de potencial entre C y D:
$$V_C - V_D = 3,68.10^4\ V - (-5,8.10^4\ V) = 3,68.10^4\ V + 5,8.10^4\ V = 9,48.10^4\ V$$

d) El trabajo realizado para llevar la carga q_o desde D hasta C.
$$V_C - V_D = \frac{T_{DC}}{q_o} \quad \Rightarrow \quad T_{DC} = q_o \cdot (V_C - V_D) = 6.10^{-6}\ C \cdot 9,48.10^4\ V = 0,57\ C \cdot \frac{J}{C}$$
$$= 0,57\ J$$

6. Una esférica metálica aislada de $0,12\ m$ de radio, posee una carga eléctrica de $6.10^{-7}\ C$ distribuido uniformemente en su superficie. Determinar el trabajo realizado por un agente externo para transportar una carga de $5.10^{-5}\ C$, con rapidez constante, desde la superficie esférica hasta un punto P situado a $0,24\ m$ de la superficie.

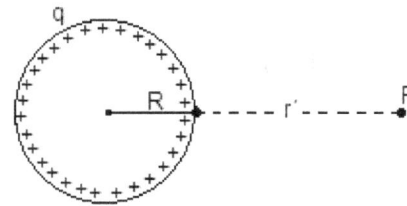
Figura del problema.

Comenzaremos resolviendo el problema calculando el potencial eléctrico en un punto de la superficie esférica o fuera de ella, suponiendo la carga de la esfera concentrada en el centro. De acuerdo con esto, si R es el radio de la esfera, el potencial en su superficie es:
$$V' = k\ \frac{q}{R} = 9.10^9 \frac{N \cdot m^2}{C^2} \cdot \frac{6.10^{-7}\ C}{0,12\ m} = 45.000\ \frac{N \cdot m}{C} = 45.000\ \frac{J}{C} = 45.000\ V$$

Luego calculamos el potencial eléctrico V_2, a la distancia r del centro de la esfera al punto P, entonces tenemos que:
$$r = r' + R = 0,24\ m + 0,12\ m = 0,36\ m$$
$$V'' = k\ \frac{q}{r'} = 9.10^9 \frac{N \cdot m^2}{C^2} \cdot \frac{6.10^{-7}\ C}{0,36\ m} = 15.000\ \frac{N \cdot m}{C} = 15.000\ \frac{J}{C} = 15.000\ V$$

El trabajo realizado por el agente externo para desplazar la carga $q' = 5.10^5\ C$ es:

113

$$V'' - V' = \frac{T}{q'} \implies T = q' \cdot (V'' - V') = 5.\,10^{-5}\,C \cdot (15.000\,V - 45.000\,V)$$

$$= 5.\,10^{-5}\,C \cdot (-30.000\,V) = -1{,}5\,C \cdot \frac{J}{C} = -1{,}5\,J$$

RELACIÓN ENTRE EL POTENCIAL ELÉCTRICO Y LA INTENSIDAD DE CAMPO ELÉCTRICO

Sea E la intensidad de un campo eléctrico uniforme exterior y consideremos dos puntos A y B separados por una distancia d, dentro del campo. Si queremos mover una carga q de A a B, con velocidad constante (en equilibrio), la fuerza eléctrica $F_e = q \cdot E$, deberá estar equilibrada por un agente exterior que aplica sobre la carga q una fuerza F de igual magnitud pero en sentido contrario a F_e.

El trabajo realizado por el agente exterior será:

$$T = F \cdot d = F_e \cdot d$$

por lo tanto

$$T_{AB} = q \cdot E \cdot d$$

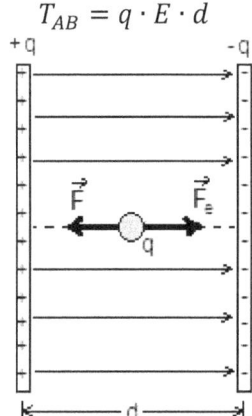

Fig. 3.4 Carga q moviéndose dentro de un campo eléctrico uniforme.

Sabemos que la diferencia de potencial entre dos puntos de un campo eléctrico es:

$$V_B - V_A = \frac{T_{AB}}{q}$$

Reemplazando T_{AB} por el valor obtenido anteriormente nos resulta la expresión del campo en función de la diferencia de potencial eléctrico o sea:

$$V_B - V_A = \frac{q \cdot E \cdot d}{q}$$

Simplificando la carga q tenemos:

$$V_B - V_A = E \cdot d$$

De la expresión resultante, resulta otra unidad para medir el campo la cual es el $\frac{V}{m}$; pudiéndose comprobar que el $\frac{V}{m} = \frac{N}{C}$, efectuando la comprobación:

$$\frac{V}{m} = \frac{\frac{J}{C}}{m} = \frac{J}{m \cdot C} = \frac{N \cdot m}{m \cdot C} = \frac{N}{C}$$

Concluyendo de la ecuación de diferencia de potencial, diremos:

En un campo eléctrico uniforme la diferencia de potencial entre dos puntos situados sobre una recta paralela al campo es igual al producto de la magnitud de E por la separación d entre dos puntos.

114

Ejemplo: Dentro de un campo eléctrico uniforme se encuentra un cuadrado, la magnitud de la intensidad del campo eléctrico es $E = 90 \ N/C$. Si el lado del cuadrado es $d = 0,5 \ m$ y los lados $\overline{AB}$ y $\overline{CD}$ son perpendiculares a las líneas de campo eléctrico.

a) Determinar la diferencia de potencial entre D y B.
b) ¿Qué trabajo debe realizar un agente externo para llevar una carga de $4.10^{-4} \ C$ desde el punto B hasta el punto D.

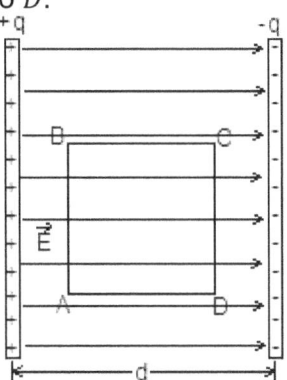

a) Efectuando el ejercicio, tenemos que los lados $\overline{AB}$ y $\overline{CD}$, son perpendiculares a las líneas de campo eléctrico, concluyendo que $\overline{AB}$ y $\overline{CD}$ son líneas equipotenciales, o sea que están en una superficie como lo que se observa en la figura cuyos puntos están todos en el mismo potencial, esta se denomina superficie equipotencial.

Por consiguiente, la diferencia de potencial entre D y B es la misma que existe entre C y B. Es decir:

$$V_D - V_B = V_C - V_B$$

Ya que el campo eléctrico es uniforme se tiene que:

$$V_D - V_B = V_C - V_B = E \cdot d$$
$$V_D - V_B = 90 \ \frac{N}{C} \cdot 0,5 \ m = 45 \ \frac{N \cdot m}{C} = 45 \ \frac{J}{C} = 45 \ V$$

Esta diferencia de potencial es negativa ya que el potencial eléctrico en D es menor que el potencial en B; los potenciales decrece en el sentido del campo.

b) El trabajo T_{BD} para transportar la carga q desde B hasta D es independiente de la trayectoria y se expresa por:

$$V_D - V_B = \frac{T_{BD}}{q} \quad \Rightarrow \quad T_{BD} = q \cdot (V_D - V_B)$$

$$T_{BD} = 4.10^{-4} \ C \cdot (-45 \ V) = -1,8.10^{-2} \ C \cdot V = -1,8.10^{-2} \ C \cdot \frac{J}{C} = -1,8.10^{-2} \ J$$

ENERGÍA POTENCIAL ELÉCTRICA.

La energía potencial electrostática de un sistema de cargas puntuales es el trabajo necesario para trasladar la carga desde una separación infinita hasta sus posiciones finales sin aceleración.

Denotaremos la energía potencial eléctrica del sistema como U, se tendrá que:

$$U = k \ \frac{q \cdot q_o}{r}$$

Para calcular la energía potencial eléctrica de un sistema de más de dos cargas se calcula por separado la energía para cada par de cargas y se suman estos resultados algebraicamente.

Las unidades en las cuales se expresa la energía potencial eléctrica son: el Joule (J) y el ergio, dependiendo en que sistema se efectúe el problema.

Ejemplo1: Determinar la energía potencial eléctrica del sistema formado por las cuatro cargas mostrada en la figura, sabiendo que $q_a = 2.10^{-6}\ C$, $q_b = -5.10^{-6}\ C$, $q_c = 3.10^{-6}\ C$ y $q_d = 8.10^{-6}\ C$, las cargas están situadas en el vacío.

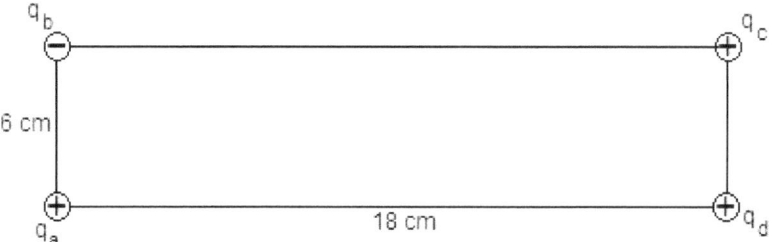

Solución.
Efectuamos las reducciones:

$$6\ cm = 6\ cm\left(\frac{1\ m}{10^2\ m}\right) = 0.06\ m$$

$$18\ cm = 18\ cm\left(\frac{1\ m}{10^2\ m}\right) = 0{,}18\ m$$

Calculamos cada una de las energías de potencial eléctrico; tomar en cuenta los signos de las cargas en el transcurso del procedimiento.

Para el par te cargas q_a y q_b:
$$U_{ab} = k\,\frac{q_a \cdot q_b}{r_{ab}} = 9.10^9\ \frac{N \cdot m^2}{C^2} \cdot \frac{2.10^{-6}\ C \cdot (-5.10^{-6}\ C)}{0{,}06\ m} = -1{,}5\ N \cdot m = -1{,}5\ J$$

Para el par te cargas q_b y q_c:
$$U_{bc} = k\,\frac{q_b \cdot q_c}{r_{bc}} = 9.10^9\ \frac{N \cdot m^2}{C^2} \cdot \frac{(-5.10^{-6}\ C) \cdot 3.10^{-6}\ C}{0{,}18\ m} = -0{,}75\ N \cdot m = -0{,}75\ J$$

Para el par te cargas q_c y q_d:
$$U_{cd} = k\,\frac{q_c \cdot q_d}{r_{cd}} = 9.10^9\ \frac{N \cdot m^2}{C^2} \cdot \frac{3.10^{-6}\ C \cdot 8.10^{-6}\ C}{0{,}06\ m} = 3{,}6\ N \cdot m = 3{,}6\ J$$

Para el par te cargas q_c y q_d:
$$U_{da} = k\,\frac{q_d \cdot q_a}{r_{da}} = 9.10^9\ \frac{N \cdot m^2}{C^2} \cdot \frac{8.10^{-6}\ C \cdot 2.10^{-6}\ C}{0{,}18\ m} = 0{,}8\ N \cdot m = 0{,}8\ J$$

La energía potencial eléctrica del sistema de cargas es la suma algebraica de las energías obtenidas para cada par de cargas:
$$U = U_{ab} + U_{bc} + U_{cd} + U_{da} = (-1{,}5\ J) + (-0{,}75\ J) + 3{,}6\ J + 0.8\ J$$
$$= -1{,}5\ J - 0{,}75\ J + 3{,}6\ J + 0{,}8J = 2{,}15\ J$$

Concluimos que la energía potencial eléctrica del sistema de cargas es de $2{,}15\ J$.

Ejemplo 2: En los vértices A, B, C, D, E y F de la figura mostrada en el problema, se encuentran cargas $q_a = -5.10^{-8}\ C$, $q_b = 6.10^{-8}\ C$, $q_c = 8.10^{-8}\ C$, $q_d = -2.10^{-8}\ C$, $q_e = 4.10^{-8}\ C$ y $q_f = -2.10^{-8}\ C$, respectivamente; las cargas están situadas en el vacío. ¿Cuál es la energía potencial eléctrica del sistema formado por las cargas?

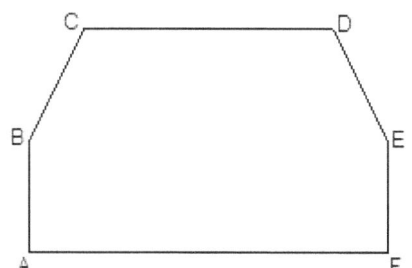

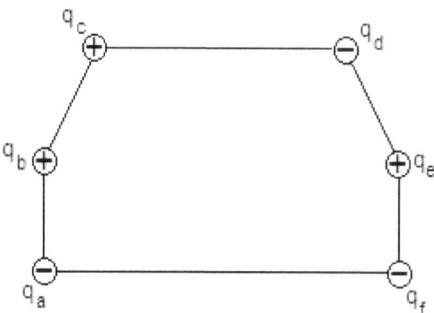

$$\overline{AB} = \overline{EF} = 0,04 \text{ m}$$
$$\overline{BC} = \overline{DE} = 0,06 \text{ m}$$
$$\overline{CD} = 0,08 \text{ m}$$
$$\overline{AF} = 0,15 \text{ m}$$

Solución.

Calculamos cada una de las energías de potencial eléctrico; tomar en cuenta los signos de las cargas en el transcurso del procedimiento.

Para el par te cargas q_a y q_b:

$$U_{AB} = k \frac{q_a \cdot q_b}{r_{AB}} = 9.10^9 \frac{N \cdot m^2}{C^2} \cdot \frac{(-5.10^{-8} \, C) \cdot 6.10^{-8} C}{0,04 \, m} = -6,75.10^{-4} \, N \cdot m$$
$$= -6,75.10^{-4} \, J$$

Para el par te cargas q_b y q_c:

$$U_{BC} = k \frac{q_b \cdot q_c}{r_{BC}} = 9.10^9 \frac{N \cdot m^2}{C^2} \cdot \frac{6.10^{-8} C \cdot 8.10^{-8} C}{0,06 \, m} = 7,2.10^{-4} \, N \cdot m = 7,2.10^{-4} \, J$$

Para el par te cargas q_c y q_d:

$$U_{CD} = k \frac{q_c \cdot q_d}{r_{CD}} = 9.10^9 \frac{N \cdot m^2}{C^2} \cdot \frac{8.10^{-8} C \cdot (-2.10^{-8} C)}{0,08 \, m} = -1,8.10^{-4} \, N \cdot m = -1,8.10^{-4} \, J$$

Para el par te cargas q_d y q_e:

$$U_{DE} = k \frac{q_c \cdot q_d}{r_{CD}} = 9.10^9 \frac{N \cdot m^2}{C^2} \cdot \frac{(-2.10^{-8} C) \cdot 4.10^{-8} \, C}{0,06 \, m} = -1,2.10^{-4} \, N \cdot m = -1,2.10^{-4} \, J$$

Para el par te cargas q_e y q_f:

$$U_{EF} = k \frac{q_e \cdot q_f}{r_{EF}} = 9.10^9 \frac{N \cdot m^2}{C^2} \cdot \frac{4.10^{-8} \, C \cdot (-2.10^{-8} C)}{0,04 \, m} = -1,8.10^{-4} \, N \cdot m = -1,8.10^{-4} \, J$$

Para el par te cargas q_f y q_a:

$$U_{FA} = k \frac{q_f \cdot q_a}{r_{FA}} = 9.10^9 \frac{N \cdot m^2}{C^2} \cdot \frac{(-2.10^{-8} \, C) \cdot (-5.10^{-8} C)}{0,15 \, m} = 6.10^{-5} \, N \cdot m = 6.10^{-5} \, J$$

La energía potencial eléctrica del sistema de cargas es la suma algebraica de las energías obtenidas para cada par de cargas:

$$U = U_{AB} + U_{BC} + U_{CD} + U_{DE} + U_{EF} + U_{FA}$$
$$= -6,75.10^{-4} \, N \cdot m + 7,2.10^{-4} \, J - 1,8.10^{-4} \, J - 1,2.10^{-4} \, J - 1,8.10^{-4} \, J + 6.10^{-5} \, J$$
$$= -3,75.10^{-4} J$$

Concluimos que la energía potencial eléctrica del sistema de cargas es de $-3,75.10^{-4} \, J$.

El signo negativo $(-)$ expresa que un agente externo debe realizar un trabajo negativo para formar el sistema de cargas, figura del problema, trayéndolas desde distancia infinita con rapidez constante hasta el punto donde se encuentra la figura.

ELECTRÓN-VOLTIO

El electrón-voltio, el cual tiene como abreviatura eV es una unidad de energía que se define como *un voltio multiplicado por el valor de la carga de un electrón*. Esto quiere decir, una partícula cuya carga $q = e$ adquiere una energía de un electrón-voltio de una diferencia de potencial V.

Sabiendo que la carga de un electrón es igual $1,6.\,10^{-19}\,C$ tenemos que:

$$1\,eV = 1,6.\,10^{-19}\,C \cdot 1\,V = 1,6.\,10^{-19}\,C.\,1\,\frac{J}{C}$$

Simplificando:

$$1\,eV = 1,6.\,10^{-19}\,J$$

Se conocen como múltiplos del electrón-voltio eV:

$$1\,MeV\,(mega - electrón - voltio) = 10^{6}\,eV$$
$$1\,GeV\,(giga - electrón - voltio) = 10^{9}\,eV$$

ACTIVIDADES

Responda brevemente las actividades del 1 al 12, dadas a continuación:

1. Una lámpara conectada a un tomacorriente (enchufe) en una casa. Se tiene que un trabajo de $60\,J$ se realiza sobre una carga de $0,3\,C$ que pasa por la lámpara y va de una terminal a otra de la toma corriente:
   a) ¿Cuál es la diferencia de potencial entre las terminales del tomacorriente?
   b) Un aparato está conectado a este dispositivo durante cierto tiempo, y recibe $1.300\,J$ de energía de las cargas eléctricas que pasan por él. Determinar el valor total de dichas cargas.

2. Una carga de prueba positiva q_o es llevada del punto A al punto B, en el interior de un campo eléctrico uniforme, a lo largo de la trayectoria que se indica en la figura del ejercicio.

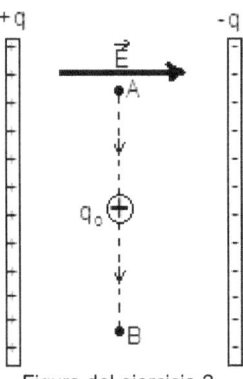

Figura del ejercicio 2.

   a) Grafique en la figura el vector de la fuerza eléctrica $\vec{F}$, que actúa sobre q_o mientras se desplaza.
   b) Determine la magnitud del trabajo T_{AB}, que esta fuerza eléctrica realiza en el desplazamiento de la carga del punto A hasta el punto B.
   c) Tomando en cuenta lo anterior, ¿qué diferencia de potencial eléctrico existe entre los puntos A y B?

3. a) Si una carga q_o se desplaza del punto C hacia el punto D a lo largo de la trayectoria I que se indica en la figura del ejercicio, el campo eléctrico $\vec{E}$ realiza sobre ella un trabajo de $2,5.\,10^{-4}\,J$. Si la carga q_o se desplaza del punto C hacia el punto D a lo largo de la trayectoria II, ¿diga si el trabajo realizado por el campo eléctrico sobre ella, sería menor, mayor, o igual a $2,5.\,10^{-4}\,J$?

118

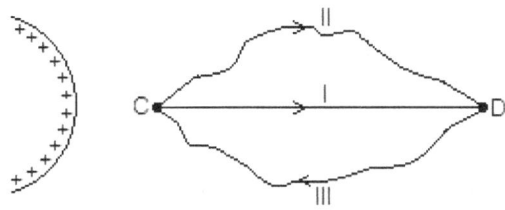

Figura del ejercicio 3.

b) Si la carga q_o circulara del punto D hacia el punto C, a lo largo de la trayectoria III, como se observa en la figura, ¿cuál sería el trabajo realizado sobre la carga por el campo eléctrico?

c) Ahora bien, ¿cuál es el trabajo que realiza el campo eléctrico sobre una carga que sale de un punto dado y vuelve nuevamente a dicho punto después de recorrer una trayectoria cualquiera cerrada?

4. Al conectar los polos de una batería de automóvil a dos placas metálicas paralelas R y S, como se observa en la figura del ejercicio, podemos establecer entre ellas una tensión eléctrica o diferencia de potencial de $V_{RS} = 16\,V$.

   a) Grafique en la figura del ejercicio el vector del campo eléctrico $\vec{E}$ entre las placas.

   b) Suponiendo que la distancia en las placas R y S es $d = 4\,mm$, determine la intensidad del campo eléctrico existente entre dichas placas.

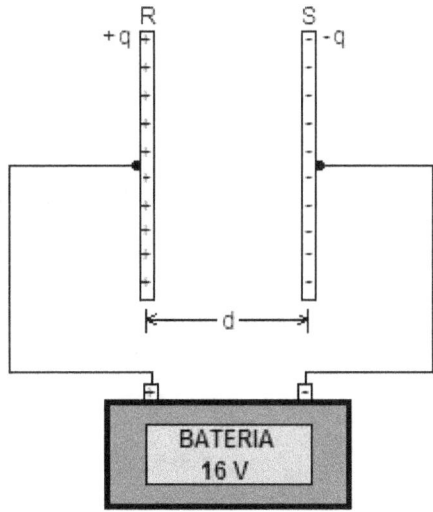

Figura del ejercicio 4.

5. Una carga puntual q establece en el punto M el campo eléctrico $\vec{E}$, según se observa en la figura del ejercicio.

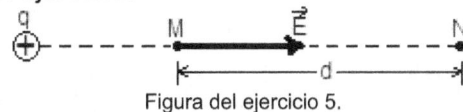

Figura del ejercicio 5.

   a) Sabiendo que d es la distancia entre los puntos M y N. ¿La diferencia de potencial o tensión eléctrica entre los puntos M y N se puede determinar por la relación $V_{MN} = E \cdot d$? Explique su respuesta.

b) ¿La expresión $V_{MN} = T_{MN}/q$ o $V_M - V_N = T_{MN}/q$, se puede emplear para determinar esta diferencia de potencial o tensión eléctrica? Explique su respuesta.

6. Consideremos los puntos F y G en el campo eléctrico creado por un cuerpo electrizado negativamente, como se observa en la figura del ejercicio.

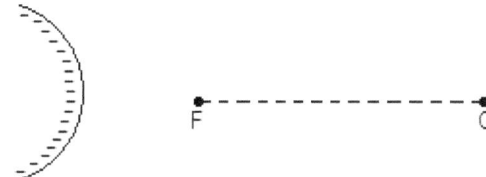

Figura del ejercicio 6.

a) Una carga q_o es soltada en un punto situado entre los puntos F y G; debido a la acción de la carga que produce el campo. Diga hacia dónde la carga q_o tiende a desplazarse entre los dos puntos.
b) Entonces, ¿se puede concluir que el potencial en el punto F es menor o mayor que el del punto G? Explique su respuesta.

Suponga ahora que la carga q_o que se soltó entre F y G, es negativa.

c) Debido a la acción de la carga que produce el campo eléctrico, ¿La carga q_o se desplazará hacia el punto F o hacia el punto G.
d) Analizando las dos primeras respuestas, ¿la carga q_o se desplaza hacia los puntos donde el potencial eléctrico es mayor o menor?

7. La figura que se observa en el ejercicio nos muestra las líneas de fuerza de un campo eléctrico uniforme, cuya intensidad de campo eléctrico es $E = 2.10^6 \ N/C$. Tomando en cuenta la figura, calcular:
a) La diferencia de potencial entre los puntos A y B: V_{AB}
b) La diferencia de potencial entre los puntos B y C: V_{BC}
c) La diferencia de potencial entre los puntos A y C: V_{AC}

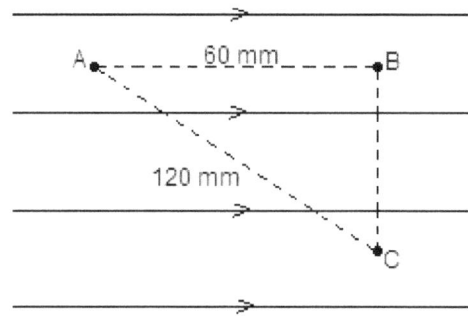

Figura del ejercicio 7.

8. La carga puntual q, que se observa en la figura del ejercicio, vale $q = -4.10^{-6} \ C$, y las distancias de los puntos A y B a esta carga son $r_A = 20 \ cm$ y $r_B = 50 \ cm$. Si suponemos que la carga está ubicada en el vacío, calcular:
a) El potencial eléctrico en A.
b) El potencial eléctrico en B.
c) La diferencia de potencial eléctrico o tensión eléctrica: V_{BA}

Figura del ejercicio 8.

9. Considera las cargas puntuales q_a y q_b, ambas con una magnitud igual a $8.10^{-6}\,C$, pero de signos contrarios:
   a) Determinar el potencial eléctrico V_a que q_a establece en el punto R.
   b) Determinar el potencial eléctrico V_b que q_b establece en el punto R.
   c) Entonces, ¿cuál es la magnitud del potencial eléctrico V en el punto R.

Figura del ejercicio 9.

10. Si utilizamos un abarato, se puede medir la diferencia de potencial entre las placas que se muestran en la figura del ejercicio, teniendo que $V_{CD} = 800\,V$ y la distancia entre las dos placas es $50\,mm$.

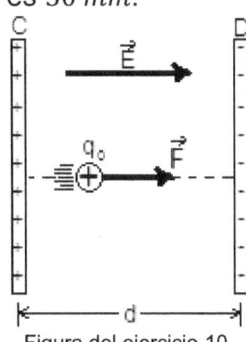

Figura del ejercicio 10.

   a) Calcular la intensidad de campo eléctrico entre las placas.
   b) Suponiendo que la carga que se indica en la figura del ejercicio, tiene un valor de 5.10^{-6}. Determinar la magnitud de la fuerza eléctrica $\vec{F}$ que actúa sobre la carga.
   c) ¿Cuál es la magnitud del trabajo T_{CD} que el campo eléctrico realiza sobre la carga al desplazarla de la placa C hacia la placa D?

11. La figura de este ejercicio representa una esfera metálica electrizada, en equilibrio electrostático. Considerando los puntos S y S', que se muestra en dicha figura.

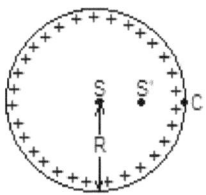

Figura del ejercicio 11.

Conteste:
   a) ¿Cuál es la magnitud del campo eléctrico en S?
   b) ¿El potencial en S es nulo ó diferente de cero?
   c) ¿La diferencia de potencial entre S y S' es nula ó diferente de cero?
      Suponiendo que la magnitud de la carga en la esfera es $q = 2.10^{-6}\,C$ y que su radio es $R = 40\,cm$; considerando la carga en el vacío:
   d) Determinar el potencial eléctrico del punto C, situado en la superficie de la esfera.
   e) Entonces, determine el potencial eléctrico del punto S y en el punto S'.

12. Dos cargas puntuales, $q_a = 8\,\mu C$ y $q_b = 5\,\mu C$, situadas en el vacío, se encuentran separadas $12\,cm$ (observar la figura de este problema). Tenemos que el punto M está situado en medio del segmento que une las cargas q_1 con q_2 y que el punto N dista $12\,cm$ de q_a. Determine:

a) El potencial eléctrico del punto M.

b) El potencial eléctrico del punto N.

c) La diferencia de potencial eléctrico entre M y N.

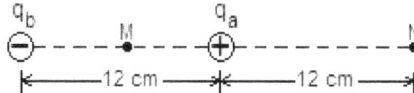

Figura del problema 12.

13. En las figuras mostradas en la actividad hay una serie de casillas cada una de ellas identificadas por una letra en la que debe colocarse los resultados expresados en un mismo sistema de unidades, de los diferentes problemas de aplicación del potencial eléctrico y la diferencia de potencial eléctrico, luego efectuar las operaciones hasta concluir el resultado dado.

Realizar los problemas en un cuaderno, hojas o block.

(a) En los vértices A, B y C de un triángulo isósceles, se tienen cargas $q_a = 8.\,10^{-8}\,C$, $q_b = -9.\,10^{-8}\,C$ y $q_c = 4.\,10^{-8}\,C$, respectivamente; las cargas están ubicadas en el vacío. Calcular el potencial eléctrico resultante en el punto medio D del lado $\overline{AC}$.

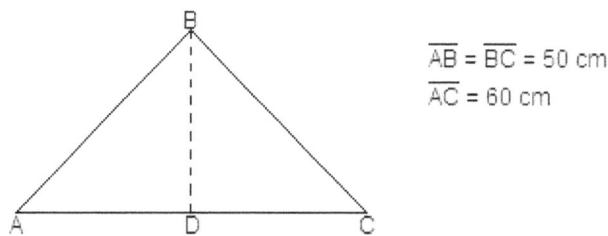

$$\overline{AB} = \overline{BC} = 50\ cm$$
$$\overline{AC} = 60\ cm$$

(b) En los vértices A, B y C de un rectángulo, mostrado en la figura del problema, se tienen cargas $q_a = -3.\,10^{-6}\,C$, $q_b = -5.\,10^{-6}\,C$ y $q_c = 2.\,10^{-6}\,C$ respectivamente las cargas están situadas en el vacío. Calcular el potencial eléctrico resultante en el punto ubicado en el vértice D.

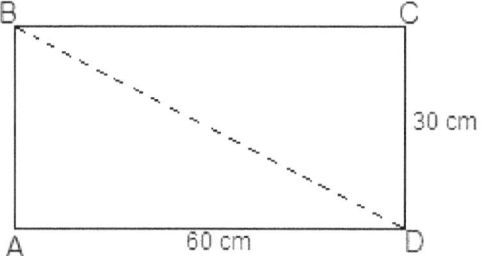

(c) En los vértices A, B, C y D de un rombo, mostrado en la figura del problema, se tienen cargas $q_a = +q$, $q_b = -2q$, $q_c = -q$ y $q_c = +3q$, respectivamente. Tenemos que $q = 3.\,10^{-9}\,C$. Las cargas están situadas en el vacío. Determinar el potencial eléctrico resultante en el punto E ubicado en el centro de las diagonales.

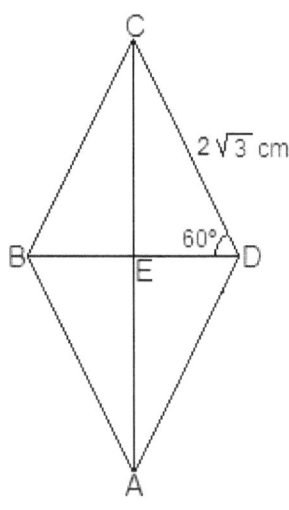

❖ En los vértices A y B del triángulo, mostrado en el problema, se encuentran cargas $q_a = -5.10^{-7}\,C$ y $q_b = 9.10^{-7}\,C$, respectivamente; las cargas están situado en el vacío y $\overline{BD}$ es la altura correspondiente al triángulo ABC. Calcular:

(d) El potencial eléctrico en el punto C, ubicado en dicho vértice.

(e) El potencial eléctrico en el punto D.

(f) La diferencia de potencial eléctrico entre C y D.

(g) El trabajo para llevar una carga de $3,2.10^{-6}\,C$ con rapidez constante desde D hasta C.

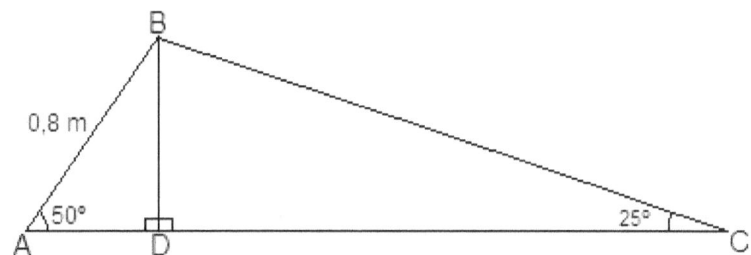

❖ En los vértices A y C, se tienen cargas $q_a = 4.10^{-6}\,C$ y $q_c = 6.10^{-6}\,C$, respectivamente, las cargas están ubicadas en el vacío. Calcular:

(h) El potencial eléctrico resultante en el punto colocado en el vértice B.

(i) El trabajo realizado por un agente externo para transportar una carga positiva de $20\,C$, con rapidez constante, desde el infinito hasta el punto B, colocado en dicho vértice.

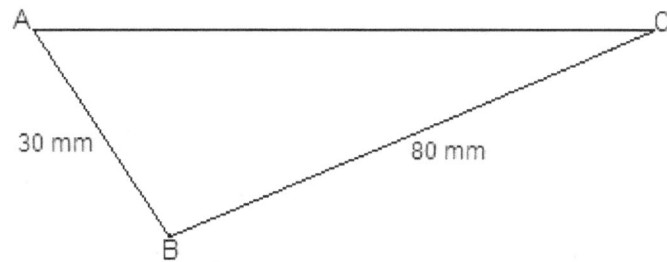

❖ En los vértices A y B del rombo representado en la figura del problema, se encuentran cargas $q_a = 6.10^{-6}\,C$ y $q_b = 3.10^{-6}\,C$, respectivamente; las cargas están situadas en el vacío. Calcular:

123

(j) El potencial eléctrico resultante en el punto C colocado en dicho vértice.

(k) El potencial eléctrico resultante en el punto D colocado en dicho vértice.

(l) La diferencia de potencial eléctrico entre C y D.

(ll) El trabajo para llevar una carga positiva de $2.10^{-6}\,C$, con rapidez constante desde D hasta C.

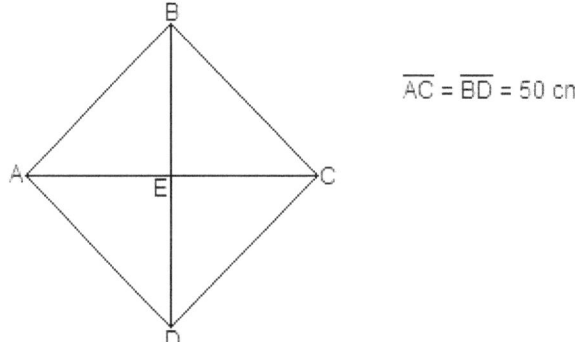

$\overline{AC} = \overline{BD} = 50\ cm$

(m) Una esfera metálica aislada de $0,3\ m$ de radio posee una carga eléctrica de $5.10^{-9}C$ distribuida uniformemente en su superficie .Calcular el trabajo que debe realizar un agente externo para transportar una carga de $3.10^{-9}\,C$, con rapidez constante, desde la superficie esférica hasta un punto situado a $0,6\ m$ de dicha superficie.

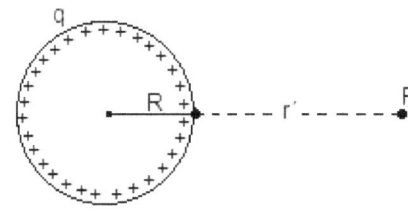

❖ En la figura del problema se muestra un triángulo en cuyos vértices C y D se encuentran cargas $q_c = -8.10^{-8}\,C$ y $q_d = 2.10^{-8}\,C$, respectivamente; las cargas están situadas en el vacío. Tenemos que el lado $\overline{AD} = 200\ mm$. Calcular:

(n) El potencial eléctrico en el punto A.

(o) El potencial eléctrico en el punto colocado en el vértice B.

(p) La diferencia de potencial eléctrico: $V_B - V_A$

(q) El trabajo que se debe realizarse para trasladar una carga de $3.10^{-9}\,C$ entre los puntos A y B.

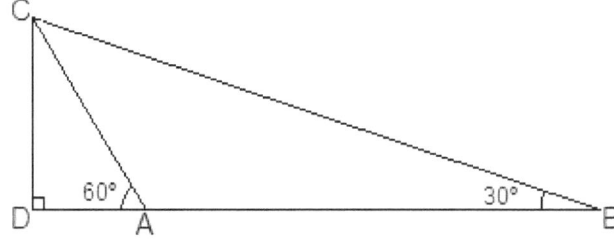

❖ En la figura del problema, se muestra un rectángulo cuyas longitudes son $0,06\ m$ y $0,16\ m$; en los vértices A y C, se encuentran cargas $q_a = -6.10^{-7}\,C$ y $q_c = 9.10^{-7}\,C$, respectivamente. Las cargas están situadas en el vacío. Determinar:

(r) El potencial eléctrico en el punto colocado en el vértice B.

(s) El potencial eléctrico en el punto colocado en el vértice D.

(t) El trabajo que se debe realizar para trasladar una carga de $5.10^{-8}\,C$ desde D hasta B a través de la diagonal del rectángulo.

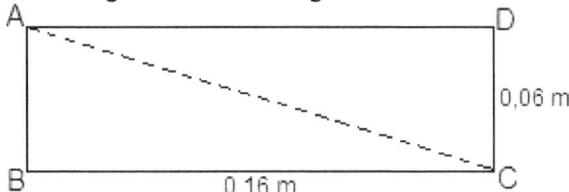

Los resultados de cada una de las magnitudes físicas calculadas en los problemas:

Trabajo realizado (T)

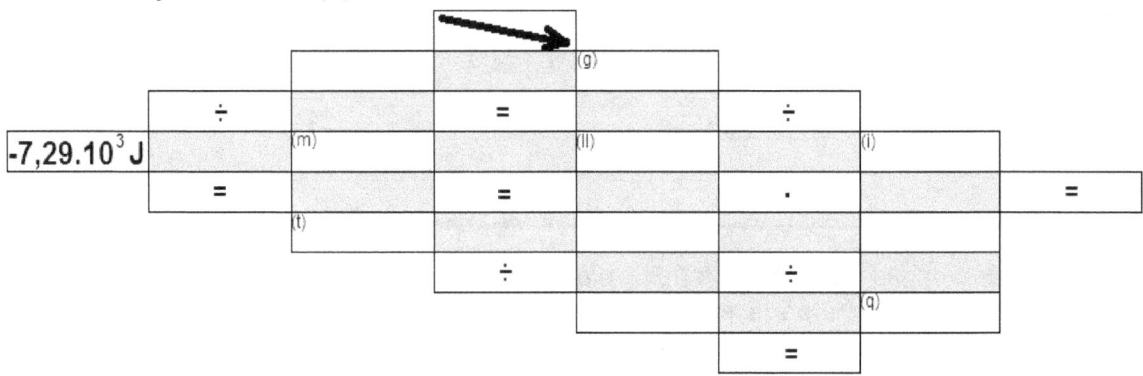

Potencial eléctrico (V) *y Diferencia de potencial eléctrico* $(Por\ ejemplo\ V_{AB})$

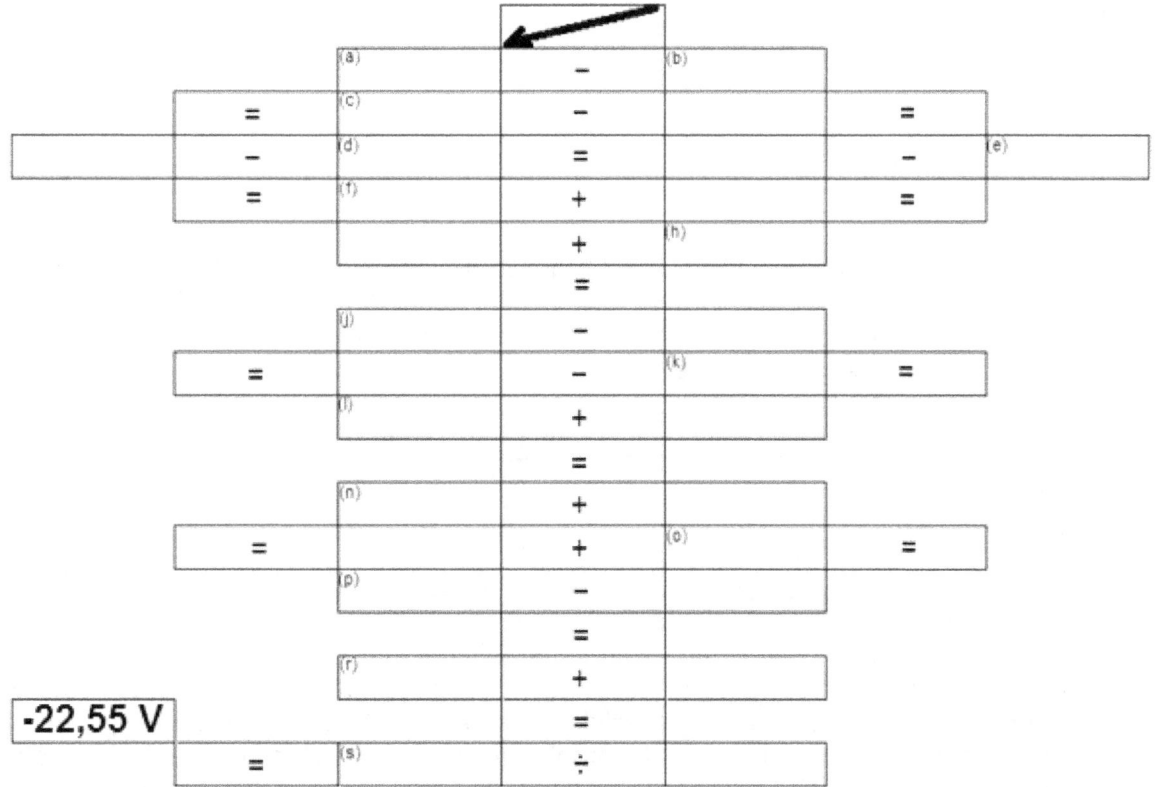

14 En la figura mostrada en la actividad hay una serie de casillas cada una de ellas identificadas por una letra en la que debe colocarse los resultados expresados en un mismo sistema de unidades, de los diferentes problemas de aplicación de energía de potencial eléctrica, luego efectuar las operaciones hasta concluir el resultado dado.
Realizar los problemas en un cuaderno, hojas o block.

Energía potencial eléctrica (U)

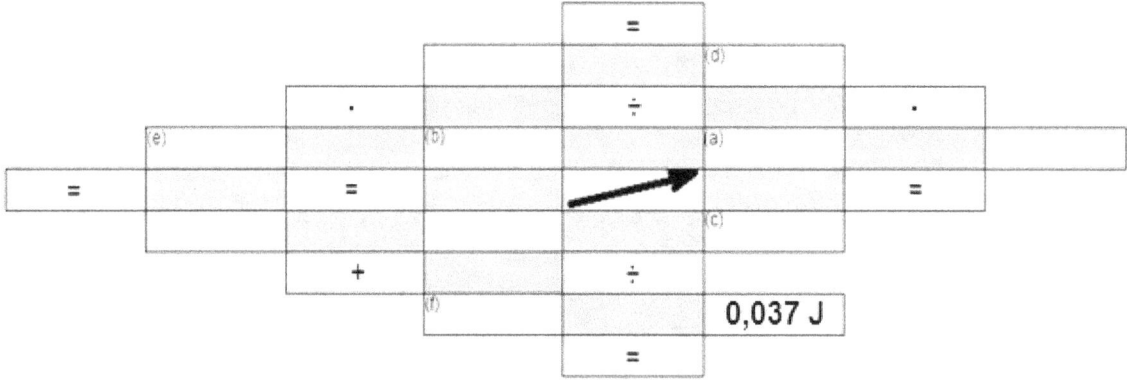

(a) Determinar la energía potencial eléctrica del sistema formado por tres cargas como se observa en la figura del problema, sabiendo que $q_a = 2,5.10^{-6}\ C$, $q_b = 4,5.10^{-6}\ C$ y $q_c = -9.10^{-6}\ C$, las cargas están ubicadas en el vacío.

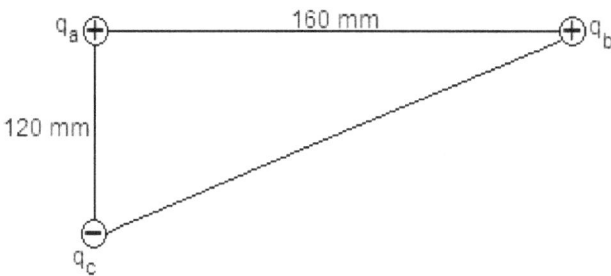

(b) Se tiene un rectángulo $ABCD$, en cada uno de los vértices se encuentran cargas $q_a = +3q$, $q_b = -2q$, $q_c = -q$ y $q_d = +4q$, respectivamente; las cargas están situadas en el vacío. Si $q = 2.10^{-8}\ C$. Calcular la energía potencial eléctrica de la configuración de las cuatro cargas.

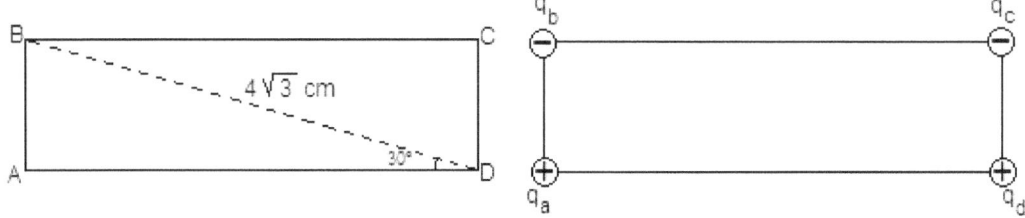

(c) Tres cargas eléctricas $q_a = -3.10^{-5}\ C$, $q_b = -2.10^{-5}\ C$ y $q_c = 4.10^{-5}\ C$, se encuentran sobre una recta, separadas entre si la distancia $r = 3.10^{-2}\ m$, como lo podemos observar en la figura del problema, las cargas están situadas en el vacío. Calcular la energía potencial eléctrica de la configuración de las cargas propuestas.

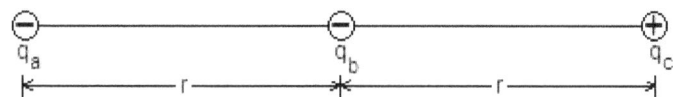

(d) En los vértices A, B, C, D, E y F, de la figura del problema, existen cargas $q_a = -2.10^{-9} C$, $q_b = 4.10^{-9} C$, $q_c = -3.10^{-9} C$, $q_d = -6.10^{-9} C$, $q_e = 5.10^{-9} C$ y $q_f = -8.10^{-9} C$, respectivamente; las cargas están situadas en el vacío. Calcular la energía potencial eléctrica del sistema formado por las seis cargas.

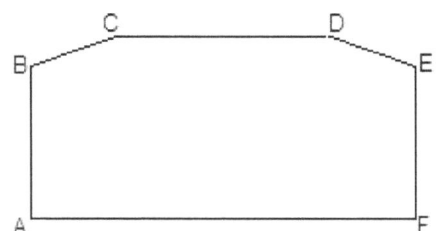

$\overline{AB} = \overline{EF} = 40$ mm

$\overline{BC} = \overline{DE} = 20$ mm

$\overline{CD} = 50$ mm

$\overline{AF} = 80$ mm

(e) Se tiene un rombo $ABCD$, en cada uno de los vértices se encuentran cargas $q_a = -6.10^{-5} C$, $q_b = 2.10^{-5} C$, $q_c = 4.10^{-5} C$ y $q_d = 5.10^{-5} C$, respectivamente; las cargas están situadas en el vacío. Calcular la energía potencial eléctrica del sistema formado por las cuatro cargas.

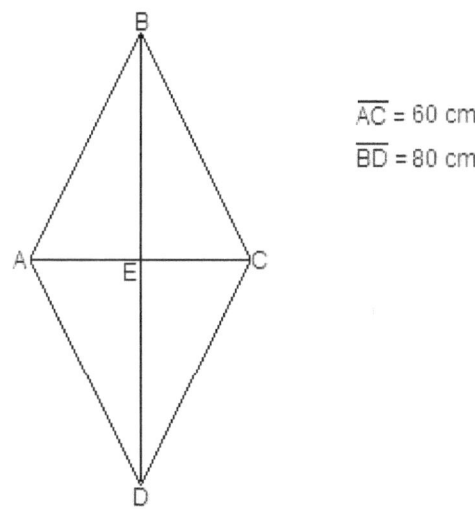

$\overline{AC} = 60$ cm

$\overline{BD} = 80$ cm

(f) En los vértices A, B, C, D, E, F, G y H, de la figura del problema, existen cargas $q_a = 3.10^{-6} C$, $q_b = 5.10^{-6} C$, $q_c = -2.10^{-6} C$, $q_d = -4.10^{-6} C$, $q_e = 8.10^{-6} C$, $q_f = 6.10^{-6} C$, $q_g = 2.10^{-6} C$, y $q_h = -7.10^{-6} C$, respectivamente; las cargas están situadas en el vacío. Calcular la energía potencial eléctrica del sistema formado por las ocho cargas.

127

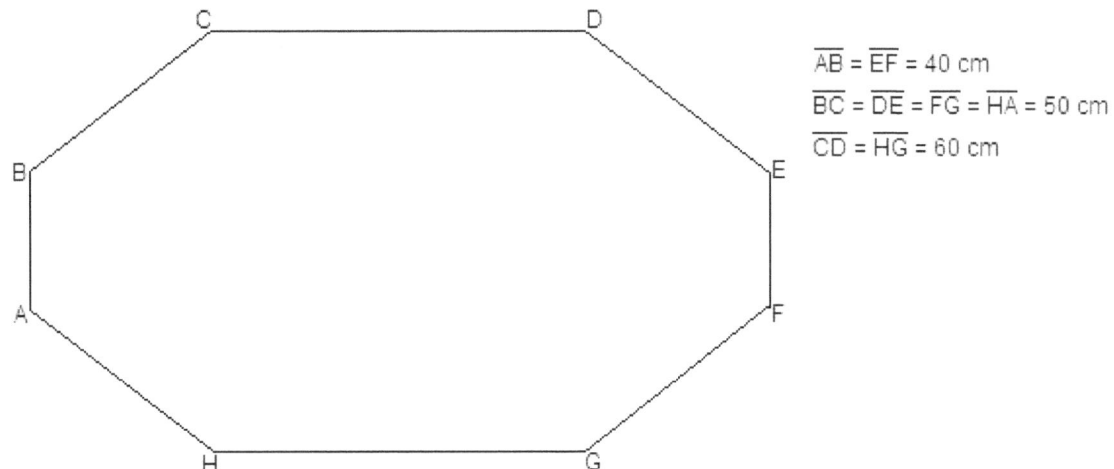

$\overline{AB} = \overline{EF}$ = 40 cm

$\overline{BC} = \overline{DE} = \overline{FG} = \overline{HA}$ = 50 cm

$\overline{CD} = \overline{HG}$ = 60 cm

UNIDAD IV

CONDENSADORES Y CAPACIDAD ELÉCTRICA

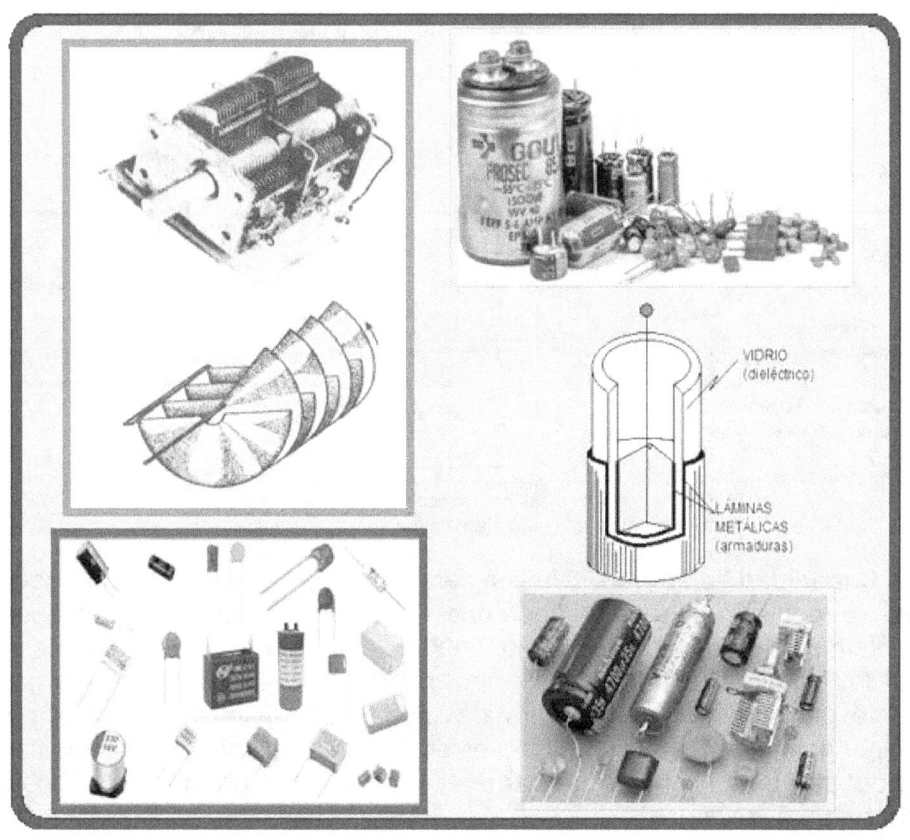

CONTENIDO:
- ➤ CONDENSADORES Y CAPACIDAD ELÉCTRICA.
- ➤ CONEXIÓN DE CONDENSADORES.
- ➤ ENERGÍA ALMACENADA EN UN CONDENSADOR CARGADO.
- ➤ ACTIVIDADES CON FÍSICA RECREATIVA

CONDENSADORES Y CAPACIDAD ELÉCTRICA

4.1.1 ¿Qué se entiende por condensador eléctrico? Es un dispositivo que se utiliza mucho en algunos circuitos; este elemento está formado por dos cuerpos conductores separados por un aislante; dichos conductores se conocen como placas o armaduras del condensador eléctrico, y el aislante es su dieléctrico. Comúnmente denominamos estos aparatos de acuerdo con la forma que tengan sus armaduras; de esta forma, se tiene el *condensador eléctrico plano* (Fig. 4.1), el *condensador eléctrico cilíndrico* (Fig. 4.2), el *condensador eléctrico esférico, etc.* El dieléctrico puede ser un aislante y se representa en la forma que se puede observar en la figura 4.3.

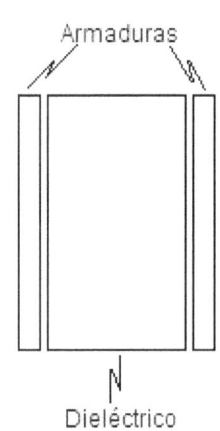

Fig. 4.1 Un condensador eléctrico está constituido por dos placas conductoras separadas por por un dieléctrico.

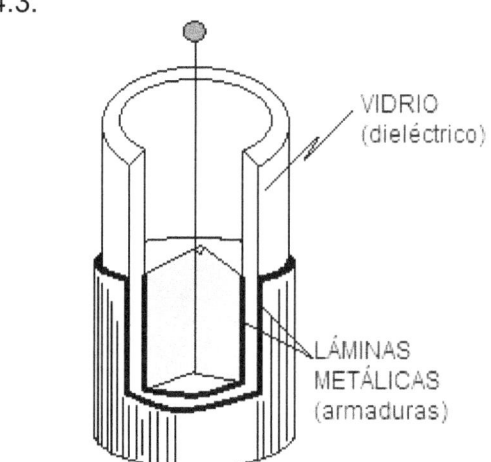

Fig. 4.2 Condensador cilíndrico construido por primera vez en la ciudad de Leyden Neerlanda, y por ello se denomina *botella de Leyden*.

Fig. 4.3 En un circuito eléctrico, un condensador eléctrico, se representa con el símbolo que se observa en la figura.

4.1.2 Capacidad eléctrica. Una esfera metálica aislada puede recibir cargas eléctricas. La repulsión entre ellas hace que se disminuyan en la superficie de la esfera. Experimentalmente se encuentra que aunque la esfera sea hueca, las cargas se sitúan en la superficie externa. Lógicamente, entre mayor sea el radio de la esfera y, por consiguiente, su superficie, el número de cargas que puede recibir será mayor. Sin embargo, por grande que sea su área, la esfera tendrá un límite para recibir carga, ya que la unidad de área podrá contener únicamente un cierto número máximo y cualquier carga adicional escapará fácilmente.

Entre mayor carga Q reciba la esfera, la intensidad del campo eléctrico E será mayor y por consiguiente, el potencial eléctrico V creado por la esfera en su superficie también será, facilitando el escape de cargas a la esfera. Se puede escribir: $Q \propto V$ e introduciendo una constante C de proporcionalidad tenemos:

$$Q = C \cdot V$$

donde la constante C es determinado por el tamaño de la esfera o forma y volumen de cualquier cuerpo. A la constante C se denomina CAPACIDAD.

Entonces como el condensador permite confirmar fuertes campos eléctricos en pequeños volúmenes, es un aparato muy útil para almacenar energía. La unidad de capacidad se obtiene de la ecuación:

$$C = \frac{Q}{V}$$

130

Definiendo capacidad eléctrica:

"La capacidad eléctrica es la relación constante entre la carga suministrada a un conductor aislado y el potencial eléctrico que este adquiere".

⊹ Unidades de Capacidad Eléctrica.

En el sistema internacional S.I. al medir la carga en Coulomb (C) y la tensión o diferencia de potencial eléctrica en voltio (V), La capacidad eléctrica resulta en Farad, cuyo símbolo es F, entonces:

$$1\ Farad\ (F) = \frac{1\ Coulomb\ (C)}{1\ voltio\ (V)}$$

Un Farad: "Es la capacidad eléctrica de un conductor aislado al cual se le suministra la carga de un Coulomb para aumentar su potencial en un voltio".

Ahora bien, cuando al medir la carga en statcoulomb (stc) y la tensión o diferencia de potencial en statvoltio (stv) entonces tenemos que:

$$1\ statfaradio\ (stf) = \frac{1\ statcoulomb\ (stc)}{1\ statvoltio\ (stv)}$$

La unidad del Farad (F) resulta ser una unidad bastante grande, en la medida de capacidades eléctricas se utilizan algunos submúltiplos de dicha unidad, tales como el milifarad (mF), el microfarad (μF) y el picofarad (pF).

Equivalencias entre las unidades:

$$1\ Farad\ (F) = 9.10^{11}\ stf$$
$$1\ milifarad\ (mF) = 10^{-3}\ F$$
$$1\ microfarad\ (\mu F) = 10^{-6}\ F$$
$$1\ picofarad\ (pF) = 10^{-12}\ F$$

La capacidad eléctrica de una esfera, sabiendo que $C = Q/V$ de donde $V = K \cdot Q/R$, se determina:

$$C = \frac{Q}{V} \quad \Rightarrow \quad C = \frac{Q}{K\frac{Q}{R}} = \frac{Q \cdot R}{K \cdot Q} \quad simplificando \quad C = \frac{R}{K}$$

4.1.3 Condensadores: Un condensador es un dispositivo formado por dos conductores aislados próximos, con cargas iguales y de signo contrario, que permite almacenar una gran cantidad de carga eléctrica y en consecuencia energía, con un potencial pequeño.

➢ **Condensador de láminas paralelas sin dieléctrico:** Es uno de los condensadores más sencillo que existe (Fig. 4.4) está formado por dos láminas conductoras paralelas A y B, con cargas iguales y de signos contrario separadas una distancia d, sin dieléctrico (entre las dos láminas o armaduras, existe en el vacío. Este tipo de condensador se denomina de *láminas paralelas.*

Si V_A y V_B son los potenciales de las láminas y la intensidad del campo eléctrico entre ellas de magnitud E, y la diferencia de potencial entre las láminas viene expresado por:

$$V_A - V_B = E \cdot d$$

Por otra parte, tenemos después de realizarse un análisis importante tenemos que la magnitud de la intensidad de campo eléctrico entre láminas paralelas es:

$$E = \frac{Q}{\varepsilon_o \cdot S}$$

Teniendo que Q la carga de una de las láminas tomada en valor absoluto y S es la superficie o área de un de dichas láminas.

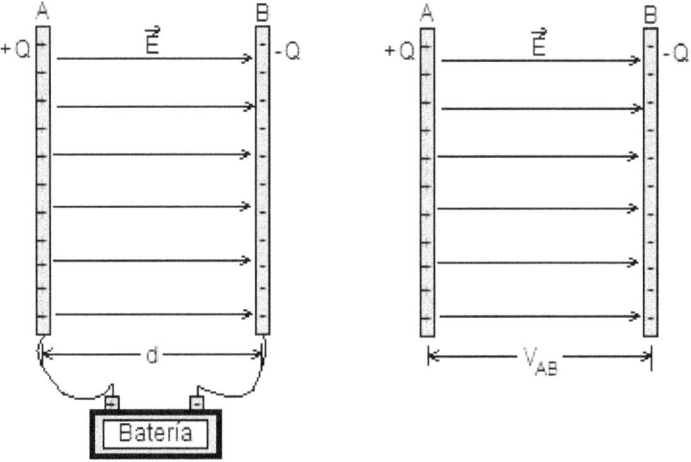

Fig. 4.4 Condensador de láminas paralelas sin dieléctrico.

Si sustituimos la ecuación de la intensidad de un campo eléctrico en la ecuación de la diferencia de potencial tenemos que:

$$V_A - V_B = \frac{Q}{\varepsilon_o \cdot S} \cdot d \quad \Rightarrow \quad V_A - V_B = \frac{Q \cdot d}{\varepsilon_o \cdot S}$$

La capacidad del condensador sin dieléctrico la designamos por C_o, por definición tenemos que:

$$C_o = \frac{Q}{V_A - V_B}$$

Si la ecuación de diferencia de potencial la sustituimos en esta última ecuación; efectuemos operaciones obteniéndose la ecuación para determinar la capacidad del condensador de láminas sin dieléctrico:

$$C_o = \frac{Q}{\dfrac{Q \cdot d}{\varepsilon_o \cdot S}} \quad \Rightarrow \quad C_o = \frac{Q \cdot \varepsilon_o \cdot S}{Q \cdot d}$$

Simplificando:

$$C_o = \varepsilon_o \cdot \frac{S}{d}$$

El valor de ε_o es:

$$\varepsilon_o = 8{,}85 \cdot 10^{-12} \frac{C^2}{N \cdot m^2}$$

Recordemos que un condensador se representa simbólicamente de la forma:

> **Condensador de láminas paralelas con dieléctrico:** Se ha comprobado experimentalmente que la capacidad eléctrica C de un condensador con dieléctrico (Fig. 4.5), es mayor que la capacidad C_o de un condensador sin dieléctrico (Fig. 4.4). El cociente entre la capacidad eléctrica C de un condensador con dieléctrico y la capacidad eléctrica C_o de un condensador sin dieléctrico recibe el nombre de constante dieléctrica k del material que se coloca entre las dos placas.

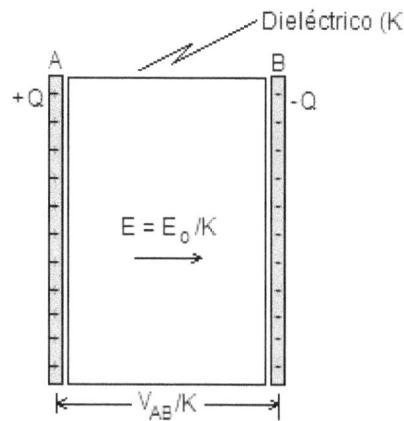

Fig. 4.5 Condensador de láminas paralelas con dieléctrico.

Esto quiere decir que:

$$\frac{C}{C_o} = K \quad \Rightarrow \quad C = K \cdot C_o$$

Entonces la capacidad de un condensador de láminas paralelas con dieléctrico está dada por la relación:

$$C = K \cdot \varepsilon_o \cdot \frac{S}{d}$$

En otras palabras, un condensador con dieléctrico entre las láminas paralelas o armaduras es mejor almacenador de cargas que sin él, pues al introducir el dieléctrico aumenta la capacidad, puesto que $K > 1$ para cualquier aislante.

Ahora bien, podemos concluir en relación con los factores que influyen en la capacidad de carga que: la capacidad C de un condensador es una constante propia del mismo, y puede caracterizar su capacidad de carga. La magnitud que tiene C es proporcional al área o superficie S de las láminas paralelas, es decir:

$$C \propto S$$

e inversamente proporcional a la distancia d entre las placas (espesor del dieléctrico), entonces:

$$C \propto \frac{1}{d}$$

Además, la magnitud de la capacidad eléctrica C depende de la naturaleza del dieléctrico: siendo C_o la capacidad de un condensador sin dieléctrico (en el vacío), cuando introducimos entre las láminas paralelas o armaduras un aislante con constante dieléctrica K, entonces su capacidad eléctrica será:

$$C = K \cdot C_o$$

Ejemplo 1: En la figura del ejercicio se observa un condensador conectado a los polos de una batería. Suponiendo que el voltaje entre los polos de una batería es de $300\,V$, y que la carga transferida a las placas del condensador eléctrico es $Q = 1,5.\,10^{-3}\,C$.

a) Calcular la capacidad C de este condensador.

b) Si mantenemos al condensador conectado a la batería, y alejamos las placas entre sí a fin de que la distancia entre ellas se duplique, ¿cuál será la magnitud del voltaje V_{MN} entre las placas?

c) En las condiciones dadas en la pregunta (b), determinar la capacidad del condensador.

d) Tomando en cuenta las condiciones dadas en la pregunta (b), determine la carga Q en las placas paralelas.

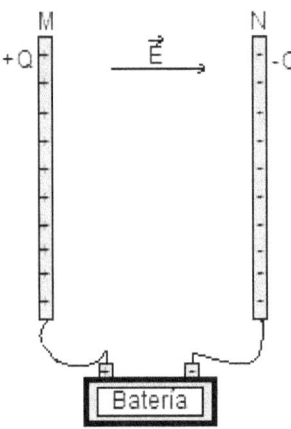

Figura del ejercicio

Solución.

a) Tenemos que $C = Q/V_{MN}$, la carga $Q = 1,5.\,10^{-3}\,C$ y $V_{MN} = 300\,V$. Como el voltaje entre los polos de la batería es igual al establecido en las láminas del condensador.

Entonces tenemos que:

$$C = \frac{Q}{V_{MN}} = \frac{1,5.\,10^{-3}\,C}{300V} = 5.\,10^{-6}\,F$$

Si queremos expresar C en microfarad (μF):

$$C = 5.\,10^{-6}\,F \cdot \left(\frac{10^{6}\,\mu F}{1\,F}\right) = 5\,\mu F$$

b) Como las láminas paralelas siguen conectadas a la batería, la magnitud de V_{MN} no cambiará; esto quiere decir que:

$$V_{MN} = 300\,V$$

c) Como $C \propto 1/d$; tenemos que la variación de la distancia d fue la única alteración sufrida por el condensador, su nueva capacidad deberá ser dos veces menor: ya que la magnitud de d se duplicó como ya dijimos, entonces:

$$C = \frac{5.\,10^{-6}\,F}{2} = 2,5.\,10^{-6}\,F$$

En microfarad μF nos queda que:

$$C = 2,5.\,10^{-6}\,F \cdot \left(\frac{10^{6}\,\mu F}{1\,F}\right) = 2,5\,\mu F$$

d) Como $C = Q/V_{MN}$, al despejar Q tenemos que:

$$Q = C \cdot V_{MN}$$

Ahora bien, sabiendo que $V_{MN} = 300\,V$, que la capacidad $C = 2,5.\,10^{-6}\,F$ y sustituyendo en la ecuación anterior:

$$Q = 2,5.\,10^{-6}\,F \cdot 300\,V = 2,5.\,10^{-6}\,\frac{C}{V} \cdot 300\,V$$

Simplificando V, obtenemos:

$$Q = 7,5.\,10^{-4}\,C$$

Concluyendo tenemos que aun cuando el voltaje permaneció constante, la carga en las láminas paralelas disminuyó, cuando la separación entre ellas es mayor.

<u>Ejemplo 2</u>: El área o superficie de cada una de las láminas de un condensador de placas paralelas es de $5.10^{-2}\ m^2$. Si la separación entre las láminas es de $2.10^{-3}\ m$ en el vacío.

a) ¿Qué carga adquieren las láminas cuando la diferencia de potencial es de $8,6.10^3\ V$?

b) Determinar la magnitud de la intensidad del campo eléctrico entre las láminas.

Solución.

a) La capacidad del condensador eléctrico se determina por:

$$C_o = \varepsilon_o \cdot \frac{S}{d}$$

El valor de $\varepsilon_o = 8,85.10^{-12}\ C^2/N \cdot m^2$, sustituyendo obtenemos que:

$$C_o = 8,85.10^{-12}\ \frac{C^2}{N \cdot m^2} \cdot \frac{5.10^{-2}\ m^2}{2.10^{-3}\ m} = 2,21.10^{-10}\ F$$

Calculando la Q:

$$C_o = \frac{Q}{V} \quad \Rightarrow \quad Q = C_o \cdot V$$

Sustituyendo:

$$Q = 2,21.10^{-10}\ F \cdot 8,6.10^3\ V = 2,21.10^{-10}\ \frac{C}{V} \cdot 8,6.10^3\ V = 1,9.10^{-6}\ C$$

b) La intensidad del campo eléctrico entre las láminas paralelas del condensador viene dada por:

$$V = E \cdot d$$

Despejando la intensidad del campo eléctrico:

$$E = \frac{V}{d} = \frac{8,6.10^3\ V}{2.10^{-3}\ m} = \frac{8,6.10^3\ \frac{J}{C}}{2.10^{-3}\ m} = \frac{8,6.10^3\ \frac{N \cdot m}{C}}{2.10^{-3}\ m} = 4,3 \cdot 10^6\ \frac{N}{C}$$

CONEXIÓN DE CONDENSADORES

Cuando realiza un trabajo un electricista o técnico electrónico y necesita introducir un condensador en el circuito que está montando, no siempre tiene aparatos disponibles con exactamente la capacidad que desea. En estos casos improvisa cualquier recurso que le permita resolver el problema. Ese recurso consiste en la conexión o agrupación de condensadores, que permite obtener la capacidad deseada, mediante la conexión de varios elementos del condensador, convenientemente escogidos según se analiza a continuación.

4.2.1 Condensadores en serie. Cuando se toma un conjunto de condensadores y se conectan sus láminas paralelas en la forma indicada en la figura 4.6, decimos que están conectadas en serie.

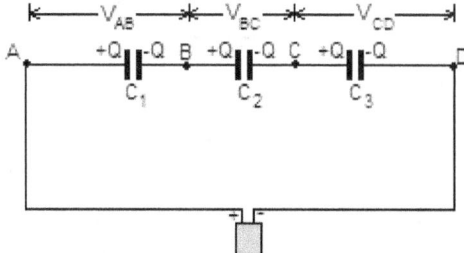

Fig. 4.6 Se presentan tres condensadores conectados en serie.

Tenemos que un condensador sirve para almacenar energía; cada placa tiene igual número de cargas pero de signo contrario. A través del condensador no pasa corriente.

Consideremos condensadores de placas paralelas iguales (Fig. 4.6). En cada condensador se almacena la misma cantidad de carga, así que:

$$Q_1 = Q_2 = Q_3 = Q$$

Como el condensador equivalente C_{eq} debe tener también una carga Q. Tenemos:

$$V_{AD} = \frac{Q}{C_{eq}} \quad pero \quad V_{AD} = V_{AB} + V_{BC} + V_{CD}$$

Y también:

$$V_{AB} = \frac{Q}{C_1} \quad ; \quad V_{BC} = \frac{Q}{C_2} \quad y \quad V_{CD} = \frac{Q}{C_3}$$

Sustituyendo cada una de las diferencias de potenciales en la relación anterior tenemos que:

$$\frac{Q}{C_{eq}} = \frac{Q}{C_1} + \frac{Q}{C_2} + \frac{Q}{C_3}$$

Sacando como factor común la Q en el segundo miembro de la relación anterior:

$$\frac{Q}{C_{eq}} = Q \left(\frac{1}{C_1} + \frac{1}{C_2} + \frac{1}{C_3} \right)$$

Simplificando Q en ambos miembros, se concluye que:

$$\frac{1}{C_{eq}} = \frac{1}{C_1} + \frac{1}{C_2} + \frac{1}{C_3}$$

Concluyendo tenemos que *cuando varios condensadores de capacidades* C_1, C_2, $C_3, \ldots \ldots \ldots, C_n$ *se conectan en serie, la diferencia de potencial entre las láminas paralelas o armaduras extremas de los condensadores es igual a la suma de las diferencia de potenciales de cada condensador. La carga de las láminas paralelas o armaduras de cada condensador es la misma y, la capacidad equivalente* (C_{eq}) *esta expresada por la relación:*

$$\frac{1}{C_{eq}} = \frac{1}{C_1} + \frac{1}{C_2} + \frac{1}{C_3} + \ldots \ldots \ldots + \frac{1}{C_n}$$

O sea que el inverso de la capacidad equivalente es igual a la suma de los inversos de las capacidades parciales cuando los condensadores están conectados en serie

4.2.2 Condensadores en paralelo. Cuando se toma un conjunto de condensadores y se conectan sus láminas paralelas en la forma indicada en la figura 4.7, decimos que están conectadas en paralelo.

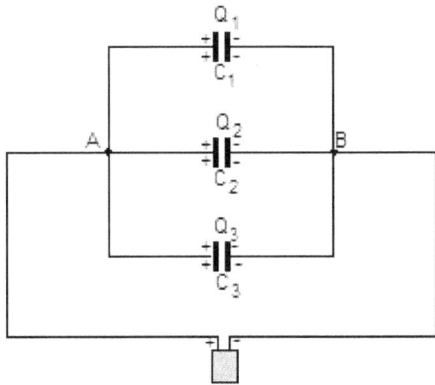

Fig. 4.7 Se presentan tres condensadores conectados en paralelo.

136

Las diferencias de potencial serán iguales a través de cada condensador y el condensador equivalente deberá contener una carga Q igual a la suma las cargas de cada condensador, por lo tanta:

$$Q = Q_1 + Q_2 + Q_3$$

Ahora bien:

$$Q = C_{eq} \cdot V_{AB} ; \quad además: \quad Q_1 = C_1 \cdot V_{AB} ; \quad Q_2 = C_2 \cdot V_{AB} ; \quad Q_3 = C_3 \cdot V_{AB}$$

Sustituyendo las cargas en la relación anterior tenemos que:

$$C_{eq} \cdot V_{AB} = C_1 \cdot V_{AB} + C_2 \cdot V_{AB} + C_3 \cdot V_{AB}$$

Sacamos factor común V_{AB} tenemos:

$$C_{eq} \cdot V_{AB} = V_{AB} \cdot (C_1 + C_2 + C_3)$$

Simplificando la diferencia de potencial V_{AB}, tenemos:

$$C_{eq} = C_1 + C_2 + C_3$$

Concluyendo tenemos que *cuando varios condensadores de capacidades C_1, C_2, C_3,..........,C_n se conectan en paralelo, todos ellos tendrán la misma diferencia de potencial entre sus láminas paralelas o armaduras; cada uno recibirá una carga que dependerá de su capacidad, de acuerdo con las relaciones:*

$$C_1 = \frac{Q_1}{V_{AB}} , C_2 = \frac{Q_2}{V_{AB}} , C_3 = \frac{Q_3}{V_{AB}} , ... , C_n = \frac{Q_n}{V_{AB}}$$

La capacidad equivalente C_{eq} , de la conexión de condensadores en paralelo, es igual a la suma de las capacidades, es decir:

$$C_{eq} = C_1 + C_2 + C_3 + ... + C_n$$

Ejemplo 1: En la figura del ejemplo mostramos una conexión serie-paralela o mixta de condensadores, presentando algunos unidos en paralelo, y estos en serie con los demás. El conjunto se encuentra conectado a una batería. Sabemos que $C_1 = 10 \, \mu F$, $C_2 = 1,5 \, \mu F$, $C_3 = 2,5 \, \mu F$, $C_4 = 1 \, \mu F$ y $C_5 = 5 \, \mu F$ y el voltaje proporcionado por la batería es $V_{AD} = 600 \, V$.

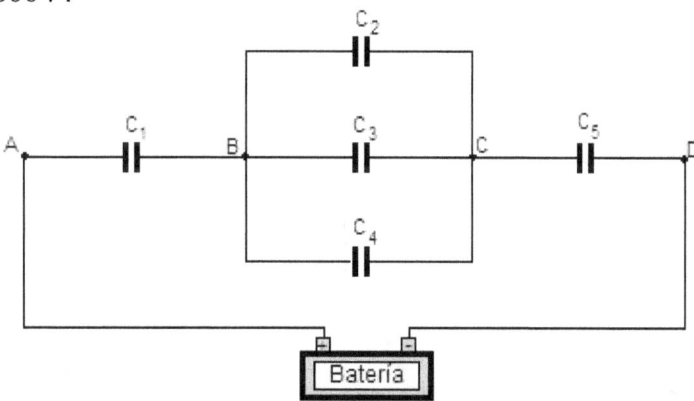

Figura del ejemplo 1

a) Determinar la capacidad C' del agrupamiento de los condensadores C_2 ,C_3 y C_4, y realice de nuevo el diagrama, sustituyendo por el equivalente C'.
b) Determine la capacidad equivalente del agrupamiento.
c) Calcular la carga total Q en el conjunto, y la carga en los condensadores C_1, C' y C_5.
d) Calcular la diferencia de potencial en las láminas paralelas de los condensadores C_1, C' y C_5.
e) Calcular las diferencias de potenciales y las cargas en los condensadores C_2, C_3 y C_4.
Solución.

137

a) En la figura del ejemplo observamos que C_2, C_3 y C_4, están conectados en paralelo. La capacidad C' equivalente a esta conexión se determina entonces:

$$C' = C_2 + C_3 + C_4 = 1,5\ \mu F + 2,5\ \mu F + 1\ \mu F = 5\ \mu F$$

La figura del ejemplo queda de la forma:

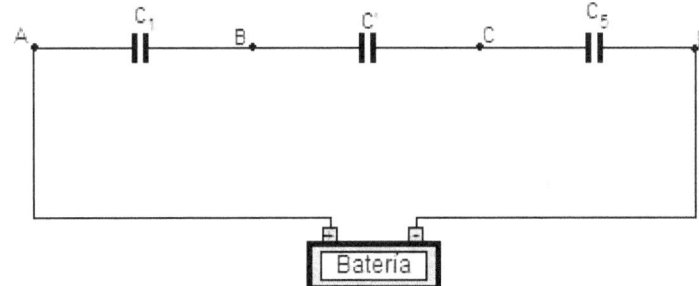

Figura del ejemplo 1 sustituido por la capacidad equivalente C'

b) En esta última figura, vemos que C_1, C' y C_5, están en serie. Entonces la capacidad equivalente (C_{eq}) en este conjunto está dado por la relación:

$$\frac{1}{C_{eq}} = \frac{1}{C_1} + \frac{1}{C'} + \frac{1}{C_5} = \frac{1}{10\ \mu F} + \frac{1}{5\ \mu F} + \frac{1}{5\ \mu F} = \frac{1+2+2}{10\ \mu F} = \frac{5}{10\ \mu F}$$

Invirtiendo ambos miembros:

$$C_{eq} = \frac{10\ \mu F}{5} = 2\ \mu F$$

La capacidad equivalente es de $2\ \mu F$ expresándola en Farads (F), efectuamos la reducción:

$$C_{eq} = 2\ \mu F = 2\ \mu F \left(\frac{1\ F}{10^6\ \mu F} \right) = 2.\,10^{-6}\ F$$

Concluyendo la capacidad equivalente de la agrupación es de $C_{eq} = 2.\,10^{-6}\ F$ y su figura final es:

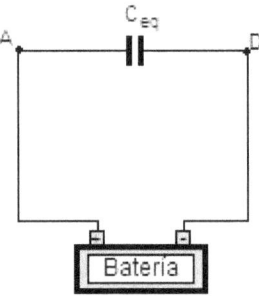

Figura final del ejemplo 1.

c) Sabemos que $C_{eq} = Q/V_{AD}$ y la diferencia de potencial $V_{AD} = 600\ V$, calculmos la carga total Q en el conjunto:

$$Q = C_{eq} \cdot V_{AD}$$

Sustituyendo tenemos que:

$$Q = 2.\,10^{-6}\ F \cdot 600\ V = 2.\,10^{-6}\ \frac{C}{V} \cdot 600\ V = 1,2.\,10^{-3}\ C$$

Como en los condensadores en serie la carga tiene el mismo valor en cada una de las capacidades, para las capacidades C_1, C' y C_5 tendremos que:

$$Q_1 = 1,2.\,10^{-3}\ C \quad ; \quad Q' = 1,2.\,10^{-3}\ C \quad y \quad Q_5 = 1,2.\,10^{-3}\ C$$

Concluyendo:

$$Q = Q_1 = Q' = Q_3 = 1,2.\,10^{-3}\ C$$

d) Utilizando la relación que define la capacidad y observando la figura de la pregunta (a), podemos determinar la diferencia de potencial en las láminas paralelas de los condensadores C_1, C' y C_5. Pero antes tenemos que reducir a Farads los valores de C_1, C' y C_5.

$$C_1 = 10 \; \mu F = 10 \; \mu F \left(\frac{1 \, F}{10^6 \; \mu F} \right) = 10 . 10^{-6} \, F = 10^{-5} \, F$$

$$C' = 5 \; \mu F = 5 \; \mu F \left(\frac{1 \, F}{10^6 \; \mu F} \right) = 5 . 10^{-6} \, F$$

$$C_5 = 5 \; \mu F = 5 . 10^{-6} \, F$$

Entonces:

$$C_1 = \frac{Q_1}{V_{AB}} \implies V_{AB} = \frac{Q_1}{C_1} = \frac{1,2 . 10^{-3} \, C}{10^{-5} \, V} = \frac{1,2 . 10^{-3} \, C}{10^{-5} \frac{C}{V}} = \frac{1,2 . 10^{-3} \, C \cdot V}{10^{-5} \, C} = 120 \, V$$

$$C' = \frac{Q'}{V_{AB}} \implies V_{AB} = \frac{Q'}{C'} = \frac{1,2 . 10^{-3} \, C}{5.10^{-6} \, V} = \frac{1,2 . 10^{-3} \, C}{5.10^{-6} \frac{C}{V}} = \frac{1,2 . 10^{-3} \, C \cdot V}{5.10^{-6} \, C} = 240 \, V$$

$$C_5 = \frac{Q_5}{V_{AB}} \implies V_{AB} = \frac{Q_5}{C_5} = \frac{1,2 . 10^{-3} \, C}{5.10^{-6} \, V} = \frac{1,2 . 10^{-3} \, C}{5.10^{-6} \frac{C}{V}} = \frac{1,2 . 10^{-3} \, C \cdot V}{5.10^{-6} \, C} = 240 \, V$$

Como se puede observar que $V_{AB} + V_{BC} + V_{CD} = V_{AD}$ de donde $V_{AD} = 120 \, V + 240 \, V + 240 \, V = 600 \, V$.

e) Como las capacidades C_2, C_3 y C_4 se encuentran conectadas en paralelo, la diferencia de potencial de cada una de las capacidades es igual a la diferencia V_{BC}, es decir, en C_2, C_3 y C_4, la diferencia de potencial de dicha armadura es de 240 V.

Antes de determinar las cargas en los condensadores C_2, C_3 y C_4, reduciremos estas de μF a F.

$$C_2 = 1,5 \; \mu F = 1,5 \; \mu F \left(\frac{1 \, F}{10^6 \; \mu F} \right) = 1,5 . 10^{-6} \, F$$

$$C_3 = 2,5 \; \mu F = 2,5 \; \mu F \left(\frac{1 \, F}{10^6 \; \mu F} \right) = 2,5 . 10^{-6} \, F$$

$$C_4 = 1 \; \mu F = 1 \; \mu F \left(\frac{1 \, F}{10^6 \; \mu F} \right) = 10^{-6} \, F$$

Entonces despejando las cargas de la relación que define la capacidad, tendremos que:

$$C_2 = \frac{Q_2}{V_{BC}} \implies Q_2 = C_2 \cdot V_{BC} = 1,5 . 10^{-6} \, F \cdot 240 \, V = 1,5 . 10^{-6} \frac{C}{V} \cdot 240 \, V = 3,6 . 10^{-4} \, C$$

$$C_3 = \frac{Q_3}{V_{BC}} \implies Q_3 = C_3 \cdot V_{BC} = 2,5 . 10^{-6} \, F \cdot 240 \, V = 2,5 . 10^{-6} \frac{C}{V} \cdot 240 \, V = 6 . 10^{-4} \, C$$

$$C_4 = \frac{Q_4}{V_{BC}} \implies Q_4 = C_4 \cdot V_{BC} = 10^{-6} \, F \cdot 240 \, V = 10^{-6} \frac{C}{V} \cdot 240 \, V = 2,4 . 10^{-4} \, C$$

Observemos que la suma de las tres carga nos da la carga Q' que esta su vez es igual a la carga total Q.

<u>Ejemplo 2</u>: Los condensadores de la figura del ejemplo, tienen las siguientes capacidades $C_1 = 10^{-5} \, F$; $C_2 = 8 . 10^{-6} \, F$; $C_3 = 2 . 10^{-6} \, F$; $C_4 = 6 . 10^{-6} \, F$; $C_5 = 2 . 10^{-6} \, F$;

$C_6 = 4.\,10^{-6}\,F$; $C_7 = 2.\,10^{-6}\,F$; $C_8 = 3.\,10^{-6}\,F$ y $C_9 = 5.\,10^{-6}\,F$. Si la diferencia de potencial aplicada a la asociación es de $200\,V$. Calcular:
  a) La capacidad equivalente de la asociación.
  b) La carga total en el conjunto de condensadores.

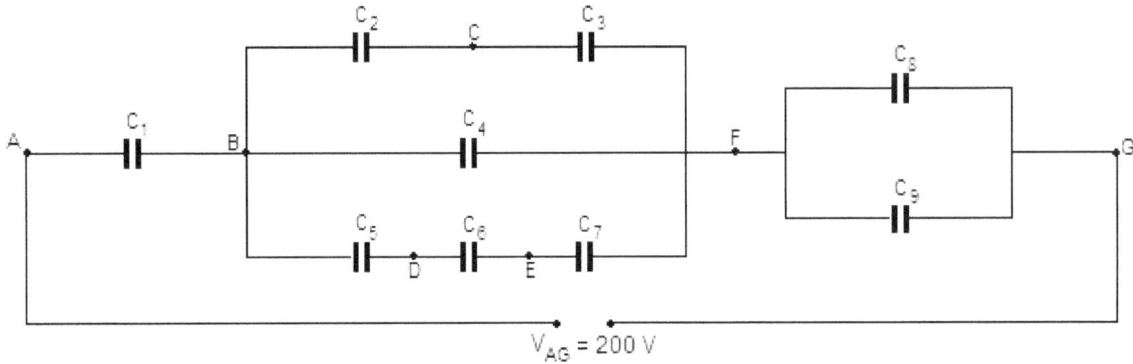

Figura del ejemplo 2.

Solución.
  a) Los condensadores de capacidad C_2 y C_3 están en serie, entonces la capacidad
     equivalente C' de dichos condensadores viene dado por:

$$\frac{1}{C'} = \frac{1}{C_2} + \frac{1}{C_3} = \frac{1}{8.\,10^{-6}\,F} + \frac{1}{2.\,10^{-6}\,F} = \frac{1+4}{8.\,10^{-6}\,F} = \frac{5}{8.\,10^{-6}\,F} \implies C' = \frac{8.\,10^{-6}\,F}{5}$$

de donde:
$$C' = 1,6.\,10^{-6}\,F$$

Los condensadores de capacidad C_5, C_6 y C_7 están en serie, entonces la capacidad equivalente C'' de dichos condensadores viene dado por:
$$\frac{1}{C''} = \frac{1}{C_5} + \frac{1}{C_6} + \frac{1}{C_7} = \frac{1}{2.\,10^{-6}\,F} + \frac{1}{4.\,10^{-6}\,F} + \frac{1}{2.\,10^{-6}\,F} = \frac{2+1+2}{4.\,10^{-6}\,F} = \frac{5}{4.\,10^{-6}\,F}$$
esto implica que:
$$C'' = \frac{4.\,10^{-6}\,F}{5} = 8.\,10^{-7}F$$

La figura del problema se reduce:

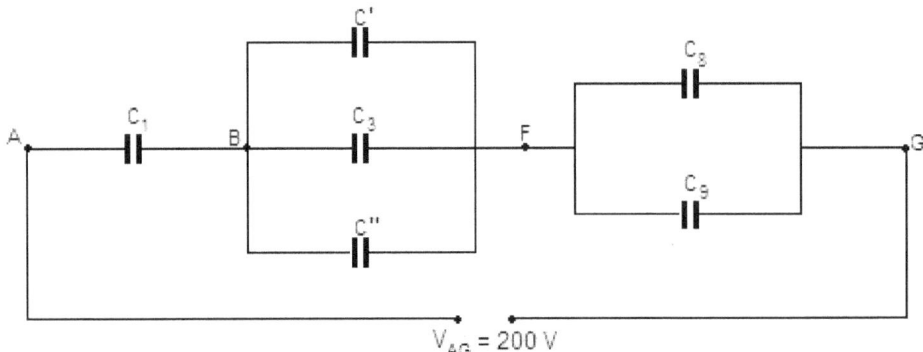

Observando esta figura tenemos que los condensadores de capacidad C', C_4 y C'' están en paralelo, entonces la capacidad equivalente C''' de estos condensadores viene dado por:
$$C''' = C' + C_4 + C'' = 1,6.\,10^{-6}\,F + 6.\,10^{-6}\,F + 8.\,10^{-7}\,F$$
$$= 1,6.\,10^{-6}\,F + 6.\,10^{-6}\,F + 0,8.\,10^{-6}\,F = 8,4.\,10^{-6}\,F$$
Entonces: $C''' = 8,4.\,10^{-6}\,F$

Los condensadores de capacidad C_8 y C_9 están en paralelo y la capacidad equivalente C'''' de estos condensadores viene dado por:

$$C'''' = C_8 + C_9 = 3.\,10^{-6}\,F + 5.\,10^{-6}\,F = 8.\,10^{-6}\,F$$

La figura del problema se reduce:

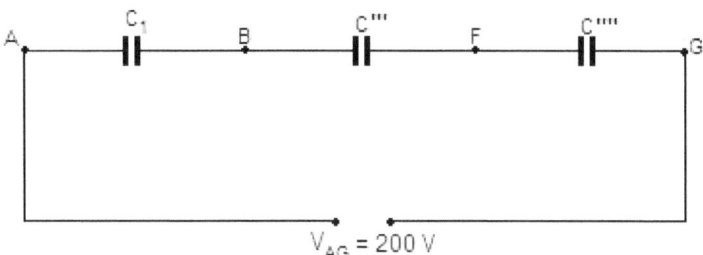

Observando esta figura tenemos que los condensadores de capacidad C_1, C''' y C'''' están en serie, entonces la capacidad equivalente C_{eq} de la asociación, se determina:

$$\frac{1}{C_{eq}} = \frac{1}{C_1} + \frac{1}{C'''} + \frac{1}{C''''} = \frac{1}{10^{-5}} + \frac{1}{8,4.\,10^{-6}\,F} + \frac{1}{8.\,10^{-6}\,F}$$

$$= \frac{1}{10.\,10^{-6}} + \frac{1}{\dfrac{84.\,10^{-6}\,F}{10}} + \frac{1}{8.\,10^{-6}\,F}$$

$$= \frac{1}{10.\,10^{-6}} + \frac{\dfrac{10}{10}}{84.\,10^{-6}\,F} + \frac{1}{8.\,10^{-6}\,F}$$

$$= \frac{84 + 100 + 105}{840.\,10^{-6}\,F} = \frac{289}{840.\,10^{-6}\,F}$$

esto implica que:

$$C_{eq} = \frac{840.\,10^{-6}\,F}{289} = 2,91.\,10^{-6}\,F$$

Concluyendo la capacidad equivalente de la asociación es $C_{eq} = 2,91.\,10^{-6}\,F$ y su figura final es:

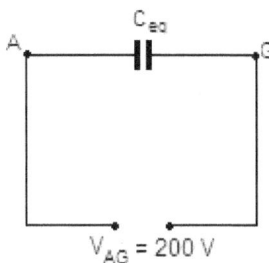

Figura final del ejemplo 2

b) La carga total Q en el conjunto de condensadores, se determina despejando Q en la relación de capacidad equivalente $C_{eq} = Q/V_{AG}$ entonces:

$$Q = C_{eq} \cdot V_{AG} = 2,91.\,10^{-6}\,F \cdot 200\,V = 2,91.\,10^{-6}\,\frac{C}{V} \cdot 200\,V = 5,82.\,10^{-4}C$$

Concluyendo la carga total Q en el conjunto de condensadores es $Q = 5,82.\,10^{-4}C$

Ejemplo 3: En a figura del ejercicio mostramos una conexión mixta de condensadores. El conjunto se encuentra conectado a una batería, teniendo que $C_1 = 2.\,10^{-6}\,F$, $C_2 = 2,5.\,10^{-6}\,F$, $C_3 = 1,5.\,10^{-6}\,F$, $C_4 = 3.\,10^{-6}\,F$, $C_5 = 6.\,10^{-6}\,F$, $C_6 = 2.\,10^{-6}\,F$,

$C_7 = 8.10^{-6}\,F$, $C_8 = 5.10^{-6}\,F$, $C_9 = 3.10^{-6}\,F$ y $C_{10} = 10^{-5}\,F$. Si l diferencia de potencial aplicada a la asociación es de $800\,V$. Calcular:

a) La capacidad equivalente de la asociación.
b) La carga total en el conjunto de los condensadores.
c) El voltaje o diferencia de potencial en las armaduras: V_{AE} y V_{EF}.

d) La carga en los condensadores: C_4, C_6 y C_{10}.

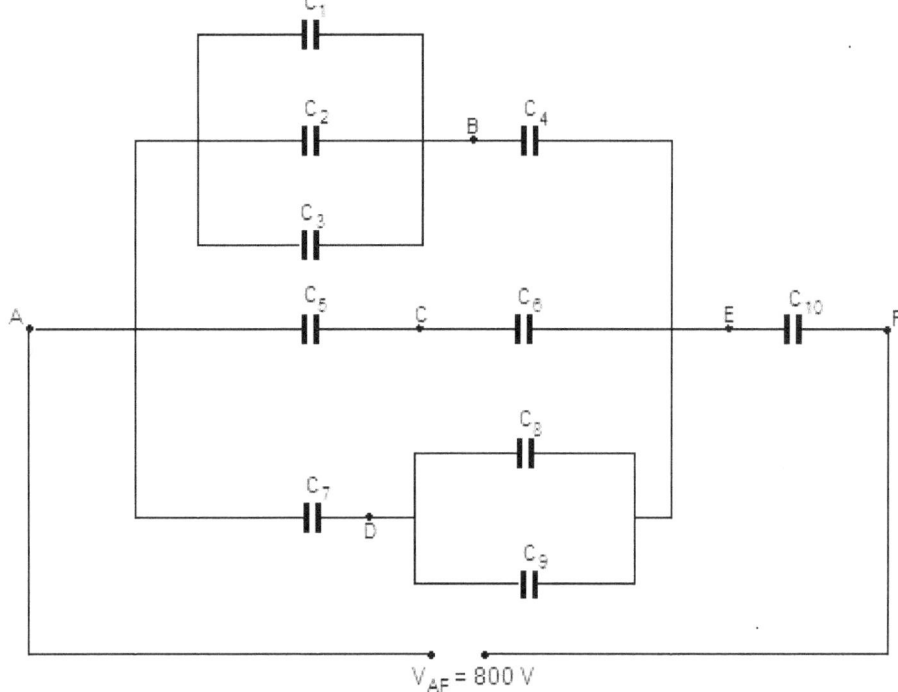

Figura del ejemplo 3.

Solución.

a) Los condensadores de capacidad C_1, C_2 y C_3 están en paralela entonces la capacidad equivalente C^I de dichos condensadores viene dado por:

$$C^I = C_1 + C_2 + C_3 = 2.10^{-6}\,F + 2{,}5.10^{-6}\,F + 1{,}5.10^{-6}\,F = 6.10^{-6}\,F$$

Los condensadores de capacidad C^I y C_4 están en serie entonces la capacidad equivalente C^{II} de dichos condensadores, se determina:

$$\frac{1}{C^{II}} = \frac{1}{C^I} + \frac{1}{C_4} \implies \frac{1}{C^{II}} = \frac{1}{6.10^{-6}\,F} + \frac{1}{3.10^{-6}\,F} = \frac{1+2}{6.10^{-6}\,F} = \frac{3}{6.10^{-6}\,F}$$

de donde invertimos ambos miembros:

$$C^{II} = \frac{6.10^{-6}\,F}{3} = 2.10^{-6}\,F$$

Los condensadores de capacidad C_5 y C_6 están en serie entonces la capacidad equivalente C^{III} de dichos condensadores, se determina:

$$\frac{1}{C^{III}} = \frac{1}{C_5} + \frac{1}{C_6} \implies \frac{1}{C^{III}} = \frac{1}{6.10^{-6}\,F} + \frac{1}{2.10^{-6}\,F} = \frac{1+3}{6.10^{-6}\,F} = \frac{4}{6.10^{-6}\,F}$$

de donde invertimos ambos miembros:

$$C^{III} = \frac{6.10^{-6}\,F}{4} = 1{,}5.10^{-6}\,F$$

Los condensadores de capacidad C_8 y C_9 están en paralela entonces la capacidad equivalente C^{IV} de dichos condensadores, se determina:

142

$$C^{IV} = C_8 + C_9 = 5.\,10^{-6}\,F + 3.\,10^{-6}\,F = 8.\,10^{-6}\,F$$

Los condensadores de capacidad C_7 y C^{IV} están en serie entonces la capacidad equivalente C^V de dichos condensadores, se determina:

$$\frac{1}{C^V} = \frac{1}{C_7} + \frac{1}{C^{IV}} \implies \frac{1}{C^V} = \frac{1}{8.\,10^{-6}\,F} + \frac{1}{8.\,10^{-6}\,F} = \frac{1+1}{8.\,10^{-6}\,F} = \frac{2}{8.\,10^{-6}\,F}$$

de donde invertimos ambos miembros:

$$C^V = \frac{8.\,10^{-6}\,F}{2} = 4.\,10^{-6}\,F$$

La figura 3.a del problema reducida:

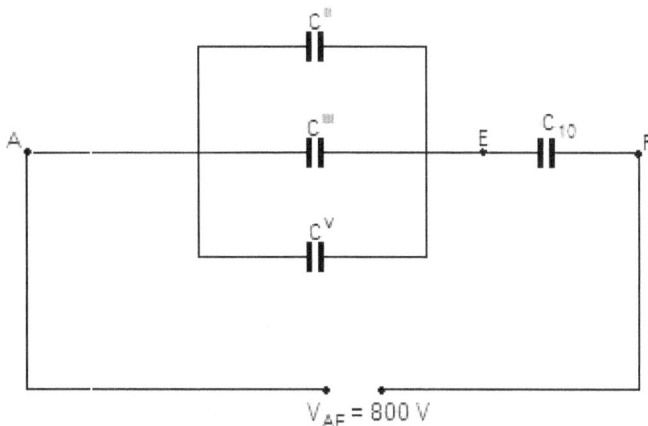

Los condensadores de capacidad C^{II}, C^{III} y C^V están en paralela entonces la capacidad equivalente C^{VI} de dichos condensadores, se determina:

$$C^{VI} = C^{II} + C^{III} + C^{IV} = 2.\,10^{-6}\,F + 1,5.\,10^{-6}\,F + 4.\,10^{-6}\,F = 7,5.\,10^{-6}\,F$$

La figura 3.b del problema reducida a:

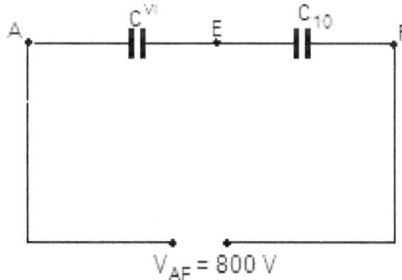

Los condensadores de capacidad C^{VI} y C_{10} están en serie entonces la capacidad equivalente C_{eq} de la asociación, se determina:

$$\frac{1}{C_{eq}} = \frac{1}{C^{VI}} + \frac{1}{C_{10}} \implies \frac{1}{C_{eq}} = \frac{1}{7,5.\,10^{-6}\,F} + \frac{1}{10^{-5}\,F} = \frac{1}{\dfrac{75.\,10^{-6}\,F}{10}} + \frac{1}{10.10^{-6}\,F}$$

$$= \frac{10}{75.\,10^{-6}\,F} + \frac{1}{10.10^{-6}\,F} = \frac{20+15}{150.\,10^{-6}\,F} = \frac{35}{150.\,10^{-6}\,F}$$

de donde invertimos ambos miembros:

$$C_{eq} = \frac{150.\,10^{-6}\,F}{35} = 4,29.\,10^{-6}\,F$$

Concluyendo la capacidad equivalente de la asociación es $C_{eq} = 4,29.\,10^{-6}\,F$ y su figura final del ejemplo 3 es:

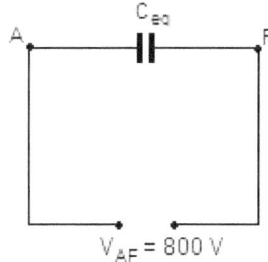

$$V_{AF} = 800 \text{ V}$$

b) La carga total o equivalente Q en él conjunto, se determina por:

$$C_{eq} = \frac{Q}{V_{AG}} \implies Q = C_{eq} \cdot V_{AG} = 4{,}29.\,10^{-6}\,F \cdot 800\,V = 4{,}29.\,10^{-6}\,\frac{C}{V} \cdot 800\,V$$

de donde al simplificar V, obtenemos:

$$Q = 3{,}432.\,10^{-3}\,C$$

c) Para determinar la diferencia de potencial en las armaduras o láminas paralelas V_{AE} y V_{EF}, observamos la figura 3.b del ejercicio que los condensadores están en serie, entonces:

$$C^{VI} = \frac{Q}{V_{AE}} \implies V_{AE} = \frac{Q}{C^{VI}} = \frac{3{,}432.\,10^{-3}\,C}{7{,}5.\,10^{-6}\,F} = \frac{3{,}432.\,10^{-3}\,C}{7{,}5.\,10^{-6}\,\dfrac{C}{V}} = \frac{3{,}432.\,10^{-3}\,C \cdot V}{7{,}5.\,10^{-6}\,C}$$

simplificando C, obtenemos:

$$V_{AE} = 457{,}6\,V$$

Como ya dijimos que los condensadores están en serie en dicha figura, entonces:

$$V_{AG} = V_{AE} + V_{EG} \implies V_{EG} = V_{AG} - V_{AE} = 800\,V - 457{,}6\,V = 342{,}4\,V$$

d) Para determinar la carga en los condensadores: C_4, C_6 y C_{10} observando las figuras del ejercicio, tenemos que:

$$C^{II} = \frac{Q'}{V_{AE}} \implies Q' = C^{II} \cdot V_{AE} = 2.\,10^{-6}\,F \cdot 457{,}6\,V = 2.\,10^{-6}\,\frac{C}{V} \cdot 457{,}6\,V = 9{,}152.\,10^{-4}\,C$$

Como C^I y C_4 están en serie entonces:

$$Q' = C^{II} = Q_4 \implies Q_4 = 9{,}152.\,10^{-4}\,C$$

$$C^{III} = \frac{Q''}{V_{AE}} \implies Q'' = C^{III} \cdot V_{AE} = 1{,}5.\,10^{-6}\,F \cdot 457{,}6\,V = 1{,}5.\,10^{-6}\,\frac{C}{V} \cdot 457{,}6\,V$$

$$= 6{,}864.\,10^{-4}\,C$$

Como C_5 y C_6 están en serie entonces:

$$Q'' = Q_5 = Q_6 \implies Q_6 = 6{,}864.\,10^{-4}\,C$$

Como C^{VI} y C_{10} están en serie, entonces:

$$Q = Q^{VI} = Q_{10} \implies Q_{10} = 3{,}432.\,10^{-3}\,C$$

ENERGÍA ALMACENADA EN UN CONDENSADOR CARGADO

Si tenemos un condensador con una carga Q y que muestra una diferencia de potencial V_{AB} entre sus armaduras o láminas paralelas (Fig. 4.8.a). Si conectamos estas láminas paralelas mediante un conductor (Fig. 4.8.b) el conductor se descargará, y esta descarga inducirá un calentamiento en el conductor, y muchas veces, cuando la diferencia de potencial V_{AB} es muy alto, la descarga estará acompañado de una chispa que salta

144

entre los extremos del conductor y las láminas paralelas. Se tendrá una manifestación de energía en forma de calor, luz o sonido; este último suele acompañar a la chispa.

Entonces, cuando el condensador se descarga, se produce una liberación de cierta cantidad de energía ya que en este proceso hay un transporte de carga eléctrica entre dos puntos (las láminas del condensador) que presentan una diferencia de potencial. Dicha energía se encontraba almacenada en el condensador y le fue suministrada por la batería mientras el aparato está siendo cargado. Ahora bien cuando el condensador se conecta para ser cargado a la batería, ésta retira cargas negativas de una lámina (que queda cargada positivamente), y proporciona una cantidad igual de cargas negativas a la otra (la cual se carga negativamente). En todo este proceso, la batería realiza un trabajo T

que es responsable del almacenamiento de energía en el condensador.

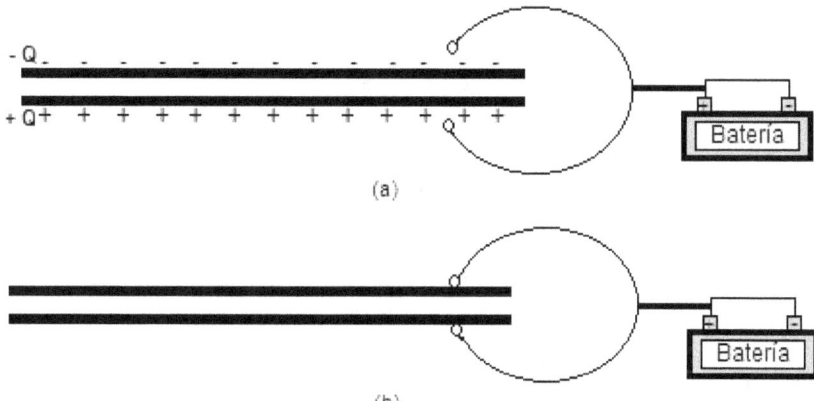

(a)

(b)

Fig. 4.8 Un condensador cargado se descarga cuando sus láminas se conectan con un conductor.

Cuando una carga eléctrica Q es transportada entre dos puntos cuya diferencia de potencial V_{AB} se mantiene constante, el trabajo T realizado en el transporte está dado por la relación $T = Q \cdot V_{AB}$. Ahora bien en descarga del condensador, la diferencia de potencial V_{AB} entre las armaduras o láminas paralelas no se mantiene constante. La carga de una lámina a la otra, la diferencia de potencial va disminuyendo, pasando del valor inicial V_{AB} hasta un valor final nulo. En este caso, no se puede emplear la expresión utilizada para calcular el trabajo que se produce en el proceso descarga. Después de realizarse una serie de cálculos avanzados, se concluyo que el trabajo se calcula por la expresión:

$$T = \frac{1}{2} Q . V_{AB}$$

Por lo tanto, el trabajo realizado por la corriente de la batería al cargar el condensador, estará dado por la misma expresión, y la energía potencial almacenada U en el condensador también tendrá ese valor. Esto quiere decir que:

$$U = \frac{1}{2} Q \cdot V_{AB}$$

Como ya hemos estudiado:

$$C = \frac{Q}{V_{AB}} \quad \Longrightarrow \quad Q = C \cdot V_{AB}$$

entonces podemos expresar esta energía en función de la capacidad de C y de la diferencia de potencial V_{AB}; sustituyendo Q, obtenemos:

$$U = \frac{1}{2} Q \cdot V_{AB} \quad \Longrightarrow \quad U = \frac{1}{2} (C \cdot V_{AB}) \cdot V_{AB}$$

de donde:

145

$$U = \frac{1}{2} C \cdot V_{AB}^2$$

Si lo expresamos en función de la capacidad C y de la carga Q, entonces despejamos la diferencia de potencial en la expresión $C = Q/V_{AB}$ entonces $V_{AB} = Q/C$; sustituyendo en la ecuación de la energía:

$$U = \frac{1}{2} Q \cdot V_{AB} \quad \Longrightarrow \quad U = \frac{1}{2} Q \cdot \frac{Q}{C}$$

de donde:

$$U = \frac{1}{2} \cdot \frac{Q^2}{C}$$

Podemos concluir de todo lo explicado que: *Un condensador cargado con una carga Q y que presenta entre las armaduras o láminas paralelas una diferencia de potencial V_{AB}, almacena una energía que será liberada al descargar. Tenemos que dicha energía es igual al trabajo realizado por la batería en el proceso de la carga del condensador y está dada por la relación:*

$$U = \frac{1}{2} Q \cdot V_{AB}$$

Ejemplo 1: Un condensador plano cargado, desconectado de la batería, tiene una capacidad $C = 12\,\mu F$, y entre sus láminas paralelas hay una diferencia de potencial $V_{AB} = 300\,V$.

a) ¿Qué energía se liberará en la descarga de este condensador?
b) Si alejamos una lámina de la otra a fin de cuadruplicar la distancia entre ellas, determine la nueva energía que se almacenará en el condensador.
c) Determinar el trabajo T efectuado al separar las láminas del condensador.

Solución.

a) Sabemos que la energía liberada por un condensador cuando se descarga, que es igual a la energía almacenada, está dada por la relación:

$$U = \frac{1}{2} Q \cdot V_{AB}$$

Necesitamos calcular la magnitud de la carga Q, entonces como:

$$C = \frac{Q}{V_{AB}} \quad \Longrightarrow \quad Q = C \cdot V_{AB}$$

antes de continuar efectuemos la reducción de la capacidad $C = 12\,\mu F$ a F:

$$C = 12\,\mu F = 12\,\mu F \left(\frac{1\,F}{10^6\,\mu F} \right) = 12.10^{-6}\,F = 1,2.10^{-5}\,F$$

entonces:

$$Q = 1,2.10^{-5}\,F \cdot 300\,V = 1,2.10^{-5}\,\frac{C}{V} \cdot 300\,V = 3,6.10^{-3}\,C$$

Ahora bien, la energía almacenada es:

$$U = \frac{1}{2} Q \cdot V_{AB} = \frac{1}{2}\,3,6.10^{-3}\,C \cdot 300\,V = \frac{1}{2}\,3,6.10^{-3}\,C \cdot 300\,\frac{J}{C} = 0,54\,J$$

b) Utilizamos la misma relación $U = \frac{1}{2} Q \cdot V_{AB}$ para calcular la energía; la carga Q no sufrió alteración, entonces:

$$Q = 3,6.10^{-3}\,C$$

Pero recordemos que $C \propto 1/d$, cuando la distancia entre las láminas se cuadruplica la capacidad quedará dividida en 4. Ahora bien, la nueva capacidad será:

$$C' = \frac{C}{4} = \frac{1,2.\,10^{-5}\,F}{4} = 3.\,10^{-6}\,F$$

Por lógica, tendremos un nuevo voltaje o diferencia de potencial en el elemento, pues: $C = Q/V_{AB}$ despejando la diferencia de potencial V_{AB} tenemos que $V_{AB} = Q/C$. Como Q no varió y C se volvió 4 veces menor, tendremos para él la diferencia de potencial un valor 4 veces mayor. La nueva diferencia de potencial V_{AB} será, por lo tanto:

$$V'_{AB} = 300\,V.\,4 = 1200\,V$$

Entonces, la nueva energía almacenada E' en el condensador es:

$$U' = \frac{1}{2}Q \cdot V'_{AB} = \frac{1}{2}3,6.\,10^{-3}\,C \cdot 1200\,V = \frac{1}{2}\,3,6.\,10^{-3}\,C \cdot 1200\,\frac{J}{C} = 2,16\,J$$

c) El trabajo T que se realizó en la separación de las láminas o armaduras fue transferido al condensador, y por esa razón aumentó la energía. Entonces tomando en cuenta el Principio de conservación de la energía, entonces el trabajo será igual al aumento de la energía en el condensador, esto quiere decir que:

$$T = U' - U = 2,16\,J - 0,54\,J = 1,62\,J$$

Ejemplo 2: Un condensador cuya capacidad es $2.\,10^{-6}\,F$ almacena una energía de $3,6.\,10^{-3}\,J$. ¿Cuál es la carga del condensador cuando la energía almacenada es $1,2.\,10^{-3}\,J$?

Solución.

Conociendo la energía almacenada $U = 3,6.\,10^{-3}\,J$, podemos determinar la diferencia de potencial V entre las láminas o armaduras despejándolo en la relación siguiente:

$$U = \frac{1}{2}C \cdot V^2 \Rightarrow 2 \cdot U = C \cdot V^2 \Rightarrow V^2 = \frac{2 \cdot U}{C} = \frac{2 \cdot 3,6.\,10^{-3}J}{2.\,10^{-6}\,F} = \frac{7,2.\,10^{-3}\,C \cdot V}{2.\,10^{-6}\,\frac{C}{V}}$$

Efectuando las operaciones y simplificando las unidades, obtenemos:

$$V^2 = 3,6.\,10^3\,\frac{C \cdot V^2}{C} \Rightarrow 3,6.\,10^3\,V^2 \Rightarrow V = \sqrt{3,6.\,10^3\,V^2} = 60\,V$$

Ahora bien como la energía almacenada $1,2.\,10^{-3}\,J$, la carga del condensador se obtiene de la relación de energía almacenada:

$$U = \frac{1}{2}Q \cdot V \Rightarrow 2 \cdot U = Q \cdot V \Rightarrow Q = \frac{2 \cdot U}{V} = \frac{2 \cdot 1,2.\,10^{-3}\,J}{60\,V} = \frac{2,4.\,10^{-3}\,C.V}{60\,V} = 4.\,10^{-5}\,C$$

Ejemplo 3: Los condensadores de la figura mostrada en el ejercicio, tiene las siguientes capacidades: $C_1 = 1,5.\,10^{-6}\,F$, $C_2 = 3,5.\,10^{-6}\,F$, $C_3 = 10^{-6}\,F$ y $C_4 = 2.\,10^{-6}\,F$. Si la diferencia de potencial V_{BC} es de $150\,V$.
a) Determinar la capacidad equivalente de la asociación.
b) Calcular la carga total de la asociación.
c) ¿Cuál es la energía almacenada en la asociación de condensadores?

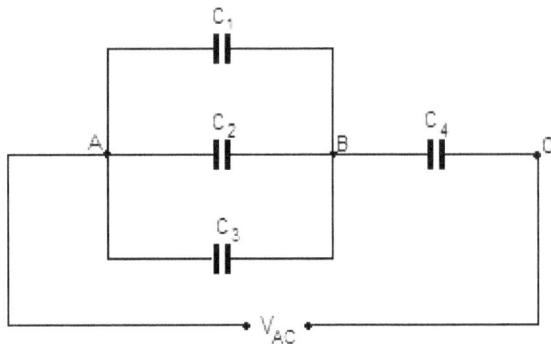

Figura del ejemplo 3.

Solución.

a) Tenemos que los condensadores de capacidad C_1, C_2 y C_3 están en paralela entonces la capacidad equivalente C' de dichos condensadores se determina:

$$C' = C_1 + C_2 + C_3 = 1{,}5.\,10^{-6}\,F + 3{,}5.\,10^{-6}\,F + 10^{-6}\,F = 6.\,10^{-6}\,F$$

La figura nos queda:

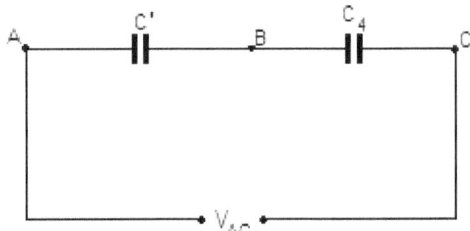

Como los condensadores quedaron en serie, calculamos entonces la capacidad equivalente C_{eq}:

$$\frac{1}{C_{eq}} = \frac{1}{C'} + \frac{1}{C_4} = \frac{1}{6.\,10^{-6}\,F} + \frac{1}{2.\,10^{-6}\,F} = \frac{1+3}{6.\,10^{-6}\,F} = \frac{4}{6.\,10^{-6}\,F} \;\Rightarrow\; C_{eq} = \frac{6.\,10^{-6}\,F}{4}$$

de donde la capacidad equivalentes:

$$C_{eq} = 1{,}5.\,10^{-6}\,F$$

Concluyendo la capacidad equivalente de la asociación es $C_{eq} = 1{,}5.\,10^{-6}\,F$ y su figura final del ejemplo 3 es:

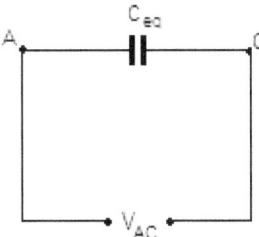

b) Como la diferencia de potencial $V_{BC} = 150\,V$ y la capacidad $C_4 = 2.\,10^{-6}\,F$ de dicho condensador podemos calcular la carga Q_4 entonces:

$$C_4 = \frac{Q_4}{V_{BC}} \;\Rightarrow\; Q_4 = C_4 \cdot V_{BC} = 2.\,10^{-6}\,F \cdot 150\,V = 2.\,10^{-6}\,\frac{C}{V} \cdot 150\,V = 3.\,10^{-4}\,C$$

Como podemos observar en la penúltima figura C' y C_4 entran en serie y la carga en el condensador de capacidad C_4 es de $Q_4 = 3.\,10^{-4}\,C$, entonces tenemos que:

$$Q_4 = Q' = Q = 3.\,10^{-4}\,C$$

148

Concluyendo que la carga total de la asociación es:
$$Q = 3.10^{-4} \, C$$

c) Observando la última figura del problema, y como conocemos la capacidad equivalente $C_{eq} = 1,5.10^{-6} \, F$ y la carga total $Q = 3.10^{-4} \, C$, podemos calcular la diferencia de potencial V_{AC}:

$$C_{eq} = \frac{Q}{V_{AC}} \implies V_{AC} = \frac{Q}{C_{eq}} = \frac{3.10^{-4} \, C}{1,5.10^{-6} \, F} = \frac{3.10^{-4} \, C}{1,5.10^{-6} \, \frac{C}{V}} = \frac{3.10^{-4} \, C \cdot V}{1,5.10^{-6} \, C} = 200 \, V$$

Entonces ahora podemos calcular la energía almacenada en la asociación de condensadores:

$$U = \frac{1}{2} Q \cdot V_{AC} = \frac{1}{2} 3.10^{-4} \, C \cdot 200 \, V = \frac{1}{2} 3.10^{-4} \, C \cdot 200 \, \frac{J}{C} = 3.10^{-2} \, J$$

ACTIVIDADES

Responda brevemente las actividades del 1 al 12, dadas a continuación:

1. Las láminas paralelas de un condensador una carga $Q = 3,5.10^{-4} \, C$. En estas condiciones, la diferencia de potencial entre ellas es $V_{AB} = 100 \, V$. Calcular la capacidad C de este condensador en $Farads \, (F)$, $microfarads \, (\mu F)$ y $picofarads \, (pF)$.

2. Al conectar el condensador del ejercicio anterior de una batería, cuya diferencia de potencial terminar $V_{AB} = 300 \, V$, ¿Cuál es la capacidad del aparato? ¿cuál es la magnitud de la carga eléctrica que existe en las láminas paralelas?

3. Un condensador, al vacío entre sus láminas paralelas, posee una capacidad $C = 4 \, \mu F$. Cuando su carga es $Q = 6.10^{-5} \, C$, existe entre las láminas paralelas un diferencia de potencial de $V_{AB} = 240 \, V$, y un campo eléctrico $E = 6.10^{4} \, N/C$. Suponiendo que el condensador no está conectado a ninguna batería, y que se introduce entre sus armaduras o láminas paralelas un dieléctrico $K = 5$, calcular cuáles serán los nuevos valores de:
a) La capacidad del condensador.
b) La carga en sus láminas paralelas.
c) La diferencia de potencial entre terminales.
d) El campo eléctrico entre las láminas paralelas o armaduras.

4. Observando la figura siguiente, cuyos condensadores tienen las siguientes capacidades: $C_1 = 3 \, \mu F$, $C_2 = 2 \, \mu F$ y $C_3 = 5 \, \mu F$.

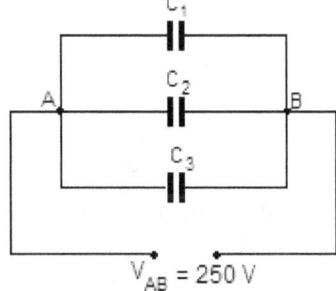

a) ¿Qué tipo de conexión es el de los condensadores C_1, C_2 y C_3?
b) ¿Cuál es la diferencia de potencial entre las láminas paralelas de cada condensador?

c) Calcular la magnitud de la capacidad equivalente de la conexión.

d) Determine la carga Q_1 en las láminas paralelas del condensador de capacidad C_1.

e) Determine la carga Q_2 en las láminas paralelas del condensador de capacidad C_2.

f) Determine la carga Q_3 en las láminas paralelas del condensador de capacidad C_3.

g) Determinar la carga total Q almacenada en dicha conexión.

5. Observando la figura siguiente, cuyos condensadores tienen las siguientes capacidades: $C_1 = 3\ \mu F$, $C_2 = 2\ \mu F$ y $C_3 = 6\ \mu F$.

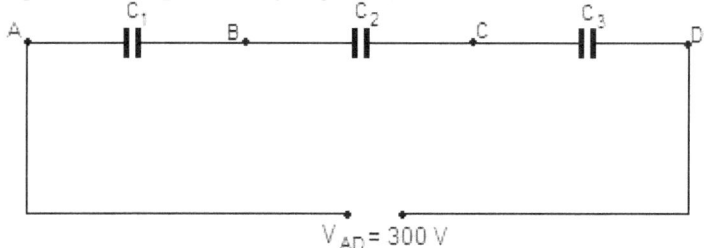

a) ¿Qué tipo de conexión es el de los condensadores C_1, C_2 y C_3?

b) Determine la magnitud de la capacidad equivalente de la conexión.

c) Determinar la carga total Q del condensador equivalente C_{eq}.

6. En la conexión que se muestra en la figura a continuación:

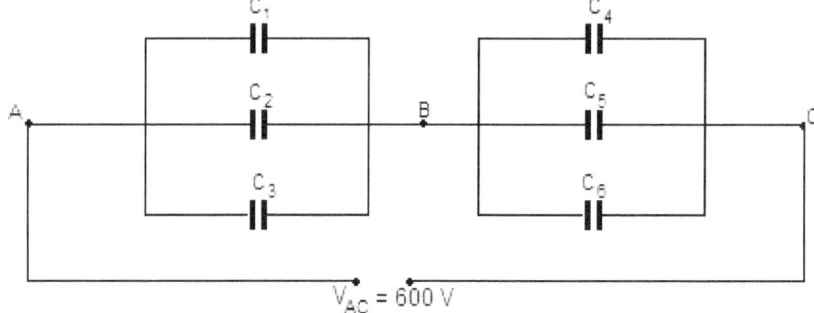

a) ¿Cómo están conectados los condensadores C_1, C_2 y C_3? ¿Y los condensadores C_4, C_5 y C_6?

b) ¿Qué tipo de conexión hay entre el conjunto C_1, C_2 y C_3 y el conjunto de C_4, C_5 y C_6?

c) ¿Cuál es el nombre que se le da al agrupamiento de condensadores que se muestra en la figura?

d) Si $C_1 = C_2 = C_3 = C_4 = C_5 = C_6 = 10\ \mu F$; calcular la capacidad equivalente de la conexión.

e) Con los datos dados en el ejercicio, determine la carga almacenada en el condensador equivalente del grupo.

7. Un condensador que tiene una carga de $3,6.10^{-4} C$, presenta sus láminas paralelas o armaduras una diferencia de potencial $V = 800\ V$. Determine:

a) La energía almacenada en este condensador.

b) El trabajo realizado para cargar el condensador.

Si mantenemos al condensador citado en el ejercicio desconectado de la batería, y alejamos sus láminas paralelas, la distancia entre ellas será dos veces mayor.

c) ¿Habrá realización de trabajo en este alejamiento?

d) ¿La energía del condensador disminuirá, aumentará o no cambiará?

Cuando se alejan las láminas paralelas o armaduras del condensador como ya dijimos en el ejercicio entonces, responde:

e) La carga Q almacenada en las láminas del aparato, ¿aumenta, disminuye o no varía?

f) ¿La capacidad del condensador aumenta, disminuye o no varía?

g) ¿Cuál debe ser la nueva diferencia de potencial entre las láminas?

h) ¿Cuál será el valor de la energía almacenada en las láminas del condensador de la pregunta e) y f)?

8. Al duplicar la magnitud de la diferencia de potencial aplicado a un condensador, explique qué sucede con:

a) Su capacidad.

b) La carga de las láminas paralelas.

c) La energía almacenada en el condensador.

9. En la figura del ejercicio mostrada a continuación:

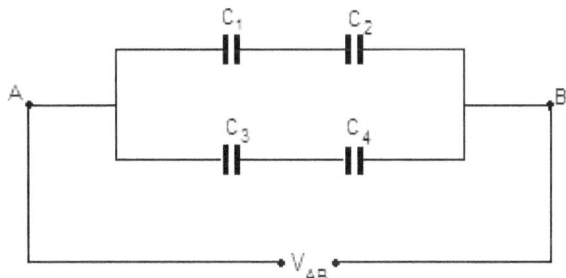

Los condensadores de la figura tienen las siguientes capacidades $C_1 = 3.10^3 \, F$, $C_2 = 3.10^{-6} \, F$, $C_3 = 2.10^{-6} \, F$ y $C_4 = 2.10^{-6} \, F$ y tiene una diferencia de potencial de $300 \, V$ en los puntos A y B. Calcular:

a) La capacidad equivalente C_{eq} de la conexión.

b) La carga total Q almacenada en dicha agrupación.

10. Un condensador plano cargado, pero desconectado de la batería, tiene una capacidad $C = 3,8 \, \mu F$, y entre sus láminas paralelas hay una diferencia de potencial $V_{AB} = 400 \, V$. Calcular:

a) El valor de la carga Q, en dicho condensador.

b) La energía qué se liberará en la descarga de este condensador.

11. En la figura del ejercicio mostrada a continuación:

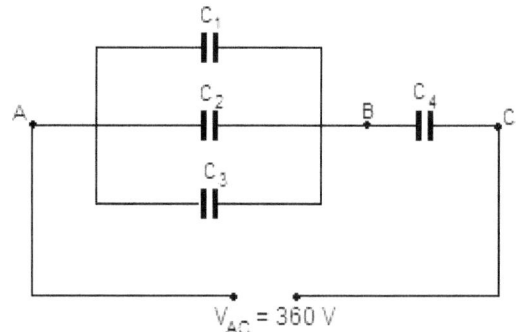

$V_{AC} = 360\ V$

Los condensadores de la figura tienen las siguientes capacidades $C_1 = 2.10^3\ F$, $C_2 = 1.10^{-6}\ F$, $C_3 = 4.10^{-6}\ F$ y $C_4 = 8.10^{-6}\ F$ y tiene una diferencia de potencial de $300\ V$ en los puntos A y C. Determinar:

a) La capacidad equivalente de la conexión.
b) La carga total almacenada en dicha conexión.
c) La diferencia de potencial: V_{AB} y V_{BC}.
d) La carga en los condensadores C_1, C_2 y C_3.
e) La carga en el condensador C_4.

12. En la figura del ejercicio mostrada a continuación:

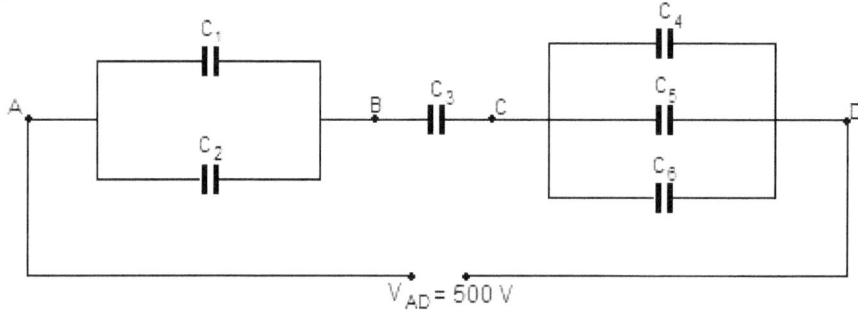

$V_{AD} = 500\ V$

Los condensadores de la figura tienen las siguientes capacidades $C_1 = 10\ \mu F$, $C_2 = 20\ \mu F$, $C_3 = 30\ \mu F$, $C_4 = 8\ \mu F$, $C_5 = 10\ \mu F$ y $C_6 = 12\ \mu F$.
a) Calcular la capacidad C_{eq} equivalente de la conexión.
b) Calcular la carga total Q almacenada en dicha conexión.
c) Determinar la diferencia de potencial: V_{AB}, V_{BC} y V_{CD}.
d) Determinar la carga en los condensadores C_2, C_3 y C_6.

13. En las figuras mostradas en la actividad hay una serie de casillas cada una de ellas identificadas por una letra en la que debe colocarse los resultados expresados en un mismo sistema de unidades, de los diferentes problemas de aplicación condensadores y capacidad eléctrica, luego efectuar las operaciones hasta concluir el resultado dado.
Realizar los problemas en un cuaderno, hojas o block.
 + La capacidad de un condensador de láminas paralelas sin dieléctrico es $3.10^{-5}\ F$. Si la carga del condensador es de $9.10^{-5}\ C$. Calcular:
(a) La diferencia de potencial entre las láminas paralelas.
(b) La energía almacenada en el condensador.
(c) La capacidad del condensador y la diferencia de potencial entre las láminas paralelas si la separación entre ellas se reduce a la mitad.

- Un condensador plano cuyas láminas paralelas están separadas por una láminas de caucho de constancia dieléctrica $3,5$ y de $0,3\,cm$ de espesor, teniendo en cada armadura ó lámina una superficie de $200\,cm^2$.
  (d) ¿Cuál es la capacidad del condensador plano?
  (e) Si este condensador lo conectamos a una batería de $200\,V$, determine la carga que adquieren las láminas paralelas y la energía almacenada en el condensador.

- La superficie de cada una de las láminas de un condensador plano es de $5.10^{-2}\,m^2$, la separación entre las láminas paralelas es $0,015\,m$ en el vacío, calcular:
  (f) La capacidad del condensador.
  (g) La carga que adquieren las láminas cuando la diferencia de potencial es de $6.10^3\,V$.
  (h) La energía almacenada en el condensador.

- Un condensador cuya capacidad es $2.10^{-10}\,F$, almacena una energía de $4.10^{-6}\,J$. Calcular:
  (i) La diferencia de potencial entre las láminas paralelas.
  (j) La carga del condensador cuando la energía almacenada es $1,2.10^{-5}\,J$.

- Los condensadores de la figura mostrada a continuación:

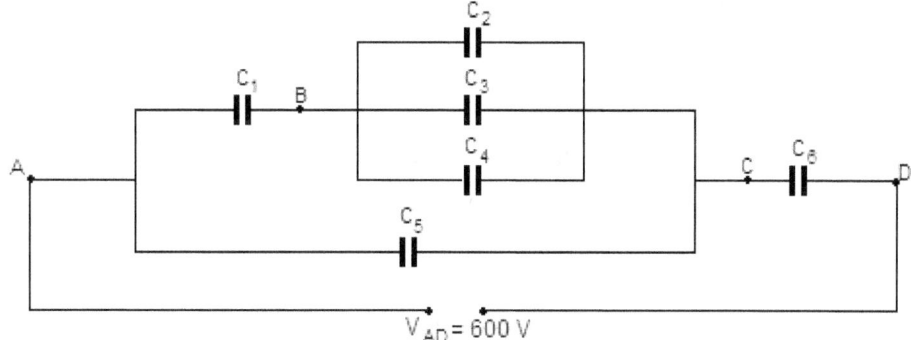

Tienen las siguientes capacidades: $C_1 = 9\,\mu F$, $C_2 = 4\,\mu F$, $C_3 = 8\,\mu F$, $C_4 = 6\,\mu F$, $C_5 = 3\,\mu F$ y $C_6 = 3\,\mu F$. Si la diferencia de potencial aplicada a la asociación es de $600\,V$.
  (k) La capacidad equivalente de la asociación.
  (l) La carga equivalente de la asociación.
  (ll) La energía almacenada en la asociación
  (m) La diferencia de potencial entre los puntos A y C: V_{AC}

- Los condensadores de la figura del ejercicio, tiene las siguientes capacidades: $C_1 = 3\,\mu F$, $C_2 = 6\,\mu F$, $C_3 = 4\,\mu F$, $C_4 = 12\,\mu F$, $C_5 = 5\,\mu F$, $C_6 = 1\,\mu F$, $C_7 = 2\,\mu F$, $C_8 = 4\,\mu F$, $C_9 = 6\,\mu F$, $C_{10} = 10\,\mu F$, $C_{11} = 20\,\mu F$, $C_{12} = 9\,\mu F$, $C_{13} = 11\,\mu F$ y $C_{14} = 8\,\mu F$. Si la diferencia de potencial $V_{AD} = 500\,V$.

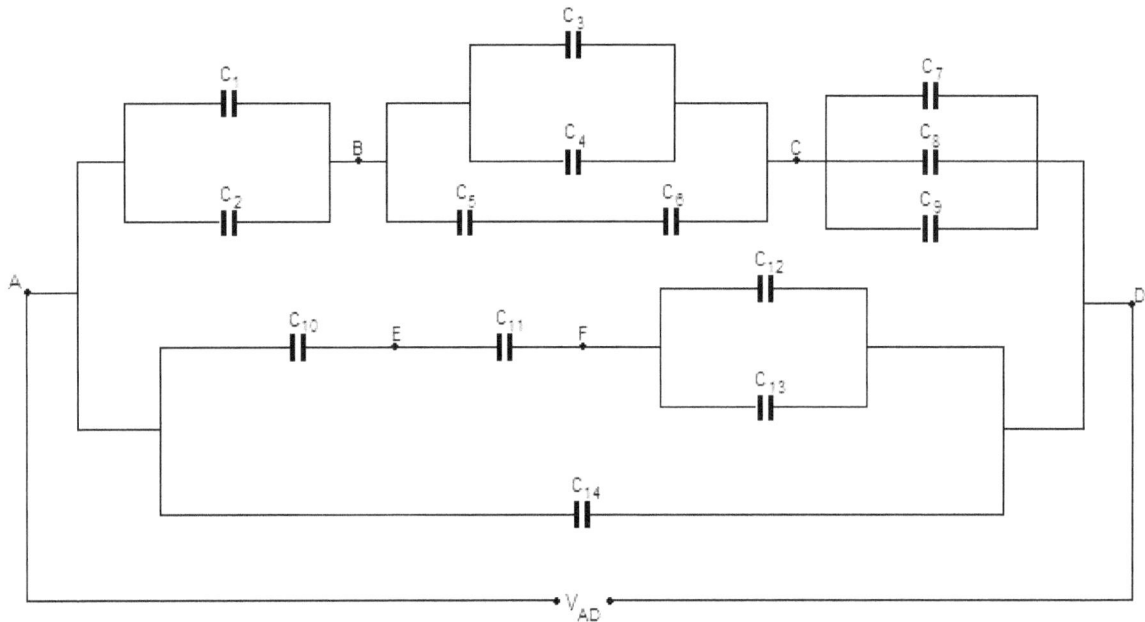

Calcular:

(n) La capacidad equivalente de la asociación.

(ñ) La carga total de la asociación.

(o) La energía almacenada en la asociación.

⊹ Los condensadores de la figura del ejercicio, tiene las siguientes capacidades: $C_1 = 4.10^{-6}\, F$, $C_2 = 3.10^{-6}\, F$, $C_3 = 2.10^{-6}\, F$, $C_4 = 10^{-6}\, F$, $C_5 = 8.10^{-6}\, F$, $C_6 = 2.10^{-6}\, F$ y $C_7 = 9.10^{-6}\, F$ y la capacidad equivalente de la asociación es $C_{eq} = 3{,}6.10^{-5}\, F$. Si la diferencia de potencial aplicado a la asociación es de $400\, V$.

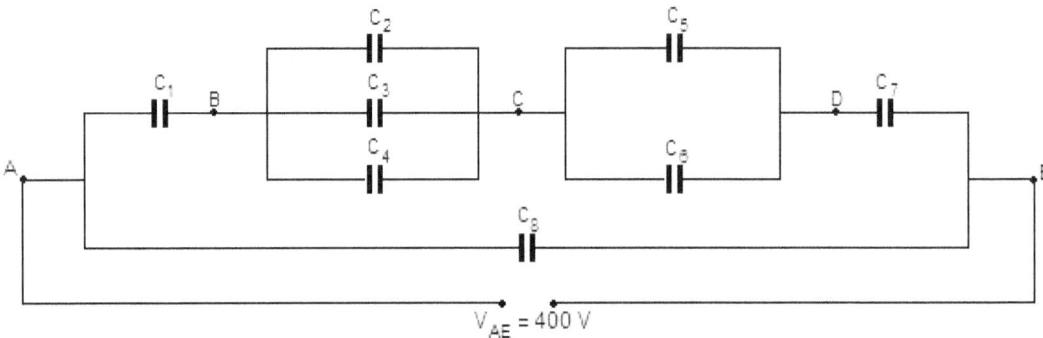

Calcular:

(p) La capacidad del condensador ocho: C_8

(q) La carga total de la asociación.

(r) La carga Q_8 del condensador correspondiente a la capacidad ocho: C_8

⊹ Los condensadores de la figura mostrada a continuación:

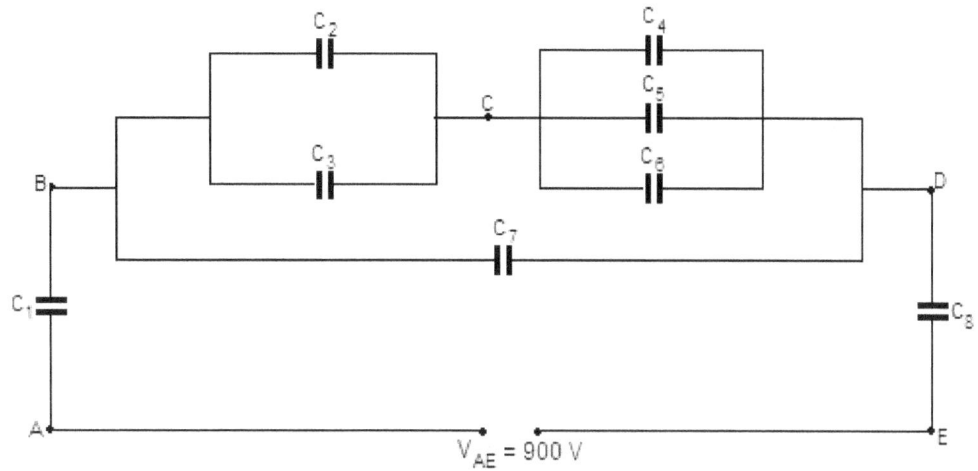

Tienen las siguientes capacidades: $C_1 = 8.10^{-6}\,F$, $C_2 = 3.10^{-6}\,F$, $C_3 = 2.10^{-6}\,F$, $C_4 = 1{,}5.10^{-6}\,F$, $C_5 = 2{,}5.10^{-6}\,F$, $C_6 = 6.10^{-6}\,F$, $C_7 = 5.10^{-6}\,F$ y $C_8 = 1{,}2.10^{-5}\,F$. Si la diferencia de potencial aplicada a la asociación es de $900\,V$. Calcular:

    (s) La capacidad equivalente de la asociación.

    (t) La carga total de la asociación.

    (u) La diferencia de potencial: V_{BD}

    (v) La energía almacenada en la asociación.

✛ Los condensadores de la figura mostrada a continuación:

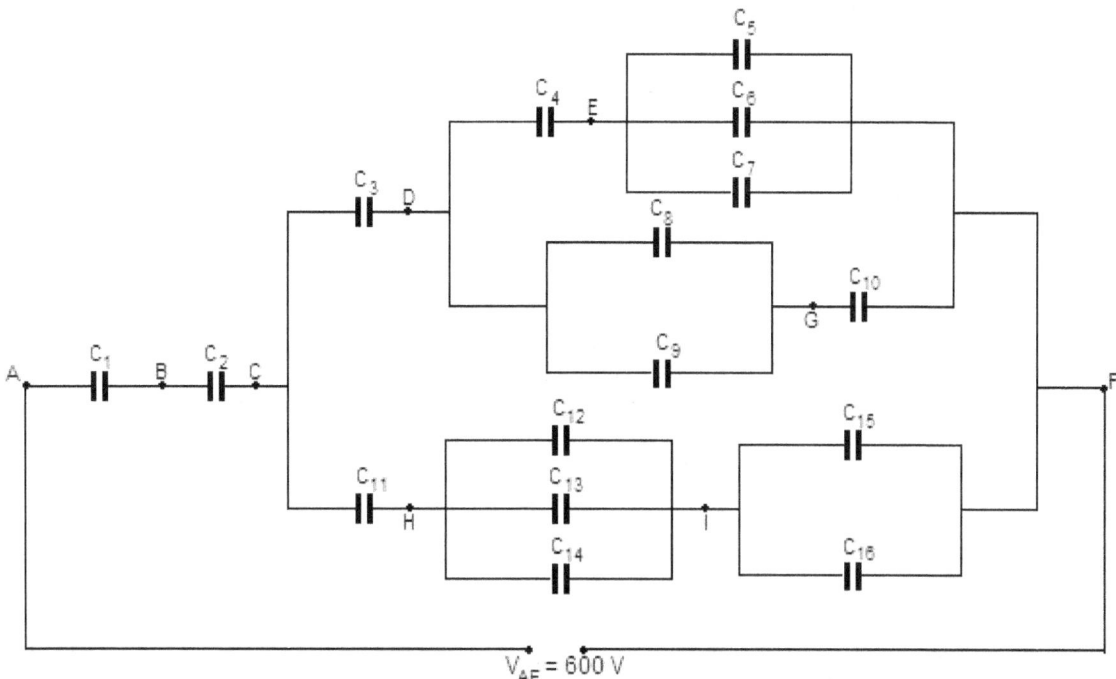

Tienen las siguientes capacidades $C_1 = 3\,\mu F$, $C_2 = 6\,\mu F$, $C_3 = 5\,\mu F$, $C_4 = 8\,\mu F$, $C_5 = 3\,\mu F$, $C_6 = 1\,\mu F$, $C_7 = 2\,\mu F$, $C_8 = 9\,\mu F$, $C_9 = 1\,\mu F$, $C_{10} = 6\,\mu F$, $C_{11} = 6\,\mu F$, $C_{12} = 7\,\mu F$, $C_{13} = 3\,\mu F$, $C_{14} = 5\,\mu F$, $C_{15} = 10\,\mu F$ y $C_{16} = 4\,\mu F$. Si la diferencia de potencial aplicado a la asociación es $V_{AF} = 600\,V$.

(w) La capacidad equivalente de la asociación.

(x) La carga total de la asociación.

155

(y) La diferencia de potencial: V_{CF}

(z) La energía almacenada en la asociación.

Los resultados de cada una de las magnitudes físicas calculadas en los problemas: *Capacidad eléctrica* (C), *expresado en Farads* (F).

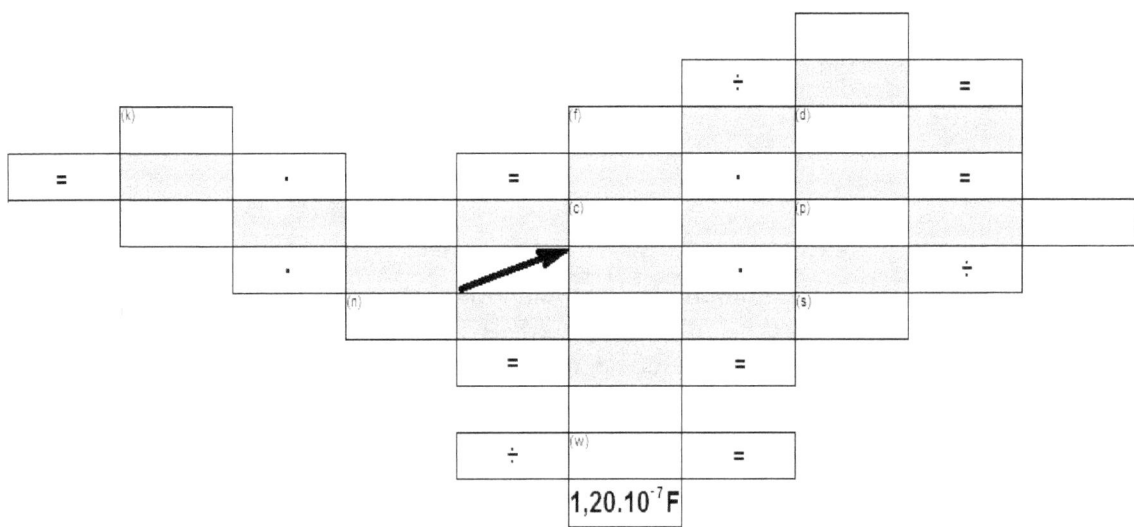

Diferencia de potencial eléctrico – Potencial eléctrico (V), *expresado en voltio* (V).

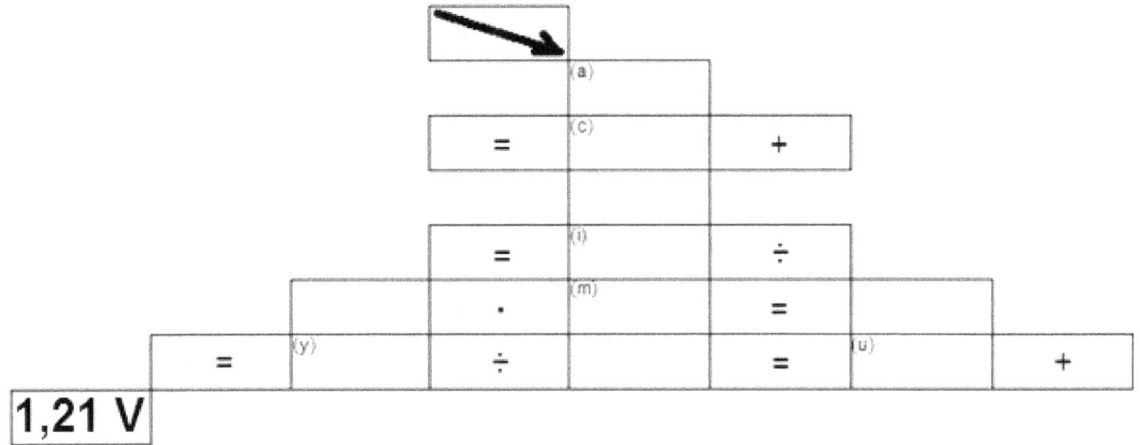

Carga eléctrica (Q), *expresado en Coulomb* (C)

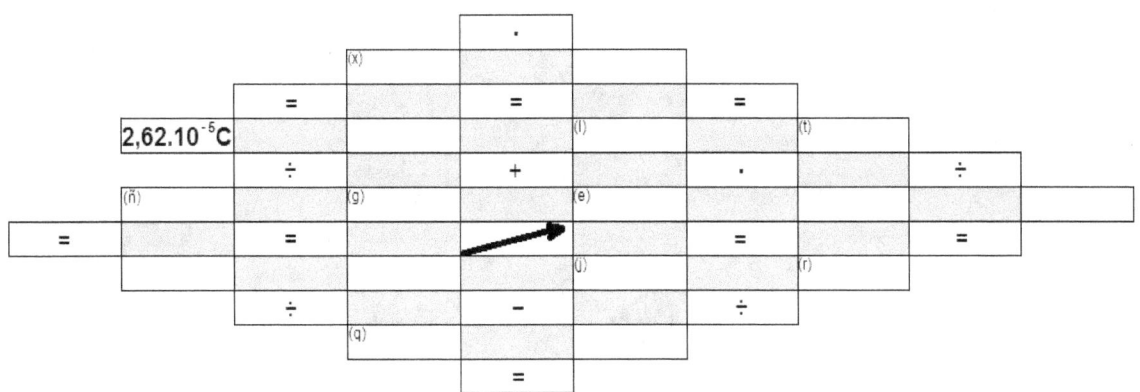

Energía almacenada (U), expresada en Joule (J)

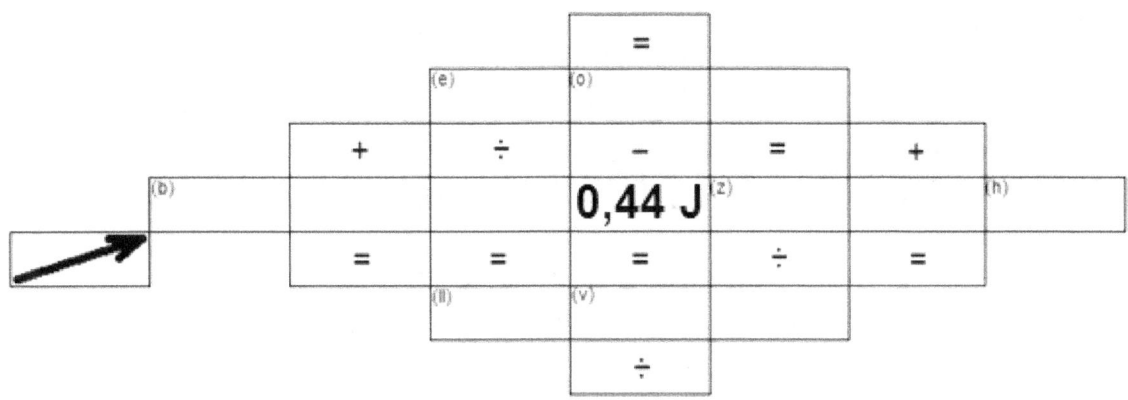

157

ELECTROCINÉTICA

UNIDAD V

CORRIENTE Y CIRCUITOS ELÉCTRICOS

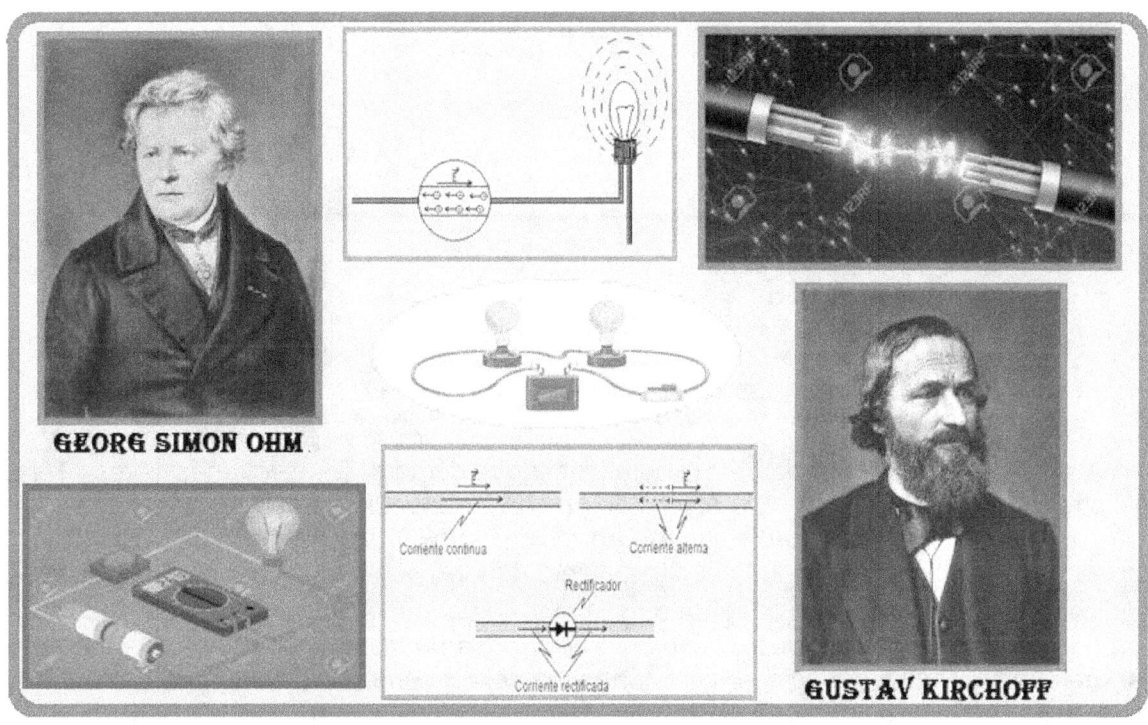

GEORG SIMON OHM

Corriente continua

Corriente alterna

Rectificador

Corriente rectificada

GUSTAV KIRCHOFF

CONTENIDO:
- ➢ CORRIENTE ELÉCTRICA.
- ➢ RESISTENCIA ELÉCTRICA. LEY DE OHM.
- ➢ POTENCIA ELÉCTRICA.
- ➢ PROBLEMAS RESUELTOS DE APLICACIÓN DE LA LEY DE OHM, POTENCIA ELÉCTRICA Y LEY DE JOULE O EFECTO JOULE.
- ➢ CONEXIÓN DE RESISTENCIAS EN SERIE Y PARALELO.
- ➢ CONEXIÓN DE PILAS EN SERIE Y EN PARALELO.
- ➢ PROBLEMAS RESUELTOS DE APLICACIÓN DE CIRCUITOS ELÉCTRICOS CON CONEXIÓN DE RESISTENCIAS Y PILAS EN SERIE Y PARALELO.
- ➢ REDES ELÉCTRICAS. LEY DE KIRCHOFF.
- ➢ PROBLEMAS RESUELTOS DE APLICACIÓN DE LA LEY DE KIRCHOFF.
- ➢ ACTIVIDADES CON FÍSICA RECREATIVA.
- ➢ ACTIVIDADES PRÁCTICAS.

En esta unidad analizaremos los fenómenos eléctricos relacionados con cargas en movimiento, es decir comenzaremos el estudio de la corriente y de los circuitos eléctricos. En forma general estudiaremos el mecanismo del transporte de cargas eléctricas a través de los medios materiales sólidos, líquidos y gases. Esta parte de la Física recibe el nombre *Electrocinética*.

CORRIENTE ELÉCTRICA

Tomando en cuenta un alambre o conductor metálico en el cual se establece un campo eléctrico $\vec{E}$, según se observa en la figura 5.1; este campo se puede establecer, por ejemplo uniendo los extremos del conductor a los terminales o polos de una batería o pila.

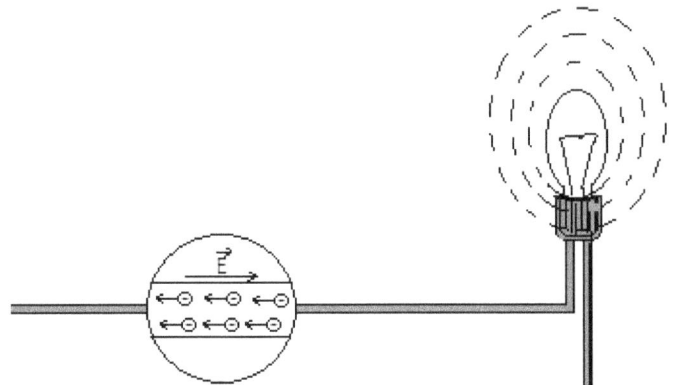

Fig. 5.1 En un conductor metálico, la corriente eléctrica está formada por electrones que se mueven en sentido contrario al campo eléctrico aplicado.

Sabemos que en un alambre existen un gran número de electrones libres. Tales electrones quedarán sujetos a la acción de una fuerza eléctrica debida al campo y puesto que son libres, estarán inmediatamente en movimiento. Ahora bien como los electrones poseen cargas negativas, su desplazamiento tendrá sentido contrario al del campo aplicado, como se indica en la figura 5.1. Entonces al establecer un campo eléctrico $\vec{E}$ en un conductor metálico, *produce un flujo de electrones en dicho conductor, fenómeno que se denomina corriente eléctrica.* Otra forma de definir corriente eléctrica es de la forma siguiente: *Al movimiento ordenado y permanente de las partículas cargadas en un conductor bajo la influencia de un campo eléctrico.*

En los métales, la corriente está constituidas por electrones libres en movimiento. En los conductores líquidos también se puede establecer una corriente eléctrica; constituida por movimiento de iones positivos y de iones negativos, que se desplazan en sentidos contrarios, mientras que en los gases se tienen iones positivos, iones negativos y también electrones libres en movimiento. Cuando es posible establecer corriente eléctrica en los gases, como sucede en las lámparas de vapor de mercurio, o cuando una chispa eléctrica salta de un cuerpo a otro a través del aires. En estos casos, la corriente está constituida por el movimiento de iones negativos y también de electrones libres.

Cuando hablamos de corriente imaginaria, la cual equivale a la corriente real, se denomina corriente convencional. En la figura 5.2, observamos la corriente eléctrica real en un líquido, en la cual tenemos iones positivos e iones negativos en movimiento y la corriente convencional e imaginaria que es equivalente a la real y está formada sólo por cargas positivas en movimiento. Pero si imaginamos que se sustituye por la corriente convencional o flujo de cargas positivas que se mueven en el sentido del campo eléctrico como se observa en la figura 5.3.

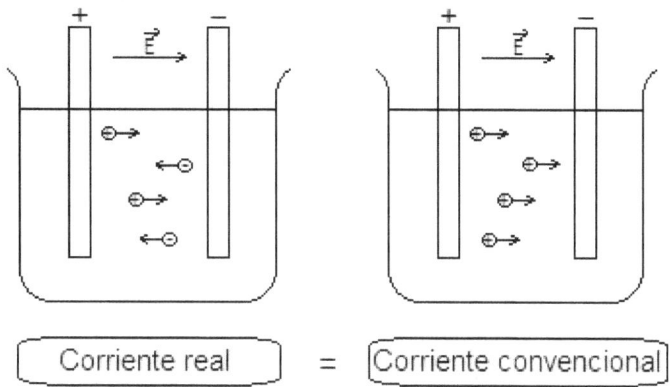

Corriente real = Corriente convencional

Fig. 5.2 Corriente real en un líquido, y corriente convencional equivalente.

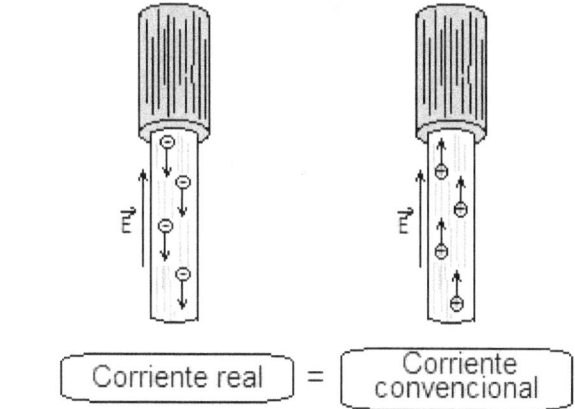

Corriente real = Corriente convencional

Fig. 5.3 Corriente real en un sólido metálico, y la corriente convencional equivalente.

En forma general, cuando nos referimos a una *corriente eléctrica*, se supone que estamos hablando de la corriente convencional, a menos que se explique lo contrario.

5.1.1 Intensidad de la corriente (*I*). Tenemos que se define como sentido de la corriente eléctrica el que va desde los potenciales mayores hacia los menores, es decir el sentido del movimiento que tomaría en el conductor la carga eléctrica positiva.

Según la cantidad de carga eléctrica Q que pase en la unidad de tiempo t por la sección A de un conductor, decimos que la corriente es más o menos intensa. Definimos por lo tanto la *Intensidad de la corriente como: la carga Q que pasa en la unidad de tiempo t por la sección A de un conductor.* O sea si la carga neta Q que fluye a través de cualquier sección A en un tiempo t, la intensidad I de la corriente supuesta constante, vendrá dada cuantitativamente por la expresión:

$$I = \frac{Q}{t}$$

Si la rapidez del flujo de carga no es constante al transcurrir el tiempo Δt, la corriente lógicamente dependerá del parámetro Δt. Es importante destacar que cuando una cantidad de carga ΔQ pasa a través de una sección transversal dada de un conductor, durante un intervalo de tiempo Δt, la intensidad I de la corriente en dicha sección, es la relación entre ΔQ y Δt, entonces,

$$I = \frac{\Delta Q}{\Delta t}$$

La unidad de intensidad es el Ampere, cuyo símbolo es la A, que es una de las unidades fundamentales del S.I.

150

De la relación escrita anteriormente se puede establecer que el ampere (A); se define como *la intensidad de la corriente* (I) *que transporta un coulomb* (C) *por segundo*(s). Esta unidad se denomina ampere, en honor al físico francés André M. Ampére (1775 – 1836), que contribuyó notablemente al desarrollo, de la Teoría de la Electricidad, en especial del electromagnetismo. Así pues tenemos que:

$$I = \frac{Q}{t} = \frac{C}{s} = Ampere \ (A)$$

Son también unidades de uso frecuente:

1 $Kiloampere \ (KA) = 10^3 \ A$ $(Empleado \ para \ medir \ intensidaddes \ grandes)$

1 $miliampere \ (mA) = 10^{-3} \ A$

1 $microampere \ (\mu A) = 10^{-6} \ A$

1 $nanoampere \ (nA) = 10^{-9} A$

Asociando el concepto de intensidad de corriente, es frecuente hacer referencia a la *Densidad de corriente eléctrica* (J), *que se define por el cociente de la intensidad de corriente* (I) *y la unidad de área o superficie* (A):

$$J = \frac{I}{A}$$

Si ahora analizamos el cociente de la densidad de corriente (J) y el campo eléctrico (E), obtenemos otro parámetro físico denominado *conductibilidad* (σ) *del conductor* y que depende únicamente del material:

$$\sigma = \frac{J}{E}$$

También es comúnmente usado el inverso de la conductibilidad $1/\sigma$, llamado la *resistividad ρ del material*:

$$\rho = \frac{1}{\sigma}$$

Ejemplo 1: Una carga de $2,52.10^{-3} \ C$, pasa a través de la sección transversal de un conductor en $7,2.10^3 \ s$. Calcular la intensidad de corriente eléctrica a través del conductor. Expresar el resultado en miliampere (mA) y en microampere (μA).

Solución.

Aplicando la definición de intensidad corriente eléctrica (I):

$$I = \frac{Q}{t} = \frac{2,52.10^{-3} \ C}{7,2.10^3 \ s} = 3,5.10^{-7} \ A$$

Para expresar el resultado de la intensidad de corriente en miliampere (mA) y en microampere (μA), efectuamos la reducción utilizando factor de conversión:

$$I = 3,5.10^{-7} \ A = 3,5.10^{-7} \ A \left(\frac{10^3 \ mA}{1 \ A}\right) = 3,5.10^{-7} \cdot 10^3 \ mA = 3,5.10^{-4} \ mA$$

$$I = 3,5.10^{-7} \ A = 3,5.10^{-7} \ A \left(\frac{10^6 \ \mu A}{1 \ A}\right) = 3,5.10^{-7} \cdot 10^6 \ \mu A = 3,5.10^{-1} \ \mu A = 0,35 \ \mu A$$

Ejemplo 2. La intensidad de corriente que circula a través de la sección de un conductor es $0,4 \ A$. ¿Cuánta carga habrá atravesado dicha sección durante $6.10^2 \ s$? ¿Cuántos electrones habrán circulado a través del conductor?

Solución.

Aplicando la definición de intensidad de corriente, tenemos que:

$$I = \frac{\Delta Q}{\Delta t}$$

Despejamos la cantidad de carga total eléctrica y sustituimos:

$$\Delta Q = I \cdot \Delta t = 0,4 \ A \cdot 6.10^2 \ s = 240 \ C$$

151

Como la carga total eléctrica que circula es $\Delta Q = 240\ C$ y la carga del electrón es $e^- = 1,6.10^{-19}C$, entonces el número de electrones que habrán circulado por el conductor es de:

$$\Delta Q = e^-\ n^{\underline{o}}\ electrones$$
$$n^{\underline{o}}\ electrones = \frac{\Delta Q}{e^-} = \frac{240\ C}{1,6.10^{-19}C} = 1,5.10^{21}\ electrones$$

5.1.2 Corriente continua $(C.C.)$ y corriente alterna $(C.A.)$. Tenemos que la aplicación de un campo eléctrico $\vec{E}$ a un conductor, implementa en él una corriente eléctrica, cuyo sentido (convencional) es el mismo que el del vector $\vec{E}$. Por lo tanto, si el sentido del campo eléctrico aplicado permanece constante, el sentido de la corriente también se mantendrá invariable o inalterado; esto quiere decir, que las cargas se desplazarán continuamente en un mismo sentido en el conductor. Una corriente de este tipo recibe el nombre de *corriente continua*, cuyo símbolo es $(C.C.)$.; figura 5.4 (a). La corriente continúa es proporcionada, por ejemplo, por las baterías o acumuladores de los automóviles; o bien, por las pilas que se emplean en los radios, linternas etc.

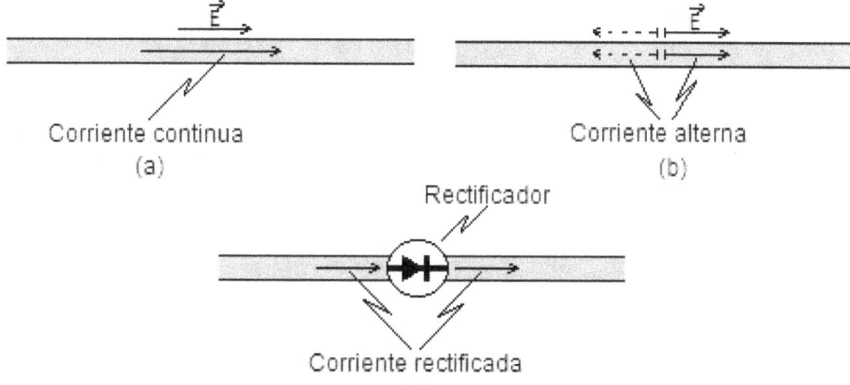

Corriente continua
(a)

Corriente alterna
(b)

Rectificador

Corriente rectificada
(c)

Fig. 5.4 Corriente continua (a), corriente alterna (b) y efecto
de un rectificador de corriente (c).

Pero la corriente eléctrica que abastecen las empresas públicas de electricidad en casi todas las ciudades del mundo, no es corriente continua. Cuando conectamos un aparato eléctrico a cualquier enchufe o toma corriente de una vivienda, el campo eléctrico $\vec{E}$ establecido en el conductor varia periódicamente de sentido; figura 5.4 (b). Por tal razón, las cargas eléctricas en el conductor oscilarán, desplazándose unas veces en un sentido y otras en sentido contrario. Por lo tanto la corriente eléctrica que circula (así como el campo eléctrico), cambia periódicamente de sentido, por ello que denomina *corriente alterna (C.A.).* La frecuencia de una corriente alterna normalmente es igual a $60\ Hertz$; en estas corrientes las cargas eléctricas que existen en el conductor, realizan $60\ oscilaciones\ completas\ (60\ ciclos)\ por\ segundo.$

Una corriente alterna puede transformarse en corriente continua por medio de dispositivos especiales denominados *rectificadores,* Estos aparatos se representan por el símbolo que se muestra en la figura 5.4 (c) y cuando se intercalan en un conductor en el cual produce una corriente alterna, ésta se transforma en una corriente continua, que es una corriente *alterna rectificada.*

Para mantener una corriente eléctrica de intensidad constante a lo largo de un hilo conductor hay que crear permanentemente una diferencia de potencial o desnivel eléctrico entre los extremos de dicho hilo y esto se consigue mediante el generador eléctrico. Todo generador de electricidad no hace más que transformar en energía eléctrica otra clase de energía.

Una carga que se recibe por un circuito realiza un gasto de energía en la parte del circuito exterior del generador y también en la parte interior del generador. El total de la energía gastada por la carga le ha sido provisto por el generador eléctrico.

5.1.3 Representación simbólica de un generador eléctrico. Algunos generadores eléctricos, como las pilas, baterías, dinamos, acumuladores, baterías dan origen a una corriente que circula en un solo sentido, por mantenerse constante la polaridad de los polos o bornes del generador eléctrico, en este caso la corriente se denomina continua o directa y se representa por las iníciales $C.C.$ o $C.D.$ o por un segmento rectilíneo $(-)$. Otros generadores de electricidad, como los que producen corriente por magnetismo, llamados alternadores, dan origen a corrientes que cambian de sentido muchas veces por segundo, debido a que la polaridad de los polos o bornes cambia periódicamente; en este caso la corriente se denomina alterna y se representa por las iníciales $C.A.$ o por una sinusoide ($\sim$). En la figura 5.5, a continuación se muestra la manera de representar simbólicamente un generador eléctrico.

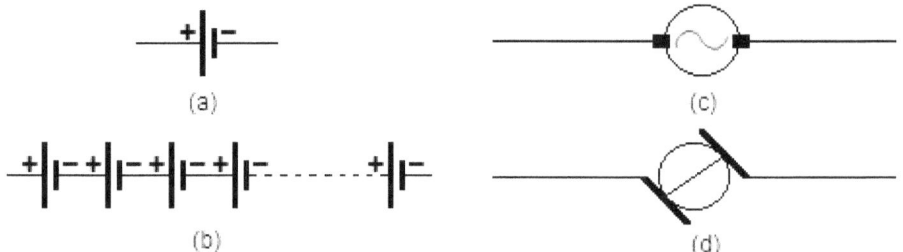

Fig. 5.5 Representación simbólica de generadores eléctricos: (a) Pila, (b) Batería, (c) Alternador y (d) Dinamo.

RESISTENCIA ELÉCTRICA. LEY DE OHM

Consideremos un conductor metálico de longitud l como se muestra en la figura 5.6 y de sección transversal de área A, el cual atravesado por una corriente I. La magnitud del campo eléctrico $\vec{E}$ puede escribirse de acuerdo a la ecuación $V_A - V_B = E \cdot d$, en términos de diferencia de potencial entre los extremos del conductor $E = V/l$, (en este caso del conductor $d = l$).

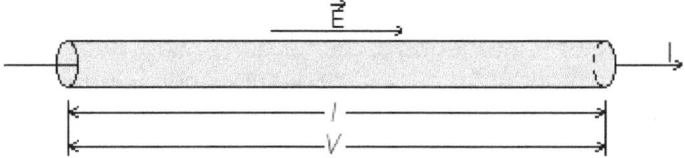

Fig. 5.6 Conductor de longitud l.

Sustituyendo esta última expresión en la ecuación que determina la conductividad (σ) del conductor y que depende única y exclusivamente del material o sea:

$$\sigma = \frac{J}{E} \quad \Rightarrow \quad J = \sigma \cdot E \quad resulta \quad J = \sigma \cdot \frac{V}{l}$$

De la definición de densidad de corriente: $J = I/A$ y esta última relación, resulta que:

$$J = \frac{I}{A} \quad \Rightarrow \quad \frac{I}{A} = \sigma \cdot \frac{V}{l}$$

Como la resistividad ρ es el valor inverso de la conductividad σ según la ecuación $\rho = 1/\sigma$, podemos sustituir σ en la relación anterior y despejamos la V, concluyendo:

$$\frac{I}{A} = \frac{1}{\rho} \cdot \frac{V}{l} \quad \Rightarrow \quad I \cdot \rho \cdot l = A \cdot V \quad \Rightarrow \quad V = \rho \frac{l}{A} \cdot I$$

Dividiendo ambos miembros de la igualdad anterior por la intensidad de corriente I, obtenemos:

$$\frac{V}{I} = \rho \frac{l \cdot I}{A \cdot I} \quad \Rightarrow \quad \frac{V}{I} = \rho \frac{l}{A}$$

La cantidad $\rho \cdot l/A$ se conoce como la resistencia R $(R = V/I)$ del conductor y se mide en Ohm (Ω). De donde:

$$R = \rho \frac{l}{A}$$

Concluimos que la *resistencia de un conductor es directamente proporcional a la longitud de ésta, e inversamente proporcional a la sección.*

La resistividad es un propiedad característica del material que forma el conductor, esto quiere decir que cada sustancia posee un valor diferente de resistividad ρ. En la tabla siguiente se presenta los valores de resistividad eléctrica de algunas sustancias.

Resistividad eléctrica a la temperatura ambiente	
Material	$\rho\ (ohm - metro)$ $\rho\ (\Omega \cdot m)$
Aluminio	$2,6.\,10^{-8}$
Antimonio	$4,17.\,10^{-7}$
Cobalto	$9,8.\,10^{-8}$
Cobre	$1,7.\,10^{-8}$
Hierro	10^{-7}
Latón	$7.\,10^{-8}$
Magnesio	$4,6.\,10^{-7}$
Mercurio	$9,4.\,10^{-7}$
Níquel-cromo	10^{-6}
Oro	$2,44.\,10^{-8}$
Plata	$1,5.\,10^{-7}$
Plomo	$2,2.\,10^{-7}$
Tungsteno	$5,5.\,10^{-8}$
Zinc	$5,8.\,10^{-8}$

Por la relación $R = \rho \cdot l/A$ podemos observar que si se consideran varios alambres de la misma longitud y de igual sección transversal, pero elaborados de diferente material, el de menor resistividad será el que tenga menor resistencia. Entonces tenemos, que cuanto menor sea la resistividad ρ de un material, tanto menor será la oposición que este material tenga al paso de la corriente a través de él. De forma que *una sustancia será mejor conductora de electricidad cuanto menor sea el valor de su resistividad ρ.* Si observamos la tabla anterior, nos podemos dar cuenta que todas las sustancias que se presentan en ella son buenas conductoras de la electricidad, y que poseen resistividades muy pequeñas.

Como dijimos la resistividad ρ es una constante que depende del material del conductor a una misma temperatura y como se observa en el cuadro sus unidades son: $[\rho] = \Omega \cdot m$ o también se puede expresar $[\rho] = \Omega \cdot mm^2/m$ (por ejemplo el plomo su $\rho = 0,22\ \Omega \cdot mm^2/m$; del cobre $\rho = 0,017\ \Omega \cdot mm^2/m$; etc.).

En la relación $R = \rho \cdot l/A$, es fácil notar que para un mismo conductor de resistividad ρ, sección A y longitud l de la relación: $\rho \cdot l/A = constante$.

Ya que ρ, l y A son valores fijos. Y por lo tanto podemos establecer según la igualdad $V/I = \rho \cdot l/A$, que el cociente entre la diferencia de potencial aplicada a los extremos de un conductor y la corriente que por el circula es un valor que es la resistencia del conductor, o sea:

$$R = \frac{V}{I}$$

Esta última ecuación se conoce como **Ley de Ohm**, cuyo enunciado es: *"La resistencia de un conductor es directamente proporcional a la diferencia de potencial aplicada a sus extremos e inversamente proporcional a la intensidad de corriente que por él circula"*.

Por la definición de resistencia, podemos concluir que la unidad de esta magnitud en el sistema S.I. será el voltio por ampere (V/A); esta unidad se denomina ohm y se representa por la letra omega Ω en honor al físico alemán George Simón Ohm $(1787 - 1875)$, que realizo el estudio de fenómenos relacionados con la corriente eléctrica. Tenemos que la resistencia como ya dijimos tiene como unidad el ohm, pero también se puede expresar en statohm:

➢ Un ohm (Ω) es *la resistencia de un conductor cuando a sus extremos se le aplican una diferencia de potencial de 1 voltio (V) y la corriente que por él circula es de 1 ampere (A).*

$$[R] = \frac{[V]}{[l]} = \frac{Voltio}{Ampere} = Ohm \ (\Omega)$$

➢ Un statohm es *la resistencia de un conductor cuando a sus extremos se le aplican una diferencia de potencial de 1 statvoltio y la corriente que por él circula es de 1 statampere.*

$$[R] = \frac{[V]}{[l]} = \frac{statvoltio}{statampere} = statohm$$

Otras unidades de la resistencia (R) son:

$$Kilo - ohm \ (K\Omega) = 10^3 \ \Omega$$
$$Mega - ohm \ (M\Omega) = 10^6 \ \Omega$$

5.2.1 Dependencia entre la resistencia y la temperatura. Además de los factores de la resistencia de un conductor homogéneo, cilíndrico de sección constante a temperatura determinada tenemos que es directamente proporcional a la longitud del conductor, inversamente proporcional al área de su sección transversalmente como dijimos anteriormente y que depende de la naturaleza del conductor $(R = \rho \cdot l/A)$; puede considerarse experimentalmente que *en los conductores metálicos si la temperatura aumenta se produce un aumento de la resistencia.* Esto ocurre ya que los conductores metálicos se dilatan por efecto del calor; entonces tenemos que al aumentar la longitud, aumenta la resistencia.

También podemos comprobar experimentalmente que *en los electrolitos si la temperatura aumenta se produce una disminución de la resistencia*, esto ocurre que al aumentar la temperatura, la ionización de la solución aumenta y por lo tanto se hace más conductora.

Teniendo que la resistencia de un conductor varía con la temperatura, denominaremos por R_1 la resistencia de un conductor a la temperatura t_1, y por R_2 la resistencia a la temperatura t_2. La variación de la resistencia debido a la variación de la temperatura es $R_2 - R_1$. Si ha demostrado experimentalmente que para temperaturas comprendidas dentro de ciertos límites, esta variación de resistencia es, con bastante aproximación, directamente proporcional a la resistencia inicial R_1 y la variación de temperatura $t_2 - t_1$. Lo explicado puede expresarse matemáticamente mediante la siguiente ecuación:

$$R_2 - R_1 = \alpha \cdot R_1 \cdot (t_2 - t_1)$$

Tenemos el factor de proporcionalidad (α) es un valor característico del conductor a la temperatura t_1, que recibe el nombre de *coeficiente de temperatura del conductor a la temperatura* t_1 y α se expresa en $°C^{-1}$.

Entonces despejando R_2 en la ecuación anterior:

$$R_2 = R_1 + \alpha \cdot R_1(t_2 - t_1)$$

de donde:

$$R_2 = R_1[1 + \alpha(t_2 - t_1)]$$
$$R_2 = R_1(1 + \alpha \cdot \Delta t)$$

Esta última ecuación permite determinar la resistencia R_2 de un conductor a la temperatura t_2, conocido la resistencia R_1 a la temperatura R_1, y el coeficiente de temperatura α.

Entre algunos coeficientes de temperatura de algunas sustancias tenemos:

$Carbón\ a\ 20°C \Rightarrow \alpha = 0,0007\ °C^{-1}$; $Cobre\ a\ 20°C \Rightarrow \alpha = 0,00393\ °C^{-1}$;
$Niquel\ a\ (0-100)°C \Rightarrow \alpha = 0,006\ °C^{-1}$; $Plata\ a\ 20°C \Rightarrow \alpha = 0,0038\ °C^{-1}$;
$Platino\ a\ (0-100)°C \Rightarrow \alpha = 0,00392\ °C^{-1}$; $Zinc\ a\ 20°C \Rightarrow \alpha = 0,0017\ °C^{-1}$; $etc.$

5.2.2 Ley de Ohm para un circuito completo. Fuerza electromotriz. Si tenemos un circuito como el mostrado en la figura 5.7, y está formado de los elementos siguientes:

➢ *Generador de corriente continúa* (G), como un acumulador o una batería o una pila.
➢ *Resistencia del circuito externo* (R_e). Es aquella resistencia del conductor o conductores que van conectados a los polos del generador.
➢ *Resistencia del circuito interno* (R_i). Es aquella resistencia del conductor o conductores que dan paso a la corriente dentro del generador.

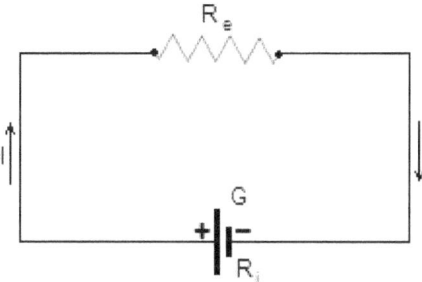

Fig. 5.7 Circuito completo.

La diferencia de potencial (V) entre los polos del generador, el trabajo o energía eléctrica (T) necesaria para desplazar una carga (Q) a través del circuito externo es:

$$T_1 = Q \cdot V$$

Si la carga Q se desplazó en un tiempo (t) y la intensidad de corriente (I), se tiene que $Q = I \cdot t$ y $V = I \cdot R_e$, sustituyendo en la relación anterior tenemos que:

$$T_1 = (I \cdot t) \cdot (I \cdot R_e) \quad \Rightarrow \quad T_1 = I^2 \cdot R_e \cdot t$$

Ahora bien como la carga Q no se acumula ni se desvanece en ninguna parte del circuito, en el tiempo t considerado se habrá desplazado a través del circuito interno una carga Q igual a la que se desplazó en el circuito externo.

Tenemos que en el circuito interno, el trabajo o energía eléctrica para desplazar la carga Q, se expresa:

$$T_2 = I^2 \cdot R_i \cdot t$$

El trabajo o energía eléctrica total (T) que proporciona el generador para desplazar la carga Q a través del circuito es:

$$T = T_1 + T_2$$

sustituyendo:

$$T = I^2 \cdot R_e \cdot t + I^2 \cdot R_i \cdot t$$

Sacando factor común la intensidad de corriente al cuadrado y el tiempo obtenemos que:

$$T = I^2 \cdot t \cdot (R_e + R_i)$$

Definiendo la *fuerza electromotriz de un generador de corriente continua (batería, dinamo, acumulador, pila seca, pila de volta, etc.) es una magnitud que se mide por el trabajo o energía eléctrica que debe suministrar el generado para transportar una unidad de carga Q a través de todo el circuito.*

Según dicha definición, expresamos por ε la fuerza electromotriz, obteniendo:

$$\varepsilon = \frac{T}{Q}$$

Como $I = Q/t$ donde al despejar la carga $Q = I \cdot t$ sustituyendo en la relación anterior:

$$\varepsilon = \frac{T}{I \cdot t}$$

Al sustituir el trabajo o energía eléctrica total (T) que proporciona el generador $[T = I^2 \cdot t \cdot (R_e + R_i)]$, en la relación anterior y simplificamos:

$$\varepsilon = \frac{I^2 \cdot t \cdot (R_e + R_i)}{I \cdot t} = I \cdot (R_e + R_i)$$

Concluyendo tenemos que la Ley de Ohm para un circuito completo, la *fuerza electromotriz se determina por el producto de la intensidad de corriente eléctrica y la suma de las resistencias externas e internas. O sea:*

$$\varepsilon = I \cdot (R_e + R_i)$$

Si designamos como R_t, la suma de ambas resistencias $R_t = R_e + R_i$ entones:

$$\varepsilon = I \cdot R_t$$

La fuerza electromotriz se mide en las mismas unidades en que se mide la diferencia de potencial, en voltio (V) ó statvoltio (stv).

Si tenemos un circuito como se observa en la figura 5.8, en el cual se ha interpolado un amperímetro A en serie y se ha conectado un voltímetro V en paralelo a los extremos o polos del generador, se encuentran que la diferencia de potencial entre los polos del generador indicada por el voltímetro cuando el circuito está abierto es mayor que cuando está cerrado.

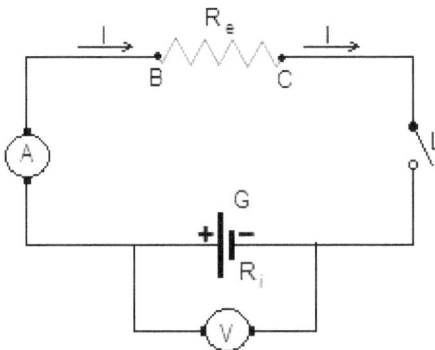

Fig. 5.8 Circuito completo al cual se interpolo un amperímetro (A), este está conectado un voltímetro V en paralelo a los extremos o polos del generador y un interruptor L.

La explicación de todo lo ocurrido lo encontramos en la Ley de Ohm, Cuando el circuito está cerrado por medio de de un interruptor L, la diferencia de potencial V indicada en el voltímetro es la que existe entre los extremos B y C de la resistencia externa R_e. Por lo tanto aplicando la Ley de Ohm para una parte del circuito, teniendo que:

$$R = \frac{V}{I} \quad \Rightarrow \quad V = I \cdot R_e$$

Como I es la intensidad de la corriente en todo el circuito, la cual se calcula aplicando la Ley de Ohm a todo el circuito, que viene dada al despejar en la ecuación de la fuerza electromotriz ε, entonces:

$$\varepsilon = I \cdot (R_e + R_i) \quad \Rightarrow \quad I = \frac{\varepsilon}{R_e + R_i}$$

Al multiplicar ambos miembros esta última expresión por la resistencia externa R_e, obtenemos que:

$$I \cdot R_e = \frac{\varepsilon}{R_e + R_i} \cdot R_e$$

Como ya dijimos anteriormente que: $V = I \cdot R_e$ en consecuencia tenemos que:

$$V = \frac{\varepsilon}{R_e + R_i} \cdot R_e$$

Dividiendo el numerador y el denominador del segundo miembro de la expresión anterior por R_e y simplificando, se obtiene:

$$V = \frac{\frac{\varepsilon}{R_e} \cdot R_e}{\frac{R_e + R_i}{R_e}} \quad \Rightarrow \quad V = \frac{\frac{\varepsilon}{R_e} \cdot R_e}{\frac{R_e}{R_e} + \frac{R_i}{R_i}} \quad \Rightarrow \quad V = \frac{\varepsilon}{1 + \frac{R_i}{R_e}}$$

Si la resistencia externa R_e es muy grande, es decir, si la resistencia externa tiende al infinito, o sea $R_e \to \infty$, se tiene que en la expresión $I = \varepsilon/R_e + R_i$ la intensidad I de corriente es nula (circuito abierto) y en la expresión anterior de diferencia de potencial V, concluye: $V = \varepsilon$

Esto quiere decir que: *la fuerza electromotriz de un generador eléctrico de corriente continua (batería, dinamo, acumulador, pila seca, pila de volta, etc.) se mide por la diferencia de potencial entre los bornes del generador cuando éste se encuentra en circuito abierto.*

POTENCIA ELÉCTRICA

Los electrones libres dentro de un conductor chocan con los átomos o iones de la red cristalina, trayendo como consecuencia una transferencia de energía de los electrones hacia dichos iones o átomos, la cual se manifiesta en forma de energía calorífica, la cual hace que la temperatura de un conductor, por el cual circula una corriente, se incrementa rápidamente.

Con el propósito de calcular la cantidad de energía que es suministrada a un conductor, como consecuencia del movimiento de cargas libres en su interior, consideremos la figura 5.6, y suponiendo que por el circula una carga ΔQ que se mueve en la diferencia de potencial V_{AB}, entre los extremos del conductor.

De acuerdo con la relación $V_A - V_B = T_{AB}/q_o$, el trabajo o energía eléctrica es $\Delta T = V \cdot \Delta Q$.

De la ecuación $I = \Delta Q/\Delta t$, despejando ΔQ, tenemos que $\Delta Q = I \cdot \Delta t$ y la sustituimos en la expresión anterior, obteniéndose:

$$\Delta T = V \cdot I \cdot \Delta t$$

Ahora bien por definición tenemos que *la potencia eléctrica de un generador es una magnitud que se mide por el trabajo o energía eléctrica que suministra el generador por unidad de tiempo.*

De donde la cantidad energía transferida al conductor por unidad de tiempo, no es más que la potencia (P), sustituyendo ΔT, obteniendo:

$$P = \frac{\Delta T}{\Delta t} = \frac{V \cdot I \cdot \Delta t}{\Delta t} = V \cdot I \quad \Rightarrow \quad P = V \cdot I$$

Concluyendo: *la potencia es directamente proporcional al producto de la intensidad de la corriente y la diferencia de potencial a la cual está conectado al conductor.*

La expresión de potencia $P = V \cdot I$, puede escribirse en término de la resistencia del conductor, usando la Ley de Ohm, despejamos la diferencia de potencial V y luego la intensidad de corriente I.

$$R = \frac{V}{I} \implies V = R \cdot I \qquad y \qquad R = \frac{V}{I} \implies I = \frac{V}{R}$$

Sustituyendo tanto V e I por separado en la expresión de potencia eléctrica tenemos que:

$$P = V \cdot I \implies P = (R.I).I \implies P = R \cdot I^2$$

Y

$$P = V \cdot I \implies P = V \cdot \frac{V}{R} \implies P = \frac{V^2}{R}$$

La expresión de potencia eléctrica $P = V \cdot I$ y el calor desprendido por el conductor debido al paso de la corriente se llama *calor de Joule.*

La unidad de potencia en el sistema S.I. es el wattio (W), cuyas dimensiones son en función de parámetros eléctricos:

$$[P] = Ampere \cdot voltio$$

$$[P] = \frac{Coulomb}{Segundo} \cdot \frac{Joule}{Coulomb} = \frac{Joule}{Segundo} = Wattio \ (W)$$

Un wattio (W) es *la potencia liberada por un receptor, que consume la corriente de* 1 *Ampere cuando en sus extremos hay una diferencia de potencial de* 1 *voltio.*

5.3.1 Ley de Joule.

Los electrones en la resistencia se mueven con una velocidad constante por consiguiente no ganan energía cinética. La energía potencial eléctrica de ellos es la que se transformará en calor cuando sucede la colisión de éstos con la red, incrementándose la amplitud de vibración de los iones reticulares, correspondiendo esto a nivel macroscópico de un aumento de la temperatura.

La energía desarrollada en el tiempo t en un conductor de resistencia R en cuyos extremos existe una diferencia de potencial V y por el cual circula una corriente de intensidad I será en virtud a la expresión: $T = V \cdot I \cdot t = P.t$

Como 1 *Joule* (J) $= 0,24 \ caloria \ (cal)$ y la cantidad de calor (Q) desprendido por la resistencia será:

$$Q = 0,24 \ \frac{cal}{J} \cdot T = 0,24 \frac{cal}{J} \cdot V \cdot I \cdot t = 0,24 \frac{cal}{J} \cdot P \cdot t$$

Como $P = I^2 \cdot R$, tenemos que:

$$Q = 0,24 \ \frac{cal}{j} \cdot I^2 \cdot R \cdot t$$

Esta última expresión se conoce con el nombre de *Ley de Joule.* Podemos deducir que *la cantidad de calor producido por una corriente eléctrica cuando circula por un conductor es directamente proporcional al producto al cuadrado de la intensidad de corriente, la resistencia y el tiempo que demora en circular la corriente.*

Al determinar la cantidad de calor (Q) desprendido por la resistencia el resultado se expresa en calorías (cal).

5.3.2 Aplicaciones de la Ley de Joule o efecto Joule.

➢ Todos los dispositivos eléctricos que se utilizan para calentamiento se basan en la Ley de Joule. De manera que un horno eléctrico, una microonda, un radiador, un calentador, un secador de pelo, una plancha eléctrica, las hornillas de una cocina eléctrica, etc., consiste principalmente en una resistencia que se calienta al ser recorrida por la corriente.

➤ Las lámparas de incandescencia o de filamento incandescente, creadas por el inventor estadounidense Thomas Edison. Sus filamentos generalmente se hacen de tungsteno, que es un metal cuyo punto de fusión es muy elevado. De forma que estos elementos, al ser recorridos por una corriente, se calientan y puede alcanzar temperaturas muy alta de casi $2500\,°C$, volviéndose incandescentes emitiendo una cantidad de luz.

➤ Otra aplicación de la Ley de Joule la tenemos en la construcción de fusibles, elementos que se utilizan para limitar la corriente que pasa por un circuito por un circuito eléctrico; por ejemplo en un aparato eléctrico, un automóvil, una casa, etc. Este mecanismo está formado por una tirita metálica, generalmente de plomo, el cual tiene un punto de fusión bajo. De esta forma, cuando la corriente que pasa por el fusible sobrepasa cierto valor, dependiendo del amperaje propio de cada fusible, el calor que se genera por la ley de Joule o efecto Joule produce la fusión del elemento, interrumpiendo así el paso de la corriente excesiva.

Actualmente, además de los fusibles se utilizan en las casas los llamados interruptores termomagnéticos (automáticos). En estos últimos elementos, el calentamiento de un mecanismo bimetálico produce su dilatación, haciendo que el circuito se abra. En muchos otros circuitos, como, por ejemplo, en los automóviles, los fusibles se emplean también como medios de protección.

➤ El fusible y el interruptor automático también protegen a un circuito eléctrico cuando ocurre un cortocircuito. Este fenómeno se produce cuando por cualquier motivo, la resistencia conectada de un circuito se vuelve muy pequeña, haciendo que la corriente alcance un valor muy intenso. El excesivo valor de la corriente eléctrica hace que el fusible o interruptor abran el circuito, impidiendo que se produzca efectos perjudiciales como un cortocircuito.

5.3.2 Costo de la Energía Eléctrica. Para medir el trabajo o energía eléctrica consumida en una casa, edificio, fábrica, colegio, etc.: $T = P \cdot t$

Las compañías que suministran electricidad toman como unidad de potencia eléctrica el Kilowatt (KW) y cómo unidad de tiempo la hora (h).

Entonces la unidad de energía eléctrica se denomina Kilowatt-hora (KWh).

Como $1\,KW = 10^3\,W$; $wattio\,(W)$ se descompone $joule/segundo\,(J/s)$ y $1\,h = 3,6.\,10^3\,s$ entonces:

$$1\,KWh = 10^3\,W \cdot 3,6.\,10^3 s = 10^3\,\frac{J}{s} \cdot 3,6.\,10^3 s$$

Simplificando, concluimos que:

$$1\,KWh = 3,6.\,10^6\,J$$

PROBLEMAS RESUELTOS DE APLICACIÓN DE LA LEY DE OHM, POTENCIA ELÉCTRICA Y LEY DE JOULE O EFECTO JOULE

1. Si conectamos una lámpara a un tomacorriente o enchufe en una casa, aplicándose una diferencia de potencial de $150\,V$, en los extremos A y B del filamento de la fuente. Entonces se observa que una corriente de $3\,A$ pasa por dicho filamento.

   a) Determine el valor de la resistencia de este elemento.

b) Si la lámpara se conecta a los bornes o polos de una batería que aplica al filamento una tensión o diferencia de potencial de $15\,V$, determine la corriente que pasará a través de él. Suponga que la resistencia de dicho elemento permanece constante.

c) Cuando la lámpara se conecta a otra batería, se observa que una corriente de $2\,A$ pasa por el filamento; determine la diferencia de potencial que este batería aplica a la fuente.

Solución.

a) El valor de la resistencia R estará dado según la ley de Ohm por $R = V_{AB}/I$, donde tenemos que $V_{AB} = 150\,V$ e $I = 3\,A$. Entonces:

$$R = \frac{V_{AB}}{I} = \frac{150\,V}{3\,A} = \frac{150\,\Omega \cdot A}{3\,A} = 50\,\Omega$$

b) De la relación $R = V_{AB}/I$, despejamos la intensidad de corriente I, obteniendo:

$$I = \frac{V_{AB}}{R} = \frac{15\,V}{50\,\Omega} = \frac{15\,\Omega \cdot A}{50\,\Omega} = 0{,}3\,A$$

c) Como $R = V_{AB}/I$, despejando la diferencia de potencial, obtenemos que:

$$V_{AB} = R \cdot I = 50\,\Omega \cdot 2\,A = 100\,V$$

2. Se aplica una diferencia de potencial de $120\,V$ a un alambre de plata de longitud $10^3\,cm$ y sección transversal $0{,}05\,mm^2$. Si la resistividad de la plata es $1{,}5.\,10^{-8}\,\Omega \cdot m$.

a) Determine la resistencia del alambre de plata.
b) ¿Cuál es la intensidad de la corriente en el alambre?
c) ¿Cuál es la potencia eléctrica producida por esta corriente?
d) Determine la energía eléctrica consumida al cabo de $2\,h$; expresar el resultado en KWh.

Solución.

Antes de resolver el problema efectuaremos las reducciones de la longitud y sección transversal a m y m^2, respectivamente:

$$l = 10^3\,cm = 10^3\,cm \cdot \left(\frac{1\,m}{10^2\,cm}\right) = 10\,m$$

$$A = 0{,}05\,mm^2 = 0.05\,mm^2 \cdot \left(\frac{1\,m^2}{10^6\,mm^2}\right) = 5.\,10^{-8}\,m^2$$

a) Para determinar la resistencia del alambre utilizamos la expresión de R:

$$R = \rho\frac{l}{A}$$

sustituyendo:

$$R = 1{,}5.\,10^{-8}\,\Omega \cdot m\,\frac{10\,m}{5.\,10^{-8}\,m^2} = 3\,\Omega$$

b) Conociendo $R = 3\,\Omega$ y $V = 120\,V$, calculamos la intensidad de corriente I aplicando la expresión que define la ley de Ohm:

$$R = \frac{V}{I}$$

despejamos la intensidad de corriente:

$$I = \frac{V}{R} = \frac{120\,V}{3\,\Omega} = \frac{120\,A \cdot \Omega}{3\,\Omega} = 40\,A$$

c) La potencia eléctrica producida por la corriente se determina por el producto de la intensidad de corriente y la diferencia de potencial eléctrico:

$$P = I \cdot V = 40 \, A \cdot 120 \, V = 4{,}8.\,10^3 \, W$$

d) El trabajo o energía eléctrica T consumida al cabo de $2 \, h$; se determina por la expresión $T = P \cdot t$; pero antes efectuamos la reducción de la potencia eléctrica

a KWh.

$$P = 4{,}8.\,10^3 \, W = 4{,}8.\,10^3 \, W \left(\frac{1 \, KW}{10^3 \, W}\right) = 4{,}8 \, KW$$

Entonces:

$$T = P \cdot t = 4{,}8 \, KW \cdot 2 \, h = 9{,}6 \, KWh$$

3. Un conductor de plata presenta una resistencia $R_1 = 120 \, \Omega$ a la temperatura $t_1 = 20°C$. Si este conductor se conecta a una diferencia de potencial de $516{,}48 \, V$. Determinar:

a) La intensidad de la corriente que circula por el conductor cuando la temperatura es $t_2 = 40°C$; el coeficiente de temperatura a la temperatura inicial es $\alpha = 0{,}0038 \, °C^{-1}$.

b) La potencia eléctrica producida por la corriente de la pregunta anterior.
   Solución.

a) Podemos calcular la resistencia R_2 del conductor a la temperatura $t_2 = 40°C$; ya que conocemos la resistencia $R_1 = 120 \, \Omega$ a la temperatura $t_1 = 20°C$, utilizando la expresión:

$$R_2 = R_1(1 + \alpha \cdot \Delta t)$$
$$R_2 = R_1[1 + \alpha(t_2 - t_1)]$$

Sustituyendo:

$$R_2 = 120 \, \Omega[1 + 0{,}0038 \, °C^{-1}(40°C - 20°C)] = 120 \, \Omega[1 + 0{,}0038 \, °C^{-1} \cdot 20°C] =$$
$$= 120 \, \Omega[1 + 0{,}076] = 120 \, \Omega \cdot 1{,}076 = 129{,}12 \, \Omega$$

Como la $R_2 = 129{,}12 \, \Omega$, entonces la intensidad de corriente I, a la temperatura t_2, se puede determinar aplicando la ley de Ohm, obteniendo que:

$$R_2 = \frac{V}{I} \quad \Rightarrow \quad I = \frac{V}{R_2} = \frac{516{,}48 \, V}{129{,}12 \, \Omega} = \frac{516{,}48 \, A \cdot \Omega}{129{,}12 \, \Omega} = 4 \, A$$

b) Conociendo la diferencia de potencial $V = 516{,}48 \, V$ y la intensidad de corriente $I = 4 \, A$, entonces podemos determinar la potencia eléctrica:

$$P = V \cdot I = 516{,}48 \, V \cdot 4 \, A = 2065{,}92 \, W$$

4. A una batería de resistencia interna $3 \, \Omega$ se conecta a una resistencia externa de $9 \, \Omega$, en cuyo caso por la sección transversal de la resistencia una carga eléctrica de $480 \, C$ en $2 \, min$.

a) ¿Cuál es la intensidad de corriente?

b) ¿Cuál es la diferencia de potencial entre los extremos de la resistencia externa y la potencia eléctrica producida por la corriente?

c) ¿Cuál es la cantidad de calor desprendido en el tiempo indicado?

d) ¿Cuál es la fuerza electromotriz de la batería?

e) ¿Qué energía se consume en $1{,}5 \, h$?
   Solución.

a) Como tenemos que la carga eléctrica asigna por la carga $q = 600 \, C$ en un tiempo $2 \, min$, podemos calcular la intensidad de corriente pero antes reducimos el tiempo de minutos a segundos:

$$t = 2\ min = 2min\left(\frac{60\ s}{1\ min}\right) = 120\ s$$

Entonces:

$$I = \frac{q}{t} = \frac{480\ C}{120\ s} = 4\ A$$

b) Conociendo la intensidad de corriente y la resistencia externa, podemos calcular la diferencia de potencial entre los extremos de la resistencia externa entonces:

$$R_e = \frac{V}{I} \implies V = I \cdot R_e = 4\ A \cdot 9\ \Omega = 4\ A \cdot 9\ \frac{V}{A} = 36\ V$$

Sabiendo que la diferencia de potencial V podemos calcular la potencia eléctrica P:

$$P = I \cdot V = 4\ A \cdot 36\ V = 144\ W$$

c) Calculando la cantidad de calor Q en $2\ min$, obtenemos:

$$Q = 0{,}24\ \frac{cal}{J} \cdot I^2 \cdot R \cdot t$$

Como $P = I^2 \cdot R$, entonces:

$$Q = 0{,}24\ \frac{cal}{J} \cdot P \cdot t = 0{,}24\ \frac{cal}{J} \cdot 144\ W \cdot 120\ s = 0{,}24\ \frac{cal}{J} \cdot 144\ \frac{J}{s} \cdot 120\ s = 4147{,}2\ cal$$

Concluyendo la cantidad de calor desprendo en dicho tiempo $Q = 4147{,}2\ cal$.

d) Conociendo la intensidad de corriente I y las intensidades de corriente externa R_e e interna R_i, podemos calcular la fuerza electromotriz ε;

$$\varepsilon = I \cdot (R_e + R_i) = 4\ A \cdot (3\ \Omega + 9\ \Omega) = 4\ A \cdot 12\ \Omega = 4\ A \cdot 12\ \frac{V}{A} = 48\ V$$

e) El trabajo o energía eléctrica T, que se consume en $1{,}5\ h$, se determina por la expresión $T = P \cdot t$, pero antes reduciremos la potencia eléctrica a KW:

$$P = 144\ W\left(\frac{1\ KW}{10^3\ W}\right) = 0{,}144\ KW$$

Entonces:

$$T = P \cdot t = 0{,}144\ KW \cdot 1{,}5\ h = 0{,}216\ KWh$$

5. Una tostiarepas eléctrica funciona con $10\ A$ y $140\ V$.
   a) ¿Cuál es la resistencia eléctrica de la tostiarepas?
   b) ¿Cuál es la potencia eléctrica?
   c) ¿Qué cantidad de calor desprende en $2\ s$?
   d) ¿Qué trabajo o energía eléctrica en KWh consume en $4\ h$?
   e) ¿Cuánto se paga a la compañía de electricidad en $4\ h$; si $1\ KWh$ cuesta $Bs.\ 200$?
   Solución.
   a) Para calcular la resistencia eléctrica aplicamos la ley de Ohm, entonces:

$$R = \frac{V}{I} = \frac{140\ V}{10\ A} = \frac{140\ \Omega \cdot A}{10\ A} = 14\ \Omega$$

   b) Como conocemos la intensidad de corriente I y la diferencia de potencial V, entonces la potencia eléctrica de calcula de la forma siguiente:

$$P = I \cdot V = 10\ A \cdot 140\ V = 1{,}4 . 10^3\ W$$

   c) Calculando la cantidad de calor Q en $20\ s$, obtenemos:

$$Q = 0{,}24 \, \frac{cal}{J} \cdot I^2 \cdot R \cdot t$$

Como $P = I^2 \cdot R$, entonces:

$$Q = 0{,}24 \, \frac{cal}{J} \cdot P \cdot t = 0{,}24 \, \frac{cal}{J} \cdot 1{,}4.\,10^3 \, W \cdot 20 \, s = 0{,}24 \, \frac{cal}{J} \cdot 1{,}4.\,10^3 \, \frac{J}{s} \cdot 20 \, s = 6720 \, cal$$

Concluyendo la cantidad de calor desprendo en dicho tiempo $Q = 6{,}72.\,10^3 \, cal$.

d) El trabajo o energía eléctrica T, que se consume en $4 \, h$, se determina por la expresión $T = P \cdot t$, pero antes reduciremos la potencia eléctrica $P = 1{,}4.\,10^3 \, W$ a KW:

$$P = 1{,}4.\,10^3 \, W \left(\frac{1 \, KW}{10^3 \, W} \right) = 1{,}4 \, KW$$

Entonces:

$$T = P \cdot t = 1{,}4 \, KW \cdot 4 \, h = 5{,}6 \, KWh$$

e) En este caso se le paga a la compañía de electricidad por $1 \, KWh$ un monto de $Bs.\,200$, entonces tenemos que:

$$Costo: 5{,}6 \, KWh \cdot \left(\frac{200 \, Bs}{1 \, KWh} \right) = 1\,120 \, Bs.$$

Concluyendo se le pagó a la compañía eléctrica un monto de $Bs.\,1\,120$.

6. Una hornilla eléctrica tiene una resistencia formada por un alambre de $12{,}8 \, m$ de largo y resistividad $2{,}2.\,10^{-8} \, \Omega \cdot m$.
   a) ¿Cuál es el área de la sección transversal del alambre conociendo que la hornilla está conectada a una diferencia de potencial de $80 \, V$ y que ha consumido una energía eléctrica de $20 \, KWh$ durante $40 \, h$ de funcionamiento?
   b) Determinar la cantidad de calor que se desprende al paso de la corriente en $300 \, s$.
   Solución.
   a) Para determinar el área de la sección transversal del alambre utilizaremos la expresión $R = \rho \cdot l/A$, en la cual se despeja el área; pero para ello es necesario calcular la resistencia utilizando la expresión que defina la ley de Ohm $R = V/I$, pero para ello primero calcularemos la intensidad de corriente I.
   Conociendo el trabajo o energía eléctrica $T = 20 \, KWh$ que consume la hornilla en un tiempo $t = 40 \, h$, puede calcularse la potencia necesaria para el funcionamiento de la hornilla:

$$T = P \cdot t \quad \Rightarrow \quad P = \frac{T}{t} = \frac{20 \, KWh}{40 \, h} = 0{,}5 \, KW$$

Reduciendo $0{,}5 \, KW$ a W, obtenemos:

$$P = 0{,}5 \, KW \left(\frac{10^3 \, W}{1 \, KW} \right) = 500 \, W$$

Ahora bien, conociendo la potencia eléctrica P y la diferencia de potencial V, se puede determinar la intensidad de corriente:

$$P = V \cdot I \quad \Rightarrow \quad I = \frac{P}{V} = \frac{500 \, W}{80 \, V} = \frac{500 \, V \cdot A}{80 \, V} = 6{,}25 \, A$$

Si conocemos la intensidad de corriente I y aplicamos la expresión que define la ley de Ohm, podemos determinar la resistencia eléctrica:

$$R = \frac{V}{I} = \frac{80 \, V}{6{,}25 \, A} = \frac{80 \, \Omega \cdot A}{6{,}25 \, A} = 12{,}8 \, \Omega$$

Como ya calculamos la resistencia eléctrica de la hornilla, podemos determinar el área de la sección transversal del alambre:

$$R = \rho \frac{l}{A} \implies R \cdot A = \rho \cdot l \implies A = \frac{\rho \cdot l}{R} = \frac{2,2.\,10^{-8}\ \Omega \cdot m \cdot 12,8\ m}{12,8\ \Omega} = 2,2.\,10^{-8}\ m^2$$

Concluyendo el área de la sección transversal del alambre es de $2,2.\,10^{-8}\ m^2$

b) La cantidad de calor que se desprende al paso de la corriente en $300\ s$, es de:

$$Q = 0,24\,\frac{cal}{J} \cdot I^2 \cdot R \cdot t = 0,24\,\frac{cal}{J} \cdot (6,25\ A)^2 \cdot 12,8\ \Omega \cdot 300\ s$$

$$= 0,24\,\frac{cal}{J} \cdot 39,0625\ A^2 \cdot 12,8\ \Omega \cdot 300\ s$$

$$= 0,24\,\frac{cal}{J} \cdot 500\ W.\,300\ s$$

$$= 0,24\,\frac{cal}{J} \cdot 500\,\frac{J}{s}.\,300\ s$$

$$= 3,6.\,10^4\ cal$$

Concluyendo la cantidad de calor que se desprende al paso de la corriente por la hornilla es de $3,6.\,10^4\ cal$.

7. En una lámpara encontramos las siguientes especificaciones del fabricante $80\ W$, $160\ V$.
   a) ¿Cuál es el significado de estos valores indicados?
   b) Supongamos que esta lámpara este conectada a una diferencia de potencial adecuada $(160\ V)$. Determinar la intensidad de la corriente que pasa por el filamento.
   c) ¿Cuál es la resistencia del filamento de esta fuente de luz?
   d) ¿Cuál es la cantidad de calor que desprende en $1,5\ min.$?
   e) Si la lámpara se conecta a un voltaje tal que la corriente que pasa por su filamento es $I = 0,25\ A$. ¿Cuál será la potencia que se disipa?
   Solución.
   a) La especificación $160\ V$ indica que la lámpara deberá usarse en un sistema de esta diferencia de potencial. En estas condiciones, la lámpara disipará una potencia de $80\ W$, como indica la otra especificación. Si el dispositivo se conectara a una diferencia de potencial superior a los $160\ V$, (por ejemplo un enchufe de $280\ V$) disiparía una potencia mayor que $80\ W$, y lo más seguro es que se quemaría. Ahora bien, si la diferencia de potencial o voltaje aplicado a la lámpara fuera menor a $160\ V$, producirá un brillo menor al normal, ya que estaría disipando una potencia menor que $80\ W$.

   b) Por medio de la expresión de potencia eléctrica podemos calcular la intensidad de corriente $P = V \cdot I$ ya que sabemos que $P = 80\ W$ y $V = 160\ V$. Entonces despejamos la intensidad de corriente:

   $$P = V \cdot I \implies I = \frac{P}{V} = \frac{80\ W}{160\ V} = \frac{80\ V \cdot A}{160\ V} = 0,5\ A$$

   c) Aplicando la expresión que define la ley de Ohm, tenemos que podemos determinar la resistencia del filamento de esta fuente de luz:

   $$R = \frac{V}{I} = \frac{160\ V}{0,5\ A} = \frac{160\ \Omega \cdot A}{0,5\ A} = 320\ \Omega$$

d) Tenemos que la cantidad de calor Q la podemos calcular ya que conocemos la potencia eléctrica P y el tiempo t; reduzcamos el tiempo de minutos a segundos:

$$t = 15\ min = 15\ \min\left(\frac{60\ s}{1\ min}\right) = 900\ s$$

Entonces:

$$Q = 0{,}24\ \frac{cal}{J} \cdot I^2 \cdot R \cdot t$$

Como $P = I^2 \cdot R$, entonces:

$$Q = 0{,}24\ \frac{cal}{J} \cdot P \cdot t = 0{,}24\ \frac{cal}{J} \cdot 80\ W \cdot 900\ s = 0{,}24\ \frac{cal}{J} \cdot 80\ \frac{J}{s} \cdot 900\ s = 17280\ cal$$

e) Suponiendo constante la resistencia del filamento, la expresión $P = I^2 \cdot R$, proporcionará esta potencia eléctrica:

$$P = I^2 \cdot R = (0{,}25\ A)^2 \cdot 320\ \Omega = 0{,}0625\ A^2 \cdot 320\ \Omega$$
$$= 0{,}0625\ A^2 \cdot 320\ \frac{V}{A} = 20\ A \cdot V = 20\ W$$

Podemos observar que el hecho de que la corriente del filamento se redujo a la mitad ($de\ 0{,}5\ A\ a\ 0{,}25\ A$) hizo que la potencia del bombillo luminoso se volverá 4 veces menor ($de\ 80\ W\ a\ 20\ W$). Tenemos que esperar este resultado, ya que la potencia eléctrica disipada en una resistencia constante es directamente proporcional al cuadrado de la intensidad de corriente.

ACTIVIDADES

Responda brevemente las actividades del 1 al 8, dadas a continuación:

1. Un campo eléctrico $\vec{E}$ que se dirige hacia la izquierda, se aplica a un conductor, como se observa en la figura siguiente:

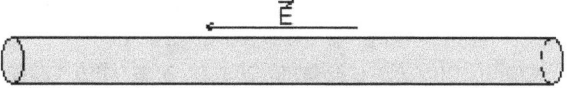

   a) ¿Qué sentido tiene la corriente de electrones en el conductor?
   b) ¿Qué sentido tiene la corriente convencional en dicho conductor?

2. La intensidad de corriente que se tiene en un conductor metálico es $I = 6.10^5\ \mu A$. Suponiendo que esta corriente se mantuviera durante $12\ min$. Determinar:
   a) La cantidad total de carga que pasó a través de una sección dada del conductor.
   b) El número de electrones que atravesó dicha sección.

3. En la figura mostrada en el ejercicio, considere una sección plana que pasa por el medio del recipiente que contiene la solución. Durante un intervalo de tiempo de $20\ s$, podemos observar que los iones positivos transportan $36\ C$ de carga, de izquierda a derecha, a través de la sección. Tomando el mismo intervalo de tiempo, los iones negativos también transportan $36\ C$ a través de la sección de derecha a izquierda.

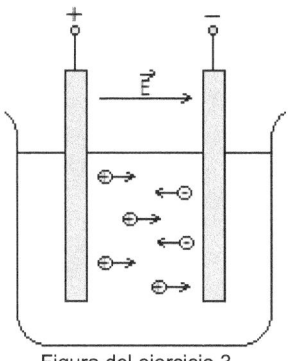

Figura del ejercicio 3

¿Cuál es el sentido de la corriente convencional en la solución? Y determine la intensidad de esta corriente convencional a través de la sección.

4. Una batería aplica una diferencia de potencial constante a un conductor de aluminio, y establece en el mismo una corriente de $3\,A$. Este conductor se sustituye por otro, también de aluminio e igual longitud, pero con un diámetro dos veces mayor que el primero.
   a) ¿La resistencia del segundo alambre es mayor o menor que la del primero? ¿Cuántas veces?
   b) ¿Cuál es la intensidad de la corriente que pasará por el segundo conductor?

5. Si suponemos que fuera posible contar el número de electrones que pasan a través de una sección de un conductor en el cuál se estableció una corriente eléctrica; si durante un intervalo de tiempo $\Delta t = 20\,s$ pasan $4.10^{20}\,electrones$ por esa sección. Calcular:
   a) La cantidad de carga ΔQ en coulomb (C), que corresponde a este número de electrfones; tenemos que la carga del electrón es igual a $1,6.10^{-19}\,C$.
   b) La intensidad de la corriente que pasa por la sección transversal del conductor.

6. Una lámpara conectada a una batería que le aplica una diferencia de potencial $V = 8\,V$, observando que su filamento es recorrido por una corriente $I = 2,5\,A$.
   a) Determine la resistencia R, de este filamento.
   b) Si este foco luminoso se conecta a una pila que le aplicase una diferencia potencial de $4,8\,V$, calcule la intensidad de corriente que pasaría por su filamento; pensemos que la resistencia del mismo no se modifica.
   c) Ahora bien, conectemos la lámpara a otra fuente, por su filamento pasa una corriente de $2\,A$, determinar la diferencia de potencial aplicado ahora a la lámpara.

7. A los polos o bornes de una batería se conecta un alambre de cobre de $5\,m$ de longitud, cuya sección transversal es $1,25.10^{-7}\,m^2$. Si la resistividad del alambre es $1,7.10^{-8}\,\Omega \cdot m$.
   a) Calcular la resistencia del alambre de cobre.
   b) Si la intensidad de corriente que circula es de $10\,A$. ¿Cuál es la diferencia de potencial entre sus extremos?
   c) Utilizando las respuestas anteriores, calcular la potencia eléctrica producida por la corriente.

8. Al aplicar una diferencia de potencial de $100\,V$ a un alambre de hierro de longitud $10\,m$ y sección transversal $2.10^{-7}\,m^2$. Si la resistividad del hierro es $0,1\,\Omega \cdot mm^2/m$.

a) ¿Cuál es la resistencia del alambre de hierro?
b) ¿Cuál es la intensidad de la corriente en el alambre?
c) ¿Cuál es la potencia eléctrica producida por esta corriente?
d) ¿Cuál es el trabajo o energía eléctrica acumulada en $50\,s$?
e) ¿Qué cantidad de calor es desprendido por el alambre en $60\,s$?

9. En las figuras mostradas en la actividad hay una serie de casillas cada una de ellas identificadas por una letra en la que debe colocarse los resultados expresados en un mismo sistema de unidades, de los diferentes problemas de aplicación de corriente eléctrica, Ley de Ohm, potencia eléctrica y Ley de Joule o efecto Joule; luego efectuar las operaciones hasta concluir el resultado dado. Realizar los problemas en un cuaderno, hojas o block.

❖ Un bombillo de una lámpara trae marcados $120\,W$, $60\,V$.
(a) ¿Cuál es la intensidad de corriente que debe suministrársele al bombillo?
(b) ¿Cuál es la resistencia del filamento del bombillo?
(c) ¿Cuál es la cantidad de calor que desprende el bombillo en $5\,min$?

❖ Una resistencia de $15\,\Omega$ se conecta a los bornes de una batería de fuerza electromotriz de $30\,V$, produciendo una corriente de $1,5\,A$.
(d) Determinar la resistencia interna de la batería.
(e) ¿Cuál es la diferencia de potencial entre los extremos de la resistencia externa?
(f) ¿Cuál es la potencia consumida en el circuito externo?
(g) ¿Qué energía eléctrica en KWh consumida en $4\,h$?

❖ Aplicamos una diferencia de potencial eléctrico de $120\,V$ a un alambre de plata de longitud $2.10^3\,cm$ y área o sección transversal $0,05\,mm^2$. Si la resistividad de la plata es $1,5.10^{-8}\,\Omega \cdot m$.
(h) ¿Cuál es la resistencia del alambre de plata?
(i) ¿Cuál es la intensidad de la corriente del alambre?
(j) Determinar la potencia eléctrica producida por esta corriente.
(k) ¿Cuál es la energía eléctrica en KWh consumida en $4\,h$?

❖ Un secador eléctrico de cabello que necesita $10^3\,W$ para su funcionamiento normal tiene una resistencia de $40\,\Omega$.
(l) ¿Qué diferencia de potencial debe aplicarse al secador eléctrico de cabello?
(ll) ¿Qué trabajo o energía eléctrica consume en $media\ hora$ de funcionamiento?
(m) ¿Cuál es la cantidad de calor desprendido después de $5\,min$?
(n) ¿Cuál es la cantidad de calor desprendido después de $2/5\,h$?

❖ Un calentador eléctrico funciona con $10\,A$ y $100\,V$.
(ñ) ¿Cuál es la resistencia?
(o) ¿Qué cantidad de calor desprende en $2,5\,s$?
(p) ¿Cuál es la potencia eléctrica?
(q) ¿Qué energía eléctrica se consume en $2,5\,h$?

❖ Una estufa eléctrica de resistencia $150\,\Omega$ se instala en una red eléctrica de $600\,V$. Calcular:
(r) La intensidad de corriente de la estufa eléctrica y la cantidad de calor que se desprende en ella durante $40\,min$.
(s) La potencia eléctrica de la estufa y la energía eléctrica consumida en dos meses.

❖ Un microondas eléctrico tiene marcado en sus instrucciones $120\ V$ y una potencia de consumo $1050\ W$.

(t) Determinar la intensidad de corriente.

(u) ¿Cuál es la cantidad de calor que desprende en $2\ min$?

(v) ¿Cuál energía eléctrica consumida en $\dfrac{1}{4}\ h$?

❖ A una batería de resistencia interna $3,5.10^{-3}\ K\Omega$ se conecta una resistencia externa de $8,5.18^{-3}\ K\Omega$, en cuyo caso pasa por una sección transversal de la resistencia una carga eléctrica de $600\ C$ en $2\ min$.

(w) Determinar la intensidad de corriente eléctrica y la fuerza electromotriz de la batería.

(x) ¿Cuál es la diferencia de potencial entre los extremos de la resistencia externa?

(y) Determinar la potencia eléctrica en el circuito y la energía eléctrica que se consume en $\dfrac{1}{5}\ h$.

(z) ¿Cuál es la cantidad de calor desprendido en $\dfrac{3}{5}\ min$? ?

❖ Una freidora eléctrica que necesita $0,64\ KW$ para su funcionamiento, tiene una resistencia de $40\ \Omega$.

(A) Calcular la intensidad de corriente y la diferencia de potencial que se debe aplicarse a la freidora eléctrica.

(B) Determinar la cantidad de calor que se desprende en $140\ s$.

❖ Una cocina eléctrica de una hornilla trae marcado $90\ V$ y $180\ W$.

(C) ¿Cuál es la resistencia del filamento de la hornilla?

(D) ¿Cuál es la cantidad de calor que se desprende en $12\ s$?

(E) ¿Qué energía eléctrica se consume en *media hora*?

Los resultados de cada una de las magnitudes físicas calculadas en los problemas: *Resistencia externa e interna* $(R_e\ y\ R_i)$, *expresado en ohm* (Ω).

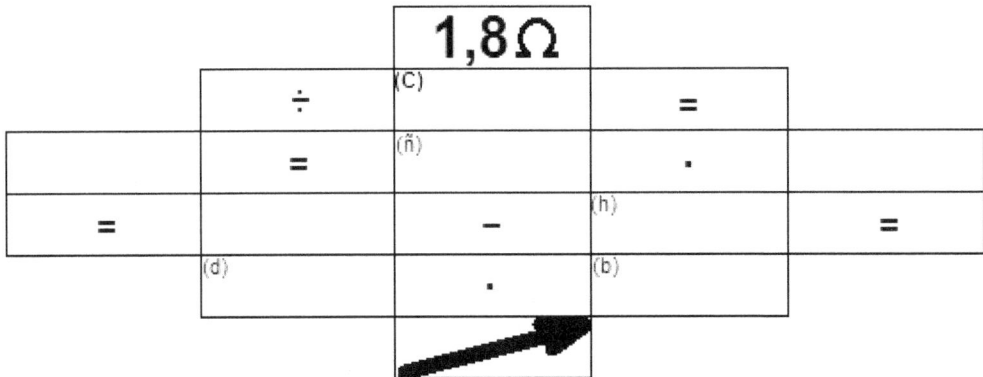

Intensidad de corriente eléctrica (I), *expresado en ampere* (A).

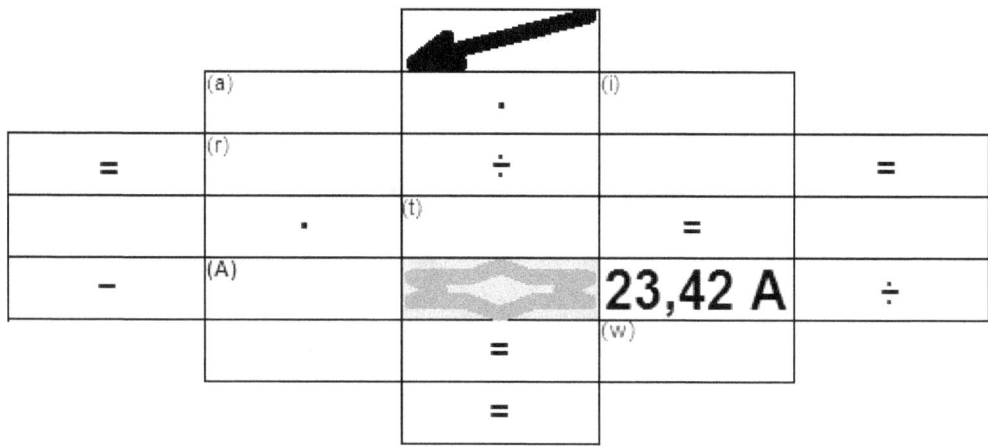

Trabajo o energía eléctrica consumida (T), expresado en Kilowatt por hora (KWh).

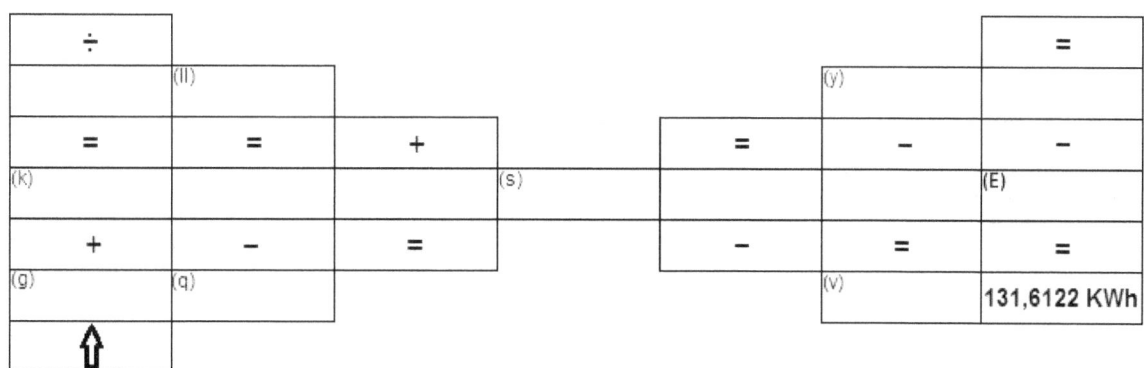

Diferencia de potencial (V) y fuerza electromotriz (ε), expresado en voltio (V).

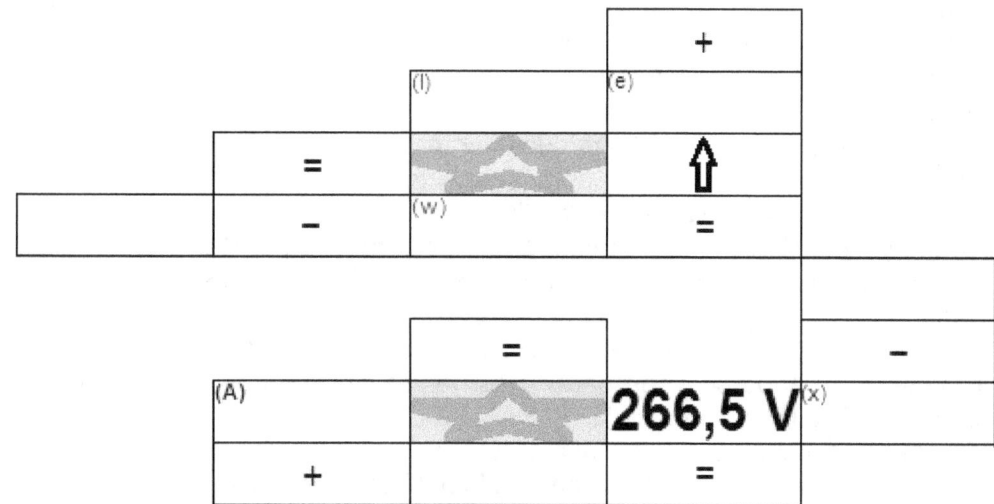

Cantidad de calor (Q), expresado en calorías (cal).

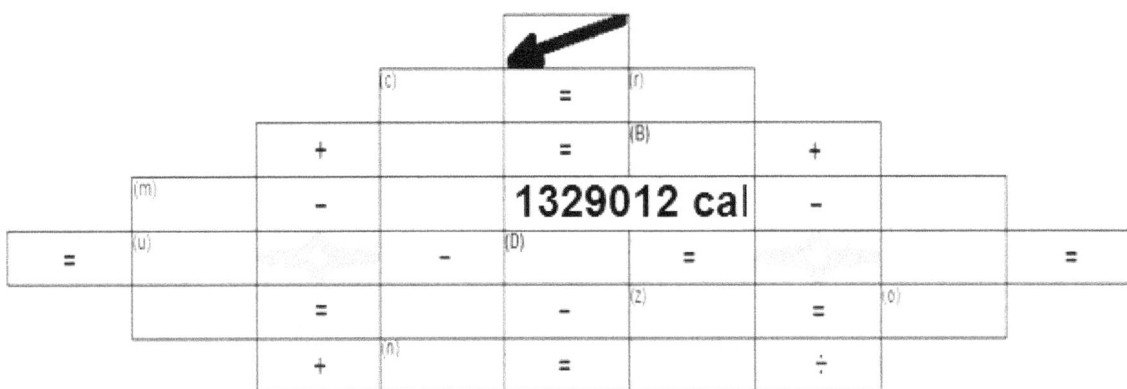

Potencia eléctrica (P), expresado en wattio (W).

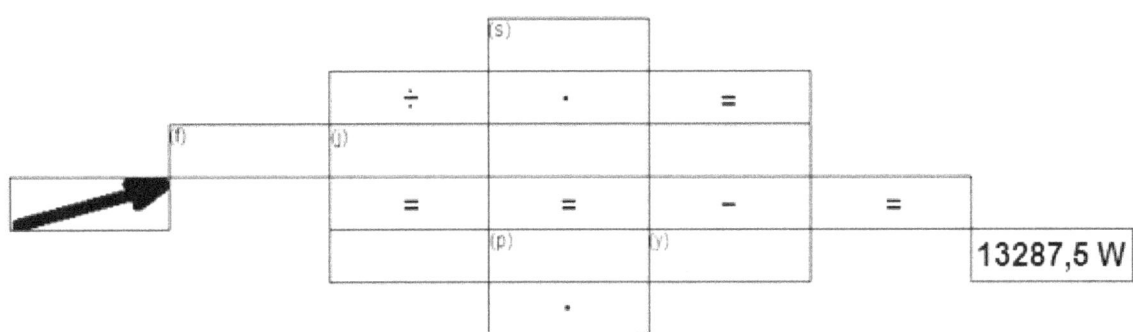

CONEXIÓN DE RESISTENCIAS EN SERIE Y PARALELO

La mayoría de los circuitos eléctricos no corresponde solamente de una batería y de un elemento externo, (motor, bombillo, condensadores, etc.), sino que corresponde varios elementos conectados de diferentes maneras.

La figura 5.9, representa cuatro formas diferentes como pueden conectarse tres resistencias entre los puntos A y B, (entre la diferencia de potencial V_{AB}).

Las resistencias de un circuito están conectadas en serie cuándo sólo hay un recorrido único de la corriente a través de ellas.

(a) Todas las resistencias conectadas entre los puntos A y B (V_{AB}), están conectadas en serie y la misma cantidad de corriente pasa por cada una de ellas. (Circuito en serie)

(b) Cuando las resistencias están agrupadas o conectadas de manera que representan varios caminos para la corriente, se dice que están conectadas en paralelo. (Circuito en paralelo)

(c) Dos resistencias en paralelo y una en serie. (Circuito paralelo – serie)

(d) Dos resistencias en serie y una en paralelo. (Circuito serie – paralelo)

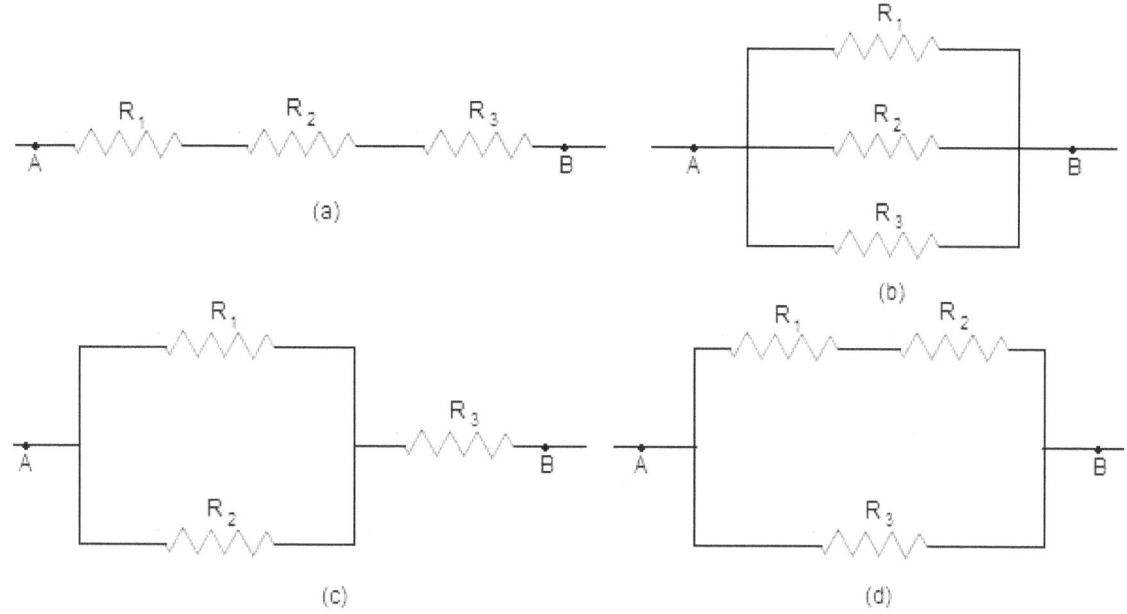

Fig. 5.9 Representa cuatro formas diferentes como puede conectarse
tres resistencia en un circuito eléctrico.

5.5.1 Resistencias conectadas en serie.

5.5.1 Resistencias conectadas en serie. Podemos observar muchas veces, en los circuitos eléctricos que las resistencias están conectadas una a continuación de la otra, como se observa en la figura 5.10; cuando esto sucede, quiere decir las resistencias están *conectadas en serie.*

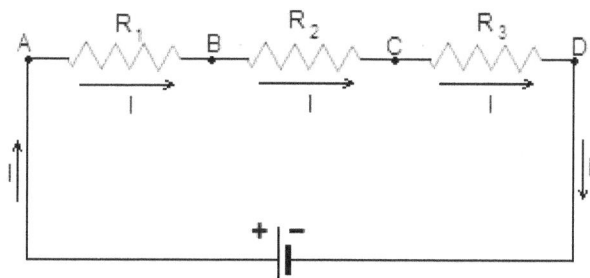

Fig. 5.10 Resistencias conectadas en serie.

Si entre los extremos A y D de la conexión de resistencia que se observa en la figura 5.10, se aplica una diferencia de potencial, por las resistencias pasaría una corriente eléctrica; donde la intensidad I de corriente tendría el mismo valor en cualquier sección del circuito, y por consiguiente las resistencias R_1, R_2 y R_3, son recorridas por la misma corriente.

Al denominar por V_{AB}, V_{BC} y V_{CD} los valores en las resistencias R_1, R_2 y R_3, respectivamente, si observamos la figura 5.9, se puede concluir que:

$$V_{AD} = V_{AB} + V_{BC} + V_{CD}$$

Como el valor de la intensidad de corriente I, es igual en las tres resistencias, entonces:

$$V_{AB} = I \cdot R_1 \quad , \quad V_{BC} = I \cdot R_2 \quad y \quad V_{CD} = I \cdot R_3$$

Y como $V_{AD} = I \cdot R_{eq}$, sustituyendo en la expresión anterior y luego sacar a I como factor común, tenemos:

$$I \cdot R_{eq} = I \cdot R_1 + I \cdot R_2 + I \cdot R_3$$
$$I \cdot R_{eq} = I \cdot (R_1 + R_2 + R_3)$$

183

Simplificando I, obtenemos:

$$R_{eq} = R_1 + R_2 + R_3$$

De todo lo explicado concluimos que *la resistencia equivalente de las resistencias conectadas en serie es igual a la suma de las resistencias que componen el circuito.*

En general tenemos:

> ➢ Debemos darnos cuenta que como la resistencia equivalente R_{eq} de una conexión en serie, se obtiene por la suma de todas las resistencias conectadas, su valor será mayor que el valor de cualquiera de las resistencias que se conectan. Por lo tanto, es lógico que cuanto mayor sea el número de resistencias conectadas en serie, tanto mayor será el valor de la resistencia equivalente.

> ➢ Cuando los elementos (resistencias) de un circuito eléctrico, está, todos conectados en serie, la interrupción de la corriente eléctrica en cualquier ponto hará que el flujo de electricidad se interrumpa en todos los elementos (resistencias) del circuito. Podemos tomar como ejemplo los bombillitos de un arbolito de Navidad, ya que sabemos están conectados en serie, cuando algunos de los bombillitos se quema , todos lo demás se apagan, ya que la corriente deja de circular por todas las conexiones de los bombillitos

5.5.2 Resistencias conectadas en paralelo. Las resistencias eléctricas también se pueden conectar en un circuito, en la forma que se observa en la figura 5.11, cuando esto sucede, quiere decir las resistencias están *conectadas en paralelo.*

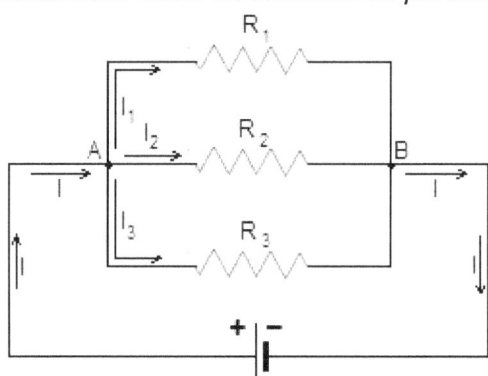

Fig. 5.10 Resistencias conectadas en paralelo.

Observando la figura 5.11, tenemos que las resistencias R_1, R_2 y R_3 están conectadas, cada una, a los mismos puntos A y B; de forma que la misma diferencia de potencial V_{AB} estará aplicada a cada una de estas resistencias. Por ejemplo, si la diferencia de potencial V_{AB} proporcionada por la batería de dicha figura, vale $25\,V$, entonces tenemos que tanto R_1 como R_2 y R_3 se encuentran sometidas a esta diferencia de potencial. Pero en cambio tenemos que la corriente I proporcionada por la batería, se distribuye entre las resistencias, pasando una corriente I_1 por R_1, una I_2 por R_2 y una I_3 por R_3. Por lógica que la suma de las tres intensidades de corriente es igual a la intensidad de corriente total, o sea:

$$I = I_1 + I_2 + I_3$$

Utilizando la relación que define la ley de Ohm tenemos que:

$$R_1 = \frac{V_{AB}}{I_1} \implies I_1 = \frac{V_{AB}}{R_1} \quad , \quad R_2 = \frac{V_{AB}}{I_2} \implies I_2 = \frac{V_{AB}}{R_2} \quad y \quad R_3 = \frac{V_{AB}}{I_3} \implies I_3 = \frac{V_{AB}}{R_3}$$

Y además tenemos que:

$$R_{eq} = \frac{V_{AB}}{I} \implies I = \frac{V_{AB}}{R_{eq}}$$

Como ya dijimos anteriormente que la intensidad de corriente total I es igual a la suma de las otras tres intensidades de corriente, tenemos que al sustituir y sacando como factor común a la diferencia de potencial V_{AB}:

$$\frac{V_{AB}}{R_{eq}} = \frac{V_{AB}}{R_1} + \frac{V_{AB}}{R_2} + \frac{V_{AB}}{R_3}$$

$$\frac{V_{AB}}{R_{eq}} = V_{AB} \cdot \left(\frac{1}{R_1} + \frac{1}{R_2} + \frac{1}{R_3} \right)$$

Al simplificar:

$$\frac{1}{R_{eq}} = \frac{1}{R_1} + \frac{1}{R_2} + \frac{1}{R_3}$$

De todo lo explicado concluimos que el *inverso de la resistencia equivalente es igual a la suma de los inversos de las resistencias parciales cuando éstas se conectan en paralelo.*

En general tenemos:

> En la conexiones en paralelo tenemos que la resistencia equivalente está determinada por $1/R_{eq} = 1/R_1 + 1/R_2 + 1/R_3$. Si efectuamos un análisis de esta expresión se puede concluir que el valor de la resistencia equivalente R_{eq} es menor que el de cualquiera de las resistencias de la conexión. Ahora bien, cuanto mayor sea el número de resistencias conectadas en paralelo, tanto menor será la resistencia equivalente de la conexión.

> En nuestra vivienda podemos observar que es posible apagar cualquier elemento sin que dejen de funcionar los demás aparatos. Esto ocurre ya que todos los elementos o aparatos están conectados en *paralelo.* Debemos observar que cuanto mayor sea el número de aparatos eléctricos conectados, tanto menor será la resistencia equivalente del conjunto, ya que se encuentran conectados en paralelo. Por lo tanto mayor será la corriente total que pase por el medidor de consumo de energía eléctrica que se encuentra instalado en la entrada del servicio eléctrico de la vivienda.

CONEXIÓN DE PILAS EN SERIE Y EN PARALELO

> En una conexión de pilas en serie el polo positivo de cada pila va unido por medio de un alambre conductor al polo negativo de la otra pila, como se observa en la figura 5.12.

Fig. 5.12 Conexión de pilas en serie.

Para una conexión en serie, la *fuerza electromotriz ε de la batería es igual a la suma de las fuerzas electromotrices ε' de las pilas,* o sea:

$$\varepsilon = n \cdot \varepsilon'$$

Para la conexión en serie la *resistencia interna equivalente R_i es igual a la suma de las resistencias internas r_i de las pilas,* o sea:

$$R_i = n \cdot r_i$$

Ejemplo: Tomando en cuenta la figura 5.12, si la fuerza electromotriz de cada pila es $\varepsilon' = 2,5\,V$ y la resistencia interna también de cada pila es $r_i = 1,6\,\Omega$; calcular la fuerza electromotriz equivalente ε y la resistencia interna equivalente R_i de la conexión.
Solución.
Como a conexión de pilas esta en serie, la fuerza electromotriz equivalente ε, se determina:

$$\varepsilon = n \cdot \varepsilon' = 4 \cdot 2,5\,V = 10\,V$$

Como a conexión de pilas esta en serie, la resistencia interna equivalente R_i, se determina:

$$R_i = n \cdot r_i = 4 \cdot 1,6\,\Omega = 6,4\,\Omega$$

➤ En una conexión de pilas en paralelo todos los polos positivos van unidos entre si mediante un alambre conductor, sucediendo lo mismo con los polos negativos, como se observa en la figura 5.13.

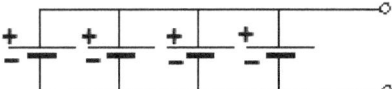

Fig. 5.13 Conexión de pilas en paralelo.

Para una conexión en paralelo, la *fuerza electromotriz ε de la batería es igual a la fuerza electromotriz ε' de la pila,* o sea:

$$\varepsilon = \varepsilon'$$

Para la conexión en paralelo el *inverso de la resistencia interna equivalente es igual a la suma de los inversos de las resistencias internas de las pilas,* o sea:

$$\frac{1}{R_i} = \frac{n}{r_i} \quad \Longrightarrow \quad R_i = \frac{r_i}{n}$$

Ejemplo: Tomando en cuenta la figura 5.13, si la fuerza electromotriz de cada pila es $\varepsilon' = 30\,V$ y la resistencia interna también de cada pila es $r_i = 2\,\Omega$; calcular la fuerza electromotriz equivalente ε y la resistencia interna equivalente R_i de la conexión.
Solución.
Como a conexión de pilas esta en paralelo, la fuerza electromotriz equivalente ε, se determina:

$$\varepsilon = \varepsilon' \quad \Longrightarrow \quad \varepsilon = 30\,V$$

Como a conexión de pilas esta en paralelo, la resistencia interna equivalente R_i, se determina:

$$\frac{1}{R_i} = \frac{n}{r_i} \quad \Longrightarrow \quad R_i = \frac{r_i}{n} = \frac{2\,\Omega}{4} = 0,5\,\Omega$$

PROBLEMAS RESUELTOS DE APLICACIÓN DE CIRCUITOS ELÉCTRICOS CON CONEXIÓN DE RESISTENCIAS Y PILAS EN SERIE Y PARALELO

1. Supongamos que las resistencias conectadas en paralelo-serie, tienen los valores siguientes: $R_1 = 40\,\Omega$, $R_2 = 120\,\Omega$, $R_3 = 60\,\Omega$ y $R_4 = 20\,\Omega$.
   a) ¿Cuál es el valor de la resistencia equivalente en la conexión de resistencias paralelo-serie?
   b) Considerando que la diferencia de potencial $V_{AB} = 60\,V$, calcular la corriente que pasa por cada resistencia de esta conexión.

c) ¿Cuál es el valor de la corriente total I proporcionada por la batería?
d) Calcular la diferencia de potencial V_{AC}.

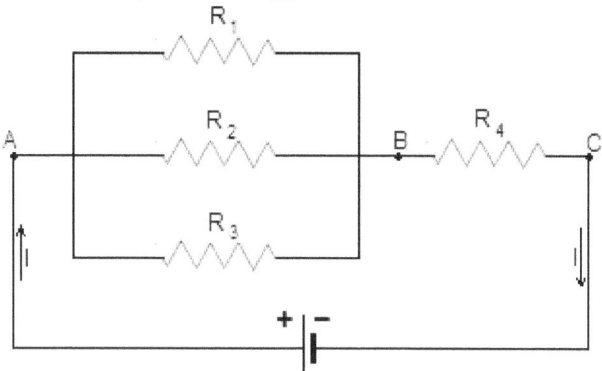

Figura del ejercicio 1.

Solución.

a) Como la conexión en paralelo; la resistencia equivalente entre las resistencia R_1, R_2 y R_3 esta dada por:

$$\frac{1}{R'} = \frac{1}{R_1} + \frac{1}{R_2} + \frac{1}{R_3}$$

Entonces:

$$\frac{1}{R'} = \frac{1}{40\ \Omega} + \frac{1}{120\ \Omega} + \frac{1}{60\ \Omega}$$

Efectuando:

$$\frac{1}{R'} = \frac{3 + 1 + 2}{120\ \Omega} \quad \Rightarrow \quad \frac{1}{R'} = \frac{6}{120\ \Omega}$$

Invirtiendo ambos miembros:

$$R' = \frac{120\ \Omega}{6} = 20\ \Omega$$

La figura se reduce:

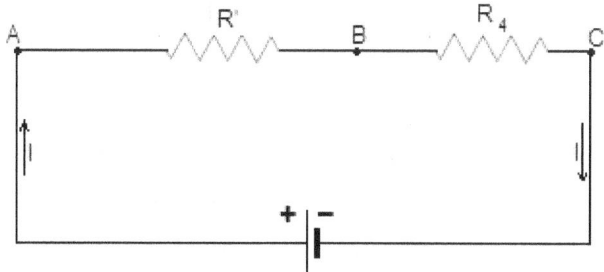

Como la resistencia R' y R_4 están conectadas en serie entonces la resistencia equivalente del circuito se determina:

$$R_{eq} = R' + R_4$$
$$R_{eq} = 20\ \Omega + 20\ \Omega$$
$$R_{eq} = 40\ \Omega$$

La figura final es:

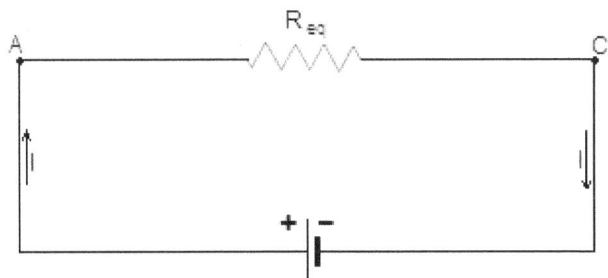

b) Como las resistencias R_1, R_2 y R_3 están conectadas en paralelo cada una de ellas estará sometida a un voltaje $V_{AB} = 60\,V$. De forma que los valores de I_1, I_2 e I_3, estarán calculada por:

$$R_1 = \frac{V_{AB}}{I_1} \implies I_1 = \frac{V_{AB}}{R_1} = \frac{60\,V}{40\,\Omega} = \frac{60\,\Omega \cdot A}{40\,\Omega} = 1,5\,A$$

$$R_2 = \frac{V_{AB}}{I_2} \implies I_2 = \frac{V_{AB}}{R_2} = \frac{60\,V}{120\,\Omega} = \frac{60\,\Omega \cdot A}{120\,\Omega} = 0,5\,A$$

$$R_3 = \frac{V_{AB}}{I_3} \implies I_3 = \frac{V_{AB}}{R_3} = \frac{60\,V}{60\,\Omega} = \frac{60\,\Omega \cdot A}{60\,\Omega} = 1\,A$$

c) El valor de la corriente total I será; en la conexión en paralelo, se determina sumando las intensidades de corriente calculadas anteriormente:

$$I = I_1 + I_2 + I_3$$

Sustituyendo:

$$I = 1,5\,A + 0,5\,A + 1\,A = 3\,A$$

Como la resistencia R_4 está conectada en serie con la resistencia R' entonces la intensidad de corriente que pasa por dicha resistencia es de $3\,A$.

Concluyendo el valor de la corriente total I proporcionada por la batería es de $3\,A$.

d) El valor de la diferencia de potencial V_{AC} se puede determinar de dos formas diferentes:

- Conociendo la resistencia equivalente R_{eq} y la intensidad de corriente total I, entonces:

$$R_{eq} = \frac{V_{AC}}{I} \implies V_{AC} = R_{eq} \cdot I = 40\,\Omega \cdot 3\,A = 120\,V$$

- La otra forma es calculando la diferencia de potencial V_{BC}, como conocemos la resistencia R_4 y la intensidad de corriente $I_4 = I = 3\,A$.

$$R_4 = \frac{V_{BC}}{I_4} \implies V_{BC} = R_4 \cdot I_4 = 20\,\Omega \cdot 3\,A = 60\,V$$

Entonces la diferencia de potencial V_{AC} se determina sumando V_{AB} y V_{BC}.

$$V_{AC} = V_{AB} + V_{BC} = 60\,V + 60\,V = 120\,V$$

2. En el circuito mostrado en la figura del ejercicio, tenemos que: $R_1 = 3\,\Omega$, $R_2 = 9\,\Omega$, $R_3 = 6\,\Omega$, $R_4 = 2\,\Omega$, $R_5 = 3\,\Omega$ y $R_6 = 6\,\Omega$; la fuerza electromotriz de la batería es $\varepsilon = 122,5\,V$ y su resistencia interna $R_i = 3\,\Omega$.
   a) ¿Cuál es la resistencia equivalente del circuito?
   b) ¿Cuál es el valor de la corriente total I proporcionada por la batería?
   c) ¿Cuál es la intensidad de corriente en cada una de las resistencias?
   d) ¿Qué valor tiene la diferencia de potencial V_{AD} establecida por la batería?

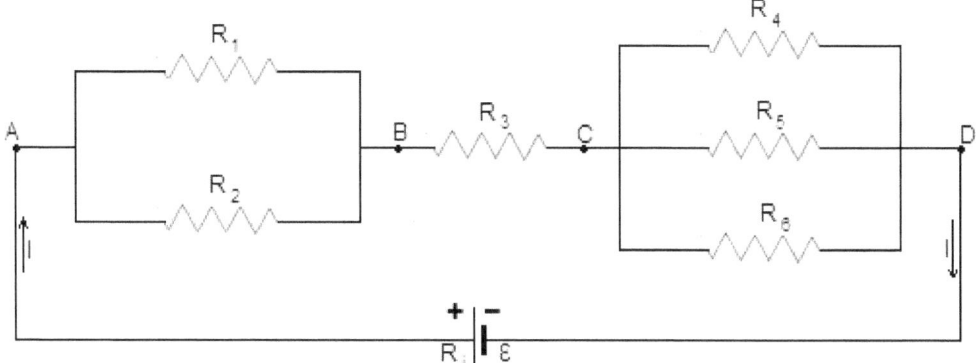

Figura del ejercicio 2.

Solución.

a) Como las resistencias R_1 y R_2 están conectadas en paralelo, entonces su resistencia equivalentes entre ella es:

$$\frac{1}{R'} = \frac{1}{R_1} + \frac{1}{R_2} \implies \frac{1}{R'} = \frac{1}{3\,\Omega} + \frac{1}{9\,\Omega} \implies \frac{1}{R'} = \frac{3+1}{9\,\Omega} \implies \frac{1}{R'} = \frac{4}{9\,\Omega} \implies R' = \frac{9\,\Omega}{4}$$

$$R' = 2{,}25\,\Omega$$

Como las resistencias R_4, R_5 y R_6 están conectadas en paralelo, entonces su resistencia equivalente entre ellas es:

$$\frac{1}{R''} = \frac{1}{R_4} + \frac{1}{R_5} + \frac{1}{R_6} \implies \frac{1}{R''} = \frac{1}{2\,\Omega} + \frac{1}{3\,\Omega} + \frac{1}{6\,\Omega} \implies \frac{1}{R''} = \frac{3+2+1}{6\,\Omega} \implies \frac{1}{R''} = \frac{6}{6\,\Omega}$$

$$R'' = \frac{6\,\Omega}{6} = 1\Omega$$

La figura del circuito queda:

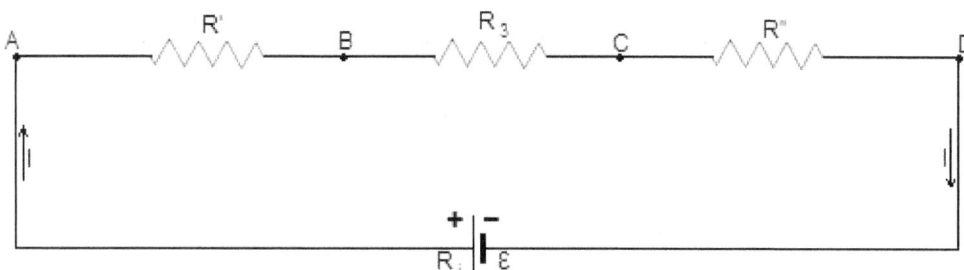

Como las resistencias R', R_3 y R'' están conectadas en serie entonces se puede calcular la resistencia equivalente R_{eq} del circuito:

$$R_{eq} = R' + R_3 + R'' = 2{,}25\,\Omega + 6\,\Omega + 1\,\Omega = 9{,}25\,\Omega$$

Quedando el esquema del circuito:

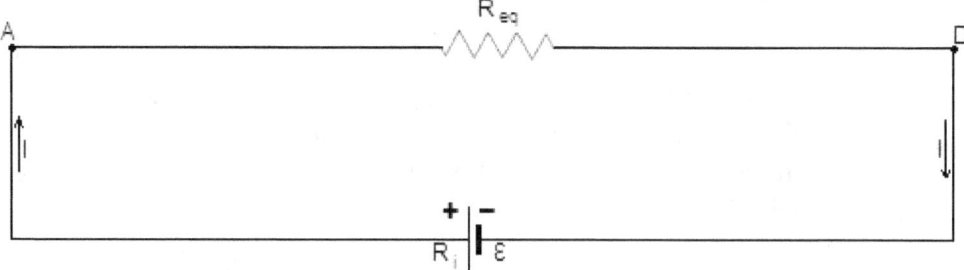

189

b) Como conocemos la fuerza electromotriz de la batería ε y la resistencia interna R_i, entonces la intensidad de corriente total I proporcionada por dicha batería es:

$$\varepsilon = I \cdot (R_e + R_i)$$

$$I = \frac{\varepsilon}{R_e + R_i} = \frac{122{,}5\,V}{9{,}25\,\Omega + 3\,\Omega} = \frac{122{,}5\,V}{12{,}25\,\Omega} = \frac{122{,}5\,\Omega \cdot A}{12{,}25\,\Omega} = 10\,A$$

c) Conociendo la intensidad de corriente total I y las resistencias R' y R'', podemos calcular las diferencias de potencial V_{AB} y V_{CD}, entonces:

$$R' = \frac{V_{AB}}{I} \quad \Rightarrow \quad V_{AB} = R' \cdot I = 2{,}25\,\Omega \cdot 10\,A = 22{,}5\,V$$

$$R'' = \frac{V_{CD}}{I} \quad \Rightarrow \quad V_{CD} = R'' \cdot I = 1\,\Omega \cdot 10\,A = 10\,V$$

Ahora podemos calcular la intensidad de corriente en cada una de las resistencias:

$$R_1 = \frac{V_{AB}}{I_1} \quad \Rightarrow \quad I_1 = \frac{V_{AB}}{R_1} = \frac{22{,}5\,V}{3\,\Omega} = \frac{22{,}5\,\Omega \cdot A}{3\,\Omega} = 7{,}5\,A$$

$$R_2 = \frac{V_{AB}}{I_2} \quad \Rightarrow \quad I_2 = \frac{V_{AB}}{R_2} = \frac{22{,}5\,V}{9\,\Omega} = \frac{22{,}5\,\Omega \cdot A}{9\,\Omega} = 2{,}5\,A$$

Como podemos observar las resistencias R_1 y R_2 están conectadas en paralelo entonces las sumas de las intensidad I_1 y I_2 nos da igual a la intensidad de corriente total $10\,A$.

Tenemos que la resistencia R_3 está conectada en serie con respecto a las otras resistencias entonces, la intensidad de corriente a través de R_3, es igual a $10\,A$, o sea:

$$I_3 = I \quad \Rightarrow \quad I_3 = 10\,A$$

Como podemos observar en la figura del ejercicio las resistencias R_4, R_5 y R_6 están conectadas en paralelo, entonces las intensidades de corriente I_4, I_5 y I_6 se determinan despejando I en la expresión que defina la ley de Ohm:

$$R_4 = \frac{V_{CD}}{I_4} \quad \Rightarrow \quad I_4 = \frac{V_{CD}}{R_4} = \frac{10\,V}{2\,\Omega} = \frac{10\,\Omega \cdot A}{2\,\Omega} = 5\,A$$

$$R_5 = \frac{V_{CD}}{I_5} \quad \Rightarrow \quad I_5 = \frac{V_{CD}}{R_5} = \frac{10\,V}{3\,\Omega} = \frac{10\,\Omega \cdot A}{3\,\Omega} = \frac{10}{3}\,A$$

$$R_6 = \frac{V_{CD}}{I_6} \quad \Rightarrow \quad I_6 = \frac{V_{CD}}{R_6} = \frac{10\,V}{6\,\Omega} = \frac{10\,\Omega \cdot A}{6\,\Omega} = \frac{10}{6}\,A = \frac{5}{3}\,A$$

Como podemos observar la suma de las tres intensidades I_4, I_5 y I_6 es igual a la intensidad de la corriente total en el circuito principal o sea:

$$I = I_4 + I_5 + I_6 = 5\,A + \frac{10}{3}\,A + \frac{5}{3}\,A = \frac{15\,A + 10\,A + 5\,A}{3} = \frac{30\,A}{3} = 10\,A$$

d) La diferencia de potencial V_{AD}, se puede calcular de dos formas:

- Como conocemos La resistencia equivalente del circuito $R_{eq} = 9{,}25\,\Omega$ y la intensidad de corriente total $10\,A$, entonces aplicando la expresión que define la ley de Ohm:

$$R_{eq} = \frac{V_{AD}}{I} \quad \Rightarrow \quad V_{AD} = R_{eq} \cdot I = 9{,}25\,\Omega \cdot 10\,A = 92{,}5\,V$$

- La otra forma es determinando la diferencia de potencial V_{BC}, y observando la primera figura reducida del ejercicio, se suman las tres diferencias de potencial:

$$R_3 = \frac{V_{BC}}{I_3} \implies V_{BC} = R_3 \cdot I_3 = 6\,\Omega \cdot 10\,A = 60\,V$$

Entonces:

$$V_{AD} = V_{AB} + V_{BC} + V_{CD} = 22,5\,V + 60\,V + 10\,V = 92,5\,V$$

3. En el circuito que se muestra a continuación:

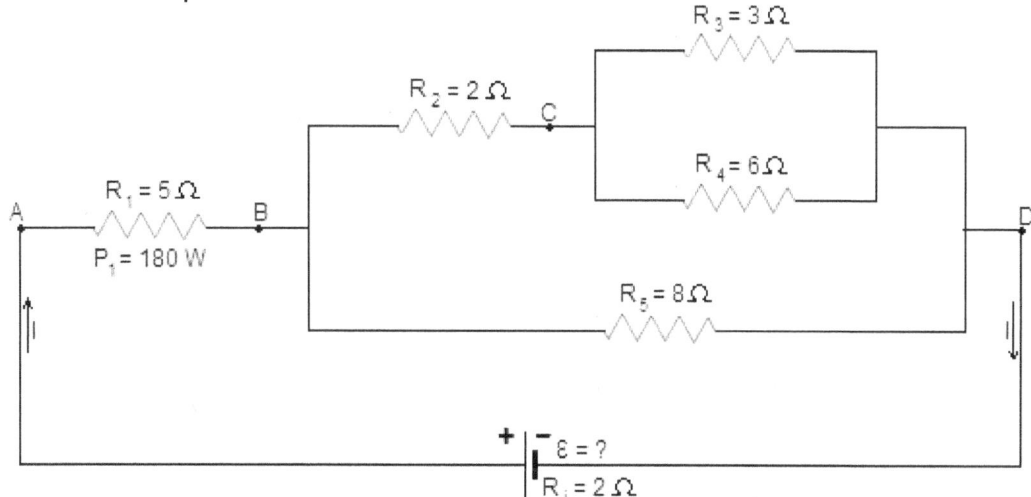

Calcular:

a) La resistencia equivalente R_{eq} del circuito.

b) La intensidad de corriente total I en el circuito principal.

c) La fuerza electromotriz del generador.

Solución.

a) Comenzamos calculando la resistencia equivalente R' entre las resistencias R_3 y R_4, que están conectadas en paralelo:

$$\frac{1}{R'} = \frac{1}{R_3} + \frac{1}{R_4} \implies \frac{1}{R'} = \frac{1}{3\,\Omega} + \frac{1}{6\,\Omega} \implies \frac{1}{R'} = \frac{2+1}{6\,\Omega} \implies \frac{1}{R'} = \frac{3}{6\,\Omega} \implies R' = \frac{6\,\Omega}{3}$$
$$R' = 2\,\Omega$$

Luego tenemos que las resistencias R_2 y R' están conectadas en serie, entonces la resistencia equivalente R'' entre dichas cargas nos queda:
$$R'' = R_2 + R' = 2\,\Omega + 2\,\Omega = 4\,\Omega$$

La figura del circuito queda:

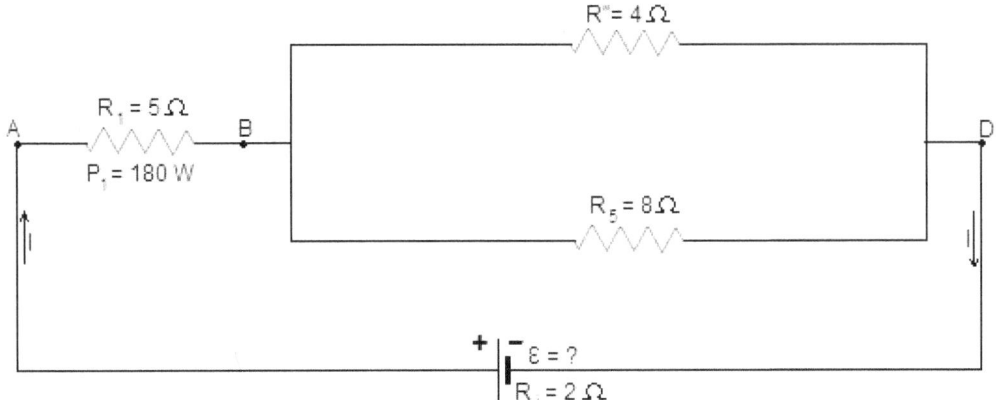

Como las resistencias R'' y R_5 están conectadas en paralelo, entonces la resistencia equivalente R''' entre dichas cargas nos queda:

$$\frac{1}{R'''} = \frac{1}{R''} + \frac{1}{R_5} \implies \frac{1}{R'''} = \frac{1}{4\,\Omega} + \frac{1}{8\,\Omega} \implies \frac{1}{R'''} = \frac{2+1}{8\,\Omega} \implies \frac{1}{R'''} = \frac{3}{8\,\Omega}$$

$$R''' = \frac{8}{3}\,\Omega$$

La figura del circuito queda:

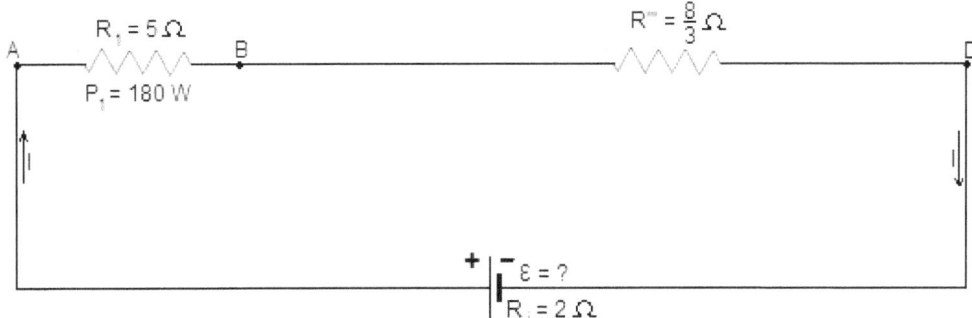

Observando la última figura las resistencias R_1 y R''' quedaron conectadas en serie, entonces la resistencia equivalente R_{eq} del circuito:

$$R_{eq} = R_1 + R'''$$

$$R_{eq} = 5\,\Omega + \frac{8}{3}\,\Omega = \frac{15\,\Omega + 8\,\Omega}{3} = \frac{23}{3}\,\Omega$$

Quedando la figura definitiva del circuito:

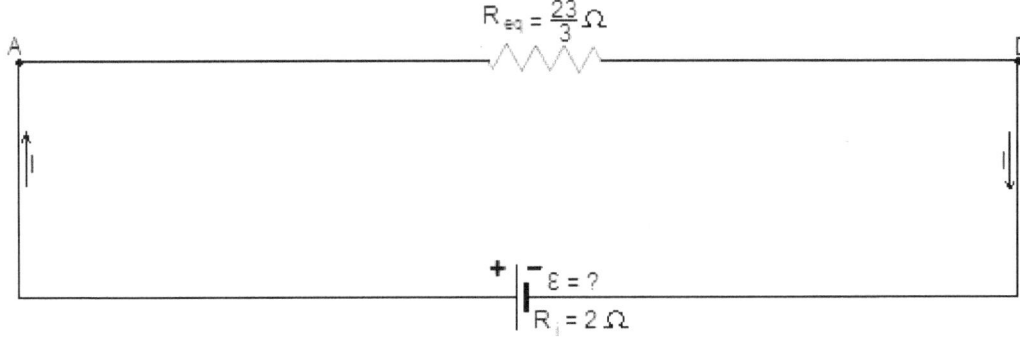

b) Como conocemos la resistencia R_1 y la potencia eléctrica P_1 podemos calcular la intensidad de corriente I_1, entonces:

192

$$P_1 = I_1 \cdot V_{AB}$$
Como $V_{AB} = I_1 \cdot R_1$ sustituyendo en P_1 tenemos que:
$$P_1 = I_1 \cdot (I_1 \cdot R_1) \quad \Longrightarrow \quad P_1 = I_1^2 \cdot R_1$$
Despejando la intensidad de corriente I_1, tenemos:

$$I_1^2 = \frac{P_1}{R_1} \quad \Longrightarrow \quad I_1 = \sqrt{\frac{P_1}{R_1}} = \sqrt{\frac{180\,W}{5\,\Omega}} = \sqrt{\frac{180\,A^2 \cdot \Omega}{5\,\Omega}} = \sqrt{36\,A^2} = 6\,A$$

Como la resistencia R_1 está conectada en serie con respecto a las otras resistencias, entonces la intensidad de corriente total I que pasa por el circuito es igual a I_1, de aquí que:
$$I = I_1 \quad \Longrightarrow \quad I = 6\,A$$

c) La fuerza electromotriz del generador, se calcula por:
$$\varepsilon = I \cdot \left(R_{eq} + R_i\right)$$
$$\varepsilon = 6\,A \cdot \left(\frac{23}{3}\,\Omega + 2\,\Omega\right) = 6\,A \cdot \left(\frac{23\,\Omega + 6\,\Omega}{3}\right) = 6\,A \cdot \frac{29\,\Omega}{3} = \frac{174\,V}{3} = 58\,V$$
Concluyendo la fuerza electromotriz del generador es $\varepsilon = 58\,V$.

4. En el circuito mostrado a continuación:

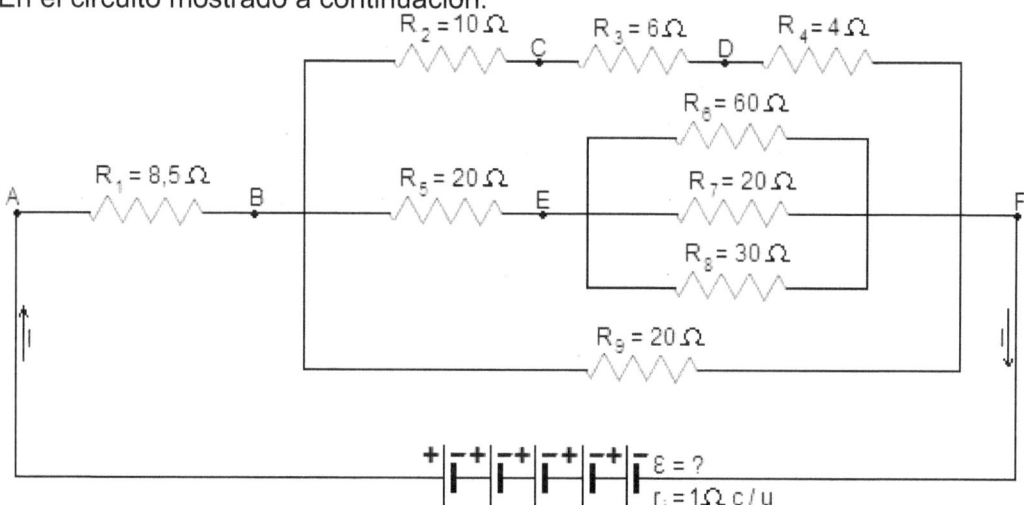

a) ¿Cuál es la resistencia equivalente R_{eq} del circuito?

b) Sabiendo que por la resistencia uno pasa una corriente $I_1 = 3A$, determinar las intensidades de corriente I_2, I_5 e I_9 y la diferencia de potencial entre A y F: V_{AF}

c) ¿Cuál es la fuerza electromotriz del generador?

d) ¿Cuál es la potencia eléctrica disipada en la resistencia cinco: P_5?
    Solución.

a) Las resistencias R_1, R_2 y R_3 están conectadas en serie, entonces la resistencia equivalente R' entre ellas es:
$$R' = R_2 + R_3 + R_4 = 10\,\Omega + 6\,\Omega + 4\,\Omega = 20\,\Omega$$
Las resistencias R_6, R_7 y R_8 están conectadas en paralelo, entonces la resistencia equivalente R'' entre ellas es:
$$\frac{1}{R''} = \frac{1}{R_6} + \frac{1}{R_7} + \frac{1}{R_8} \quad \Longrightarrow \quad \frac{1}{R''} = \frac{1}{60\,\Omega} + \frac{1}{20\,\Omega} + \frac{1}{30\,\Omega} \quad \Longrightarrow \quad \frac{1}{R''} = \frac{1 + 3 + 2}{60\,\Omega}$$
$$\frac{1}{R''} = \frac{6}{60\,\Omega} \quad \Longrightarrow \quad R'' = \frac{60\,\Omega}{6} = 10\,\Omega$$

Las resistencias R_5 y R'' están conectadas en serie, entonces la resistencia equivalente R''' entre ellas es:

$$R''' = R_5 + R'' = 20\ \Omega + 10\ \Omega = 30\ \Omega$$

La figura del circuito queda:

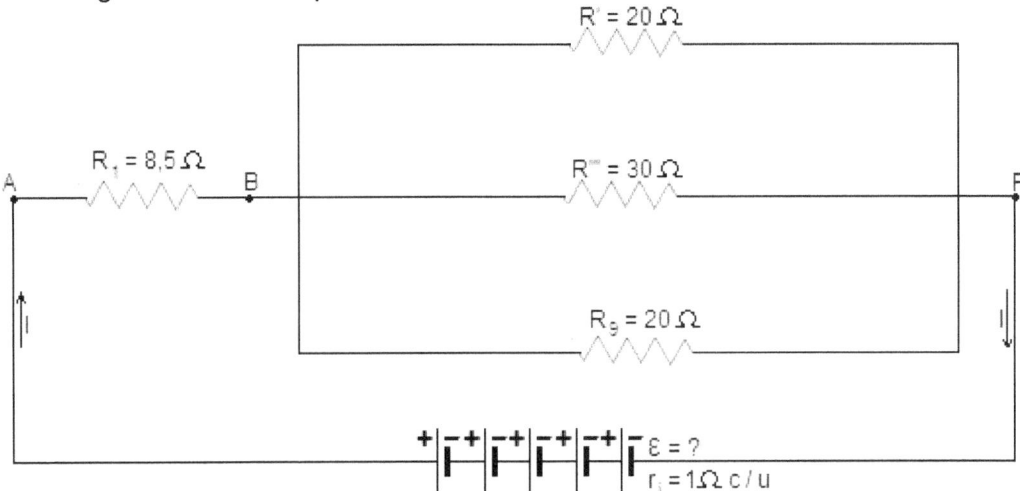

Las resistencias R', R''' y R_9 están conectadas en paralelo, entonces la resistencia equivalente R'''' entre ellas es:

$$\frac{1}{R''''} = \frac{1}{R'} + \frac{1}{R'''} + \frac{1}{R_9} \quad \Rightarrow \quad \frac{1}{R''''} = \frac{1}{20\ \Omega} + \frac{1}{30\ \Omega} + \frac{1}{20\ \Omega} \quad \Rightarrow \quad \frac{1}{R''} = \frac{3 + 2 + 3}{60\ \Omega}$$

$$\frac{1}{R''''} = \frac{8}{60\ \Omega} \quad \Rightarrow \quad R'' = \frac{60\ \Omega}{8} = 7,5\ \Omega$$

La figura del circuito se reduce a:

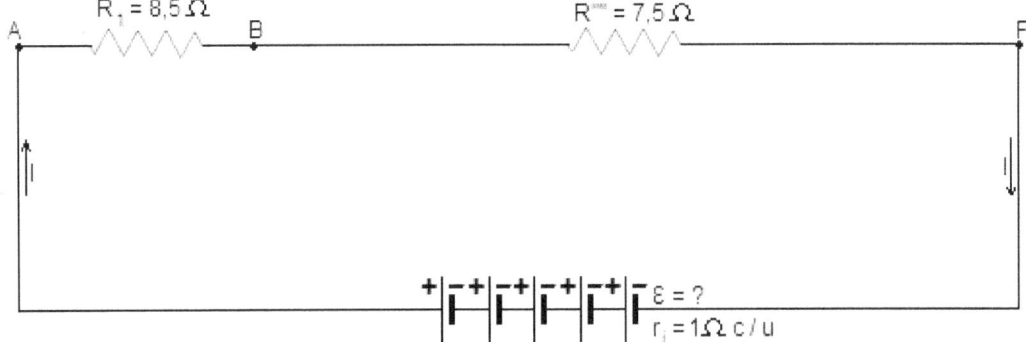

Las resistencias R_1 y R'''' están conectadas en serie, entonces la resistencia equivalente R_{eq} del circuito:

$$R_{eq} = R_1 + R'''' = 8,5\ \Omega + 7,5\ \Omega = 16\ \Omega$$

Quedando la figura definitiva del circuito:

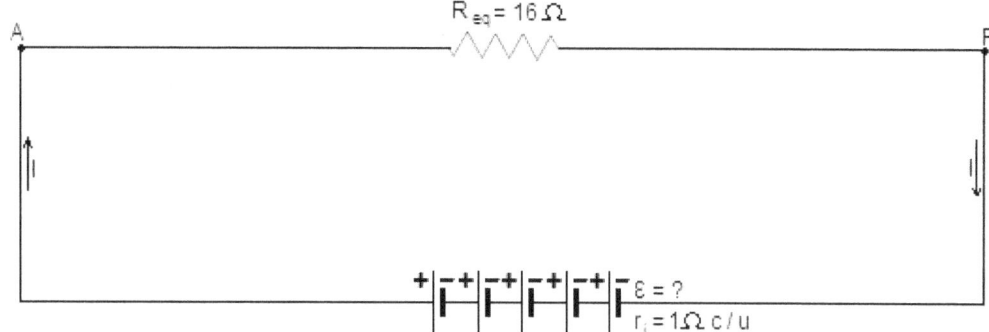

b) Como la intensidad de corriente total del circuito I es igual I_1 ya que la resistencia uno R_1 está conectada con las demás resistencia en serie, entonces: $I = I_1 = 3\,A$

Para calcular las intensidades de corriente I_2, I_5 e I_9, tenemos que determinar primero la diferencia de potencial V_{BF}, como la resistencia R_1 y R'''', están conectadas en serie por ellas pasa una intensidad de corriente $I = 3\,A$, aplicando la expresión que define la ley de Ohm, tenemos:

$$R'''' = \frac{V_{BF}}{I} \quad \Rightarrow \quad V_{BF} = R'''' \cdot I = 7,5\,\Omega \cdot 3\,A = 22,5\,V$$

Se puede observar en la segunda figura del ejercicio que las resistencias R', R''' y R_5 están conectadas en paralelo, entonces tienen una misma diferencia de potencial y la intensidad de corriente I se distribuye entre ellas:

Ahora bien las intensidades de corriente I_2, I_5 e I_9:

$$R' = \frac{V_{BF}}{I'} \quad \Rightarrow \quad I' = \frac{V_{BF}}{R'} = \frac{22,5\,V}{20\,\Omega} = \frac{22,5\,\Omega \cdot A}{20\,\Omega} = 1,125\,A$$

Donde $I' = I_2 = I_3 = I_4 = 1,125\,A$ ya que la conexión esta en serie, concluyendo $I_2 = 1,125\,A$.

Continuando:

$$R''' = \frac{V_{BF}}{I''} \quad \Rightarrow \quad I'' = \frac{V_{BF}}{R'''} = \frac{22,5\,V}{30\,\Omega} = \frac{22,5\,\Omega \cdot A}{30\,\Omega} = 0.75\,A$$

Donde $I'' = I_5 \quad \Rightarrow \quad I_5 = 0,75\,A$. (Recordemos que la resistencia R_5 está en serie con la resistencia R'')

Por último:

$$R_9 = \frac{V_{BF}}{I_9} \quad \Rightarrow \quad I_9 = \frac{V_{BF}}{R_9} = \frac{22,5\,V}{20\,\Omega} = \frac{22,5\,\Omega \cdot A}{20\,\Omega} = 0,125\,A$$

Como conocemos la intensidad de corriente $I = 3\,A$ y la resistencia equivalente $R_{eq} = 16\,\Omega$, entonces la diferencia de potencial V_{AF}:

$$R_{eq} = \frac{V_{AF}}{I} \quad \Rightarrow \quad V_{AF} = R_{eq} \cdot I = 16\,\Omega \cdot 3\,A = 48\,V$$

c) Antes de calcular la fuerza electromotriz ε, hay que determinar la resistencia interna del generador ya que en cada una de las pilas tiene una resistencia interna de $1\,\Omega$, entonces:

$$R_i = n \cdot r_i = 5 \cdot 1\,\Omega = 5\,\Omega$$

Recordemos que la resistencia total R_T se determina $R_T = R_{eq} + R_i$, entonces:

$$\varepsilon = I \cdot R_T \quad \Rightarrow \quad \varepsilon = I \cdot (R_{eq} + R_i) = 3\,A \cdot (16\,\Omega + 5\,\Omega) = 3\,A \cdot 21\,\Omega = 63\,V$$

195

d) Como conocemos la diferencia de potencial V_{BF} y la intensidad de corriente I_5 entonces la potencia eléctrica P_5, se obtiene:

$$P_5 = V_{BF} \cdot I_5 = 22{,}5\ V \cdot 0{,}75\ A = 16{,}875\ W$$

5. En el circuito mostrado en la figura siguiente:

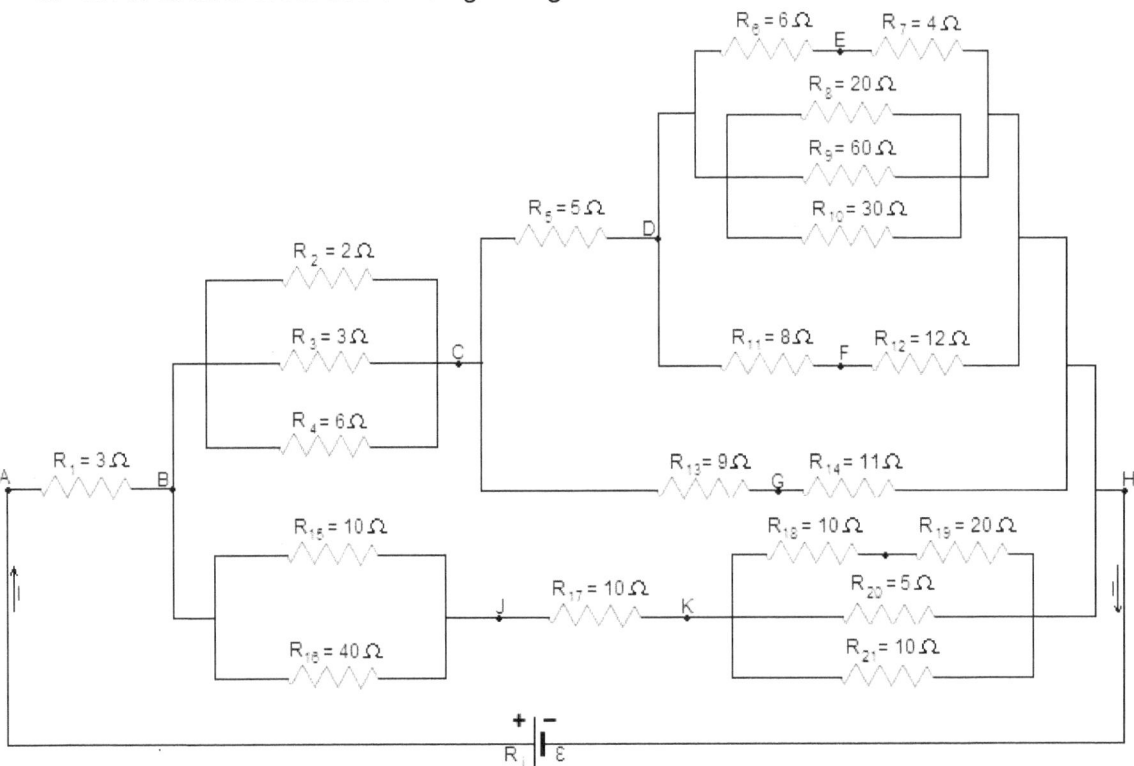

Sabiendo que la diferencia de potencial $V_{AH} = 220{,}8\ V$, calcular:
a) La resistencia equivalente R_{eq} del circuito.
b) La intensidad de corriente total I en el circuito principal.
c) La potencia eléctrica disipada en la resistencia uno: P_1
   Solución.
a) Las resistencias R_2, R_3 y R_4 están conectadas en paralelo, entonces la resistencia equivalente R^I entre ellas es:

$$\frac{1}{R^I} = \frac{1}{R_2} + \frac{1}{R_3} + \frac{1}{R_4} \implies \frac{1}{R^I} = \frac{1}{2\ \Omega} + \frac{1}{3\ \Omega} + \frac{1}{6\ \Omega} \implies \frac{1}{R^I} = \frac{3+2+1}{6\ \Omega} \implies \frac{1}{R^I} = \frac{6}{6\ \Omega}$$

$$R^I = \frac{6\ \Omega}{6} = 1\ \Omega$$

Las resistencias R_8, R_9 y R_{10} están conectadas en paralelo, entonces la resistencia equivalente R^{II} entre ellas es:

$$\frac{1}{R^{II}} = \frac{1}{R_8} + \frac{1}{R_9} + \frac{1}{R_{10}} \implies \frac{1}{R^{II}} = \frac{1}{20\ \Omega} + \frac{1}{60\ \Omega} + \frac{1}{30\ \Omega} \implies \frac{1}{R^{II}} = \frac{3+1+2}{60\ \Omega}$$

$$\frac{1}{R^{II}} = \frac{6}{60\ \Omega} \implies R^I = \frac{60\ \Omega}{6} = 10\ \Omega$$

Las resistencias R_{15} y R_{16} están conectadas en paralelo, entonces la resistencia equivalente R^{III} entre ellas es:

$$\frac{1}{R^{III}} = \frac{1}{R_{15}} + \frac{1}{R_{16}} \implies \frac{1}{R^{III}} = \frac{1}{10\ \Omega} + \frac{1}{40\ \Omega} \implies \frac{1}{R^{III}} = \frac{4+1}{40\ \Omega} \implies \frac{1}{R^{III}} = \frac{5}{40\ \Omega}$$

196

$$R^{III} = \frac{40\ \Omega}{5} = 8\ \Omega$$

Las resistencias R_6 y R_7 están conectadas en serie, entonces la resistencia equivalente R^{IV} entre ellas es:

$$R^{IV} = R_6 + R_7 = 6\ \Omega + 4\ \Omega = 10\ \Omega$$

Las resistencias R_{11} y R_{12} están conectadas en serie, entonces la resistencia equivalente R^V entre ellas es:

$$R^V = R_{11} + R_{12} = 8\ \Omega + 12\ \Omega = 20\ \Omega$$

Las resistencias R_{13} y R_{14} están conectadas en serie, entonces la resistencia equivalente R^V entre ellas es:

$$R^{VI} = R_{13} + R_{14} = 9\ \Omega + 11\ \Omega = 20\ \Omega$$

Las resistencias R_{18} y R_{19} están conectadas en serie, entonces la resistencia equivalente R^{VII} entre ellas es:

$$R^{VII} = R_{18} + R_{19} = 10\ \Omega + 20\ \Omega = 30\ \Omega$$

La figura del circuito queda:

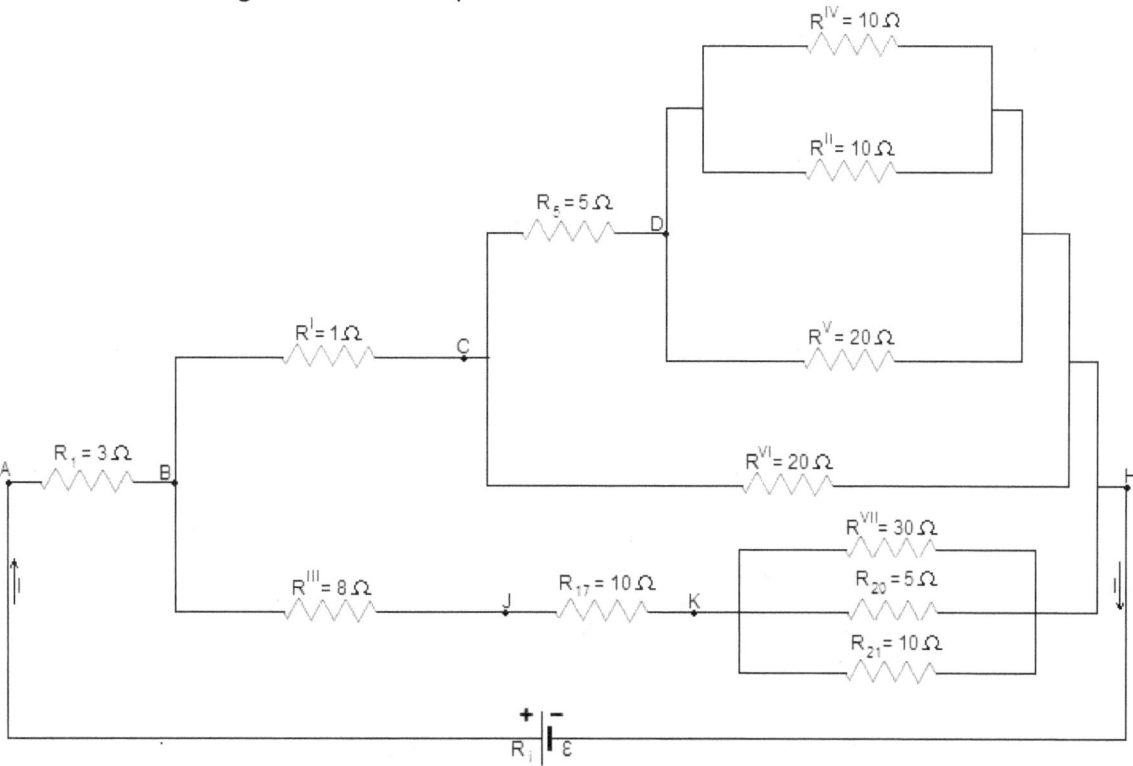

Continuando las resistencias R^{IV} y R^{II} están conectadas en paralelo, entonces la resistencia equivalente R^{VIII} entre ellas es:

$$\frac{1}{R^{VIII}} = \frac{1}{R^{IV}} + \frac{1}{R^{II}} \implies \frac{1}{R^{VIII}} = \frac{1}{10\ \Omega} + \frac{1}{10\ \Omega} \implies \frac{1}{R^{III}} = \frac{1+1}{10\ \Omega} \implies \frac{1}{R^{VIII}} = \frac{2}{10\ \Omega}$$

$$R^{VIII} = \frac{10\ \Omega}{2} = 5\ \Omega$$

Las resistencias R^{VIII} y R^V están conectadas en paralelo, entonces la resistencia equivalente R^{IX} entre ellas es:

$$\frac{1}{R^{IX}} = \frac{1}{R^{VIII}} + \frac{1}{R^V} \implies \frac{1}{R^{IX}} = \frac{1}{5\ \Omega} + \frac{1}{20\ \Omega} \implies \frac{1}{R^{IX}} = \frac{4+1}{20\ \Omega} \implies \frac{1}{R^{IX}} = \frac{5}{20\ \Omega}$$

$$R^{IX} = \frac{20\ \Omega}{5} = 4\ \Omega$$

Las resistencias R_5 y R^{IX} están conectadas en serie, entonces la resistencia equivalente R^X entre ellas es:
$$R^X = R_5 + R^{IX} = 5\ \Omega + 4\ \Omega = 9\ \Omega$$

Las resistencias R^{VII}, R_{20} y R_{21} están conectadas en paralelo, entonces la resistencia equivalente R^{XI} entre ellas es:
$$\frac{1}{R^{XI}} = \frac{1}{R^{VII}} + \frac{1}{R_{20}} + \frac{1}{R_{21}} \implies \frac{1}{R^{XI}} = \frac{1}{30\ \Omega} + \frac{1}{5\ \Omega} + \frac{1}{10\ \Omega} \implies \frac{1}{R^{XI}} = \frac{1 + 6 + 3}{30\ \Omega}$$
$$\frac{1}{R^{XI}} = \frac{10}{30\ \Omega} \implies R^{XI} = \frac{30\ \Omega}{10} = 3\ \Omega$$

La figura del circuito queda reducida:

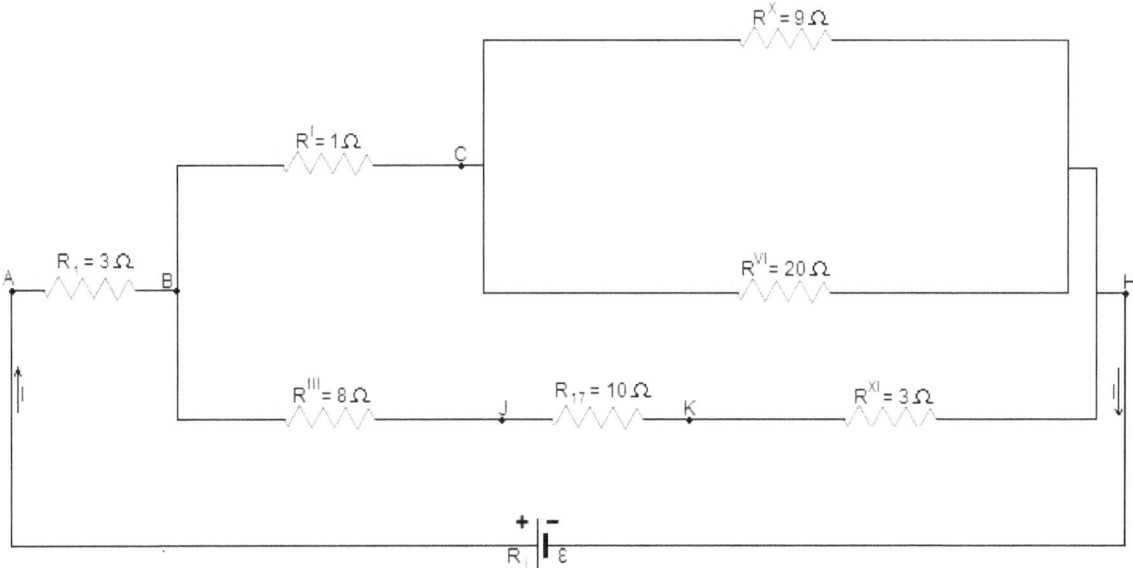

Continuando las resistencias R^X y R^{VI} están conectadas en paralelo, entonces la resistencia equivalente R^{XII} entre ellas es:
$$\frac{1}{R^{XII}} = \frac{1}{R^X} + \frac{1}{R^{VI}} \implies \frac{1}{R^{XII}} = \frac{1}{9\ \Omega} + \frac{1}{20\ \Omega} \implies \frac{1}{R^{XII}} = \frac{20 + 9}{180\ \Omega} \implies \frac{1}{R^{XII}} = \frac{29}{180\ \Omega}$$
$$R^{VIII} = \frac{180}{29}\ \Omega$$

Las resistencias R^I y R^{XII} están conectadas en serie, entonces la resistencia equivalente R^{XIII} entre ellas es:
$$R^{XIII} = R^I + R^{XII} = 1\ \Omega + \frac{180}{29}\ \Omega = \frac{29\ \Omega + 180\ \Omega}{29} = \frac{209}{29}\ \Omega$$

Las resistencias R^{III}, R_{17} y R^{XI} están conectadas en serie, entonces la resistencia equivalente R^{XIV} entre ellas es:
$$R^{XIV} = R^{III} + R_{17} + R^{XI} = 8\ \Omega + 10\ \Omega + 3\ \Omega = 21\ \Omega$$

La figura del circuito queda reducida:

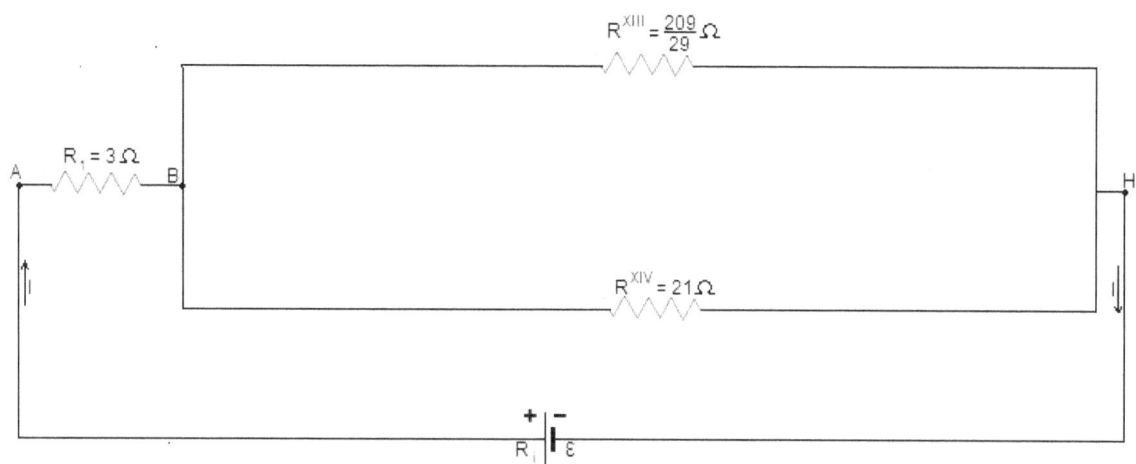

Continuando las resistencias R^{XIII} y R^{XIV} están conectadas en paralelo, entonces la resistencia equivalente R^{XV} entre ellas es:

$$\frac{1}{R^{XV}} = \frac{1}{R^{XIII}} + \frac{1}{R^{XIV}} \implies \frac{1}{R^{XV}} = \frac{1}{\frac{209}{29}\,\Omega} + \frac{1}{21\,\Omega} \implies \frac{1}{R^{XV}} = \frac{29}{209\,\Omega} + \frac{1}{21\,\Omega}$$

$$\frac{1}{R^{XV}} = \frac{21 + 209}{4389\,\Omega} \implies \frac{1}{R^{XII}} = \frac{230}{4389\,\Omega} \implies R^{VIII} = \frac{4389}{230}\,\Omega$$

Las resistencias R_1 y R^{XV} están conectadas en serie, entonces la resistencia equivalente R_{eq} del circuito:

$$R_{eq} = R_1 + R^{XV} = 3\,\Omega + \frac{4389}{230}\,\Omega = \frac{690\,\Omega + 4389\,\Omega}{230} = \frac{5079}{230}\,\Omega = 22{,}08\,\Omega$$

Quedando la figura definitiva del circuito:

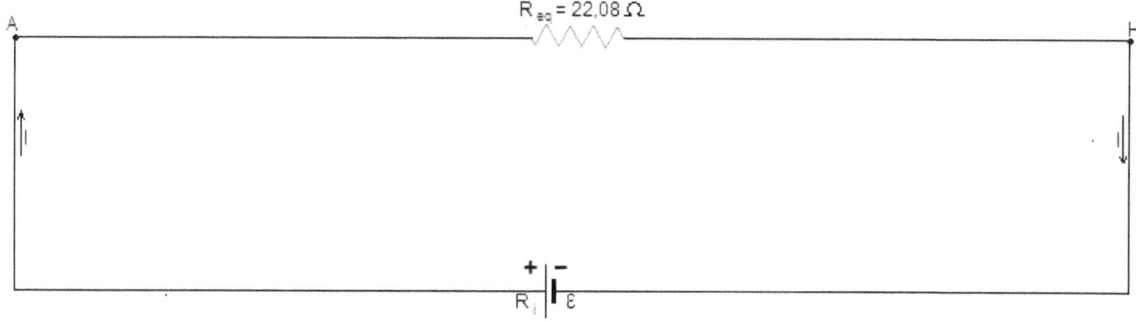

b) Aplicando la expresión define la ley de Ohm, podemos despejar la intensidad de corriente total I en el circuito:

$$R_{eq} = \frac{V_{AH}}{I} \implies I = \frac{V_{AH}}{R_{eq}} = \frac{220{,}8\,V}{22{,}08\,\Omega} = \frac{220{,}8\,\Omega \cdot A}{22{,}08\,\Omega} = 10\,A$$

c) Tenemos que la potencia eléctrica P_1, se determina por la expresión $P_1 = V_{AB} \cdot I_1$, como la resistencia R_1 está conectada en serie con respecto a las otras resistencias del circuito, entonces podemos concluir que $I_1 = I = 10\,A$. Como $R_1 = V_{AB}/I_1$ despejando la diferencia de potencial V_{AB}, obtenemos que $V_{AB} = R_1 \cdot I_1$. Sustituyendo en P_1:

$$P_1 = (R_1 \cdot I_1) \cdot I_1 = R_1 \cdot I_1{}^2 = 3\,\Omega \cdot (10\,A)^2 = 3\,\Omega \cdot 100\,A^2 = 3\,\frac{V}{A} \cdot 100\,A^2$$
$$= 300\,V \cdot A = 300\,W$$

Concluimos que la potencia eléctrica P_1 es igual a $300\,W$.

ACTIVIDADES

Responda brevemente las actividades del 1 al 7, dadas a continuación:
1. La figura de este ejercicio muestra tres lámparas, cuyos filamentos poseen resistencias R_1, R_2 y R_3, conectadas a los polos de una batería.

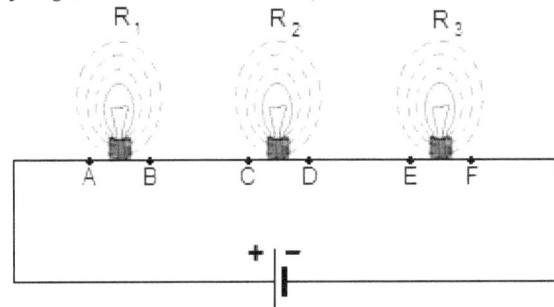

Figura del ejercicio 1.

Observando la figura y sabiendo que $V_{AB} = 8\,V$, $V_{CD} = 6\,V$ y $V_{EF} = 12\,V$, conteste las preguntas siguientes:
   a) La corriente que pasa por la resistencia R_1, ¿es mayor, menor o igual a la que pasa por R_2?
   b) La corriente que pasa por la resistencia R_2, ¿es mayor, menor o igual a la que pasa por R_3?
   c) El valor de la resistencia R_1, ¿es mayor, menor o igual al de la resistencia R_2?
   d) El valor de la resistencia R_2, ¿es mayor, menor o igual al de la resistencia R_3?
   e) ¿Cuánto vale la diferencia de potencial existente entre los polos de la batería V_{AF}?

2. Las tres lámpara del ejercicio anterior se conectaran en la forma indicada en la figura de este ejercicio, a una batería que mantiene entre los polos una diferencia de potencial de $8\,V$.

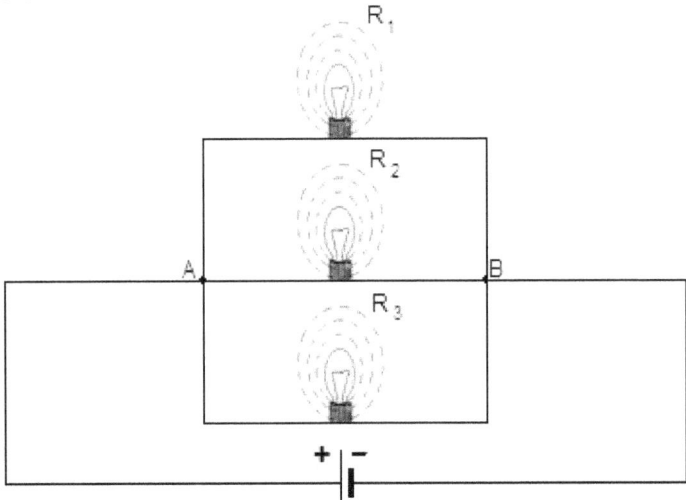

Figura del ejercicio 2.

   a) ¿Cuál es la diferencia de potencial aplicado en la resistencia R_1?, ¿Y en R_2?, ¿Y en R_3?
   b) La corriente que pasa por R_1, ¿es mayor, menor o igual a la que pasa por R_2?
   c) La corriente que pasa por R_2, ¿es mayor, menor o igual a la que pasa por R_3?

3. Supongamos en la figura del ejercicio, las resistencias tienen los valores $R_1 = 20\,\Omega$, $R_2 = 16\,\Omega$ y $R_3 = 14\,\Omega$. Sabemos que la batería establece en el circuito una diferencia de potencial $V_{AD} = 100\,V$.

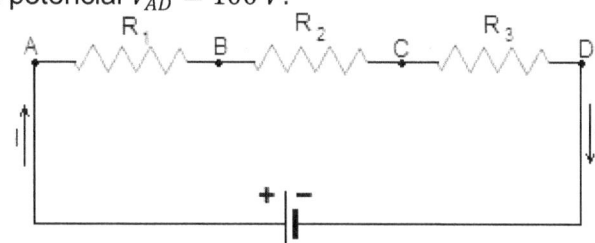

Figura del ejercicio 3.

a) ¿Cuál es el valor de la resistencia equivalente de la conexión?

b) ¿Cuál es la intensidad de corriente que pasa por R_1?, ¿Y por R_2? , ¿Y por R_3?

c) ¿Cuánto valen las diferencia de potencial V_{AB} , V_{BC} y V_{CD}?

4. Tres resistencias R_1 , R_2 y R_3 siendo $R_1 = R_2 = R_3 = 15\,\Omega$, se conectan en paralelo a una batería que aplica a la conexión una diferencia potencial de $30\,V$.

a) Realice una figura esquemática de este circuito.

b) ¿Cuál es la resistencia equivalente de la conexión?

c) ¿Qué corriente eléctrica pasa por cada una de las resistencias R_1 , R_2 y R_3?

d) ¿Qué corriente eléctrica total I proporcionada por la batería?

5. En el ejercicio anterior suponga que una cuarta resistencia R_4, también igual a $15\,\Omega$, se conecta en paralelo a las otras tres. Sabiendo que la diferencia de potencial establecido por la batería permanece inalterado, conteste:

a) La resistencia equivalente de la conexión, ¿disminuye, aumenta o no se modifica?

b) Las intensidades de las corrientes eléctricas que pasan por R_1 , R_2 , R_3 y R_4, ¿disminuye, aumenta o no cambia?

c) ¿Cuál es el valor de la intensidad de corriente que pasa por la resistencia R_4?

d) La corriente total proporcionada por la batería, ¿disminuye, aumenta o no cambia?

6. Considerando el circuito que se muestra en la figura del ejercicio, y sabiendo que la diferencia de potencial entre los polos de la pila es de $3,6\,V$.

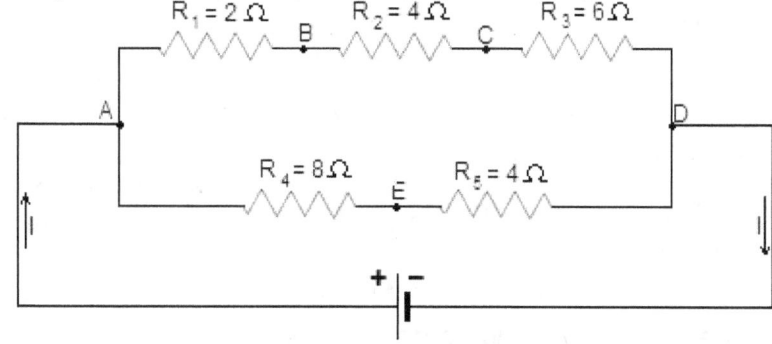

Figura del ejercicio 6.

Calcular:

a) La resistencia equivalente de las de las resistencias R_1 , R_2 y R_3.

b) La resistencia equivalente de las de las resistencias R_4 y R_5.

c) La resistencia equivalente R_{eq} del circuito.

d) El valor de la corriente que la pila suministra al circuito

7. En el circuito mostrado en la figura a continuación:

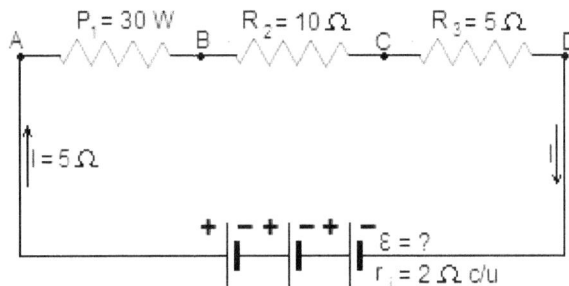

Calcular:
a) La resistencia uno: R_1
b) La resistencia equivalente del circuito: R_{eq}
c) La diferencia de potencial entre los puntos C y D: V_{CD}
d) La potencia eléctrica disipada en la resistencia tres: P_3
e) La resistencia interna R_i del generador.
f) El valor de la fuerza electromotriz del generador.

8. El circuito mostrado en la figura a continuación:

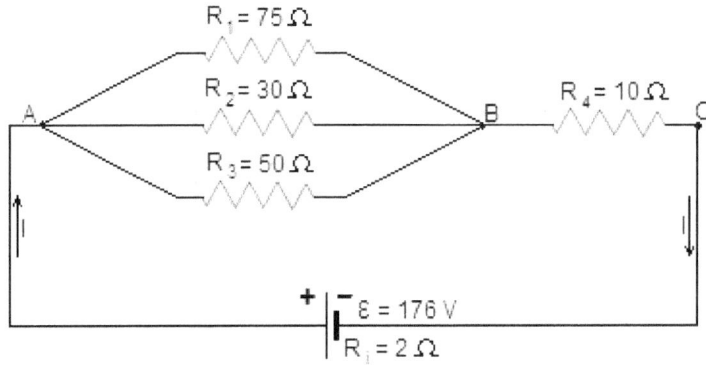

a) ¿Cuál es la resistencia equivalente R_{eq} del circuito?
b) ¿Cuál es la intensidad de corriente total I del circuito?
c) Determinar las diferencias de potencial eléctrico: V_{AB} y V_{AC}.
d) Determine la diferencia de potencial entre A y C: V_{AC}
e) Determine la potencia eléctrica disipada en la resistencia cuatro: P_4

9. En las figuras mostradas en la actividad hay una serie de casillas cada una de ellas identificadas por una letra en la que debe colocarse los resultados expresados en un mismo sistema de unidades, de los diferentes problemas de aplicación de circuitos eléctricos, luego efectuar las operaciones hasta concluir el resultado dado.
Realizar los problemas en un cuaderno, hojas o block.

+ En el circuito de la figura del ejercicio, tenemos que la diferencia de potencial eléctrico es $V_{AD} = 180\,V$. Calcular:
(a) La resistencia equivalente R_{eq} del circuito.
(b) La intensidad de corriente total I que proporciona la batería al circuito.
(c) La fuerza electromotriz de la batería.
(d) El valor de la potencia eléctrica suministrada en la resistencia cinco: P_5

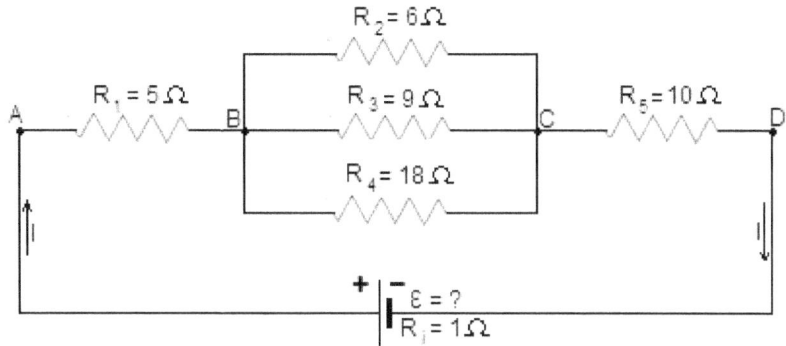

✦ En el circuito de la figura del ejercicio, la fuerza electromotriz de la batería es $\varepsilon = 180\,V$ y su resistencia interna es $R_i = 5\,\Omega$.

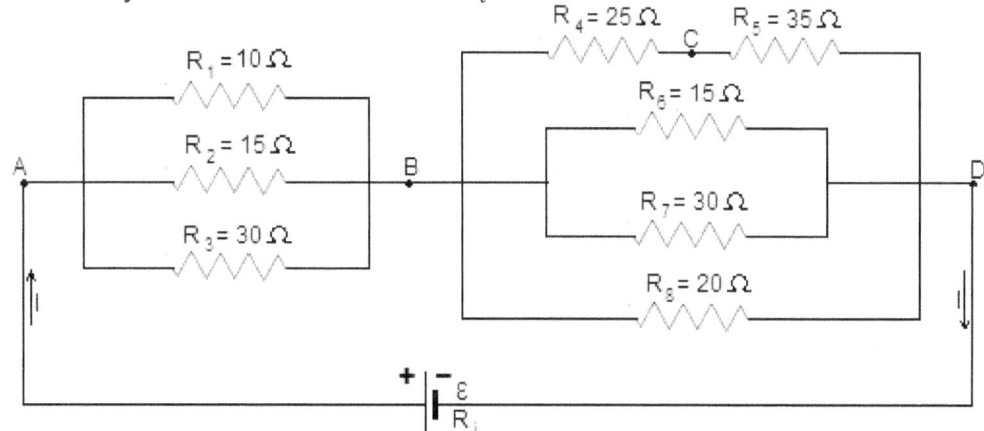

Determinar:

(e) La resistencia equivalente R_{eq} del circuito.

(f) La intensidad de la corriente total I que proporciona la batería.

(g) La intensidad de la corriente I_2 de la resistencia dos.

(h) El valor de la diferencia de potencial entre los puntos A y D: V_{AD}

✦ En el circuito mostrado a continuación:

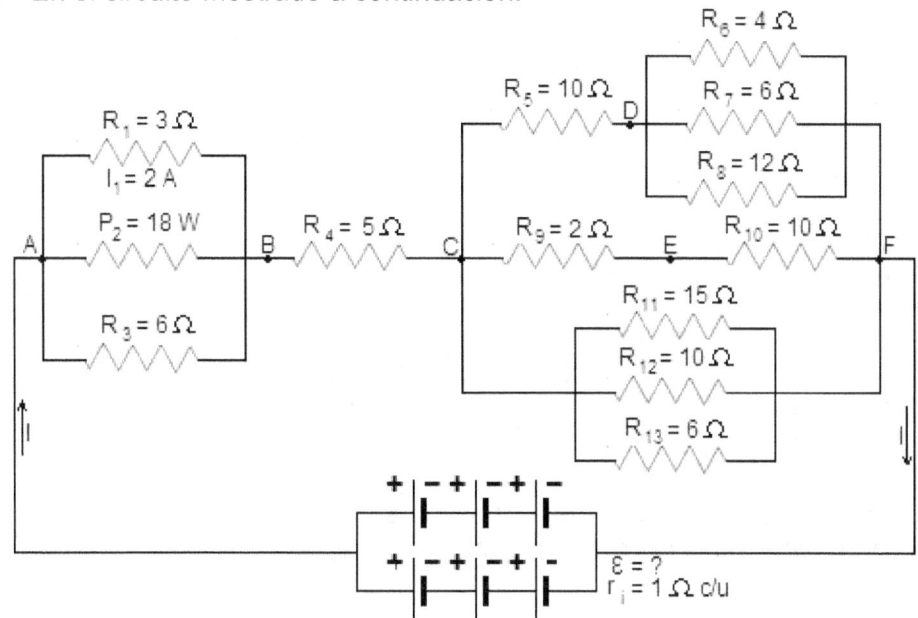

Calcular:
(i) La resistencia equivalente R_{eq} del circuito.
(j) La intensidad de corriente total I que suministra la batería.
(k) La potencia eléctrica disipada en la resistencia cuatro: P_4
(l) El valor de la fuerza electromotriz ε de la batería o generador.

➕ En el circuito mostrado en la figura del ejercicio a continuación:

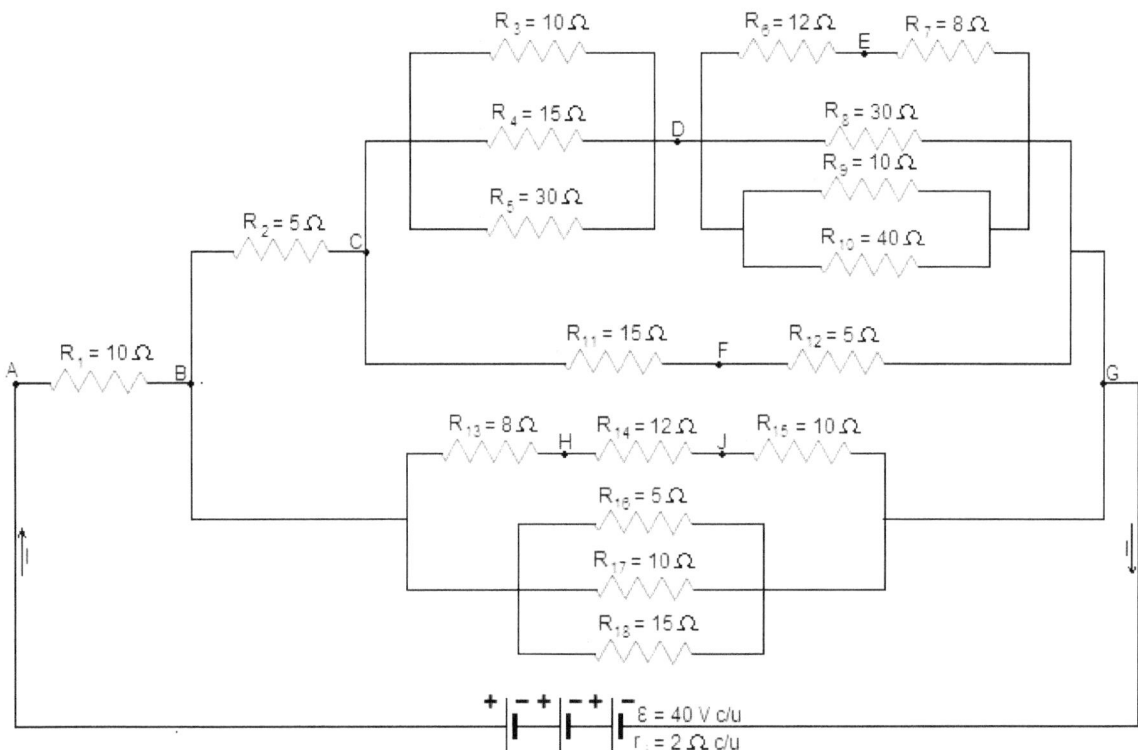

Calcular:
(ll) La resistencia equivalente R_{eq} del circuito.
(m) La fuerza electromotriz ε y la resistencia interna R_i del generador o batería.
(n) La intensidad de corriente total I que proporciona la batería o generador.
(ñ) La diferencia de potencial entre los puntos A y G : V_{AG}.

➕ En el circuito mostrado en la figura del ejercicio, sabiendo que: $R_1 = 235/46\,\Omega$, $R_2 = 7{,}5\,\Omega$, $R_3 = 2\,\Omega$, $R_4 = 8\,\Omega$, $R_5 = 5\,\Omega$, $R_6 = 10\,\Omega$, $R_7 = 18\,\Omega$, $R_8 = 22\,\Omega$, $R_9 = 4\,\Omega$, $R_{10} = 6\,\Omega$, $R_{11} = 12\,\Omega$, $R_{12} = 3\,\Omega$, $R_{13} = 6\,\Omega$, $R_{14} = 16\,\Omega$, $R_{15} = 20\,\Omega$, $R_{16} = 5\,\Omega$, $R_{17} = 8\,\Omega$, $R_{18} = 3\,\Omega$, $R_{19} = 6\,\Omega$, la fuerza electromotriz de la batería es $\varepsilon = 150\,V$ y la resistencia interna es $R_i = 5\,\Omega$.
Calcular:
(o) La resistencia equivalente R_{eq} del circuito.
(p) La intensidad de corriente total I que proporciona la batería.
(q) El valor de la diferencia de potencial entre A y F: V_{AF}.

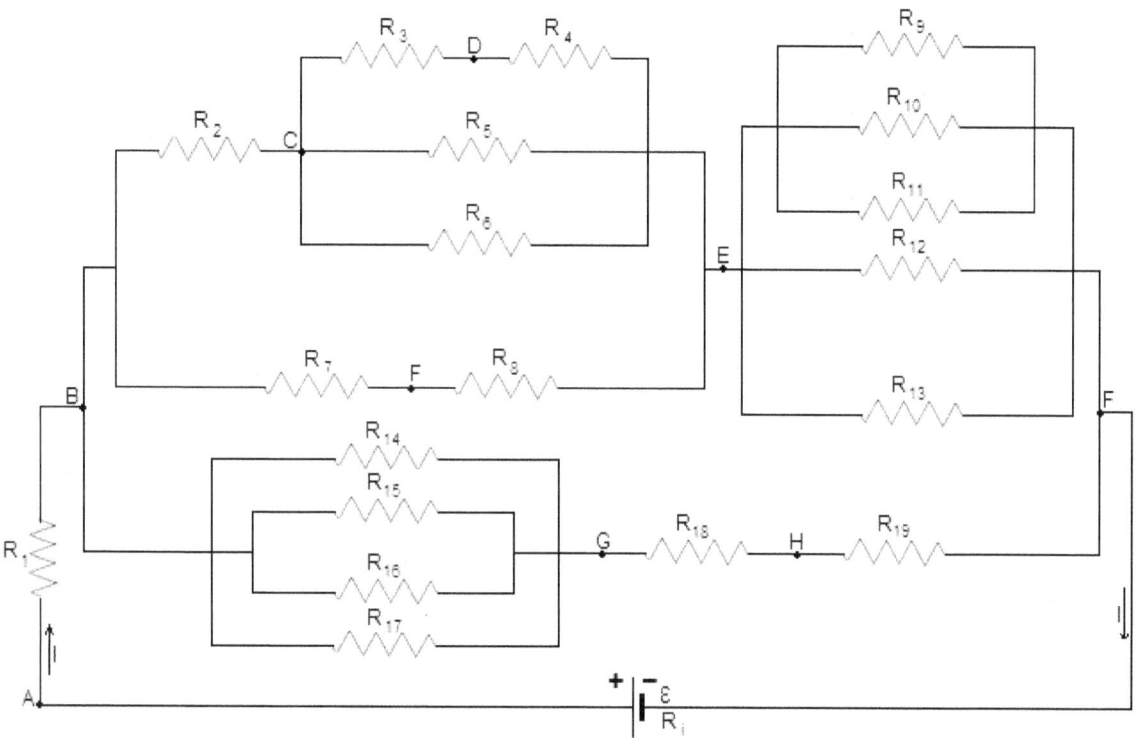

✦ En el circuito de la figura mostrado a continuación:

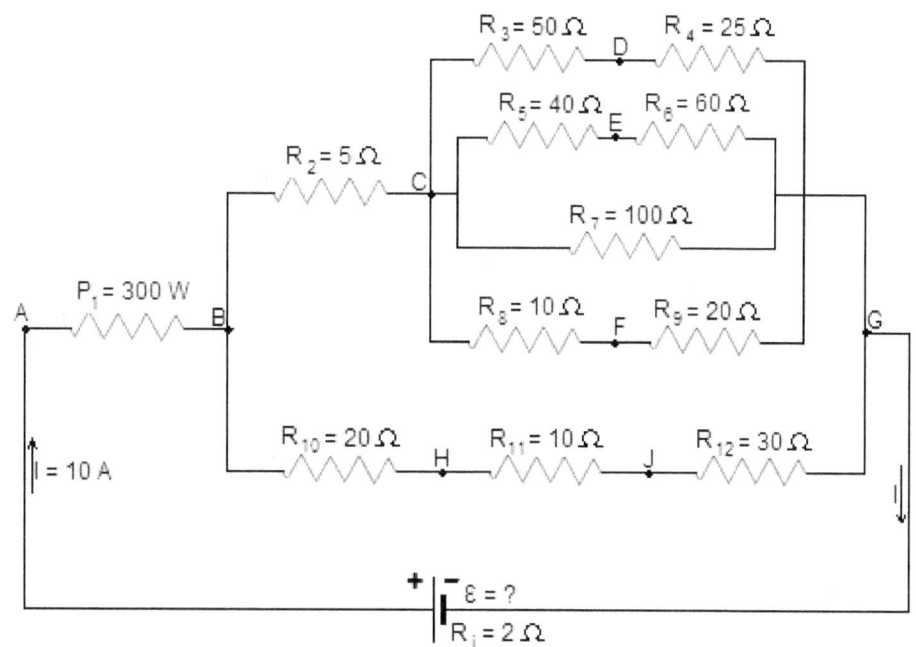

Calcular:
(r) La resistencia equivalente R_{eq} del circuito.
(s) La potencia eléctrica disipada en la resistencia dos: P_2
(t) La intensidad de corriente a través de la resistencia diez: I_{10}
(u) La potencia eléctrica disipada en la resistencia doce: P_{12}
(v) El valor de la fuerza electromotriz del generador.

205

(w) La diferencia de potencial eléctrica V_{AG}.

+ En el circuito mostrado en la figura del ejercicio a continuación, tenemos que la fuerza electromotriz de la batería es $\varepsilon = 175\,V$ y su resistencia interna $R_i = 5\Omega$.

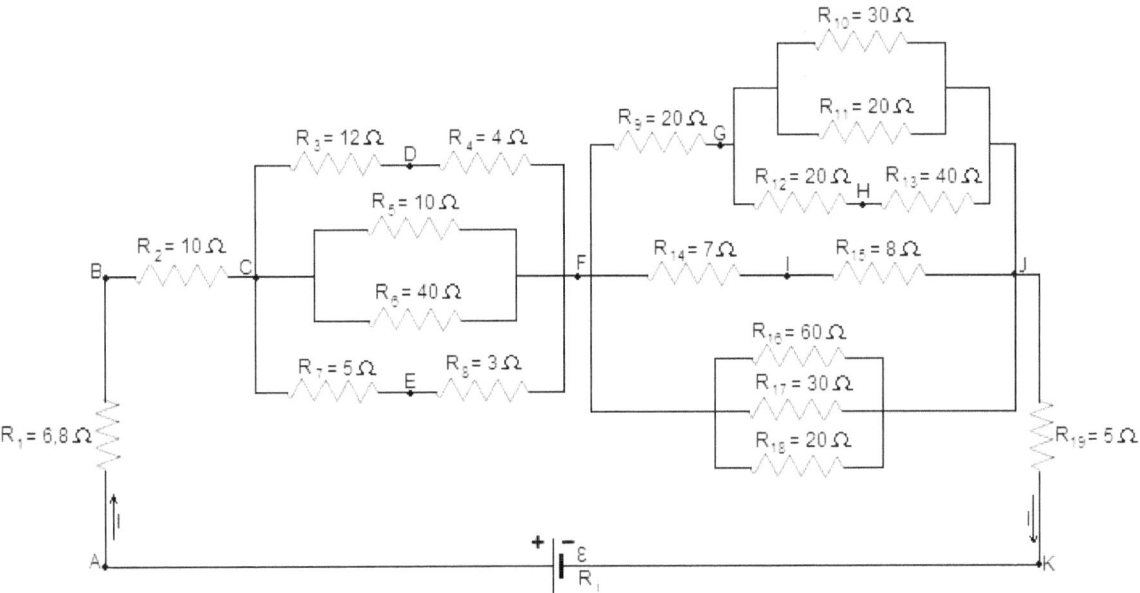

(x) ¿Cuál es la resistencia equivalente R_{eq} del circuito?

(y) ¿Cuál es la diferencia de potencial eléctrica entre los puntos A y K: V_{AK}? Y ¿La potencia eléctrica disipada en la resistencia tres: P_3?

(z) ¿Cuál es la potencia eléctrica disipada en la resistencia diecinueve: P_{19}?

Los resultados de cada una de las magnitudes físicas calculadas en los problemas: *Resistencia externa e interna* $(R_e\ y\ R_i)$, *expresado en ohm* (Ω).

	(m)			
=		−		=
	=	(e)	.	(ll)
.		→	(a)	−
(o)	÷	(i)	=	
	=		+	
		(r)		
		=		
(x)		−		
		=		
		35,8 Ω		

Intensidad de corriente eléctrica (I), expresado en ampere (A).

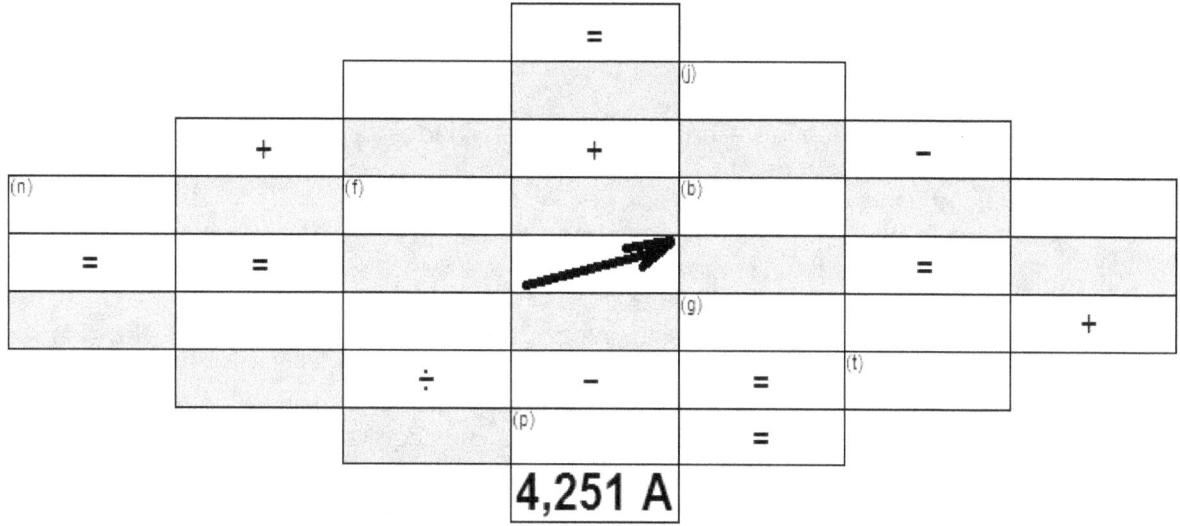

4,251 A

Diferencia de potencial (V) y fuerza electromotriz (ε), expresado en voltio (V).

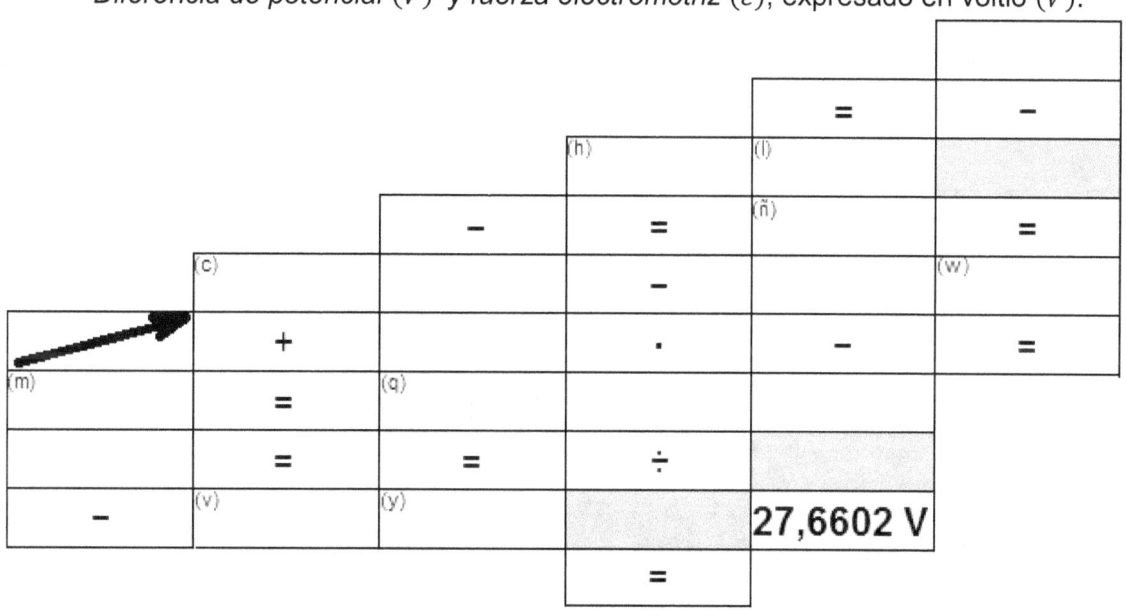

27,6602 V

Potencia eléctrica (P), expresado en wattio (W).

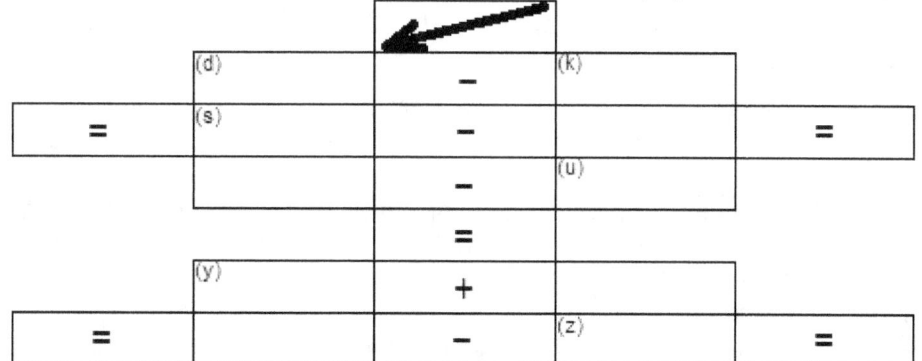

247,58 W

REDES ELÉCTRICAS. LEYES DE KIRCHOFF

Una red eléctrica constituye un circuito más complejo que los estudiados anteriormente, ya que estos últimos hay presencia de resistencias, generadores o pilas y motores.

Resolver un circuito consiste en hallar las intensidades de corrientes, con su sentido de circulación, en cada uno de sus elementos.

Un circuito eléctrico está formado por:

➢ Un circuito o reden general, consiste en la unión (serie, paralelo o serie paralelo), de elementos tales como motores, resistencias, condensadores, fuerzas electromotrices y otros elementos.

➢ Rama: Es la parte de la red eléctrica por donde circula una corriente eléctrica de la misma intensidad.

➢ Nudo o nodo: Los puntos de la red eléctrica donde concurren tres o más ramas.

➢ Malla: La parte del circuito o red eléctrica que comienza en un nudo o nodo y termina en el mismo nudo o nodo al recorrer el circuito.

Para la resolución de un circuito donde se conectan varias pilas y resistencias de un modo determinado, es necesario el análisis de dos reglas sencillas, denominadas REGLAS O LEYES DE KIRCHOFF.

Primera Ley de Kirchoff:

"La suma de las intensidades de corriente eléctrica que llega a un nudo es igual a la suma de las intensidades de corriente que salen de él".

Ejemplo: Observando la figura siguiente:

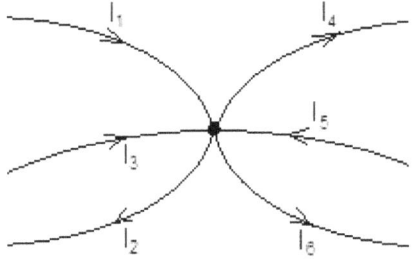

Tenemos:

$$I_1 + I_3 + I_5 = I_2 + I_4 + I_6$$
$$I_1 + I_3 + I_5 - I_2 - I_4 - I_6 = 0$$

Segunda Ley de Kirchoff:

"En un circuito cerrado o malla, la suma algebraica de las fuerzas electromotrices aplicadas o subidas de tensión, es igual a la suma algebraica de las caídas de tensión en todos los elementos del circuito".

En otras palabreas, la suma algebraica de las diferencias de potencial en todo circuito cerrado es nula.

Aplicaciones de las Leyes de Kirchoff: Para aplicar las Leyes de Kirchoff en una red eléctrica debemos hacer varias consideraciones previas mencionadas a continuación:

• Debemos elegir el sentido de las corrientes en cada nudo, teniéndose mucho cuidado de que dos corrientes lleguen y una salga ó que una corriente entre y dos salgan. A un nudo pueden entrar o salir simultáneamente tres corrientes.

• Se elige arbitrariamente una dirección, de la circulación de cada malla. Esta puede ser en el mismo sentido o en el sentido inverso o contrario de las manecillas del reloj.

Las corrientes, que tengan el mismo sentido en que se recorre la malla serán positivas y las que tengan sentido contrario serán negativas.

- Las fuerzas electromotrices serán positivas si se recorre la fuente del borne negativo al borne positivo, indicándonos que se está pasando de un potencial bajo a un potencial alto. Si se recorre del borne positivo al negativo, la fuerza electromotriz será negativo.

PROBLEMAS RESUELTOS DE APLICACIÓN DE LA LEY DE KIRCHOFF

Antes de efectuar los problemas es necesario recordar en forma más práctico los siguientes puntos:

➤ Se obtiene una diferencia de potencial eléctrico negativo $-I \cdot R_1$, si una resistencia es recorrida en el mismo sentido de la corriente eléctrica. Por lo contrario, si una resistencia se recorre en sentido contrario de la corriente eléctrica , se obtiene una diferencia de potencial eléctrico positivo $+I \cdot R$.

➤ Se obtiene una variación de potencial $+\varepsilon$ cuando se recorre una fuerza electromotriz en el mismo sentido de ella y una variación de potencial $-\varepsilon$, si es el recorrido en sentido opuesto.

1. En la red de la figura siguiente, calcular la intensidad de la corriente en cada uno de los conductores o ramas.

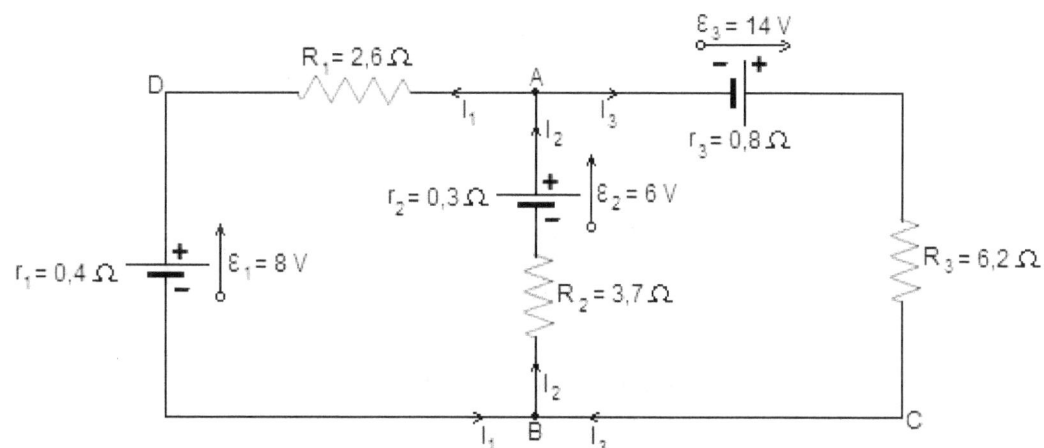

Solución.

Si las mallas $ADBA$ y $ABCA$ en la figura del ejercicio son recorridas partiendo del nudo A en sentido contrario al movimiento de las manecillas del reloj, entonces:

Aplicamos la primera Ley de Kirchoff o Ley de los nudos:
$$I_2 - I_1 - I_3 = 0 \tag{1}$$

Aplicando la segunda Ley de Kirchoff o Ley de las mallas.
Para la malla $ADBA$:
$$-I_1 \cdot R_1 - I_1 \cdot r_1 - I_2 \cdot R_2 - I_2 \cdot r_2 - \varepsilon_1 + \varepsilon_2 = 0$$
Sacamos factor común I_1 e I_2:
$$-I_1(R_1 + r_1) - I_2(R_2 + r_2) - \varepsilon_1 + \varepsilon_2 = 0$$
Sustituyendo:
$$-I_1(2,6\,\Omega + 0,4\,\Omega) - I_2(3,7\,\Omega + 0,3\,\Omega) - 8\,V + 6\,V = 0$$
$$-3\,\Omega \cdot I_1 - 4\,\Omega \cdot I_2 - 2\,V = 0 \tag{2}$$

Para la malla $ABCA$:

$$I_2 \cdot R_2 + I_2 \cdot r_2 + I_3 \cdot R_3 + I_3 \cdot r_3 - \varepsilon_2 - \varepsilon_3 = 0$$

Sacamos factor común I_2 e I_3:

$$I_2(R_2 + r_2) + I_3(R_3 + r_3) - \varepsilon_2 - \varepsilon_3 = 0$$

Sustituyendo:

$$I_2(3{,}7\,\Omega + 0{,}3\,\Omega) + I_3(6{,}2\,\Omega + 0{,}8\,\Omega) - 6\,V - 14\,V = 0$$

$$4\,\Omega \cdot I_2 + 7\,\Omega \cdot I_3 - 20\,V = 0 \tag{3}$$

Con las ecuaciones (1), (2) y (3), formamos un sistema de ecuaciones:

$$\begin{cases} I_2 - I_1 - I_3 = 0 \\ -3\,\Omega \cdot I_1 - 4\,\Omega \cdot I_2 - 2\,V = 0 \\ 4\,\Omega \cdot I_2 + 7\,\Omega \cdot I_3 - 20\,V = 0 \end{cases}$$

A partir de este momento se resolverá el sistema de ecuaciones por cualquier método conocido por usted, como el de reducción, sustitución, igualación y aplicando la regla de Cramer.

La regla ce Cramer proporciona la solución de sistemas de ecuaciones lineales compatibles determinado (presentando una única solución) mediante el cálculo de determinantes. Por de esta regla o método de determinantes podemos resolver en forma rápida y precisa el sistema de ecuaciones. En este ejercicio se explicaran dos métodos para resolver el problema.

Comenzaremos aplicando la regla de Cramer:

Dado el sistema de ecuaciones:

$$\begin{cases} -I_1 + I_2 - I_3 = 0 \\ -3\,\Omega \cdot I_1 - 4\,\Omega \cdot I_2 = 2\,V \\ 4\,\Omega \cdot I_2 + 7\,\Omega \cdot I_3 = 20\,V \end{cases}$$

Calculando la intensidad de corriente I_1:

$$I_1 = \frac{\begin{vmatrix} 0 & 1 & -1 \\ 2 & -4 & 0 \\ 20 & 4 & 7 \end{vmatrix}}{\begin{vmatrix} -1 & 1 & -1 \\ -3 & -4 & 0 \\ 0 & 4 & 7 \end{vmatrix}} = \frac{-8 - (80 + 14)}{28 + 12 - (-21)} = \frac{-8 - 80 - 14}{28 + 12 + 21} = -\frac{102}{61} = -1{,}67\,A$$

Calculando la intensidad de corriente I_2:

$$I_2 = \frac{\begin{vmatrix} -1 & 0 & -1 \\ -3 & 2 & 0 \\ 0 & 20 & 7 \end{vmatrix}}{61} = \frac{-14 + 60 - (0)}{61} = \frac{46}{61} = 0{,}75\,A$$

Calculando la intensidad de corriente I_2:

$$I_3 = \frac{\begin{vmatrix} -1 & 1 & 0 \\ -3 & -4 & 2 \\ 0 & 4 & 20 \end{vmatrix}}{61} = \frac{80 - (-60 - 8)}{61} = \frac{80 + 60 + 8}{61} = \frac{148}{61} = 2{,}426\,A$$

Concluyendo: $I_1 = -1{,}67\,A$; $I_2 = 0{,}75\,A$ y $I_3 = 2{,}426\,A$

Vamos a resolver el sistema de ecuaciones utilizando el método de igualación, observando que da el mismo resultado. Partiendo del sistema de ecuaciones:

$$\begin{cases} -I_1 + I_2 - I_3 = 0 \\ -3\,\Omega \cdot I_1 - 4\,\Omega \cdot I_2 = 2\,V \\ 4\,\Omega \cdot I_2 + 7\,\Omega \cdot I_3 = 20\,V \end{cases}$$

Despejamos en la primera ecuación I_2:

$$I_2 = I_1 + I_3$$

Sustituimos I_2 en las otras dos ecuaciones:

$$\begin{cases} -3\,\Omega \cdot I_1 - 4\,\Omega \cdot (I_1 + I_3) = 2\,V \\ 4\,\Omega \cdot (I_1 + I_3) + 7\,\Omega \cdot I_3 = 20\,V \end{cases} \Rightarrow \begin{cases} -3\,\Omega \cdot I_1 - 4\,\Omega \cdot I_1 - 4\,\Omega \cdot I_3 = 2\,V \\ 4\,\Omega \cdot I_1 + 4\,\Omega \cdot I_3 + 7\,\Omega \cdot I_3 = 20\,V \end{cases}$$

$$\begin{cases} -7\,\Omega \cdot I_1 - 4\,\Omega \cdot I_3 = 2\,V \\ 4\,\Omega \cdot I_1 + 11\,\Omega \cdot I_3 = 20\,V \end{cases}$$

Despejamos I_1 en ambas ecuaciones de este último sistema de ecuaciones:

$$-7\,\Omega \cdot I_1 - 4\,\Omega \cdot I_3 = 2\,V$$
$$-7\,\Omega \cdot I_1 = 2\,V + 4\,\Omega \cdot I_3$$
$$I_1 = \frac{2\,V + 4\,\Omega \cdot I_3}{-7\,\Omega}$$

$$4\,\Omega \cdot I_1 + 11\,\Omega \cdot I_3 = 20\,V$$
$$4\,\Omega \cdot I_1 = 20\,V - 11\,\Omega \cdot I_3$$
$$I_1 = \frac{20\,V - 11\,\Omega \cdot I_3}{4\,\Omega}$$

Igualamos ambos despejes de I_1:

$$\frac{2\,V + 4\,\Omega \cdot I_3}{-7\,\Omega} = \frac{20\,V - 11\,\Omega \cdot I_3}{4\,\Omega}$$
$$(2\,V + 4\,\Omega \cdot I_3) \cdot 4\,\Omega = -7\,\Omega \cdot (20\,V - 11\,\Omega \cdot I_3)$$
$$8\,V \cdot \Omega + 16\,\Omega^2 \cdot I_3 = -140\,V \cdot \Omega + 77\,\Omega^2 \cdot I_3$$
$$16\,\Omega^2 \cdot I_3 - 77\,\Omega^2 \cdot I_3 = -140\,V \cdot \Omega - 8\,V \cdot \Omega$$
$$-61\,\Omega^2 \cdot I_3 = -148\,V \cdot \Omega$$
$$I_3 = \frac{-148\,V \cdot \Omega}{-61\,\Omega^2}$$
$$I_3 = 2{,}426\,A$$

Sustituyendo en el despeje anterior determinamos I_1:

$$I_1 = \frac{2\,V + 4\,\Omega \cdot I_3}{-7\,\Omega} = \frac{2\,V + 4\,\Omega \cdot 2{,}426\,A}{-7\,\Omega} = \frac{2\,V + 9{,}72\,V}{-7\,\Omega} = \frac{11{,}704\,V}{-7\,\Omega} = -1{,}67\,A$$

Para finalizar determinados I_2 en el primer despeje:

$$I_2 = I_1 + I_3 = -1{,}67\,A + 2{,}426\,A = 0{,}756\,A$$

Concluyendo: $I_1 = -1{,}67\,A$; $I_2 = 0{,}75\,A$ y $I_3 = 2{,}426\,A$

Como se puede observar se puede resolver el sistema de ecuaciones por cualquier método.

Ahora bien como la intensidad de corriente I_1 resultó negativa, esto quiere decir que el sentido que se le asigno a esta corriente en la figura no es el correcto; por lo tanto la intensidad de corriente I_1 debe estar llegando al nudo A y saliendo del nudo B. Nos podemos dar cuenta que las Leyes de Kirchoff nos da un método para determinar tanto el sentido como las magnitudes de las intensidades de corriente, sin que sea necesario conocer con anterioridad dichos sentidos.

2. En la red de la figura del problema, calcular la intensidad de la corriente en cada uno de los conductores o ramas.
    Solución.
    Si las mallas $ACBA$ y $ABDA$ en la figura del problema son recorridas partiendo del nudo A en sentido contrario al movimiento de las manecillas del reloj, entonces:

Aplicamos la primera Ley de Kirchoff o Ley de los nudos:

$$I_3 - I_1 - I_2 = 0 \tag{1}$$

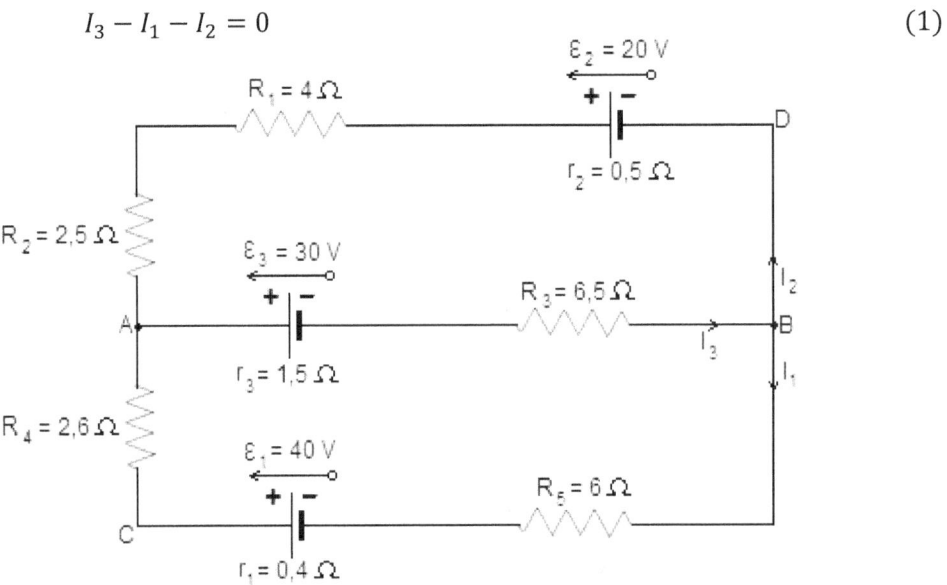

Figura del problema 2.

Aplicando la segunda Ley de Kirchoff o Ley de las mallas.
Para la malla $ACBA$:

$$I_1 \cdot R_5 + I_1 \cdot r_1 + I_1 \cdot R_4 + I_3 \cdot r_3 + I_3 \cdot R_3 - \varepsilon_1 + \varepsilon_3 = 0$$

Sacamos factor común a I_1 e I_3:

$$I_1(R_5 + r_1 + R_4) + I_3(r_3 + R_3) - \varepsilon_1 + \varepsilon_3 = 0$$

Sustituyendo:

$$I_1(6\,\Omega + 0{,}4\,\Omega + 2{,}6\,\Omega) + I_3(1{,}5\,\Omega + 6{,}5\,\Omega) - 40\,V + 30\,V = 0$$
$$9\,\Omega \cdot I_1 + 8\,\Omega \cdot I_3 - 10\,V = 0 \tag{2}$$

Para la malla $ABDA$:

$$-I_3 \cdot r_3 - I_3 \cdot R_3 - I_2 \cdot r_2 - I_2 \cdot R_1 - I_2 \cdot R_2 - \varepsilon_3 + \varepsilon_2 = 0$$

Sacamos factor común a I_3 e I_2:

$$-I_3(r_3 + R_3) - I_2(r_2 + R_1 + R_2) - \varepsilon_3 + \varepsilon_2 = 0$$
$$-I_3(1{,}5\,\Omega + 6{,}5\,\Omega) - I_2(0{,}5\,\Omega + 4\,\Omega + 2{,}5\,\Omega) - 30V + 20\,V = 0$$
$$-8\,\Omega \cdot I_3 - 7\,\Omega \cdot I_2 - 10\,V = 0 \tag{3}$$

Con las ecuaciones (1), (2) y (3), formamos un sistema de ecuaciones:

$$\begin{cases} I_3 - I_1 - I_2 = 0 \\ 9\,\Omega \cdot I_1 + 8\,\Omega \cdot I_3 - 10\,V = 0 \\ -8\,\Omega \cdot I_3 - 7\,\Omega \cdot I_2 - 10\,V = 0 \end{cases}$$

A partir de este momento se resolverá el sistema de ecuaciones por cualquier método conocido por usted, como el de reducción, sustitución, igualación y aplicando la regla de Cramer.

La regla ce Cramer proporciona la solución de sistemas de ecuaciones lineales compatibles determinado (presentando una única solución) mediante el cálculo de determinantes. Por de esta regla o método de determinantes podemos resolver en forma rápida y precisa el sistema de ecuaciones. En este ejercicio se explicaran dos métodos para resolver el problema.

Comenzaremos aplicando la regla de Cramer:
Dado el sistema de ecuaciones:

$$\begin{cases} -I_1 - I_2 + I_3 = 0 \\ 9\,\Omega \cdot I_1 + 8\,\Omega \cdot I_3 = 10\,V \\ -7\,\Omega \cdot I_2 - 8\,\Omega \cdot I_3 = 10\,V \end{cases}$$

Calculando la intensidad de corriente I_1:

$$I_1 = \frac{\begin{vmatrix} 0 & -1 & 1 \\ 10 & 0 & 8 \\ 10 & -7 & -8 \end{vmatrix}}{\begin{vmatrix} -1 & -1 & 1 \\ 9 & 0 & 8 \\ 0 & -7 & -8 \end{vmatrix}} = \frac{-70 - 80 - (80)}{-63 - (72 + 56)} = \frac{-70 - 80 - 80}{-63 - 72 - 56} = \frac{-230}{-191} = 1,2\,A$$

Calculando la intensidad de corriente I_2:

$$I_2 = \frac{\begin{vmatrix} -1 & 0 & 1 \\ 9 & 10 & 8 \\ 0 & 10 & -8 \end{vmatrix}}{-191} = \frac{80 + 90 - (-80)}{-191} = \frac{80 + 90 + 80}{-191} = \frac{250}{-191} = -1,31\,A$$

Calculando la intensidad de corriente I_3:

$$I_3 = \frac{\begin{vmatrix} -1 & -1 & 0 \\ 9 & 0 & 10 \\ 0 & -7 & 10 \end{vmatrix}}{-191} = \frac{-(-90 + 70)}{-191} = \frac{90 - 70}{-191} = \frac{20}{-191} = -0,1\,A$$

Concluyendo: $I_1 = 1,2\,A$; $I_2 = -1,31\,A$ y $I_3 = -0,1\,A$

Vamos a resolver el sistema de ecuaciones utilizando el método de reducción, observando que da el mismo resultado. Partiendo del sistema de ecuaciones:

$$\begin{cases} -I_1 - I_2 + I_3 = 0 \\ 9\,\Omega \cdot I_1 + 8\,\Omega \cdot I_3 = 10\,V \\ -7\,\Omega \cdot I_2 - 8\,\Omega \cdot I_3 = 10\,V \end{cases}$$

Despejamos en la primera ecuación I_3:

$$I_3 = I_1 + I_2$$

Sustituyendo I_3 en las otras dos ecuaciones del sistema y luego aplicamos el método de reducción:

$$\begin{cases} 9\,\Omega \cdot I_1 + 8\,\Omega \cdot (I_1 + I_2) = 10\,V \\ -7\,\Omega \cdot I_2 - 8\,\Omega \cdot (I_1 + I_2) = 10\,V \end{cases} \Rightarrow \begin{cases} 9\,\Omega \cdot I_1 + 8\,\Omega \cdot I_1 + 8\,\Omega \cdot I_2 = 10\,V \\ -7\,\Omega \cdot I_2 - 8\,\Omega \cdot I_1 - 8\,\Omega \cdot I_2 = 10\,V \end{cases}$$

donde:

$$\begin{matrix} (8) \cdot \\ (17) \cdot \end{matrix} \begin{cases} 17\,\Omega \cdot I_1 + 8\,\Omega \cdot I_2 = 10\,V \\ -8\,\Omega \cdot I_1 - 15\,\Omega \cdot I_2 = 10\,V \end{cases} \Rightarrow \begin{cases} 136\,\Omega \cdot I_1 + 64\,\Omega \cdot I_2 = 80\,V \\ -136\,\Omega \cdot I_1 - 255\,\Omega \cdot I_2 = 170\,V \end{cases}$$

$$-191\,\Omega \cdot I_2 = 250\,V$$

$$I_2 = \frac{250\,V}{-191\,\Omega}$$

$$I_2 = \frac{250\,\Omega \cdot A}{-191\,\Omega}$$

$$I_2 = -1,31\,A$$

Calculando I_1 sustituyendo en un de las ecuaciones de este último sistema:

$$17\,\Omega \cdot I_1 + 8\,\Omega \cdot I_2 = 10\,V$$
$$17\,\Omega \cdot I_1 + 8\,\Omega \cdot (-1,31\,A) = 10\,V$$
$$17\,\Omega \cdot I_1 - 10,4\,\Omega \cdot A = 10\,V$$
$$17\,\Omega \cdot I_1 = 10\,V + 10,4\,V$$
$$17\,\Omega \cdot I_1 = 20,4\,V$$
$$I_1 = \frac{20,4\,V}{17\,\Omega}$$

$$I_1 = \frac{20,4\ \Omega \cdot A}{17\ \Omega}$$
$$I_1 = 1,2\ A$$

Para finalizar determinados I_3 en el primer despeje:

$I_3 = I_1 + I_2 \quad \Rightarrow \quad I_3 = 1,2\ A + (-1,31\ A) = 1,2\ A - 1,31\ A = -0,11\ A$

Concluyendo: $I_1 = 1,2\ A$; $I_2 = -1,31\ A$ y $I_3 = -0,1\ A$

Como se puede observar se puede resolver el sistema de ecuaciones por cualquier método.

Ahora bien como I_2 e I_3 resultaron con signo negativo esto quiere decir que el sentido de estas intensidades de corrientes deben de tener un signo contrario al indicado en la figura del problema. De todas formas, el signo no afecta el resultado, que debe ser:

$$I_1 = 1,2\ A \ ; \quad I_2 = 1,31\ A \quad y \quad I_3 = 0,1\ A$$

3. En la red de la figura del problema, calcular la intensidad de la corriente en cada uno de los conductores o ramas.

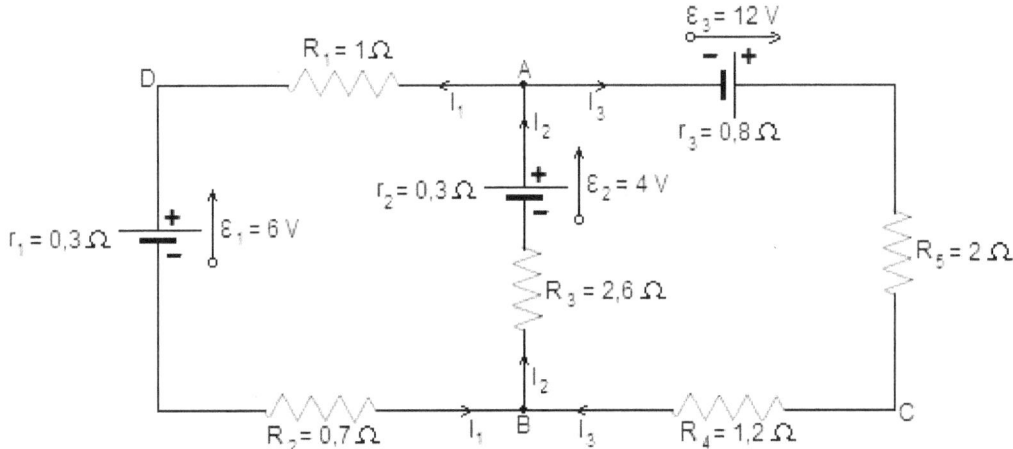

Solución.

Si las mallas $ADBA$ y $ABCA$ en la figura del ejercicio son recorridas partiendo del nudo A en sentido contrario al movimiento de las manecillas del reloj, entonces:

Aplicamos la primera Ley de Kirchoff o Ley de los nudos:

$$I_2 - I_1 - I_3 = 0 \tag{1}$$

Aplicando la segunda Ley de Kirchoff o Ley de las mallas.

Para la malla $ADBA$:

$-I_1 \cdot R_1 - I_1 \cdot r_1 - I_1 \cdot R_2 - I_2 \cdot R_3 - I_2 \cdot r_2 - \varepsilon_1 + \varepsilon_2 = 0$

Sacamos factor común a I_1 e I_2:

$-I_1(R_1 + r_1 + R_2) - I_2(R_3 - r_2) - \varepsilon_1 + \varepsilon_2 = 0$

Sustituyendo:

$-I_1(1\ \Omega + 0,3\ \Omega + 0,7\ \Omega) - I_2(2,6\ \Omega + 0,4\ \Omega) - 6\ V + 4\ V = 0$

$$-2\ \Omega \cdot I_1 - 3\ \Omega \cdot I_2 - 2\ V = 0 \tag{2}$$

Para la malla $ABCA$:

$I_2 \cdot r_2 + I_2 \cdot R_3 + I_3 \cdot R_4 + I_3 \cdot R_5 + I_3 \cdot R_3 - \varepsilon_2 - \varepsilon_3 = 0$

$I_2(r_2 + R_3) + I_3(R_4 + R_5 + r_3) - \varepsilon_2 - \varepsilon_3 = 0$

Sustituyendo:

$$I_2(0{,}4\,\Omega + 2{,}6\,\Omega) + I_3(1{,}2\,\Omega + 2\,\Omega + 0{,}8\,\Omega) - 4\,V - 12\,V = 0$$
$$3\,\Omega \cdot I_2 + 4\,\Omega \cdot I_3 - 16\,V \qquad\qquad (3)$$

Con las ecuaciones (1), (2) y (3), formamos un sistema de ecuaciones:

$$\begin{cases} -I_1 + I_2 - I_3 = 0 \\ -2\,\Omega \cdot I_1 - 3\,\Omega \cdot I_2 - 2\,V = 0 \\ 3\,\Omega \cdot I_2 + 4\,\Omega \cdot I_3 - 16\,V = 0 \end{cases}$$

A partir de este momento se resolverá el sistema de ecuaciones por cualquier método conocido por usted, como el de reducción, sustitución, igualación y aplicando la regla de Cramer.

La regla ce Cramer proporciona la solución de sistemas de ecuaciones lineales compatibles determinado (presentando una única solución) mediante el cálculo de determinantes. Por de esta regla o método de determinantes podemos resolver en forma rápida y precisa el sistema de ecuaciones. En este ejercicio se explicaran dos métodos para resolver el problema.

Comenzaremos aplicando la regla de Cramer:

Dado el sistema de ecuaciones:

$$\begin{cases} -I_1 + I_2 - I_3 = 0 \\ -2\,\Omega \cdot I_1 - 3\,\Omega \cdot I_2 = 2\,V \\ 3\,\Omega \cdot I_2 + 4\,\Omega \cdot I_3 = 16\,V \end{cases}$$

Calculando la intensidad de corriente I_1:

$$I_1 = \frac{\begin{vmatrix} 0 & 1 & -1 \\ 2 & -3 & 0 \\ 16 & 3 & 4 \end{vmatrix}}{\begin{vmatrix} -1 & 1 & -1 \\ -2 & -3 & 0 \\ 0 & 3 & 4 \end{vmatrix}} = \frac{-6 - (48 + 8)}{12 + 6 - (-8)} = \frac{-6 - 48 - 8}{12 + 6 + 8} = \frac{-62}{26} = -2{,}385\,A$$

Calculando la intensidad de corriente I_2:

$$I_2 = \frac{\begin{vmatrix} -1 & 0 & -1 \\ -2 & 2 & 0 \\ 0 & 16 & 4 \end{vmatrix}}{26} = \frac{-8 + 32}{26} = \frac{24}{26} = 0{,}92\,A$$

Calculando la intensidad de corriente I_3:

$$I_3 = \frac{\begin{vmatrix} -1 & 1 & 0 \\ -2 & -3 & 2 \\ 0 & 3 & 16 \end{vmatrix}}{26} = \frac{48 - (-32 - 6)}{26} = \frac{48 + 32 + 6}{26} = \frac{86}{26} = 3{,}31\,A$$

Concluyendo: $I_1 = -2{,}39\,A$; $I_2 = 0{,}92\,A$ y $I_3 = 3{,}31\,A$

Vamos a resolver el sistema de ecuaciones utilizando el método de sustitución, observando que da el mismo resultado. Partiendo del sistema de ecuaciones:

$$\begin{cases} -I_1 + I_2 - I_3 = 0 \\ -2\,\Omega \cdot I_1 - 3\,\Omega \cdot I_2 = 2\,V \\ 3\,\Omega \cdot I_2 + 4\,\Omega \cdot I_3 = 16 \end{cases}$$

Despejamos en la primera ecuación I_2:

$$I_2 = I_1 + I_3$$

Sustituimos I_2 en las otras dos ecuaciones:

$$\begin{cases} -2\,\Omega \cdot I_1 - 3\,\Omega \cdot (I_1 + I_3) = 2\,V \\ 3\,\Omega \cdot (I_1 + I_3) + 4\,\Omega \cdot I_3 = 16\,V \end{cases} \Rightarrow \begin{cases} -2\,\Omega \cdot I_1 - 3\,\Omega \cdot I_1 - 3\,\Omega \cdot I_3 = 2\,V \\ 3\,\Omega \cdot I_1 + 3\,\Omega \cdot I_3 + 4\,\Omega \cdot I_3 = 16\,V \end{cases}$$

$$\begin{cases} -5\,\Omega \cdot I_1 - 3\,\Omega \cdot I_3 = 2\,V \\ 3\,\Omega \cdot I_1 + 7\,\Omega \cdot I_3 = 16\,V \end{cases}$$

Despejamos en la segunda ecuación del sistema I_1:

$$3\,\Omega \cdot I_1 = 16\,V - 7\,\Omega \cdot I_3 \quad \Longrightarrow \quad I_1 = \frac{16\,V - 7\,\Omega \cdot I_3}{3\,\Omega}$$

Sustituimos I_1 en la otra ecuación del sistema último de ecuaciones:

$$-5\,\Omega \cdot \left(\frac{16\,V - 7\,\Omega \cdot I_3}{3\,\Omega}\right) - 3\,\Omega \cdot I_3 = 2\,V$$

Efectuamos:

$$\frac{-80\,\Omega \cdot V + 35\,\Omega^2 \cdot I_3}{3\,\Omega} - 3\,\Omega \cdot I_3 = 2\,V$$
$$-80\,\Omega \cdot V + 35\,\Omega^2 \cdot I_3 - 9\,\Omega^2 \cdot I_3 = 6\,\Omega \cdot V$$
$$35\,\Omega^2 \cdot I_3 - 9\,\Omega^2 \cdot I_3 = 6\,\Omega \cdot V + 80\,\Omega \cdot V$$
$$26\,\Omega^2 \cdot I_3 = 86\,\Omega \cdot V$$
$$I_3 = \frac{86\,\Omega \cdot V}{26\,\Omega^2}$$
$$I_3 = 3{,}31\,A$$

Calculamos I_1 en la relación anterior, sustituyendo I_3 :

$$I_1 = \frac{16\,V - 7\,\Omega \cdot I_3}{3\,\Omega} = \frac{16\,V - 7\,\Omega \cdot (3{,}31\,A)}{3\,\Omega} = \frac{16\,V - 23{,}17\,\Omega \cdot A}{3\,\Omega} = \frac{16\,V - 23{,}17\,V}{3\,\Omega}$$
$$I_1 = \frac{-7{,}17\,V}{3\,\Omega} = -2{,}39\,A$$

Y por último calculares I_2 en el primer despeje realizado en el sistema; sustituimos I_1 e I_3:

$$I_2 = I_1 + I_3 \quad \Longrightarrow \quad I_2 = -2{,}39\,A + 3{,}31\,A = 0{,}92\,A$$

Concluyendo: $I_1 = -2{,}39\,A$; $I_2 = 0{,}92\,A$ y $I_3 = 3{,}31\,A$

Como se puede observar se puede resolver el sistema de ecuaciones por cualquier método.

Ahora bien como la intensidad de corriente I_1 resultó negativa, esto quiere decir que el sentido que se le asigno a esta corriente en la figura no es el correcto; por lo tanto la intensidad de corriente I_1 debe estar llegando al nudo A y saliendo del nudo B. Nos podemos dar cuenta que las Leyes de Kirchoff nos da un método para determinar tanto el sentido como las magnitudes de las intensidades de corriente, sin que sea necesario conocer con anterioridad dichos sentidos.

4. En la red de la figura siguiente:

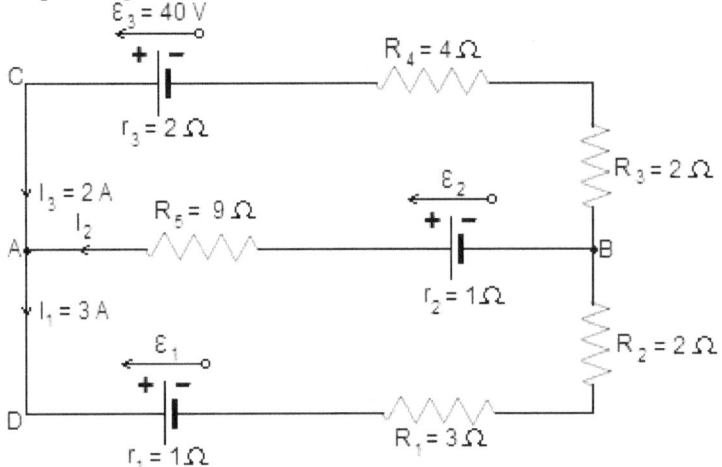

a) ¿Cuáles son los valores de las fuerzas electromotrices ε_1 y ε_2?

b) ¿Cuál es la diferencia de potencial entre los bornes A y B?

Solución.

a) Si recorremos las mallas a partir del nudo A en el sentido contrario al movimiento que tiene las manecillas del reloj, se tiene entonces que:

Para la malla $ADBA$:

$$-I_1 \cdot r_1 - I_1 \cdot R_1 - I_1 \cdot R_2 - I_2 \cdot r_2 - I_2 R_5 - \varepsilon_1 + \varepsilon_2 = 0$$

Sacamos factor común a I_1 e I_2:

$$-I_1(r_1 + R_1 + R_2) - I_2(r_2 + R_5) - \varepsilon_1 + \varepsilon_2 = 0$$

Sustituyendo:

$$-I_1(1\,\Omega + 3\,\Omega + 2\,\Omega) - I_2(1\,\Omega + 9\,\Omega) - \varepsilon_1 + \varepsilon_2 = 0$$

Efectuando:

$$-6\,\Omega \cdot I_1 - 10\,\Omega \cdot I_2 - \varepsilon_1 + \varepsilon_2 = 0$$

$$-6\,\Omega \cdot 3\,A - 10\,\Omega \cdot I_2 - \varepsilon_1 + \varepsilon_2 = 0$$

$$-18\,V - 10\,\Omega \cdot I_2 - \varepsilon_1 + \varepsilon_2 = 0 \qquad (1)$$

Para la malla $ABCA$:

$$I_2 \cdot R_5 + I_2 \cdot r_2 - I_3 \cdot R_3 - I_3 \cdot R_4 - I_3 \cdot r_3 - \varepsilon_2 + \varepsilon_3 = 0$$

Sacamos factor común a I_2 e I_3:

$$I_2(R_5 + r_2) - I_3(R_3 + R_4 + r_3) - \varepsilon_2 + \varepsilon_3 = 0$$

Sustituyendo:

$$I_2(9\,\Omega + 1\,\Omega) - I_3(2\,\Omega + 4\,\Omega + 2\,\Omega) - \varepsilon_2 + \varepsilon_3 = 0$$

Efectuando:

$$10\,\Omega \cdot I_2 - 8\,\Omega \cdot I_3 - \varepsilon_2 + \varepsilon_3 = 0$$

$$10\,\Omega \cdot I_2 - 8\,\Omega \cdot 2\,A - \varepsilon_2 + 40\,V = 0$$

$$10\,\Omega \cdot I_2 - 16\,V - \varepsilon_2 + 40\,V = 0$$

$$10\,\Omega \cdot I_2 - \varepsilon_2 + 24\,V = 0 \qquad (2)$$

Aplicando la Ley de los nudos, se tiene que:

$$-I_1 + I_2 + I_3 = 0$$

Despejamos I_2 y sustituyendo I_1 e I_3, obtenemos:

$$I_2 = I_1 - I_3$$

Calculamos el valor de la intensidad de corriente I_2:

$$I_2 = 3\,A - 2\,A = 1\,A$$

Sustituyendo en la ecuación (2) la intensidad de corriente I_2 podemos calcular la fuerza electromotriz ε_2, entonces:

$$10\,\Omega \cdot I_2 - \varepsilon_2 + 24\,V = 0$$

$$10\,\Omega \cdot 1\,A - \varepsilon_2 + 24\,V = 0$$

$$10\,V - \varepsilon_2 + 24\,V = 0$$

$$-\varepsilon_2 = -34\,V$$

$$\varepsilon_2 = 34\,V$$

Sustituyendo en la ecuación (1) la intensidad de corriente I_2 y la fuerza electromotriz ε_2, podemos calcula la fuerza electromotriz ε_1, obteniendo:

$$-18\,V - 10\,\Omega \cdot I_2 - \varepsilon_1 + \varepsilon_2 = 0$$

$$-18\,V - 10\,\Omega \cdot 1\,A - \varepsilon_1 + 34\,V = 0$$

$$-18\,V - 10\,V - \varepsilon_1 + 34\,V = 0$$

$$-\varepsilon_1 = -6\,V$$

$$\varepsilon_1 = 6\,V$$

b) La diferencia de potencial entre los bornes A y B, se determina efectuando la suma de todas la variaciones de potencia que se producen al recorrer el circuito de B hacia A a lo largo de uno cualquiera de los conductores o ramas. Para el conductor AB se tiene:

$$V_{AB} = -I_2 \cdot r_2 - I_2 \cdot R_5 + \varepsilon_2$$
$$= -1\,A \cdot 1\,\Omega - 1\,A \cdot 9\,\Omega + 34\,V$$
$$= -1\,V - 9\,V + 34\,V$$
$$= 24\,V$$

Concluyendo la diferencia de potencial entre los bornes A y B es de $24\,V$.

ACTIVIDADES

Completa los espacios vacios, colocando en cada cuadro los valores absolutos o magnitudes de las intensidades de la corriente en cada conductor o rama en las redes de las figuras de los problemas de aplicación de las Leyes de Kirchoff; luego efectuar las operaciones señaladas después en el esquema, según las filas y columnas indicadas, hasta llegar al resultado dado.

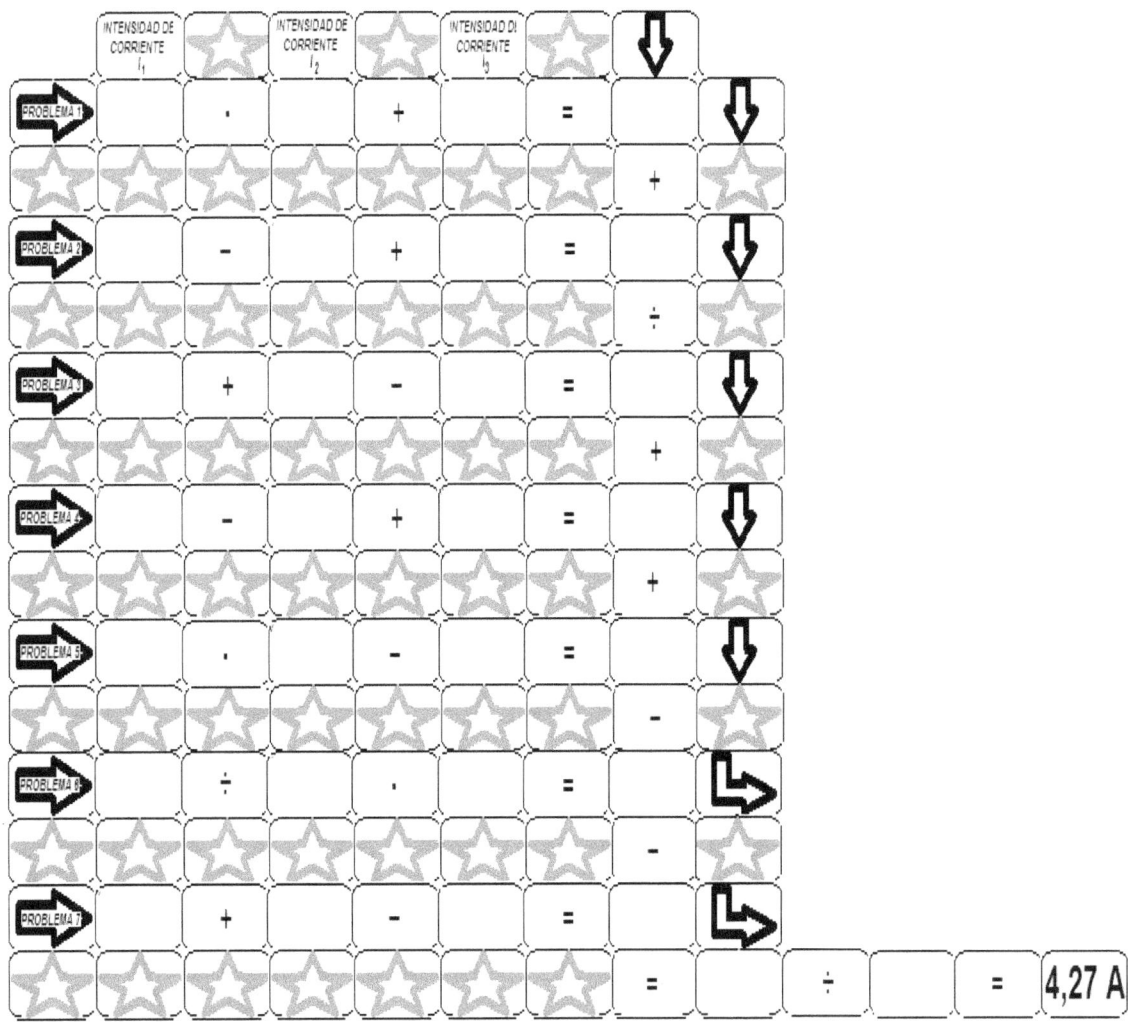

218

Realizar los problemas en un cuaderno, hojas o block.

1. En la red de la figura del problema, ¿cuáles son las intensidades de la corriente en cada conductor o rama?

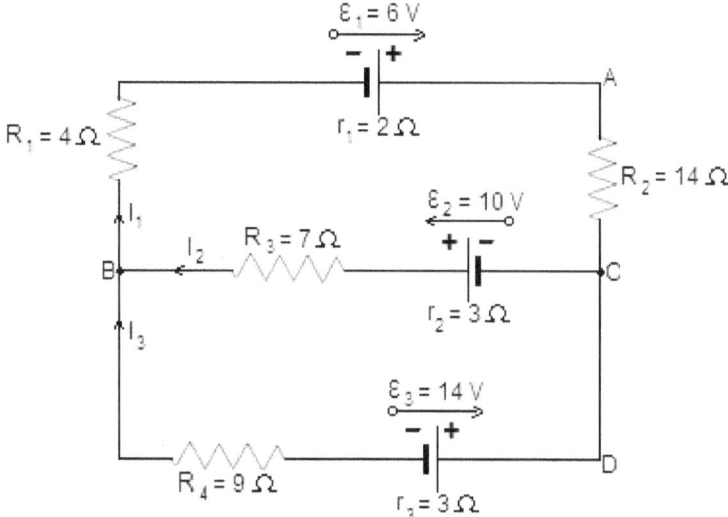

2. En la red de la figura del problema, ¿cuáles son las intensidades de la corriente en cada conductor o rama?

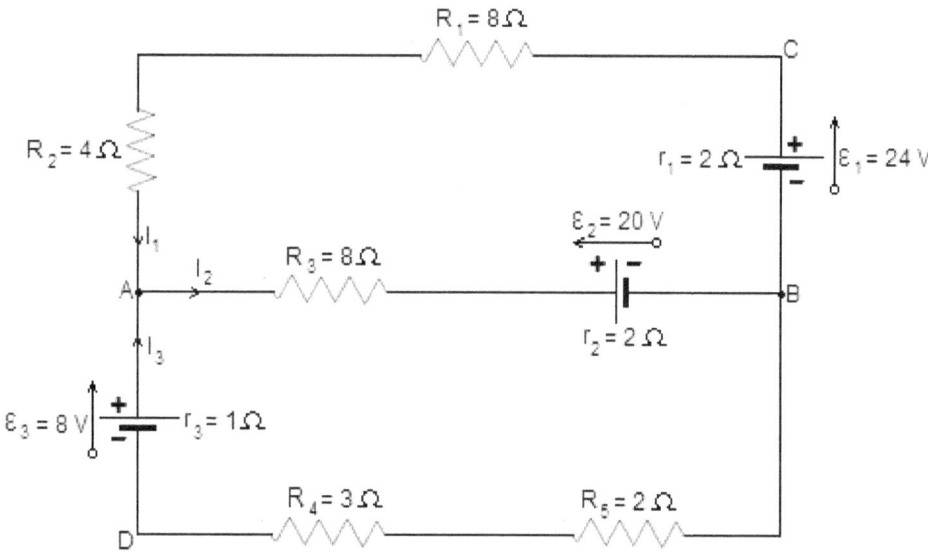

3. En la red de la figura siguiente:

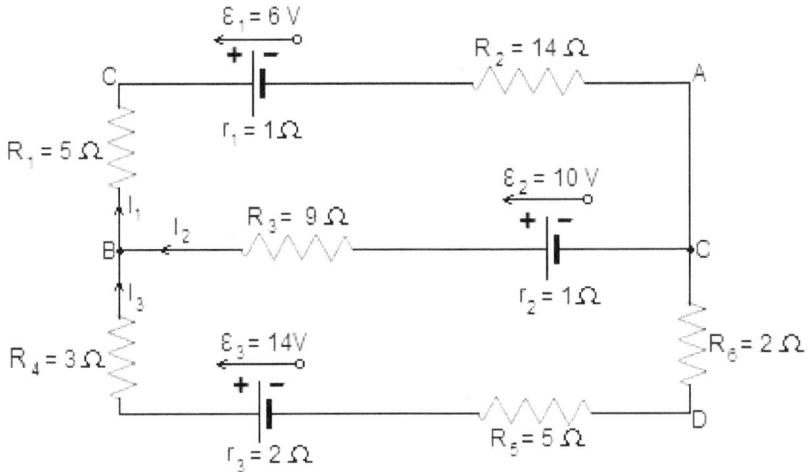

Determinar la intensidad de corriente eléctrica a través de cada conductor o malla.

4. En la red de la figura del problema, ¿cuáles son las intensidades de la corriente en cada conductor o rama?

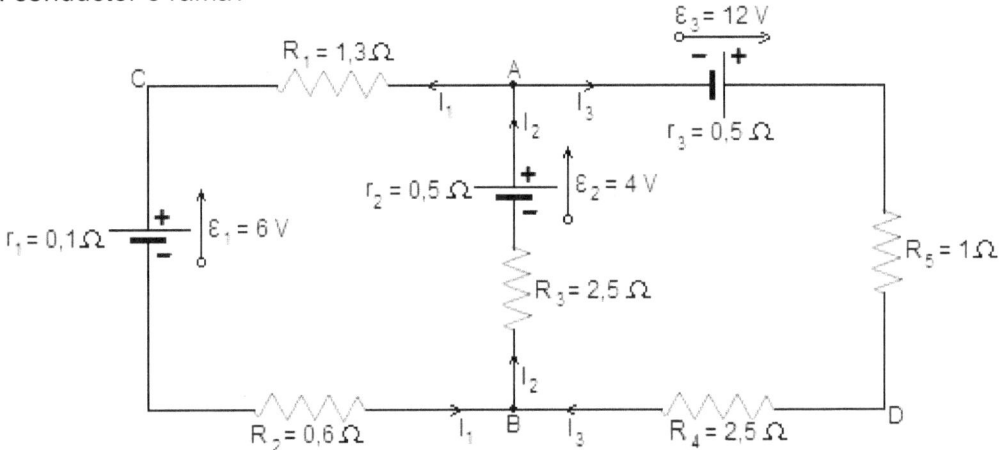

5. En la red de la figura del problema, ¿cuáles son las intensidades de la corriente en cada conductor o rama?

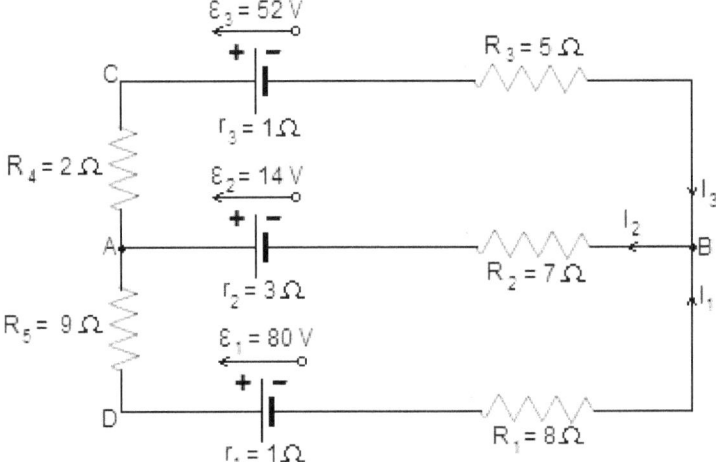

6. Determinar las intensidades de la corriente en cada conductor o rama, en la red de la figura mostrada a continuación:

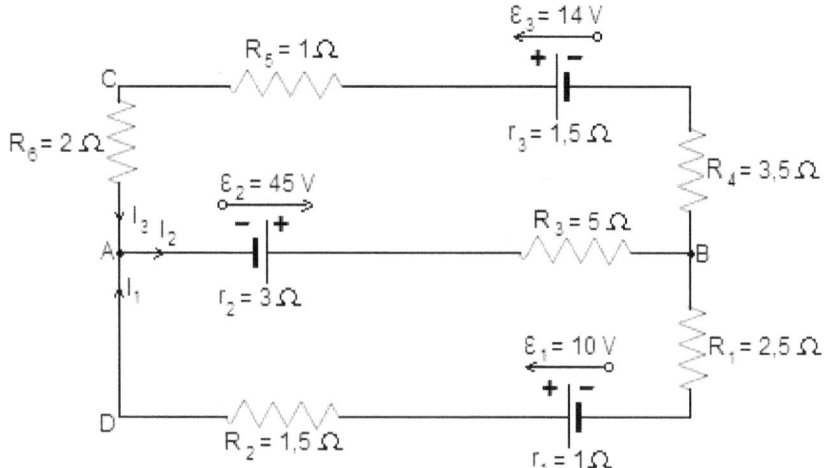

7. En la red de la figura del problema, ¿cuáles son las intensidades de la corriente en cada conductor o rama?

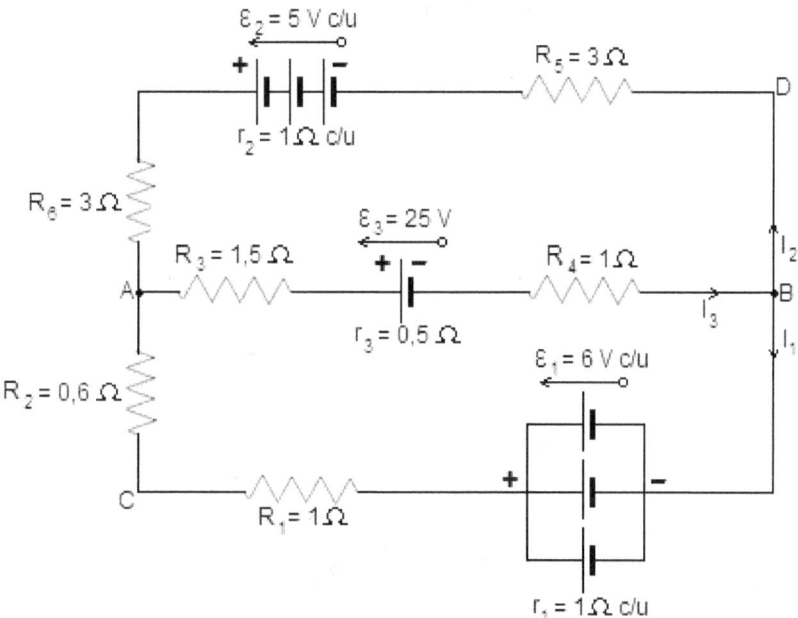

ACTIVIDADES PRÁCTICAS

Primer experimento.

1) Analice las conexiones eléctricas de una linterna común, observando la disposición de las pilas, la forma en que se encuentran conectadas a la lámpara, y el funcionamiento del interruptor o apagador. Realice un diagrama que muestre los detalles del circuito observado por usted.

2) Ahora trate de efectuar un estudio del circuito de algún otro aparato electrodoméstico. Observando cómo están conectados los diferentes elementos en su interior y analice lo que sucede cuando sus medios de control se desplazan de una posición a otra, y viceversa. Realice un diagrama que represente el circuito que haya estudiado o examinado.

Segundo experimento.

Para poder realizar este experimento usted va a necesitar tres pilas secas comunes, cuatro lámparas (o focos) de linterna de 3 V cada una y alambres de conexión.

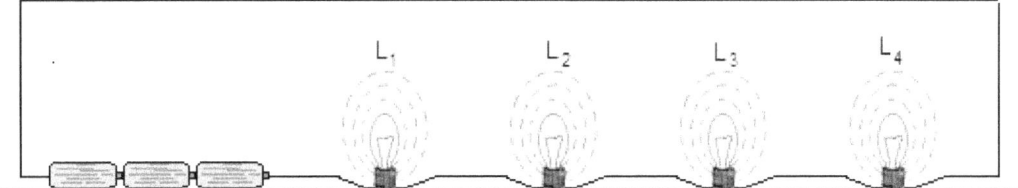

Figura del segundo experimento.

1) Agrupe las pilas en serie, como se observa en la figura de este experimento. Conecte una de las lámparas o focos, únicamente la L_1, directamente a las pilas y observe su brillo.

2) Abra el circuito e introduzca otra lámpara o foco, la L_2, en serie con L_1, y cerrando nuevamente el circuito, observa el resplandor o brillo de ambas fuentes. Tomando en cuenta sus observaciones, responda:

> ¿La corriente proporcionada por las pilas aumentó, disminuyó o no cambió cuando se introdujo en el circuito L_2?
> Entonces, ¿la resistencia del sistema aumentó o disminuyó cuando L_2 se agrupó en serie con L_1?

3) Abra el circuito de nuevo e introduzca otra lámpara o foco, la L_3, en serie con L_1 y L_2, cerrando nuevamente el circuito, observa el resplandor o brillo de las tres fuentes. Tomando en cuenta sus observaciones, responda:
> ¿La corriente proporcionada por las pilas aumentó, disminuyó o no cambió cuando se introdujo en el circuito L_3?
> Entonces, ¿la resistencia del sistema aumentó o disminuyó cuando L_3 se agrupó en serie con L_1 y L_2?

4) Introduzca ahora una cuarta lámpara o foco, L_4 en serie con L_1, L_2 y L_3, observe una vez más la luminosidad de las lámparas o focos, y diga lo que sucedió al valor de la corriente eléctrica proporcionada por las pilas, y al valor de la resistencia total del circuito debido a la introducción de L_4.

5) Desconecte L_4 y observe lo que sucede con L_1, L_2 y L_3; repita su observación desconectando únicamente L_3, repita de nuevo su observación desconectando únicamente L_2, y en seguida, únicamente L_1. Entonces, cuando tenemos varios aparatos conectados en serie, si la corriente eléctrica en uno de ellos se interrumpe, ¿qué sucede a la corriente eléctrica de los demás?

Tercer experimento.

Para poder realizar este experimento usted va a necesitar dos pilas secas comunes, tres lámparas de linterna de 3 V cada una, alambres de conexión, y un miliamperímetro.

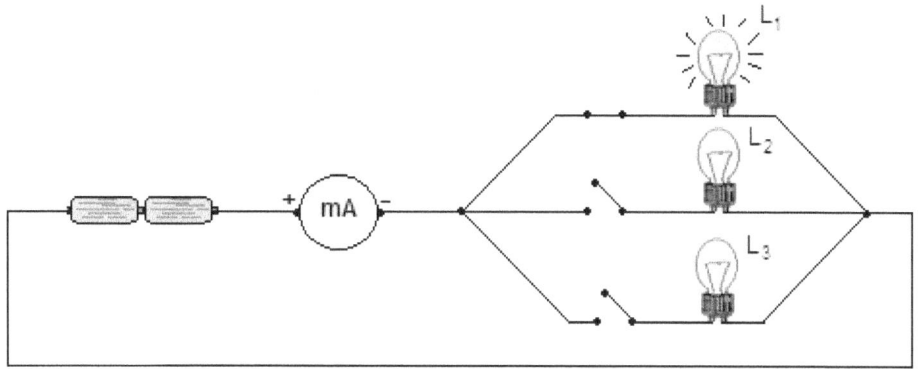

Figura del tercer experimento.

1) Monte el circuito que se muestra en la figura de este experimento, no se olvide de tener en cuenta la polaridad del medidor; inicialmente con las lámparas L_2 y L_3 desconectadas. Anote la lectura del miliamperímetro con la lámpara L_1 encendida.

2) Conecte la lámpara L_2 de forma que en el circuito se tengan ambas lámparas L_1 y L_2 en paralelo. Anote la nueva lectura del miliamperímetro y responda:

➤ La intensidad de corriente eléctrica proporcionada por las pilas, ¿aumentó, disminuyó o no se alteró cuando se introdujo la lámpara L_2 en el circuito?

➤ Entonces, ¿la resistencia del circuito aumentó, disminuyó cuando la lámpara L_2 se conectó en paralelo con la lámpara L_1?

3) Conecte ahora la lámpara L_3 también en paralelo con las lámparas L_1 y L_2. Observe el miliamperímetro y diga qué sucedió al valor de la corriente eléctrica proporcionada por las pilas, así como a la resistencia total del circuito cuando se aumentó el número de lámparas conectadas en paralelo.

4) Desconecte la lámpara L_3. ¿Las lámparas L_1 y L_2 también se apagan? A continuación desconectamos únicamente la lámpara L_2. ¿Las lámparas L_1 y L_3 continúan encendidas? Repita sus observaciones desconectando únicamente loa lámpara L_1.

¿Comprende usted ahora por qué es posible apagar (interrumpiendo su circuito), por ejemplo, la lámpara de la cocina de su casa sin que se apaguen las demás?

Cuarto experimento.

Para poder realizar este experimento usted va a necesitar tres pilas secas comunes, una pequeña lámpara de $3\,V$ (para linterna), un recipiente que contenga agua (de uso doméstico) y alambres de conexión. Utilizando dichos alambres de conexión (aislados), efectué el montaje que se observa en la figura de este experimento (no olvide *pelar* o desforrar en buena parte los extremos de los alambres que están sumergidos en el agua).

223

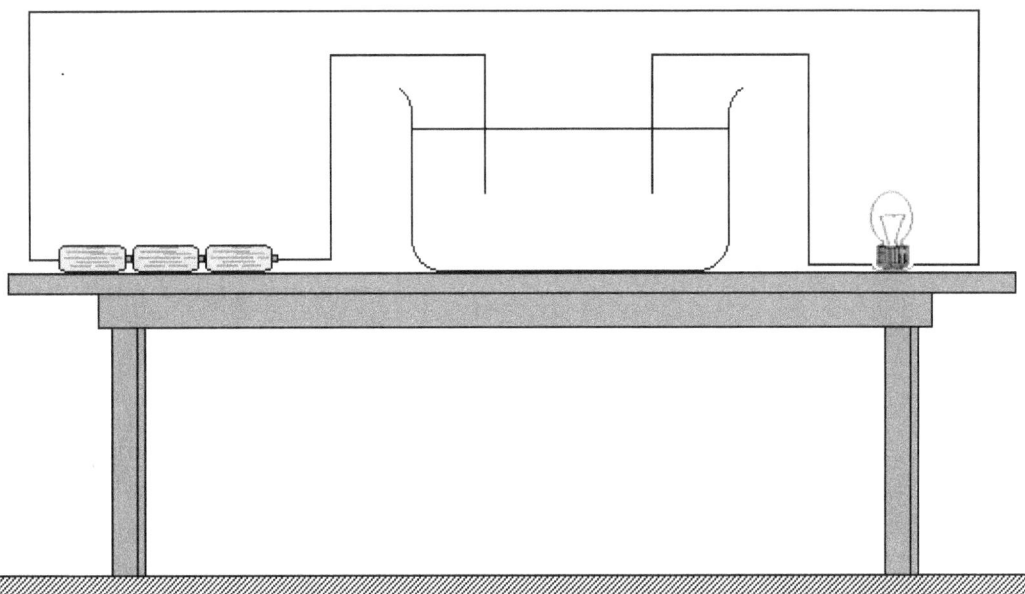

Figura del cuarto experimento.

1) Para asegurarse de que las pilas y la lámpara están en buenas condiciones, cierre el circuito tocando uno con otro, los extremos del conductor sumergidos en el agua. Observe si se enciende la lámpara.

2) Separe los extremos de los alambres, manteniéndose sumergidos o inmersos en el agua, como se observa en la figura. ¿Se enciende la lámpara?

3) Tome una cucharada de azúcar y disuélvala en el agua del recipiente. ¿Se enciende la lámpara?

4) Ahora añada lentamente sal de cocina al agua. ¿Qué observa usted en la lámpara?

5) Por último saque los extremos de los alambres que están dentro del agua y conéctelos los extremos de una pequeña barra de grafito (en el interior de un lápiz o puntilla para lapiceros, por ejemplo). ¿Se enciende la lámpara?

Basándonos en todas sus observaciones conteste: ¿El agua pura es buena conductora de electricidad? ¿Y el agua con azúcar? ¿Y el agua con sal? ¿Y el grafito?

Quinto experimento.

1) Analice detalladamente varios aparatos electrodomésticos que renga en su casa (ventilador, secador de pelo, lámparas, refrigerador, plancha, televisor, pulidora, lavadora, etc.) y anote, con los datos proporcionados por los fabricantes, cuál es la potencia de cada uno. Como usted ya conoce el voltaje que existe en los enchufes o contacto de su casa, determine la intensidad de la corriente eléctrica que pasa por cada uno de los aparatos cuando se encuentre en funcionamiento.

2) Seleccione de entre los aparatos analizados por usted, los que se basan su funcionamiento exclusivamente en el efecto de joule. Determine el valor de la resistencia de cada uno de los aparatos. ¿El aparato que tenga mayor potencia posee mayor o menor resistencia que los demás? Justifique la respuesta.

3) Obtenga en el interruptor general de la instalación eléctrica de su casa, cuál es el mayor valor de la corriente eléctrica (amperaje máximo) que puede pasar sin que se abra. Utilizando los valores que determinó en la primera parte del experimento,

señale algunas combinaciones de aparatos que al ser conectados en forma simultánea, producirán la apertura del interruptor, o bien, que los fusibles se quemen.

Sexto experimento.

Al efectuar este experimento, usted podrá determinar si un conductor obedece la ley de Ohm. Para poder verificar esto, por ejemplo, en el caso del alambre de níquel-cromo (o de acero) de casi $2\,m$ de longitud.

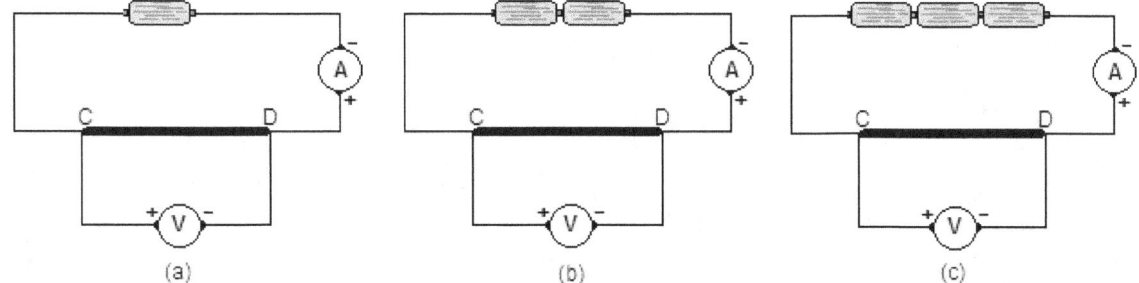

Figura del sexto experimento.

1) Monte el circuito que se indica en la figura (a) de este experimento, donde CD representa el alambre mencionado. Empleado una pila seca común de $1,5\,V$, el amperímetro y el voltímetro deben escogerse con una escala tal que permitan la lectura de la diferencia de potencial o tensión V_{CD} aplicada al alambre, y de la corriente eléctrica que pasa a través de él. Anote las lecturas de estos dos medidores y determine el valor de la resistencia R del alambre CD.

2) Conecte otra pila seca común de $1,5\,V$ en serie con la primera, como se observa en la figura (b) de este experimento. Anote los nuevos valores indicados por el voltímetro y por el amperímetro. Utilizando estos valores, vuelva a determinar el valor de la resistencia R.

3) Repita sus observaciones usando ahora tres pilas secas de $1,5\,V$ en serie, como se muestra en la figura (c) de este experimento, y determine nuevamente el valor de la resistencia R.

Tomando en cuenta los valores obtenidos, responda:

➤ Cuando se aplican al alambre CD diferentes voltajes, ¿el valor de la resistencia R permanece prácticamente constante o sufre variaciones considerables.

➤ ¿Entonces encuentra razonable decir que el alambre CD sigue la ley de Ohm?

❖❖❖❖❖❖❖❖❖❖❖❖❖❖❖❖❖❖❖❖❖❖❖❖❖

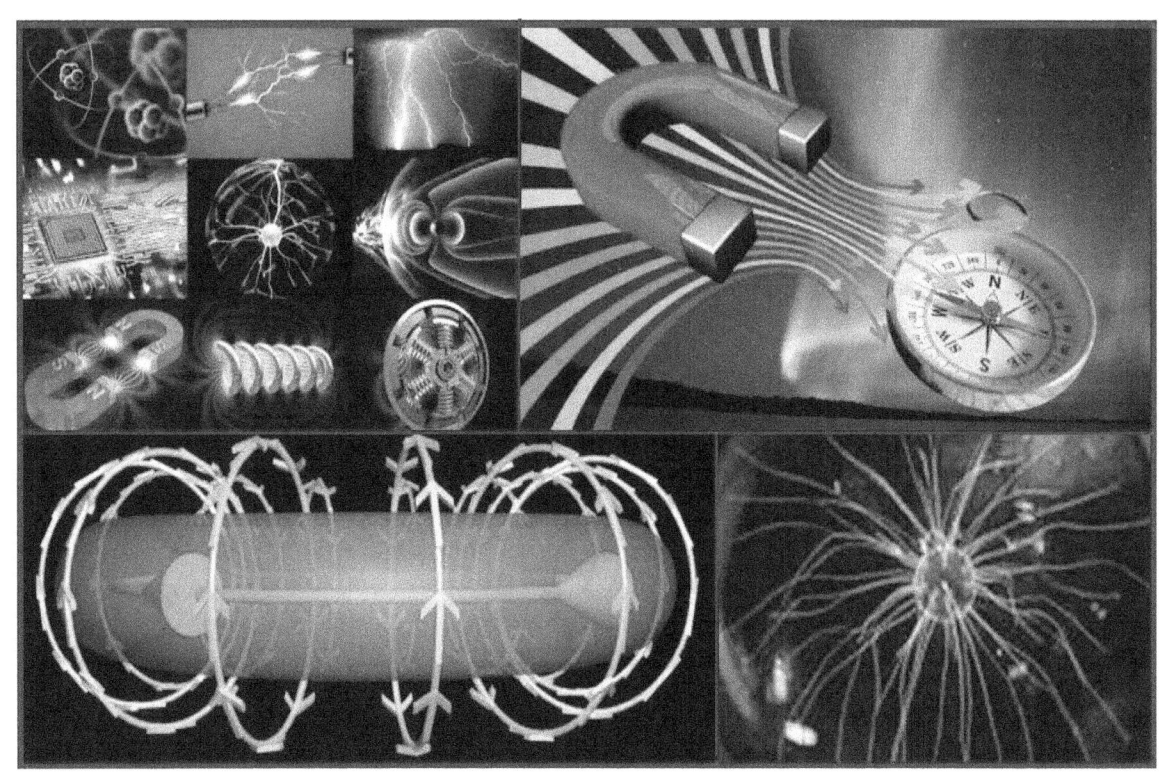

ELECTROMAGNÉTISMO

UNIDAD VI
INTERACCIONES ELECTROMAGNÉTICAS

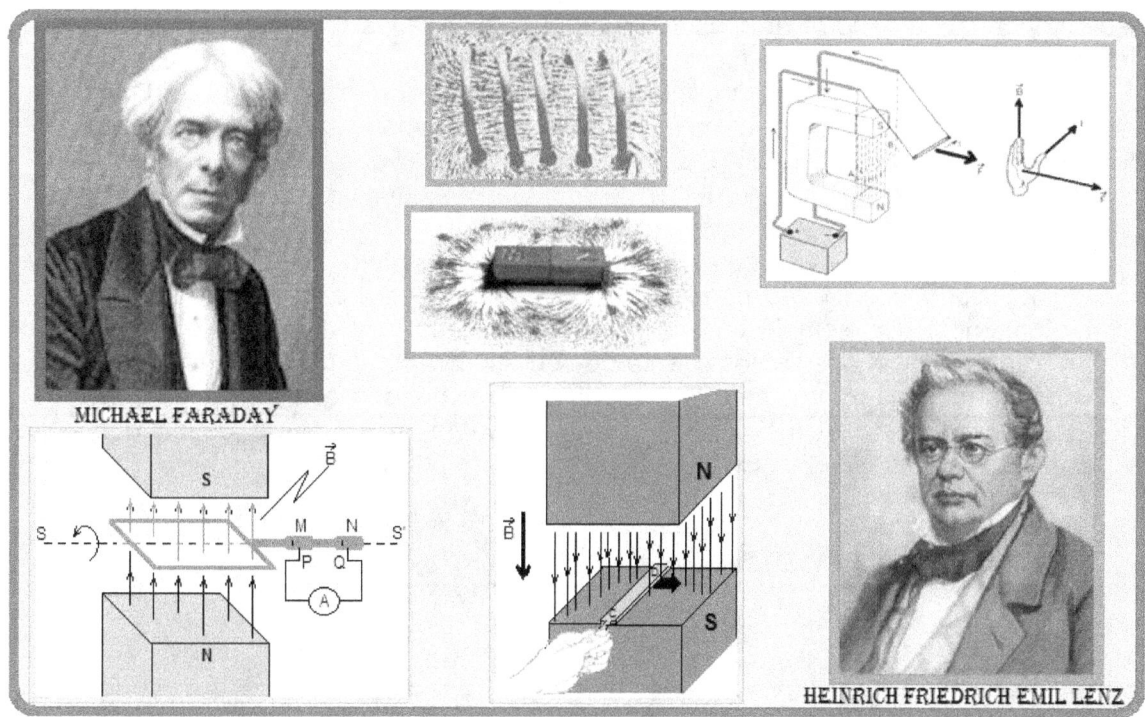

MICHAEL FARADAY

HEINRICH FRIEDRICH EMIL LENZ

CONTENIDO:
- ➤ MAGNETISMO.
- ➤ ELECTROMAGNÉTISMO
- ➤ CAMPO MAGNÉTICO.
- ➤ MOVIMIENTO CIRCULAR DE UNA PARTÍCULA CARGADA.
- ➤ EL CICLOTRÓN.
- ➤ FUERZA MAGNÉTICA SOBRE UN CONDUCTOR.
- ➤ PROBLEMAS RESUELTOS DE APLICACIÓN DE CAMPO MAGNÉTICO, MOVIMIENTO CIRCULAR DE UNA PARTÍCULA CARGADA EN UN CAMPO MAGNÉTICO, EL CICLOTRÓN Y FUERZA MAGNÉTICA SOBRE UN CONDUCTOR.
- ➤ CAMPO MAGNÉTICO DE UN CONDUCTOR RECTÍLINEO.
- ➤ PROBLEMAS RESUELTOS DE APLICACIÓN DE LA INDUCCIÓN MAGNÉTICA EN LAS PROXIMIDADES DE UNA CORRIENTE RECTILÍNEA, LEY DE AMPÉRE, FUERZAS ELECTROMAGNÉTICAS ENTRE DOS CORRIENTES PARALELAS, SOLENOIDE, LEY DE BIOT-SARVAT E INDUCCIÓN MAGNÉTICA EN EL CENTRO DE UN CONDUCTOR CIRCULAR.
- ➤ INDUCCIÓN ELECTROMAGNÉTICA.
- ➤ PROBLEMAS RESUELTOS DE APLICACIÓN DE FUERZA ELECTROMOTRIZ INDUCIDA, FLUJO DE CAMPO MAGNÉTICO, LEY DE FARADAY , LEY DE LENZ, INDUCCIÓN MUTUA Y AUTOINDUCCIÓN.
- ➤ ACTIVIDADES CON FÍSICA RECREATIVA.
- ➤ ACTIVIDADES PRÁCTICAS.

MAGNETISMO

Las primeras observaciones realizadas de fenómenos magnéticos son muy antiguas, se cree que fueron realizadas por los griegos en una ciudad de Asia Menor, denominada Magnesia. Encontraron que en dicha región existían ciertas piedras que eran capaces de atraer trozos de hierro. Actualmente se sabe que estas piedras están constituidas por un óxido de hierro (magnetita) y se denomina *imanes naturales*. El término *magnetismo* se uso entonces para denominar el conjunto de las propiedades de estos cuerpos, en virtud del nombre de la ciudad donde fueron descubiertos.

Se observó que al colocar trozo de hierro cerca de un imán natural, adquiriría sus mismas propiedades. De esta forma fue posible obtener imames *no naturales* o *artificiales* de varias formas y tamaños, barras o trozos de hierro de diversas formas y tamaños.

Con el paso del tiempo se fueron descubriendo algunas otras propiedades del los imanes, entre algunas de ellas tenemos:

❖ *Polos de un imán:* Se observó que los trozos de hierro eran atraídos con mayor intensidad por ciertas partes del imán, las cuales denominaron sus *polos*. Si tomamos, por ejemplo un imán en forma de barra y distribuimos limaduras de hierro sobre él nos damos cuenta que se acumulan o agrupan en los extremos de la barra (Fig. 6.1); o sea; las limaduras son atraídas con mayor intensidad por dichos extremos. Por lo tanto, un imán en forma de barra posee dos polos, situados en sus extremos.

Fig. 6.1 Un imán en forma de barra posee dos polos situados en sus extremos.

Si suspendemos un imán en forma de barra de forma que pueda girar libremente alrededor de su parte central, pudiéndose observar que siempre se orienta en la misma dirección, figura 6.2(a). Dicha orientación coincide aproximadamente con la dirección Norte-Sur en la Tierra. Esta propiedad de los imanes se utilizo en la construcción de las brújulas o agujas magnéticas orientadoras, figura 6.2(b), las cuales hicieron posibles la realización de prolongados viajes marítimos, desde tiempos muy remotos; estos instrumentos siguen utilizándose ampliamente en la actualidad.

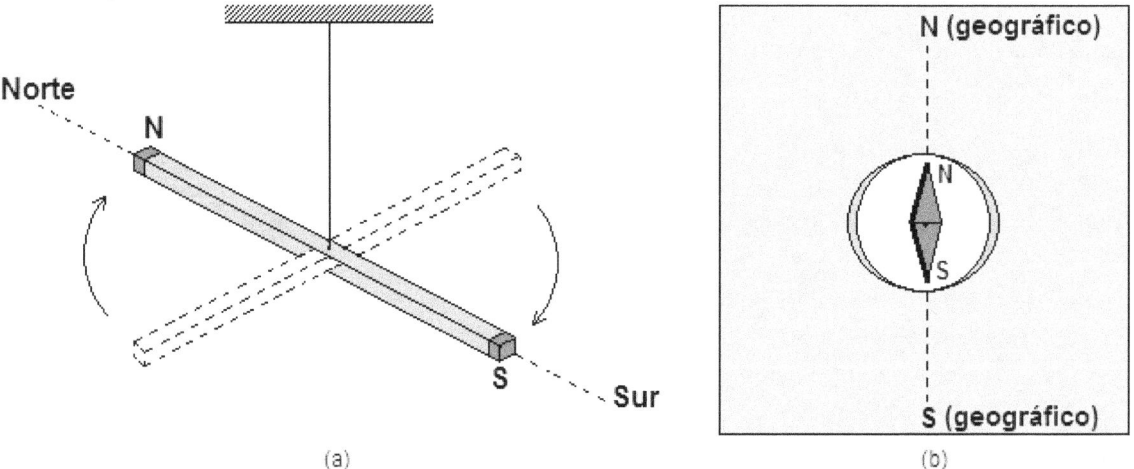

(a)   (b)

Fig. 6.2 Un imán (o aguja magnética) suspendido se orienta en la dirección Norte-Sur (geográfico).

Los polos de un imán reciben las denominaciones de *polo magnético norte* y *polo magnético sur,* de acuerdo con la siguiente convención: *polo norte de un imán es aquel de sus extremos que, cuando el imán puede girar libremente, apunta hacia el Norte geográfico de la Tierra. El extremo que apunta hacia el Sur geográfico terrestre es el polo sur del imán (Fig. 6.2).*

Experimentalmente se puede observar que cuando tratamos de acercar el polo norte de un imán al polo norte de otro, se observa la existencia de una fuerza de repulsión entre dichos polos, figura 6.3 (a). De la misma forma notamos que hay una fuerza de repulsión entre los polos sur de dos imames, figura 6.3 (b). Mientras que entre el polo norte de uno y el polo sur de otro existe una fuerza de atracción, figura 6.3 (c). En resumen *los polos magnéticos del mismo nombre se repelen y los polos magnéticos de nombre contrario se atraen.*

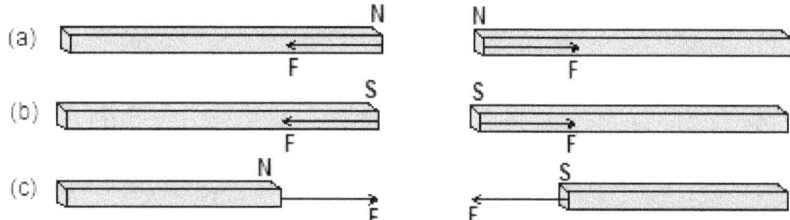

Fig. 6.3 Los polos magnéticos del mismo nombre se repelen, y los de nombre contrario se atraen.

❖ La Tierra es un enorme imán: La explicación de que la Tierra es un enorme imán que hoy en día damos como correcta no pudo ser formulada sino hasta el siglo XVII, por medio del inglés William Gilbert, científico cuyos trabajos en el campo de la electricidad, en su obra titulada De Magnete y publicada en el año 1600, Gilbert describe un gran número de propiedades de los imanes que observo experimentalmente y fórmula hipótesis que tratan de explicar dichas propiedades.

Una de las ideas principales que presenta en su obra es la de que la orientación natural de una aguja magnética se debe al hecho de que la Tierra se comporta como un enorme imán. De acuerdo con Gilbert, el polo Norte geográfico de la Tierra también debe ser un polo magnético que atrae al extremo norte de una aguja magnética. De forma similar, el polo Sur geográfico de la Tierra se comporta como un polo magnético que atrae al polo sur de la aguja de una brújula. Debido a estas fuerzas de atracción, dicha aguja tiende a orientarse o cualquier otro imán en forma de barra, tiende a orientarse en la dirección Norte-Sur.

De acuerdo con lo explicado tenemos que el polo Norte geográfico de la Tierra viene siendo un polo magnético sur, y el polo Sur geográfico es un polo magnético norte. Concluyendo, en lo que se refiere a los efectos magnéticos, podemos imaginarnos a la Tierra representada por un enorme imán, como se interpreta en la figura 6.4.

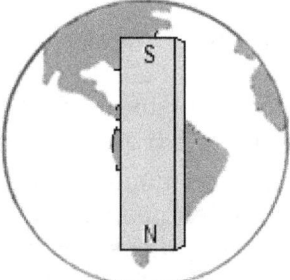

Figura 6.4 El polo Norte geográfico de la Tierra es un polo magnético sur,
y el polo Sur geográfico es un polo magnético norte.

❖ *Inseparabilidad de los polos:* Esta propiedad de los imanes consiste en la inseparabilidad de sus polos: experimentalmente se observa que no podemos obtener un polo magnético aislado. Todo imán tiene siempre sus dos polos.

Ahora bien, si tomamos un imán en forma de barra, como el AB de la figura 6.5, y lo partimos en dos, obteniéndose dos nuevos imanes, como se muestra en la figura Podemos observar que los extremos A y B siguen comportándose como polo sur y polo norte, respectivamente. Entonces se puede observar que en la región por la cual se cortó el imán aparecen dos nuevos polos: en C un polo norte, y en D un polo sur; dando lugar a dos nuevos imanes AC y DB, como se observa en la figura 6.5.

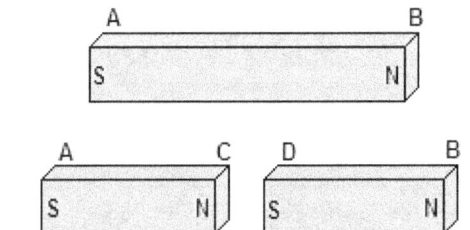

Fig. 6.5 Es imposible obtener un polo magnético aislado.

ELECTROMAGNETISMO

El magnetismo se fue desarrollando con el estudio de las propiedades de los imanes; en un momento no se sospechaba que pudiera existir relación alguna entre los fenómenos magnéticos y los fenómenos eléctricos. En otras palabras, el estudio del magnetismo y el de la electricidad se consideraban dos ramas de la Física totalmente independiente y distintas una de la otra.

Por los años 1820, un hecho notable determinó un cambio radical en este punto de vista. Tal hecho, observado por el investigador danés Hans Christian Oersted, vino a demostrar que hay una relación intima entre la electricidad y el magnetismo, contrariamente a lo que hasta entonces se pensaba. Demostrándose, según el experimento de Oersted que una corriente eléctrica es capaz de producir efectos magnéticos.

Del experimento de Oersted se concluyó lo que se conoce con el nombre de Efecto de Oersted: *"Toda corriente crea a su alrededor un campo magnético".*

En poco tiempo, gracias a todas las investigaciones realizadas, se comprobó que todo fenómeno magnético era producido por una corriente eléctrica; es decir, se lograba de forma definitiva, la unificación del magnetismo y la electricidad, originando la rama de la física que actualmente conocemos como *electromagnetismo.*

El principio básico de todos los fenómenos magnéticos nos dice que cuando dos cargas eléctricas están en movimiento, entre ellos surge una fuerza que se denomina fuerza magnética.

Cuando dos cargas eléctricas se encuentran en reposo, entre ellas existe una fuerza denominada electrostática; ahora bien cuando dos cargas están en movimiento, además de la fuerza electrostática o eléctrica, surge entre ellas una nueva interacción, la *fuerza magnética.* Por ejemplo, en la figura 6.6, la carga Q en movimiento ejerce sobre la carga q, también en movimiento, además de la fuerza electrostática, una fuerza magnética $\vec{F}$.

Todas las manifestaciones de fenómenos magnéticos se pueden explicar mediante esta fuerza existente entre cargas eléctricas en movimiento. De manera que la desviación en la aguja del experimento de Oersted, se debió a la existencia de dicha fuerza; también esta es la responsable de la orientación de la aguja magnética en la dirección N-S, la atracción y repulsión entre los polos de los imanes es incluso una consecuencia de esta

fuerza magnética, etc. Ahora bien, en la estructura atómica de un imán existen cargas en movimiento que originan las propiedades magnéticas que presenta.

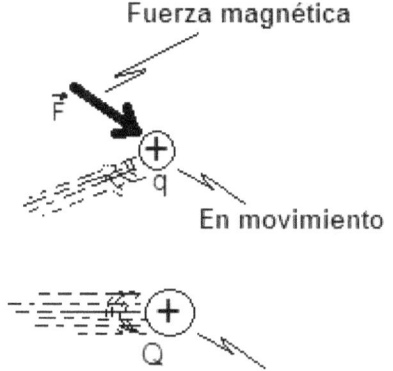

Fig. 6.6 Cuando dos cargas eléctricas se encuentran en movimiento, se manifiesta, entre ellas, además de fuerza eléctrica, una fuerza magnética.

Entonces podemos expresar el siguiente hecho básico, el cual se fundamento de los fenómenos magnéticos:

"Cuando dos cargas eléctricas están en movimiento, entre ellas se manifiesta, además de la fuerza electrostática, otra fuerza que recibe el nombre de fuerza magnética".

CAMPO MAGNÉTICO

Anteriormente vimos que una carga eléctrica en movimiento ejerce una fuerza magnética sobre otra carga que también se esté moviendo. Otra forma de describir este hecho, tenemos que una carga móvil crea en el espacio que la rodea, un *campo magnético,* el cual actúa sobre otra carga en movimiento.

Recordemos cuando estudiamos el campo eléctrico, al analizar la interacción electrostática entre dos cargas Q y q, que la carga Q crea un campo eléctrico, y que dicho campo ejerce una fuerza electrostática sobre la carga q.

Tenemos que en la figura 6.6, podemos decir que la carga Q, en movimiento, crea un campo magnético en el espacio que la rodea, y que dicho campo actúa sobre la carga q, que también está en movimiento. Según lo analizado tenemos que la fuerza magnética $\vec{F}$ sobre la carga en movimiento q se debe a que existe un campo magnético creado por la carga Q.

Así podemos destacar que: *"Una carga que está en movimiento crea en el espacio que la rodea, un campo magnético que actuará sobre otra carga también móvil, y ejercerá sobre esta última una fuerza magnética".*

Existe una corriente eléctrica que circula por un conductor, en el espacio que la rodea habrá un campo magnético, como ya sabemos, una corriente eléctrica está constituida por cargas eléctricas en movimiento. De la misma forma, en el espacio que rodea a un imán también existe un campo magnético, ya que en el interior del imán tenemos cargas eléctricas móviles, las cuales se determina dicho campo.

6.3.1 El vector del campo magnético. Tomemos una región del espacio existe un campo magnético. Este campo magnético pudo haber sido creado tanto por la corriente en un conductor, como por un imán.

Definimos un vector, representado por $\vec{B}$ y denominado *vector magnético o vector inducción magnética,* el cual se utilizará para caracterizar el campo magnético en cada punto del espacio.

➤ *Dirección y sentido $\vec{B}$.* El imán cuyo polo norte, se observa en la figura 6.7,

produce un campo magnético en el espacio que lo rodea. Al colocar en el punto P_1 una pequeña aguja magnetizada el campo magnético que ahí existe actuará sobre las cargas móviles de la aguja produciéndose una cierta orientación. La dirección del campo magnético $\vec{B}_1$ en dicho punto es, por definición, la dirección en la cual se orienta la aguja, y su sentido será aquél en que apunta el polo norte de la misma. Observando entonces, en la figura 6.7, el vector $\vec{B}_1$, que representa el campo magnético existente en P_1.

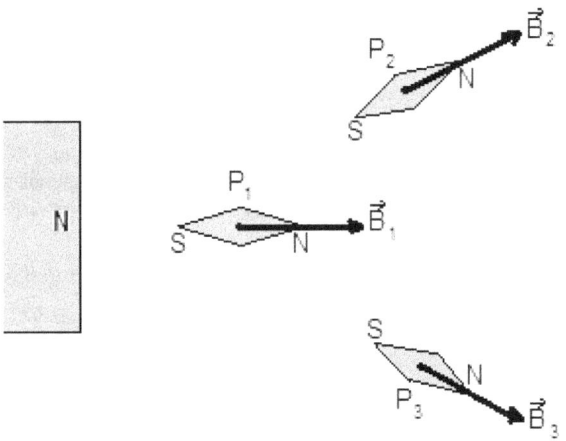

Fig. 6.7 El campo magnético $\vec{B}$ en un punto tiene la orientación magnética sur- norte de una aguja imantada en dicho punto.

De forma similar, podemos colocar agujas magnéticas en los puntos P_2, P_3, etc., y determinar así la dirección y el sentido de los vectores campo magnético $\vec{B}_2, \vec{B}_3$, etc., en cada uno de los puntos de dicha figura.

➤ *Magnitud del vector $\vec{B}$.* Consideremos que el punto P que se observa en la figura 6.8, existe un campo magnético $\vec{B}$ con la dirección y sentido indicado en la figura. Si una partícula electrizada con carga positiva, q, fuera lanzada de forma que pase por el punto P con velocidad $\vec{v}$, conocemos que el campo magnético ejercerá sobre dicha carga una fuerza magnética $\vec{F}$. Se puede observar que esta fuerza es perpendicular al plano determinado por los vectores $\vec{v}$ y $\vec{B}$ como se muestra en la figura 6.8.

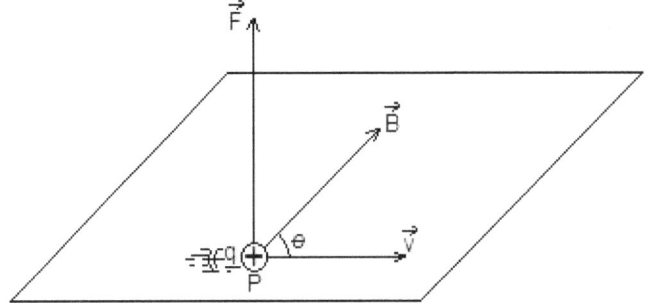

Fig. 6.8 Fuerza $\vec{F}$ que el campo origina sobre la carga q, que actúa que entra en el campo con una velocidad $\vec{v}$.

Efectuando mediciones cuidadosas, los científicos determinaron que la magnitud de la fuerza magnética $\vec{F}$ depende del valor de la carga q, de la magnitud de la velocidad $\vec{v}$ y del ángulo θ formado por los vectores $\vec{v}$ y $\vec{B}$, observar la figura 6.8, de lo que se concluyeron las relaciones siguientes:

$$F \propto q \qquad F \propto v \qquad F \propto \operatorname{sen}\theta$$

Entonces podemos concluir que:

$$F \propto q \cdot v \cdot \operatorname{sen}\theta$$

de donde:

$$\frac{F}{q \cdot v \cdot \operatorname{sen}\theta} = constante$$

El valor de esta constante es, por definición la magnitud del campo magnético $\vec{B}$ en el punto P, esto quiere decir que:

$$\frac{F}{q \cdot v \cdot \operatorname{sen}\theta} = B$$

o sea:

$$F = q \cdot v \cdot B \cdot \operatorname{sen}\theta$$

En efecto, por definición, el producto vectorial de dos vectores es igual al producto de los módulos de los vectores por el seno del ángulo que forman. En consecuencia, la ecuación anterior puede expresarse vectorialmente de la forma siguiente:

$$\vec{F} = q\, \vec{v} \times \vec{B}$$

De la definición de la magnitud del vector $\vec{B}$:

$$B = \frac{F}{q \cdot v \cdot \operatorname{sen}\theta}$$

podemos obtener su unidad de medida en el sistema internacional S.I.

Claro está que a partir de esta expresión, donde $F = 1\,Newton$ (unidad S.I. de fuerza), $q = 1\,Coulomb$ (unidad S.I. de carga eléctrica), $v = 1\,metro/segundo$ (unidad S.I. de rapidez) y recordando que $\operatorname{sen}\theta$ $es\ adicional$ (no posee unidades; obtenemos que:

$$1\,\frac{Newton}{Coulomb \cdot \left(\frac{metro}{segundo}\right)} = 1\,\frac{N}{C \cdot \left(\frac{m}{s}\right)} = 1\,\frac{N}{\left(\frac{C}{s}\right) \cdot m} = 1\,\frac{N}{A \cdot m}$$

Esta unidad recibe el nombre de tesla, que se expresa simbólicamente T, en honor del científico yugoslavo Nikola Tesla, que efectúo importantes descubrimientos tecnológicos en el campo del Electromagnetismo. Esta unidad también suele denominarse "$weber\ por\ metro\ cuadrado$" ($Wb/m^2$).

Ahora bien:

$$1\,\frac{N}{A \cdot m} = 1\,T = 1\,\frac{Wb}{m^2}$$

Un tesla (T) es la inducción magnética en un punto, cuando se ejerce una fuerza F de 1 Newton sobre la carga móvil q de 1 Coulomb que pasa por el punto con una rapidez v de 1 metro/segundo.

➤ *Dirección y sentido de la fuerza magnética:* En la figura 6.8 pudimos observar que la dirección de la fuerza que un campo magnético ejerce sobre una carga que está en movimiento, es perpendicular al plano formado por los vectores $\vec{v}$ y $\vec{B}$. De aquí que la fuerza magnética $\vec{F}$ es perpendicular a cada uno de estos vectores, esto quiere decir que:

$$\vec{F} \perp \vec{v} \qquad y \qquad \vec{F} \perp \vec{B}$$

En lo que se refiere al sentido de la fuerza $\vec{F}$, tenemos varias reglas prácticas que permiten determinarlo. Vamos a analizar una de ellas, la cual denominamos *regla de la palma de la mano derecha.*

De acuerdo con esta regla, para determinar el sentido de la fuerza magnética que actúa sobre una carga eléctrica positiva en movimiento, procederemos de la forma siguiente: se coloca la *mano derecha* bien abierta, en la forma que se observa en la figura 6.9, con el dedo pulgar dirigido según el vector $\vec{v}$, y los demás dedos orientados según el campo magnético $\vec{B}$; el sentido de la fuerza $\vec{F}$ será aquel hacia adonde quede vuelta la palma de la mano; con esto queremos decir, el sentido del movimiento que debería ser hecho para dar una palmada con esta parte de la mano, vea la figura 6.9.

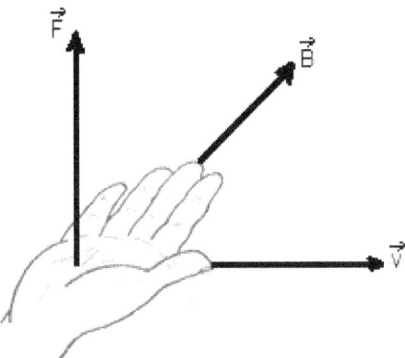

Fig. 6.9 Colocación de los dedos para aplicar la regla de la palma de la mano derecha.

Si la carga q lanzada al campo magnético fuera negativa, el sentido de la fuerza $\vec{F}$ sería contrario al de la fuerza que actúa sobre la carga positiva. En este caso, también podemos emplear la *regla de la palma mano derecha,* pero recordemos que tenemos que invertir el sentido indicado por dicha regla.

6.3.2 Líneas de campo magnético o líneas de inducción. Para representar un campo eléctrico se utilizaron líneas de campo eléctrico, en la misma forma, para representar y analizar un campo magnético se utilizan líneas de campo magnéticos o líneas de inducción. Estas líneas de inducción, deben trazarse de forma que el vector de campo magnético $\vec{B}$ sea siempre tangente a ellas, en cualquier de los puntos. Tenemos que en las regiones donde es más intenso el campo magnético, las líneas de inducción deben estar más cerca una de otra.

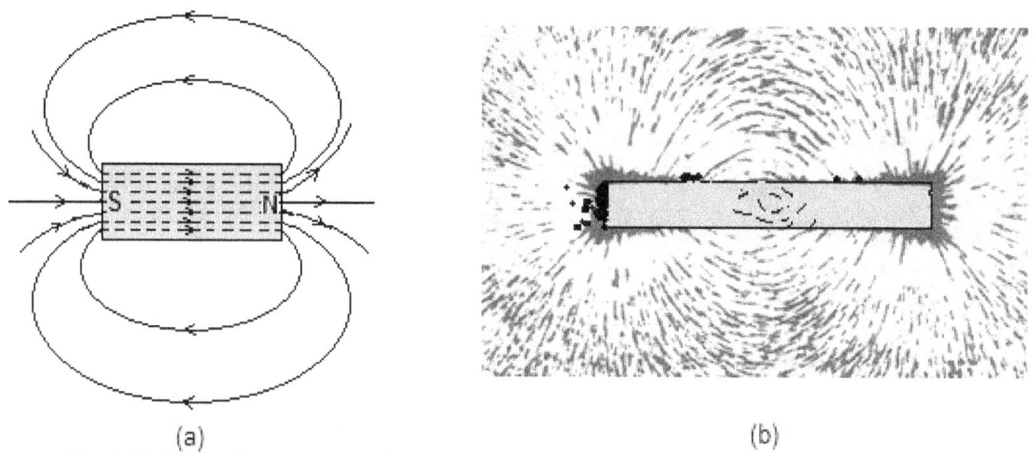

(a)   (b)

Fig. 6.10 Líneas de campo magnético o líneas de inducción, creado por un imán en forma de barra.

En la figura 6.10 (a), se observan las líneas de inducción del campo magnético, creado por un imán en forma de barra. Debemos darnos cuenta que, contrariamente a las líneas de fuerza, las líneas de inducción son siempre cerradas: salen del polo norte,

entran al polo sur, y se cierran pasando por el interior del imán. También observaremos que las líneas de inducción se encuentran más cerca unas de otras en aquellas regiones cercanas a los polos, indicando de esta forma que el campo magnético es más intenso en estas regiones.

Se puede obtener experimentalmente la formación de las líneas de inducción de un campo magnético esparciendo limaduras de hierro en las regiones donde actúa el campo. Cada una de las pequeñas porciones metálicas se orientará en la dirección del vector $\vec{B}$, y de esta forma, obtendrán en conjunto la configuración de las líneas de inducción. La figura 6.10 (b) es una foto que muestra líneas de campo magnéticos o líneas de inducción de un imán en forma de barra, obtenidas con la participación de las limaduras de hierro.

Si el vector $\vec{B}$ tiene la misma magnitud, la misma dirección y el mismo sentido en todos los puntos, concluimos que *el campo magnético es uniforme*.

A continuación tenemos algunas fotos que se puede visualizar la forma del campo magnético de una corriente eléctrica; en este caso la cartulina o lámina de vidrio con limaduras es atravesada por un alambre que conduce la corriente, tal como podemos observar en la figura 6.11, colocando el alambre de diferentes formas: (a), (b) y (c).

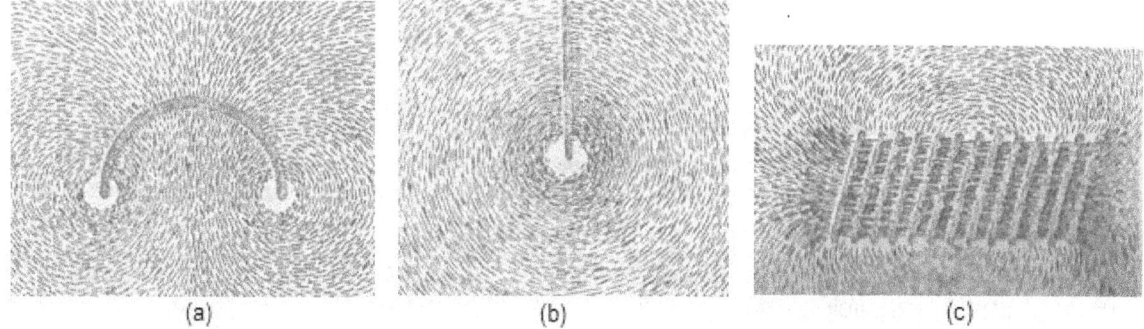

(a)   (b)   (c)

Fig. 6.11 Líneas de campo magnético o líneas de inducción, creado por una corriente eléctrica.

MOVIMIENTO CIRCULAR DE UNA PARTÍCULA CARGADA EN UN CAMPO MAGNÉTICO

Trabajamos frecuentemente con vectores perpendiculares a un cierto plano y que pueden ser *entrantes* o bien *salientes* del mismo. Tenemos que en estas condiciones, los vectores suelen representarse en la forma que se indica en la figura 6.12.

$\otimes$ o bien, X $\odot$ o bien, •

(a)   (b)

Fig. 6.12 Representación de vectores perpendiculares al plano de la
ilustración, en (a) entrantes y en (b) salientes de dicho plano.

En la figura 6.12 (a), se simboliza un vector perpendicular al plano del esquema y *entrante* al mismo. Con esta forma de representación se trata de dar la idea de una flecha vista desde su parte posterior; quiere decir, una flecha que se aleja de la persona que analiza. En la figura 6.12 (b), se representa un vector que es *saliente* de la ilustración, esto indica que la punta de una flecha vuelta hacia la persona que analiza, o sea que se dirige hacia éste.

6.4.1 Carga proyectada con $\vec{v}$ perpendicular a $\vec{B}$.
En la figura 6.13 se representa un campo magnético uniforme, utilizando la convención que describimos antes. Podemos observar que este campo es *entrante* en el plano de la ilustración.

Una partícula electrizada positivamente con carga q, es lanzada desde el punto P al interior del campo, con una velocidad $\vec{v}$. En dicha figura 6.13, tal velocidad que está en el

plano, es perpendicular al campo magnético $\vec{B}$, esto quiere decir que el vector $\vec{v}$ es perpendicular al vector $\vec{B}$.

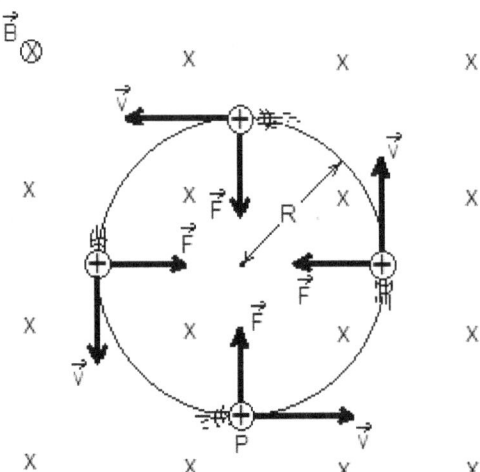

Fig. 6.13 Partícula electrizada que describe una trayectoria circular en un campo magnético.

Si utilizamos la regla de la *palma de la mano derecha* se puede comprobar que la fuerza magnética $\vec{F}$ que actúa sobre la partícula en el punto P, tiene el sentido mostrado en dicha figura. Esta fuerza siempre es perpendicular al vector $\vec{v}$. De aquí que la fuerza $\vec{F}$ producirá una modificación en la dirección de la velocidad de la partícula sin que por ello se altere o modifique su magnitud. Entonces la partícula describirá una trayectoria *curva* y la fuerza magnética actuará continuamente sobre ella, manteniéndose siempre perpendicular a su velocidad; trayendo como consecuencia, la trayectoria de la partícula será una circunferencia; esto quiere decir que el movimiento de esta partícula dentro del campo magnético, por la acción única de una fuerza magnética, será un *movimiento circular uniforme*.

6.4.2 Radio de la trayectoria descrita por la carga.

Determinaremos el radio R de la trayectoria circular que la partícula electrizada describe dentro de un campo magnético uniforme. Podemos observar que la fuerza magnética $\vec{F}$ proporciona la fuerza centrípeta necesaria para que la partícula describa el movimiento circular. Entonces, tenemos que:

$$F = m \cdot a_c$$

como la a_c:

$$a_c = \frac{v^2}{R}$$

sustituyendo en la relación anterior:

$$F = m \cdot \frac{v^2}{R}$$

donde m es la masa de la partícula. Por lo ya analizado anteriormente, sabemos que la fuerza magnética está dada por $F = q \cdot v \cdot B \cdot \operatorname{sen}\theta$, y como en este caso tenemos que $\theta = 90°$ (ya que $\vec{v}$ es perpendicular a $\vec{B}$), resulta que:

$$F = q \cdot v \cdot B$$

Si igualamos estas dos expresiones de F tendremos:

$$m \cdot \frac{v^2}{R} = q \cdot v \cdot B$$

de donde:

$$m \cdot v^2 = q \cdot v \cdot B \cdot R$$

simplificando la rapidez v y despejamos el radio R:

$$R = \frac{m \cdot v}{q \cdot B}$$

La rapidez de la partícula en función de la velocidad angular w se determina mediante la relación $v = w \cdot R$. En consecuencia, la velocidad angular de la partícula es:

$$w = \frac{v}{R}$$

Sustituyendo el radio R en esta última expresión:

$$w = \frac{v}{\dfrac{m \cdot v}{q \cdot B}}$$

Efectuando:

$$w = \frac{v \cdot q \cdot B}{m \cdot v}$$

Simplificando la rapidez v:

$$w = \frac{q \cdot B}{m}$$

Si el período de rotación de la partícula es T y su frecuencia f, se tiene que:

$$w = \frac{2\pi}{T} = 2\pi f \quad \Rightarrow \quad f = \frac{w}{2\pi}$$

Sustituyendo la velocidad angular en esta última relación:

$$f = \frac{\dfrac{q \cdot B}{m}}{2\pi} \quad \Rightarrow \quad f = \frac{q \cdot B}{2\pi \cdot m}$$

EL CICLOTRÓN

El ciclotrón es un aparato construido por el físico estadounidense Ernest Orlando Lawrence, quien en el año 1931 hizo funcionar el primero de dichos aparatos. Gracias a este invento, y por el estudio de un gran número de reacciones nucleares que pudieron obtenerse con tal máquina, Lawrence recibió el premio Nobel de Física en el año 1939.

El principio físico en el cual se basa la construcción del ciclotrón se describió en la sección anterior 6.4. Ahí observamos que una partícula electrizada con carga q, lanzada en un campo magnético uniforme $\vec{B}$ y con una velocidad $\vec{v}$ perpendicular a este campo, describe una trayectoria circular por la acción de una fuerza magnética que actúa sobre la partícula. Sabiendo que m es la masa de la partícula, podemos mostrar que el radio de esta trayectoria está dado por:

$$R = \frac{m \cdot v}{B \cdot q}$$

Podemos determinar el período T (tiempo de una revolución o vueltas completas) de este movimiento circular, recordando que $T = 2\pi \cdot R/v$; entonces, sustituyendo en esta expresión el radio R, obtendremos:

$$T = \frac{2\pi \cdot R}{v} = \frac{2\pi \cdot \dfrac{m \cdot v}{B \cdot q}}{v} = \frac{2\pi \cdot m \cdot v}{v \cdot B \cdot q}$$

Simplificando v:

$$T = \frac{2\pi \cdot m}{B \cdot q}$$

Esta última expresión muestra que el período de rotación de la partícula no depende de R, ni de v. O sea, cualquiera que sea el radio de la trayectoria, el tiempo transcurrido para efectuar una vuelta completa será el mismo. Esto se verifica porque cuanto mayor sea la velocidad con la cual es lanzada la partícula al campo magnético, tanto mayor será

el radio de la trayectoria que describirá.

La frecuencia f_o del oscilador en debe ser igual a la frecuencia f de rotación de la partícula, condición que recibe el nombre de *frecuencia de ciclotrón o condición de resonancia que está dada por la relación:*

$$f = f_o = \frac{q \cdot B}{2\pi \cdot m}$$

Tenemos que el hecho de que el período de movimiento de la partícula en el campo magnético no dependa del radio de la trayectoria, desempeña un papel muy importante en el funcionamiento del ciclotrón.

Concluyendo: El ciclotrón es un dispositivo que permite acelerar partículas con cargas positivas, generalmente protones o deuterones. Los deuterones son núcleos de hidrógeno pesado con carga positiva. Las partículas aceleradas adquieren enorme energía y pueden utilizarse para bombardearlos núcleos de los átomos de algunos elementos, con el propósito que estos se desintegren, transmutarlos, producir isótopos artificiales o un flujo de electrones para ser utilizados en otros experimentos.

FUERZA MAGNÉTICA SOBRE UN CONDUCTOR

6.6.1 Conductor en un campo magnético. Dado un conductor rectilíneo, de longitud L, recorrido por una corriente I, y ubicado en un campo magnético $\vec{B}$ que actúa en dirección perpendicular al plano de la ilustración, como podemos observar en la figura 6.14.

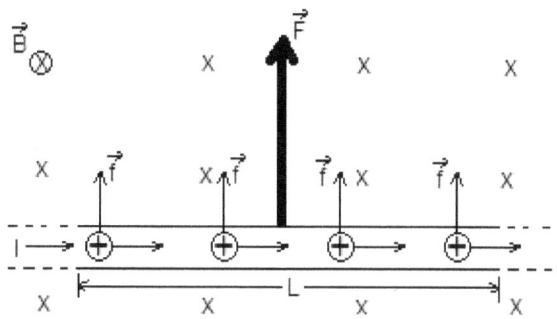

Fig. 6.14 Conductor recto que conduce una corriente eléctrica
y está colocado en un campo magnético.

Se sabe que la corriente eléctrica en un conductor se puede considerar, para cualquier efecto formado por cargas positivas en movimiento. Ahora bien el campo magnético $\vec{B}$ actuará sobre estas cargas móviles, ejerciendo sobre cada una de ellas la fuerza individual $\vec{f}$. Utilizando la *regla de la palma de la mano derecha*, podrá encontrarse fácilmente el sentido de la fuerza $\vec{f}$. Si se aplica esta regla a la situación mostrada en la figura 6.14, se comprobará que la fuerza que actúa sobre cada carga móvil de la corriente, tiene el sentido que ahí se indica.

Como resultados de esta acción del campo magnético sobre las cargas que constituyen la corriente eléctrica en el conductor actuará una fuerza total $\vec{F}$, que no es otra cosa que la resultante de las fuerzas $\vec{f}$. Esta fuerza resultante también se puede observar en la figura 6.14.

La figura 6.15 se observa un experimento muy fácil que ilustra la existencia de esta fuerza magnética sobre un conductor: un alambre metálico AB, colgado entre los polos de un imán, es desplazado lateralmente por la fuerza magnética $\vec{F}$ al ser recorrido por una

corriente eléctrica.

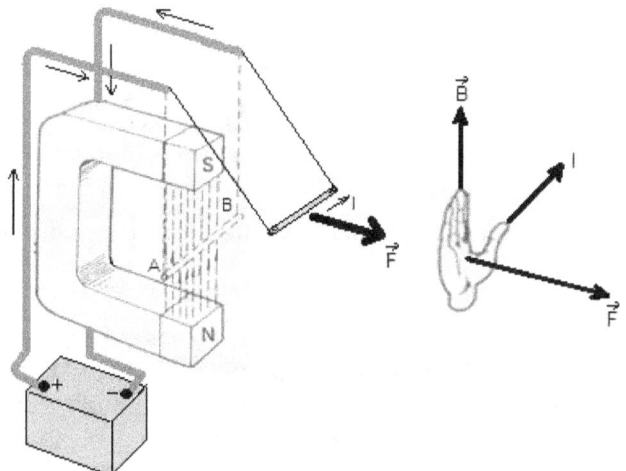

Fig. 6,15 La regla de la palma de la mano derecha puede ser utilizada para determinar
el sentido de la fuerza que actúa sobre un conductor por el que circula una
corriente eléctrica y está situado en un campo magnético.

239

Observando detalladamente que el sentido de la fuerza magnética $\vec{F}$ se puede calcular con la ayuda de la *regla de la palma de la mano derecha*, como se muestra en la figura 6.15 tenemos que: *el dedo pulgar debe apuntar en el sentido de la corriente eléctrica convencional, esto quiere decir en el sentido del movimiento de cargas positivas.*

6.6.2 Determinación de la Fuerza magnética que actúa sobre el conductor. En la figura 6.14 tenemos que q es la carga de cada partícula móvil de la corriente, y $\vec{v}$, su velocidad. Si el conductor está ubicado perpendicularmente al campo magnético $\vec{B}$ el valor de la fuerza $\vec{f}$ que está actuando en cada partícula será:

$$f = q \cdot v \cdot B \cdot \operatorname{sen} \theta$$

como el ángulo θ es igual 90°, entonces:

$$f = q \cdot v \cdot B \cdot \operatorname{sen} 90°$$

ya que el $\operatorname{sen} 90° = 1$, tenemos:

$$f = q \cdot v \cdot B$$

Como N es el número de cargas móviles que existen en la longitud L del conductor, entonces tenemos bien claro que el valor de la fuerza magnética $\vec{F}$ será:

$$F = N \cdot f$$

sustituyendo f, tenemos que:

$$F = N \cdot q \cdot v \cdot B$$

Debemos observar que $N \cdot q$ está representando la carga total del móvil que existe en el segmento o tramo de longitud L. De aquí que, siendo Δt el tiempo que esta carga tarda en desplazarse una distancia L, podemos concluir que la intensidad de corriente eléctrica en el alambre está dada por:

$$I = \frac{N \cdot q}{\Delta t} \qquad \text{de donde} \qquad N \cdot q = I \cdot \Delta t$$

Pero como la rapidez v de cada partícula, resulta que:

$$L = v \cdot \Delta t$$

despejando la rapidez v:

$$v = \frac{L}{\Delta t}$$

Al sustituir las expresiones $(N \cdot q)$ y v a la expresión $F = (N \cdot q) \cdot v \cdot B$, tendremos que:

$$F = I \cdot \Delta t \cdot \frac{L}{\Delta t} \cdot B$$

simplificando Δt, tenemos que:

$$F = I \cdot L \cdot B$$

Esta última expresión se obtiene para el caso en el cual el conductor es perpendicular al campo. Es sencillo concluir que si el conductor formara un ángulo θ con el campo magnético $\vec{B}$, obtendríamos la siguiente expresión:

$$F = I \cdot L \cdot B \cdot \operatorname{sen} \theta$$

Entre algunas aplicaciones de lo estudiado anteriormente, tenemos:
➢ El galvanómetro: La fuerza que actúa sobre un conductor recorrido por una corriente y colocado en un campo magnético, se emplea para funcionar una gran variedad de aparatos eléctricos de medición, como el amperímetro y voltímetros (que son galvanómetros, en general).

Los amperímetros en forma general, son simples galvanómetros, con una resistencia en paralelo llamada *resistencia shunt..* El amperímetro se utiliza para *medir la intensidad de la corriente eléctrica.*

Los amperímetros tienen una resistencia interna muy pequeña, por debajo de 1Ω, con el propósito de que su presencia no disminuya la corriente a medir cuando se conecta a un circuito eléctrico.

Las escalas en los amperímetros están graduadas para medir intensidades de corriente en Amper (A), miliamper (mA) o microamper (μA).

El voltímetro es un instrumento que sirve para medir la diferencia de potencial entre dos puntos de un circuito eléctrico. Las escalas en los voltímetros están graduadas para medir la diferencia de potencial en voltios (V).

➢ El motor de corriente continua, denominado también motor de corriente directa, motor C.C. o motor D.C., es una máquina que convierte energía eléctrica en mecánica produciendo un movimiento rotatorio, gracias a la acción de un campo magnético.

Gran parte de los motores eléctricos que se utilizan en la actualidad también funcionan con base en el efecto de rotación de las fuerzas que actúan en espiras (o en grupos de éstas, denominadas bobinas) colocadas en un campo magnético. Entre algunos motores de corriente continua tenemos, los *motores de arranque* de los automóviles, o los motores de pilas que se utilizan en pequeños carritos de juguetes.

PROBLEMAS RESUELTOS DE APLICACIÓN DE CAMPO MAGNÉTICO, MOVIMIENTO CIRCULAR DE UNA PARTÍCULA CARGADA EN UN CAMPO MAGNÉTICO, EL CICLOTRÓN Y FUERZA MAGNÉTICA SOBRE UN CONDUCTOR.

1. En la figura 6.16 (a), podemos observar que en el punto P, existe un campo magnético $\vec{B}$ en la dirección de la recta GH. Cuando un protón pasa por este punto una velocidad de magnitud $2.10^6 \ m/s$, indicada en dicha figura, actúa sobre él una fuerza magnética de magnitud $5.10^{-15}N$, perpendicular al plano de la ilustración y hacia dicho plano.

   a) Calcular el sentido del campo magnético $\vec{B}$ que existe en el punto P.
   b) Calcular la magnitud de $\vec{B}$.
   c) Suponiendo ahora que un electrón es lanzado a fin de que pase por el punto P con una velocidad de magnitud $10^7 \ m/s$, perpendicular a la figura y *saliente* de la misma. Determinar la magnitud, dirección y sentido de la fuerza magnética que actúa sobre el electrón.

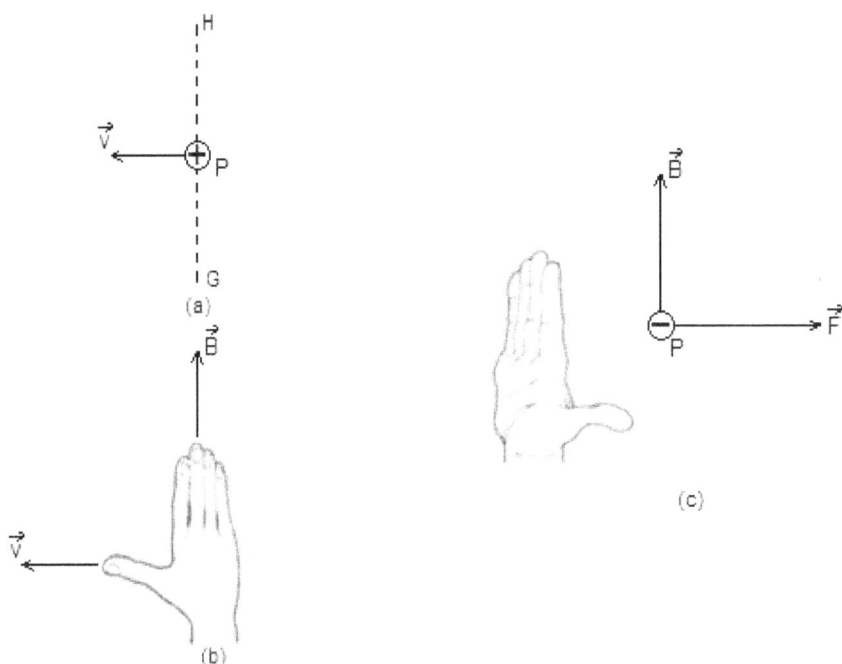

Fig.6.16 Figura del problema 1.

Solución.

a) Para determinar el sentido de $\vec{B}$ empleamos la *regla de la palma de la mano derecha*. Esto se observa en la figura 6.16 (b), donde el pulgar de la mano derecha apunta a lo largo del vector $\vec{v}$ y la palma de la mano está vuelta en la dirección y sentido de la fuerza (tendiendo a *entrar* en el papel). En estas condiciones las puntas de los otros dedos indicarán la dirección y el sentido del campo magnético $\vec{B}$. Entonces el vector $\vec{B}$ tiene el sentido de P hacia H como se observa en la figura 6.16 (b).

b) La expresión $F = q \cdot v \cdot B \cdot \operatorname{sen} \theta$, permitirá calcular la magnitud de $\vec{B}$, despejando:

$$B = \frac{F}{q \cdot v \cdot \operatorname{sen} \theta}$$

Como podemos observar en la figura del problema, $\vec{v}$ es perpendicular a $\vec{B}$, tenemos que $\theta = 90°$, entonces tenemos que $\operatorname{sen} 90° = 1$. Si sustituimos los valores de $q = 1{,}6.\,10^{-19}\,C$ (carga del protón), $v = 2.\,10^6\,m/s$ y $F = 5.\,10^{-15}\,N$, como podemos ver están expresados todos en el sistema internacional S.I., entonces ahora sustituyendo:

$$B = \frac{F}{q \cdot v \cdot \operatorname{sen} 90°} = \frac{5.\,10^{-15}\,N}{1{,}6.\,10^{-19}\,C \cdot 2.\,10^6\,\frac{m}{s} \cdot 1} = \frac{5.\,10^{-15}\,N}{3{,}2.\,10^{-13}\,\frac{C}{s} \cdot m} = 0{,}015625\,\frac{N}{A \cdot m}$$

$$B = 1{,}56.\,10^{-2}\,T$$

c) El valor o magnitud de la fuerza magnética está dada por la relación:

$$F = q \cdot v \cdot B \cdot \operatorname{sen} \theta$$

En este caso debe observarse que también tenemos que el ángulo θ es igual a $90°$ ($\operatorname{sen} 90° = 1$), pues $\vec{v}$ es perpendicular a $\vec{B}$, ya que $\vec{B}$, se halla en el plano de la página. El valor de la carga del electrón es $q = 1{,}6.\,10^{-19}\,C$, como $v = 10^7\,m/s$ y ya determinamos en la pregunta anterior el valor de $\vec{B}$ en el punto P:

$$F = q \cdot v \cdot B \cdot \operatorname{sen} 90°$$

Sustituyendo:

$$F = 1{,}6.10^{-19}\,C \cdot 10^{7}\,\frac{m}{s} \cdot 1{,}56.10^{-2}\,T \cdot 1 = 1{,}6.10^{-19}\,\frac{C}{s} \cdot 10^{7}\,m \cdot 1{,}56.10^{-2}\,\frac{N}{A \cdot m}$$

$$= 2{,}496.10^{-14}\,\frac{A \cdot m \cdot N}{A \cdot m} = 2{,}496.10^{-14}\,N$$

Concluyendo la magnitud de la fuerza magnética es $F = 2{,}496.10^{-14}\,N$.

Para determinar la dirección y sentido de la fuerza que actúa sobre el electrón, tenemos que emplear de nuevo la *regla de la palma de la mano derecha*: el pulgar de la mano derecha orientado a lo largo de $\vec{v}$ (que *sale* de la página) y los demás dedos apuntando en el sentido de $\vec{B}$, figura 6.16 (c). De forma que la palma de la mano está vuelta hacia el lado izquierdo de la figura. Como la carga del electrón es negativa, se puede concluir que sobre él actuará una fuerza $\vec{F}$ dirigida opuestamente hacia la derecha, como se indica en la figura 6.16 (c), observándose que la dirección de $\vec{F}$ es perpendicular a $\vec{v}$ y $\vec{B}$, y que por lo tanto, y que por lo tanto, se encuentra en el plano de la ilustración.

2. Dentro de un campo magnético uniforme cuya inducción magnética $\vec{B}$, es de magnitud $4\,T$, se dispara un protón cuya velocidad $\vec{v}$ cuya magnitud es $v = 5.10^{6}\,m/s$: (a) perpendicularmente al campo; (b) formando un ángulo $\theta = 60°$ con el campo; (c) formando un ángulo $\theta = 30°$ con el campo; (d) formando un ángulo $\theta = 45°$ con el campo. Determinar en cada caso, la magnitud de la fuerza magnética que actúa sobre el protón, sabiendo que la carga del protón es $1{,}6.10^{-19}\,C$.

   Solución.

   En el primer caso (a) la magnitud de la fuerza magnética sobre el protón viene dado por:

   $$F = q \cdot v \cdot B \cdot \operatorname{sen}\theta$$

   Como el ángulo $\theta = 90°$, como $\operatorname{sen} 90° = 1$, entonces:

   $$F = q \cdot v \cdot B = 1{,}6.10^{-19}\,C \cdot 5.10^{6}\,\frac{m}{s} \cdot 4\,T = 1{,}6.10^{-19}\,\frac{C}{s} \cdot 5.10^{6}\,m \cdot 4\,\frac{N}{A \cdot m}$$

   $$= 3{,}2.10^{-12}\,\frac{A \cdot m \cdot N}{A \cdot m}$$

   Simplificando las unidades:

   $$F = 3{,}2.10^{-12}\,N$$

   En el segundo caso (b) la magnitud de la fuerza magnética sobre el protón viene dado por:

   $$F = q \cdot v \cdot B \cdot \operatorname{sen}\theta$$

   Como el ángulo $\theta = 60°$, entonces:

   $$F = q \cdot v \cdot B \cdot \operatorname{sen} 60° = 1{,}6.10^{-19}\,C \cdot 5.10^{6}\,\frac{m}{s} \cdot 4\,T \cdot \frac{\sqrt{3}}{2}$$

   $$= 1{,}6.10^{-19}\,\frac{C}{s} \cdot 5.10^{6}\,m \cdot 4\,\frac{N}{A \cdot m} \cdot \frac{\sqrt{3}}{2} = 2{,}77.10^{-12}\,\frac{A \cdot m \cdot N}{A \cdot m}$$

   Simplificando las unidades:

   $$F = 2{,}77.10^{-12}\,N$$

   En el tercer caso (c) la magnitud de la fuerza magnética sobre el protón viene dado por:

   $$F = q \cdot v \cdot B \cdot \operatorname{sen}\theta$$

   Como el ángulo $\theta = 30°$, entonces:

$$F = q \cdot v \cdot B \cdot \operatorname{sen} 30° = 1{,}6.\,10^{-19}\,C \cdot 5.\,10^{6}\,\frac{m}{s} \cdot 4\,T \cdot \frac{1}{2}$$

$$= 1{,}6.\,10^{-19}\frac{C}{s} \cdot 5.\,10^{6}\,m \cdot 4\,\frac{N}{A \cdot m} \cdot \frac{1}{2} = 1{,}6.\,10^{-12}\,\frac{A \cdot m \cdot N}{A \cdot m}$$

Simplificando las unidades:

$$F = 1{,}6.\,10^{-12}\,N$$

Y en el cuarto caso (d) la magnitud de la fuerza magnética sobre el protón viene dado por:

$$F = q \cdot v \cdot B \cdot \operatorname{sen} \theta$$

Como el ángulo $\theta = 45°$, entonces:

$$F = q \cdot v \cdot B \cdot \operatorname{sen} 45° = 1{,}6.\,10^{-19}\,C \cdot 5.\,10^{6}\,\frac{m}{s} \cdot 4\,T \cdot \frac{\sqrt{2}}{2}$$

$$= 1{,}6.\,10^{-19}\frac{C}{s} \cdot 5.\,10^{6}\,m \cdot 4\,\frac{N}{A \cdot m} \cdot \frac{\sqrt{2}}{2} = 2{,}26.\,10^{-12}\,\frac{A \cdot m \cdot N}{A \cdot m}$$

Simplificando las unidades:

$$F = 2{,}26.\,10^{-12}\,N$$

3. Suponga que el radio de la trayectoria descrita por un haz de electrones lanzados por un cañón electrónico, de radio $R = 5.\,10^{-2}\,m$, sujeto a la acción de un campo magnético establecido. Sabiendo que la magnitud del campo magnético aplicado al haz de electrones es $B = 6.\,10^{-4}\,T$, calcular la magnitud de la velocidad con la cual los electrones son emitidos por el cañón electrónico.

Solución.

La velocidad es la misma que poseen los electrones cuando describen el movimiento circular.

De forma que aplicando la expresión:

$$R = \frac{m \cdot v}{q \cdot B}$$

despejamos v, obteniéndose:

$$R \cdot q \cdot B = m \cdot v$$

$$v = \frac{R \cdot q \cdot B}{m}$$

Sabiendo que la carga $q = 1{,}6.\,10^{-19}\,C$ y la masa $m = 9{,}1.\,10^{-31}\,Kg$ del electrón, de modo que:

$$v = \frac{R \cdot q \cdot B}{m} = \frac{5.\,10^{-2}\,m \cdot 1{,}6.\,10^{-19}\,C \cdot 6.\,10^{-4}\,T}{9{,}1.\,10^{-31}\,Kg} = \frac{5.\,10^{-2}\,m \cdot 1{,}6.\,10^{-19}\,C \cdot 6.\,10^{-4}\,\frac{N}{A.m}}{9{,}1.\,10^{-31}\,Kg}$$

$$= \frac{5.\,10^{-2}\,m \cdot 1{,}6.\,10^{-19}\,A \cdot s \cdot 6.\,10^{-4}\,\frac{Kg \cdot m/s^{2}}{A.m}}{9{,}1.\,10^{-31}\,Kg}$$

Efectuando las operaciones y simplificando las unidades tenemos que:

$$v = 5{,}27.\,10^{6}\,m/s$$

Como podemos observar, la magnitud de la velocidad de los electrones en este caso es muy elevada.

4. Un protón cuya carga es $1{,}6.\,10^{-19}\,C$ y tiene una masa de $1{,}67.\,10^{-27}\,kg$, se dispara con una velocidad de magnitud de $2{,}2.\,10^{4}\,m/s$ dentro de un campo magnético $\vec{B}$; si la velocidad del protón $\vec{v}$ y la inducción magnética $\vec{B}$ son perpendiculares entre sí, el protón describe circunferencias de diámetro 4,4 cm. Determinar:

a) La magnitud de la inducción magnética B.
b) La magnitud de la velocidad angular.
   Solución.
a) La fuerza centrípeta que actúa sobre el protón al describir circunferencias de radio R es:

$$F_c = m \cdot a_c$$

Como la aceleración centrípeta es:

$$a_c = \frac{v^2}{R}$$

sustituyendo en la expresión anterior, tenemos que:

$$F_c = m \cdot \frac{v^2}{R}$$

Esta fuerza centrípeta es proporcionada por la fuerza magnética que actúa sobre el protón, de donde:

$$F = q \cdot v \cdot B \cdot \operatorname{sen} \theta$$

como $\theta = 90°$, entonces el $\operatorname{sen} 90° = 1$, tenemos que:

$$F = q \cdot v \cdot B$$

Como la fuerza magnética F y la fuerza centrípeta F_c son iguales en magnitud, se tiene que:

$$m \cdot \frac{v^2}{R} = q \cdot v \cdot B$$

despejando B:

$$m \cdot v^2 = q \cdot v \cdot B \cdot R$$
$$B = \frac{m \cdot v^2}{q \cdot v \cdot R}$$

simplificando v, tenemos:

$$B = \frac{m \cdot v}{q \cdot R}$$

Como $D = 2 \cdot R$, donde:

$$R = \frac{D}{2} = \frac{4,4 \ cm}{2} = 2,2 \ cm = 2,2.10^{-2} \ m$$

Sustituyendo B:

$$B = \frac{m \cdot v}{q \cdot R} = \frac{1,67.10^{-27} \ Kg \cdot 2,2.10^4 \frac{m}{S}}{1,6.10^{-19} \ C \cdot 2,2.10^{-2} \ m} = \frac{3,674.10^{-23} \ Kg \frac{m}{S}}{3,52.10^{-21} \ A \cdot s \cdot m} = 1,05.10^{-2} \ \frac{Kg \cdot \frac{m}{s^2}}{A \cdot m}$$

$$B = 1,05.10^{-2} \ \frac{N}{A \cdot m} = 1,05.10^{-2} \ T$$

b) La rapidez del protón en su órbita, en función de la velocidad angular, viene expresado por la relación:

$$v = w \cdot R \quad \Rightarrow \quad w = \frac{v}{R} = \frac{2,2.10^4 \frac{m}{S}}{2,2.10^{-2} \ m} = 10^6 \ rad/s$$

5. Un electrón cuya masa es $m = 9,1.10^{-31} \ Kg$ y la carga tiene una magnitud $e = 1,6.10^{-19} \ C$, se dispara con una rapidez $v = 10^8 \ m/s$ dentro de una campo magnético uniforme que tiene una inducción magnética de magnitud $B = 1,8.10^{-3} \ T$

Si los vectores $\vec{v}$ y $\vec{B}$ son perpendiculares entre sí. Determinar:
a) El período de rotación del electrón.
b) La frecuencia.
c) La velocidad angular.

d) La fuerza magnética que actúa sobre el electrón.

Solución.

Comenzaremos el problema calculando el radio de la circunferencia descrita por el electrón; tenemos que para ello las fuerzas centrípeta y magnética que actúan sobre el electrón son de una misma magnitud, por lo tanto:

Fuerza centrípeta:

$$F_c = m \cdot a_c \quad como \quad a_c = \frac{v^2}{R} \quad entonces \quad F_c = m \cdot \frac{v^2}{R}$$

Fuerza magnética:

$$F = e \cdot v \cdot B \cdot sen\,\theta \quad (\,como\ \theta = 90° \ entonces \ \ sen\,90° = 1)$$
$$F = e \cdot v \cdot B$$

Entonces igualando F_c y F, obtenemos:

$$m \cdot \frac{v^2}{R} = e \cdot v \cdot B$$

Despejando el radio R:

$$R = \frac{m \cdot v^2}{e \cdot v \cdot B}$$

Simplificando la v:

$$R = \frac{m \cdot v}{e \cdot B}$$

Sustituyendo:

$$R = \frac{9,1.\,10^{-31}\,Kg \cdot 10^8\,\frac{m}{s}}{1,6.\,10^{-19}\,C \cdot 1,8.\,10^{-3}\,T} = \frac{9,1.\,10^{-27}\,Kg\,\frac{m}{s}}{2,88.\,10^{-22}\,C \cdot \frac{N}{A \cdot m}} = 0,32\,\frac{Kg\,\frac{m}{s}}{A \cdot s\,\frac{Kg\,\frac{m}{s^2}}{A \cdot m}} = 0,32\,m$$

Una vez conocido el radio, podemos contestar las preguntas del problema.

a) La rapidez del electrón en función del período T, viene dado por:

$$v = \frac{2\pi \cdot R}{T} \quad \Rightarrow \quad T = \frac{2\pi \cdot R}{v}$$

sustituyendo:

$$T = \frac{2 \cdot 3,14 \cdot 0,32\,m}{10^8\,\frac{m}{s}} = \frac{2,0086\,m}{10^8\,\frac{m}{s}} = 2,01.\,10^{-8}\,s/rev \quad (\,T = 2,01.\,10^{-8}\,s)$$

b) Determinando la frecuencia.

$$f = \frac{1}{T} = \frac{1}{2,01.\,10^{-8}\,\frac{s}{rev}} = 4,98.\,10^7\,rev/s \quad (\,f = 4,98.\,10^7\,s^{-1})$$

c) Como la rapidez del electrón en su órbita, en función de la velocidad angular, viene expresa por:

$$v = w.R \quad \Rightarrow \quad w = \frac{v}{R} = \frac{10^8\,\frac{m}{s}}{0,32\,m} = 3,13.\,10^8\,rad/s$$

d) Determinando la fuerza magnética que actúa sobre el electrón:

$$F = e \cdot v \cdot B \cdot sen\,\theta \quad (\,como\ \theta = 90° \ entonces \ \ sen\,90° = 1)$$
$$F = e \cdot v \cdot B$$

$$F = 1,6.\,10^{-19}\,C \cdot 10^8\,\frac{m}{s} \cdot 1,8.\,10^{-3}\,T = 1,6.\,10^{-19}\,\frac{C}{s} \cdot 10^8\,m \cdot 1,8.\,10^{-3}\,\frac{N}{A \cdot m}$$

$$= 1,6.\,10^{-19}\,A \cdot 10^8\,m \cdot 1,8.\,10^{-3}\,\frac{N}{A \cdot m} = 2,88 \cdot 10^{-14}\,N$$

6. Un conductor MN, de $0{,}5\,m$ de longitud, está suspendido horizontalmente de un resorte, dentro de un campo magnético uniforme $B = 0{,}2\,T$, como se observa en la figura 6.17.

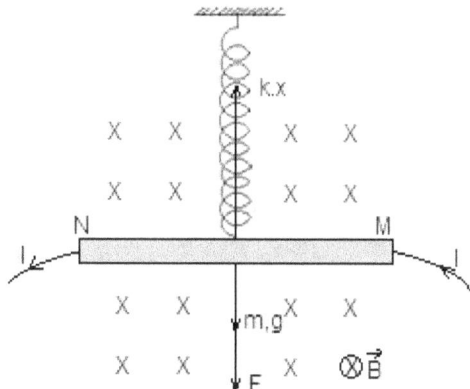

Fig. 6.17 Figura del problema 6

a) Si pasamos por el conductor una corriente $I = 12\,A$, dirigida de M hacia N; determinar el sentido y magnitud de la fuerza magnética $\vec{F}$ que actuará sobre el alambre.

b) Conociendo que la masa del conductor es $m = 26\,g$ y que la constante elástica del resorte es $k = 20\,N/m$, calcular la deformación que presenta el resorte.
Solución.

a) Utilizando la *regla de la palma de la mano derecha*, se determina que la fuerza magnética $\vec{F}$ esta dirigida verticalmente hacia abajo, como se observa en la figura 6.17.

Como la dirección del conductor es perpendicular a $\vec{B}$ ($\theta = 90°$), tendremos la siguiente magnitud de la fuerza magnética $\vec{F}$:
$$F = I \cdot L \cdot B \cdot \operatorname{sen} 90°$$
Tenemos que el $\operatorname{sen} 90° = 1$, entonces:
$$F = I \cdot L \cdot B = 12\,A \cdot 0{,}5\,m \cdot 0{,}2\,T = 12\,A \cdot 0{,}5\,m \cdot 0{,}2\,\frac{N}{A \cdot m} = 1{,}2\,N$$

Concluyendo la magnitud de la fuerza magnética que actuará sobre el alambre es de $F = 1{,}2\,N$.

b) Como el peso P del conductor y la fuerza magnética que actúa sobre él se encuentran ambos dirigidos hacia abajo, el resorte sufrirá un alargamiento x. En la posición de equilibrio, la fuerza ejercida por el resorte $(k \cdot x)$ equilibrará al peso del conductor $(P = m \cdot g)$, así como la fuerza magnética (F). Teniendo que:
$$F_e = P + F$$
$$k \cdot x = m \cdot g + F$$

Despejando la deformación (x) que presenta el resorte:
$$x = \frac{m \cdot g + F}{k}$$

$$x = \frac{2{,}6 . 10^{-2} Kg \cdot 9{,}8\,\frac{m}{s^2} + 1{,}2\,N}{20\,\frac{N}{m}} = \frac{0{,}2548\,N + 1{,}2\,N}{20\,\frac{N}{m}} = \frac{1{,}4548\,N}{20\,\frac{N}{m}} = 7{,}274 . 10^{-2}\,m$$

Tenemos que la deformación que presenta el resorte es de $7{,}274\,cm$

7. Determinar la fuerza magnética que actúa sobre un conductor rectilíneo de longitud $0,6\,m$ por el cual circula una corriente de $10\,A$, si se coloca dentro de un campo magnético uniforme cuya inducción magnética es de magnitud es de $4.10^{-2}\,T$: (a) perpendicular al campo magnético, (b) formando un ángulo de $60°$ con el campo magnético, (c) formando un ángulo de $45°$ con el campo magnético, (d) formando un ángulo de $75°$ con el campo magnético. ¿Qué trabajo desliza la fuerza magnética (c) cuando el conductor recorre $14\,cm$?

   Solución.

   (a) Si el conductor y el campo magnético son perpendiculares entre sí, la fuerza magnética es máxima y su magnitud viene dado por:
   $$F = I \cdot L \cdot B \cdot sen\,\theta$$
   $$F = I \cdot L \cdot B \cdot sen\,90° \qquad donde \quad sen\,90° = 1$$
   $$F = I \cdot L \cdot B = 10\,A \cdot 0,6\,m \cdot 4.10^{-2}\,T = 10\,A \cdot 0,6\,m \cdot 4.10^{-2}\,\frac{N}{A \cdot m} = 0,24\,N$$

   (b) Si el conductor forma con el campo magnético un ángulo de $\theta = 60°$, la magnitud de la fuerza magnética viene dado por:
   $$F = I \cdot L \cdot B \cdot sen\,\theta$$
   $$F = I \cdot L \cdot B \cdot sen\,60° = 10\,A \cdot 0,6\,m \cdot 4.10^{-2}\,T \cdot \frac{\sqrt{3}}{2} = 10\,A \cdot 0,6\,m \cdot 4.10^{-2}\,\frac{N}{A \cdot m} \cdot \frac{\sqrt{3}}{2}$$
   $$F = 0,21\,N$$

   (c) Si el conductor forma con el campo magnético un ángulo de $\theta = 45°$, la magnitud de la fuerza magnética viene dado por:
   $$F = I \cdot L \cdot B \cdot sen\,\theta$$
   $$F = I \cdot L \cdot B \cdot sen\,45° = 10\,A \cdot 0,6\,m \cdot 4.10^{-2}\,T \cdot \frac{\sqrt{2}}{2} = 10\,A \cdot 0,6\,m \cdot 4.10^{-2}\,\frac{N}{A \cdot m} \cdot \frac{\sqrt{2}}{2}$$
   $$F = 0,17\,N$$

   (d) Si el conductor forma con el campo magnético un ángulo de $\theta = 75°$, la magnitud de la fuerza magnética viene dado por:
   $$F = I \cdot L \cdot B \cdot sen\,\theta$$
   $$F = I \cdot L \cdot B \cdot sen\,75° = 10\,A \cdot 0,6\,m \cdot 4.10^{-2}\,T \cdot 0,97 = 10\,A \cdot 0,6\,m \cdot 4.10^{-2}\,\frac{N}{A \cdot m} \cdot 0,97$$
   $$F = 0,23\,N$$

   Por acción de la fuerza magnética el conductor se mueve con la misma dirección y sentido de ficha fuerza, por lo que el trabajo realizado en (c), entonces:
   $$T = F \cdot d = 0,17\,N \cdot 0,14\,m = 0,0238\,N \cdot m = 2,38.10^{-2}\,J$$

8. Un conductor rectilíneo de longitud $0,3\,m$, por el que circula una corriente de $16\,A$, se coloca dentro de un campo magnético uniforme cuya dirección forma con el conductor un ángulo de $50°$. Si la fuerza magnética $\vec{F}$ que actúa perpendicularmente sobre el conductor, es $10^{-4}\,N$; entonces:

   a) Determinar la magnitud de la inducción magnética $\vec{B}$.

   b) Si el trabajo realizado por la fuerza magnética es $6.10^{-6}\,J$, ¿qué distancia recorrió el conductor?

   Solución.

   a) La fuerza magnética que actúa sobre el conductor, esta expresado por:
   $$F = I \cdot L \cdot B \cdot sen\,\theta$$
   despejando B y efectuando las operaciones, obtenemos:

$$B = \frac{F}{I \cdot L \cdot \text{sen}\,\theta} = \frac{10^{-4}\,N}{16\,A \cdot 0,3\,m \cdot \text{sen}\,50°} = \frac{10^{-4}\,N}{16\,A \cdot 0,3\,m \cdot 0,766} = \frac{10^{-4}\,N}{3,6768\,A \cdot m}$$

de donde:

$$B = 2,72.\,10^{-5}\,T$$

b) Como la fuerza magnética es perpendicular, ésta se desplaza en la misma dirección y sentido de la fuerza. La magnitud del desplazamiento viene dado por:

$$T = F \cdot d \quad \Longrightarrow \quad d = \frac{T}{F}$$

$$d = \frac{6.\,10^{-6}J}{10^{-4}\,N} = \frac{6.\,10^{-6}\,N \cdot m}{10^{-4}\,N} = 6.\,10^{-2}\,m$$

9. Un ciclotrón tiene un oscilador de frecuencia de $1,6.\,10^{7}$ $ciclos/s$ y un radio de $0,8\,m$.

a) ¿Cuál es la magnitud de la inducción magnética B necesaria para acelerar protones?

b) ¿Cuál es la energía cinética final en $e.V$ que adquieren los protones?

c) Determinar la diferencia de potencial para acelerar los protones conocida la energía cinética final.

Recordemos que la masa y carga del protón son $1,67.\,10^{-27}\,Kg$ y $1,6.\,10^{-19}C$, respectivamente.

Solución.

a) Tenemos que el radio descrito por la órbita es:

$$R = \frac{m \cdot v}{q \cdot B}$$

La rapidez del protón en función de la velocidad angular w, entonces:

$$v = w \cdot R$$

Despejamos w y sustituimos el radio R, obteniéndose:

$$w = \frac{v}{R} \quad \Longrightarrow \quad w = \frac{v}{\frac{m \cdot v}{q \cdot B}} = \frac{v \cdot q \cdot B}{m \cdot v} = \frac{q \cdot B}{m}$$

Si el período de rotación del protón es T y su frecuencia f, se tiene que:

$$w = \frac{2\pi}{T} \quad como \quad \frac{1}{T} = f$$

Entonces:

$$w = 2\pi \cdot f \quad \Longrightarrow \quad f = \frac{w}{2\pi}$$

Al sustituir la velocidad angular $w = q \cdot B/m$; tenemos que en el ciclotrón la frecuencia del oscilador es igual a la frecuencia de rotación de los protones y viene dado por:

$$f = \frac{\frac{q \cdot B}{m}}{2\pi} \quad \Longrightarrow \quad f = \frac{q \cdot B}{2\pi \cdot m} \quad \Longrightarrow \quad B = \frac{2\pi \cdot m \cdot f}{q}$$

sustituyendo:

$$B = \frac{2 \cdot 3,14 \cdot 1,67.\,10^{-27}\,Kg \cdot 1,6.\,10^{7}\,\frac{ciclos}{s}}{1,6.\,10^{-19}\,C} = 1,05\,\frac{N}{A.m} = 1,05\,T$$

b) Para determinar la energía cinética final de los protones debemos conocer con anterioridad la rapidez final v en el momento en que los protones salen del ciclotrón, ahora bien:

$$F_c = F$$

donde:

$$F_c = m \cdot \frac{v^2}{R} \quad y \quad F = q \cdot v \cdot B \cdot \sin\theta \quad (\theta = 90° \ donde \ \sin 90° = 1)$$

Igualando ambas fuerza:

$$\frac{m \cdot v^2}{R} = q \cdot v \cdot B \quad \Rightarrow \quad \frac{m \cdot v}{R} = q \cdot B$$

Como la fuerza centrípeta y la fuerza magnética que actúan sobre el protón son iguales en magnitud, despejando v, obtenemos:

$$v = \frac{q \cdot B \cdot R}{m} = \frac{1,6.\,10^{-19}\,C \cdot 1,05\,T \cdot 0,8\,m}{1,67.\,10^{-27}\,Kg} = \frac{1,6.\,10^{-19}\,C \cdot 1,05\,\frac{N}{A \cdot m} \cdot 0,8\,m}{1,67.\,10^{-27}\,Kg}$$

$$= \frac{1,6.\,10^{-19}\,C \cdot 1,05\,\frac{Kg\frac{m}{s^2}}{A \cdot m} \cdot 0,8\,m}{1,67.\,10^{-27}\,Kg} = \frac{1,344.\,10^{-19}\,\frac{C}{s}\cdot\frac{m}{s}}{1,67.\,10^{-27}\,A} = 8,05.\,10^7\,\frac{m}{s}$$

Ahora podemos calcular la energía cinética final:

$$E_c = \frac{1}{2}m \cdot v^2 = \frac{1}{2}\,1,67.\,10^{-27}\,Kg \cdot \left(8,05.\,10^7\,\frac{m}{s}\right)^2$$

$$= \frac{1}{2}\,1,67.\,10^{-27}\,Kg \cdot 6,48025.\,10^{15}\,\frac{m^2}{s^2}$$

$$= 5,41.\,10^{-12}\,Kg\frac{m^2}{s^2} = 5,41.\,10^{-12}\,J$$

Como $e.V = 1,6.\,10^{-19}\,J$, se tiene que:

$$E_c = \frac{5,41.\,10^{-12}}{1,6.\,10^{-19}}\,e.V = 3,38.\,10^7\,e.V$$

c) La energía cinética final de los protones en función de la diferencia de potencial V que se utilizó para acelerarlos es: $E_c = e.V$

$$V = \frac{E_c}{e} \Rightarrow V = \frac{3,38.\,10^7\,e.V}{1,6.\,10^{-19}\,C} = \frac{3,38.\,10^7 \cdot 1,6.\,10^{-19}\,J}{1,6.\,10^{-19}\,C} = 3,38.\,10^7\,V$$

ACTIVIDADES

Responda brevemente las actividades del 1 al 10, dadas a continuación:

1. Supongamos que tenemos algunos imanes en los cuales señaló cuatro polos con las letras $M, \tilde{N}, O$ y P. Observa que:
   - El polo M repele al polo $\tilde{N}$.
   - El polo M atrae al polo O.
   - El polo O repele al polo P.
   y tenemos que el polo P es un polo magnético norte.

   En estas condiciones, ¿Podríamos concluir que $\tilde{N}$ es un polo norte ó un polo sur?

2. Un imán PQ es partido en tres pedazos, produciéndose los nuevos imanes PR, TU y VQ, observe la figura de este ejercicio. En dicha figura indique el nombre (norte ó sur) de cada uno de los polos P, R, T, U, V y Q que así obtenidos.

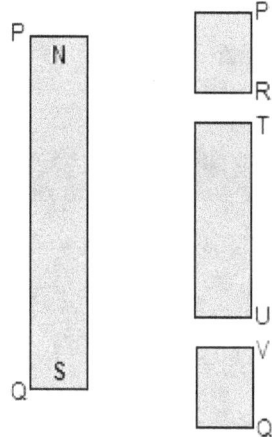

Figura del ejercicio 2.

3. Una partícula es lanzada en un campo magnético uniforme con una velocidad $\vec{v}$, que forma un ángulo θ con un vector $\vec{B}$. ¿Cuál debe ser el valor de θ para que la fuerza magnética sobre la partícula sea: (a) nula y (b) máxima?

4. Suponga que un joven tiene en sus manos dos barras de hierro idénticas, una de las cuales es un imán, y la otra, un pedazo de hierro no imantado. Pero el joven no sabe cuál de las dos barras es un imán. Explique por lo menos dos maneras mediante las cuales podrá determinar cuál es la barra magnetizada.

5. Una partícula, con carga $q = 4.10^{-6} \, C$, es lanzada a un campo magnético uniforme $B = 0,4 \, T$, con una velocidad de magnitud $v = 6.10^3 \, m/s$, y que forma un ángulo θ con $\vec{B}$. Determinar la magnitud de la fuerza magnética $\vec{F}$ que actuará sobre la partícula suponiendo que el valor de θ es:
   a) 0°
   b) 30°
   c) 45°
   d) 60°
   e) 90°
   f) 180°

6. Considere un imán de polos planos y paralelos, como se observa en la figura de este ejercicio. Suponiendo que la distancia entre dichos polos es pequeña.

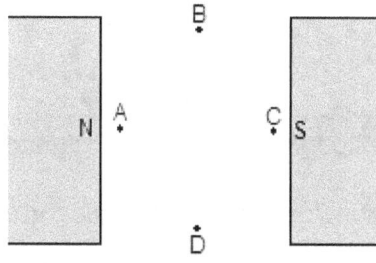

Figura del ejercicio 6.

   a) Trace en la figura de este ejercicio algunas líneas de inducción del campo magnético producido por el imán en el espacio entre los polos.

   b) Cuando se recorre este campo de A hasta B, hacia C y hacia D, ¿el vector $\vec{B}$ varía o permanece constante? Justifique su respuesta.

      En la figura de este ejercicio considere que una partícula electrizada positivamente ha sido lanzada entre los polos del imán. Utilizan la *regla de la*

251

palma de la mano derecha, para determinar la dirección y el sentido de la fuerza magnética $\vec{F}$ que actuará sobre la partícula en cada uno de los casos siguientes:

c) La partícula es lanzada de A a C.

d) La partícula se proyecta de de B hacia D.

e) La partícula se lanza *hacia adentro* de la página.

7. Analice los diagramas presentados en la figura de este ejercicio y conteste:

a) Determine la dirección y el sentido de la fuerza magnética $\vec{F}$ qué actúa sobre la carga q positiva, la cual se mueve con una velocidad $\vec{v}$, en un campo magnético $\vec{B}$, como se indica en la parte (a) de la figura del ejercicio.

b) Determine la dirección y el sentido de la fuerza magnética $\vec{F}$ qué actúa sobre la carga q negativa, la cual se desplaza con una velocidad $\vec{v}$, en un campo magnético $\vec{B}$, como se indica en la parte (b) de la figura del ejercicio.

c) Determine la dirección y sentido del campo magnético $\vec{B}$ que ejerce sobre la carga q, la fuerza magnética $\vec{F}$, como se indica en la parte (c) de la figura del ejercicio. Se sabe que $\vec{B}$ es perpendicular a la velocidad $\vec{v}$ de la carga q.

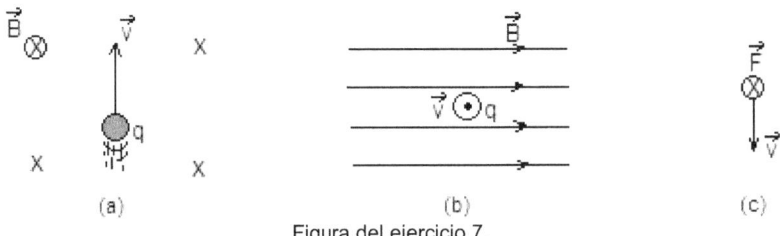

Figura del ejercicio 7.

8. Un conductor GH, cuya longitud es $L = 50\,cm$, y por el que circula una corriente $I = 4\,A$, se encuentra colocado en un campo magnético uniforme $B = 0,3\,T$, existente entre los polos de un imán.

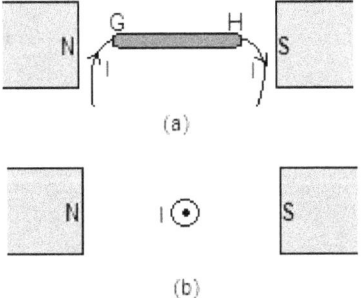

Figura del ejercicio 8.

Calcular la magnitud y el sentido de la fuerza magnética $\vec{F}$ que actúa sobre él en los siguientes casos:

a) El conductor está colocado en la posición que se observa en (a) en la figura de este ejercicio.

b) El conductor se encuentra en la posición observada en (b) en la figura del ejercicio.

9. Una partícula electrizada positivamente es lanzada en dirección horizontal hacia la derecha, como se observa en la figura de este problema. Se desea aplicar a la partícula un campo magnético $\vec{B}$, perpendicular a $\vec{v}$, de forma que la fuerza magnética equilibre el peso de la partícula.

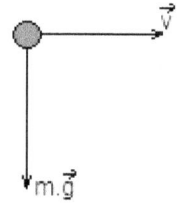

Figura del problema 9.

a) ¿Cuál debe ser la dirección y el sentido del vector $\vec{B}$ para que esto suceda?

b) Suponiendo que la masa de la partícula es $m = 5.10^{-6} \, Kg$, que su carga es $q = 3.10^{-7} \, C$, y que su velocidad tiene de magnitud $v = 120 \, m/s$, determine la magnitud del vector $\vec{B}$.

10. Un haz de partículas ionizadas describe una trayectoria circular en un campo magnético uniforme $B = 0,15 \, T$.

a) ¿Cuál debe de ser el ángulo entre $\vec{B}$ y la velocidad de las partículas?

b) Sabiendo que la carga de cada partícula es $q = 9.10^{-19} \, C$, y que se desplaza co una velocidad de magnitud $v = 2,5.10^5 \, m/s$, calcular la magnitud de la fuerza magnética $\vec{F}$ que actúa sobre cada partícula.

c) Determine el valor de la fuerza centrípeta $\vec{F}_c$ que se ejerce en cada partícula.

d) Siendo $m = 8.10^{-26} \, Kg$ la masa de cada partícula, determinar el radio de la circunferencia descrita por el haz de partículas ionizadas.

11. En las figuras mostradas en la actividad hay una serie de casillas cada una de ellas identificadas por una letra en la que debe colocarse los resultados expresados en un mismo sistema de unidades, de los diferentes problemas de aplicación de campo magnético, movimiento de una partícula cargada en un campo magnético, el ciclotrón y fuerza magnética sobre un conductor, luego efectuar las operaciones hasta concluir el resultado dado.
Realizar los problemas en un cuaderno, hojas o block.

⚊ Determinar la magnitud de la fuerza magnética $\vec{F}$ que actúa sobre el protón, dentro de un campo magnético uniforme cuya inducción magnética es de magnitud $B = 5 \, T$, se dispara un protón con una velocidad de magnitud $v = 6.10^7 \, m/s$:
(a) Perpendicularmente al campo.
(b) Formando un ángulo $\theta = 65°$ con el campo.
Sabiendo que la carga del protón es $1,6.10^{-19} \, C$.

⚊ Un electrón es acelerado mediante una diferencia de potencial $V = 2.10^4 \, V$ y después penetra en un campo magnético uniforme cuya inducción magnética es de magnitud $B = 0,8 \, T$. Sabiendo que en magnitud la carga y masa del electrón es $e = 1,6.10^{-19} \, C$ y $m = 9,1.10^{-31} \, Kg$, respectivamente. Calcular:
(c) La magnitud de la velocidad con qué penetra perpendicularmente el electrón en el campo magnético.
(d) La magnitud de la fuerza magnética que actúa sobre el electrón.

⚊ Un conductor rectilíneo de longitud $L = 16 \, cm$, por el cual circula una intensidad de corriente eléctrica de $16 \, A$, se coloca dentro de un campo magnético uniforme cuya dirección forma con el conductor un ángulo de $60°$; si la fuerza magnética que actúa perpendicularmente sobre el conductor es $2.10^{-5} \, N$; si el trabajo realizado por dicha fuerza magnética es $6.10^{-8} J$.
(e) ¿Cuál es la magnitud del vector inducción magnética $\vec{B}$?

(f) Determine la distancia recorrida por el conductor.

✦ Un conductor rectilíneo de longitud determinada $0,8\ m$ por el cual circula una corriente eléctrica de $9\ A$, si se coloca dentro de un campo magnético uniforme cuya inducción magnética de magnitud $5.10^{-3}\ T$. Determinar la magnitud de la fuerza magnética que actúa sobre un conductor rectilíneo:
(g) Perpendicularmente al campo.
(h) Formando un ángulo de $30°$ con el campo.
(i) Formando un ángulo de $45°$ con el campo.
(j) Formando un ángulo de $60°$ con el campo.
   Si el conductor recorre una distancia de $20\ cm$; determine:
(k) El trabajo realizado por la fuerza magnética en (h).

✦ Un protón cuya carga es de $1,6.10^{-19}\ C$ y la masa es de $1,67.10^{-27}\ Kg$, penetra un campo magnético uniforme con rapidez de $2.10^{6}\ m/s$. Si la dirección del movimiento es perpendicular al campo, el protón describe una circunferencia de radio $0,4\ m$.
(l) ¿Cuál es la magnitud de la inducción magnética $\vec{B}$?
(ll) ¿Cuál es la fuerza magnética que actúa sobre el protón?

✦ La velocidad angular de los protones en un ciclotrón tiene de magnitud $w = 9,42.10^{8}\ rad/s$ y un radio de $0,6\ m$. Sabiendo que la carga del protón es en magnitud $e = 1,6.10^{-19}\ C$ y su masa $m = 1,67.10^{-27}\ Kg$. Determinar:
(m) La magnitud de la inducción magnética $\vec{B}$.
(n) La rapidez del ciclotrón.
(ñ) La energía cinética final que adquieren los protones.

✦ Un ciclotrón tiene un oscilador de frecuencia $1,8.10^{7}\ ciclos/s$ y un radio de $90\ cm$.
(o) ¿Cuál es la magnitud de la inducción magnética $\vec{B}$ para poder acelerar los protones, sabiendo que la masa y carga son respectivamente $1,67.10^{-27}\ Kg$ y $1,6.10^{-19}\ C$?
(p) ¿Cuál es la rapidez final en el momento en que los protones salen del ciclotrón?
(q) ¿Cuánto vale la energía cinética final que adquieren los protones?

✦ Para acelerar un electrón se utiliza una diferencia de potencial de $10^{5}\ V$; si el electrón penetra luego perpendicularmente en un campo magnético uniforme, describe una órbita de radio $0,5\ m$. Sabiendo que la carga del electrón es $e = 1,6.10^{-19}\ C$ y la masa $m = 9,1.10^{-31}\ Kg$.
(r) Determinar la rapidez con que penetra el electrón en el campo.
(s) ¿Cuál es la magnitud de la inducción magnética?
(t) ¿Cuál es la magnitud de la fuerza magnética que actúa sobre el electrón?

✦ Un conductor móvil rectilíneo, de longitud $0,3\ m$ por el que circula una corriente de $8\ A$, se coloca un campo magnético uniforme cuya dirección forma un ángulo de $60°$. Si por efecto del campo el conductor recorre $0,16\ m$, siendo el trabajo realizado $8.10^{-4}\ J$.
(u) ¿Cuál es la magnitud de la fuerza magnética que actúa sobre el conductor? Y ¿Cuál es la magnitud de la inducción magnética B?

(v) Si el conductor parte del reposo y tarda $5\,s$ para el recorrido de $20\,cm$, ¿Cuál es la rapidez?

+ Una partícula con carga $4,2.10^{-19}\,C$ describe circunferencias de radio $1,4\,m$ con velocidad de magnitud $3,2.10^{6}\,m/s$ dentro de un campo magnético uniforme cuya inducción magnética es de magnitud $B = 0,6\,T$. Si la velocidad $\vec{v}$ de la partícula y la inducción magnética son perpendiculares entre sí.
(w) ¿Cuál es la magnitud de la fuerza magnética que actúa sobre la partícula?
(x) ¿Cuál es la energía cinética final?

+ Un protón se dispara con rapidez de $10^{6}\,m/s$ dentro de un campo magnético uniforme. Si la velocidad $\vec{v}$ del protón y la inducción magnética $\vec{B}$ son perpendicularmente entre sí, el protón describe circunferencias de radio $30\,cm$. Tenemos que la carga del protón es en magnitud $q = 1,6.10^{-19}\,C$ y su masa $m = 1,67.10^{-27}\,Kg$.
(y) ¿Cuál es la magnitud de la inducción magnética?
(z) ¿Cuál es la magnitud de la fuerza magnética que actúa sobre el protón?

+ Un haz de partículas ionizadas describe una trayectoria circular en un campo magnético uniforme $B = 0,2\,T$. El ángulo formado entre el vector $\vec{B}$ y la velocidad $\vec{v}$ de las partículas forman un ángulo de $90°$. Sabiendo que la carga de la partícula es $q = 1,2.10^{-20}\,C$, su masa $m = 8.10^{-27}\,kg$ y estas se desplazan con una velocidad de magnitud $v = 3 \cdot 10^{4}\,m/s$.
A) ¿Cuál es la magnitud de la fuerza magnética $\vec{F}$, que actúa sobre cada partícula? Y ¿Cuál es el valor del radio de la circunferencia descrita por el haz de partículas ionizadas?
B) Determinar el diámetro de la circunferencia descrita por el haz de partículas ionizadas.

+ Un protón cuya masa y carga son respectivamente $1,67.10^{-27}\,Kg$ y $1,6.10^{-19}\,C$, penetra en un campo magnético de magnitud $3.10^{-3}\,T$, con una rapidez de $2.10^{6}\,m/s$. Si la dirección del movimiento es perpendicular al campo, el protón describe una circunferencia.
C) ¿Cuál es el radio de la circunferencia descrita por el protón?
D) Determine la magnitud de la fuerza magnética que actúa sobre el protón y el diámetro de la circunferencia descrito por el protón.

+ Un ciclotrón tiene una oscilación de frecuencia $1,8.10^{6}\,ciclos\,/s$ y un diámetro $100\,cm$. Sabiendo que la masa y carga son respectivamente $1,67.10^{-27}\,Kg$ y $1,6.10^{-19}\,C$. Determinar:
(E) La magnitud de la inducción magnética necesaria para acelerar protones.
(F) La rapidez v en el momento en que los protones salen del ciclotrón.
(G) El valor de la energía cinética final que adquieren los protones.

Los resultados de cada de las magnitudes físicas calculadas en los problemas:

Fuerza magnética (F) *y Fuerza centrípeta* (F_c) *expresada en Newton* (N).

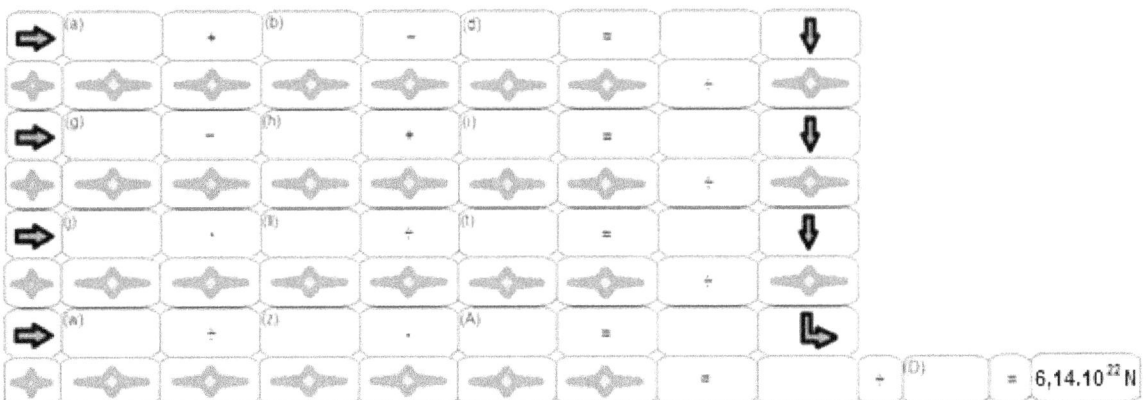

Rapidez (v) Magnitud de la velocidad ($\vec{v}$) expresado en m/s

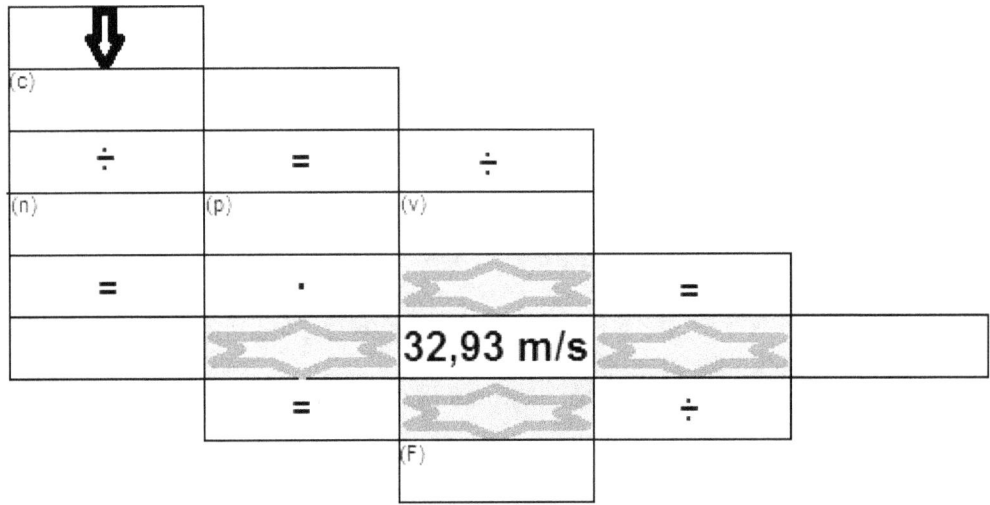

Campo magnético, inducción magnética (B) expresado en Tesla (T)

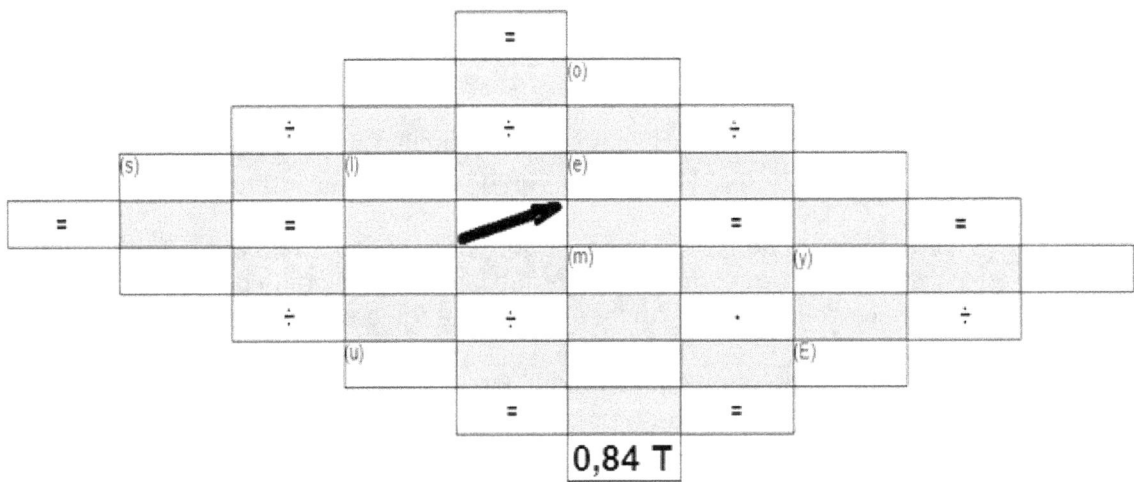

Trabajo (T), *Energía cinética* (E_c) *expresado en Joule* (J).

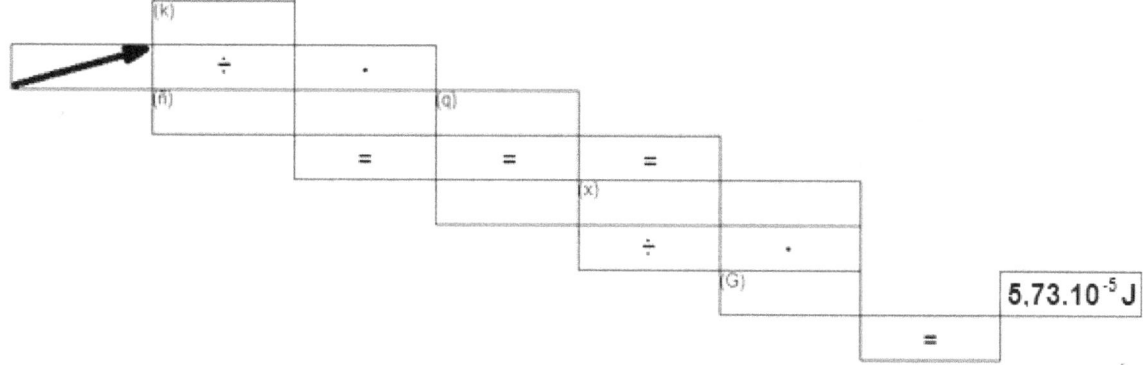

$$5,73.10^{-5} J$$

Distancia (d), *Radio* (R) *y Diámetro* (D) *expresado en* $metro$ (m)

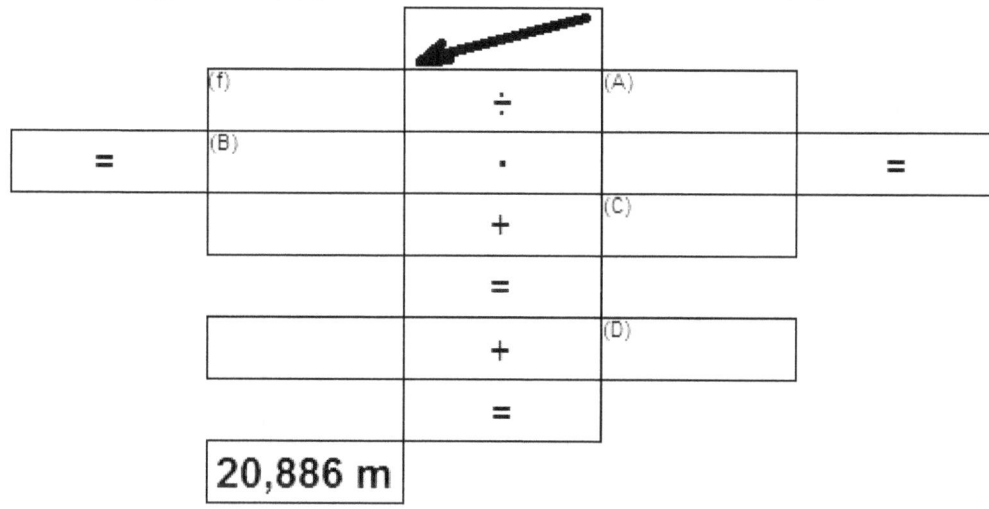

20,886 m

6.8 CAMPO MAGNÉTICO DE UN CONDUCTOR RECTILÍNEO.

6.8.1 Dirección y sentido del vector $\vec{B}$. Consideremos un conductor rectilíneo AD por el que circula una corriente, como se observa en la figura 6.18. Alrededor de dicho conductor existirá un campo magnético $\vec{B}$, que estudiaremos a continuación. Para ello, imaginemos una aguja magnética en diferentes oposiciones en torno de AD. Como sabemos, la orientación de la aguja indicará la dirección y el sentido del campo magnético existente en cada punto.

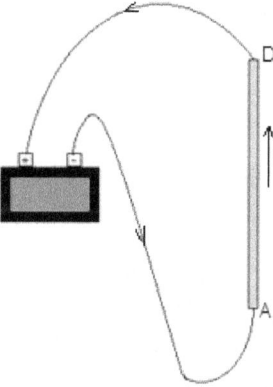

Fig. 6.18 Conductor rectilíneo de longitud apreciable, que conduce una corriente de intensidad I.

En la figura 6.19 (a), tenemos una vista de frente del conductor AD, con la corriente I que lo recorre *saliendo* del plano de la ilustración, y las agujas magnéticas ubicadas en algunos puntos cercanos al conductor. Si observamos la orientación que la aguja toma en cada punto, será posible trazar el vector $\vec{B}$ que representa el campo magnético originado por el conductor en dicho punto, observar la figura 6.19 (a). De forma que el experimento nos da a conocer que la corriente en el conductor produce un campo magnético cuyas líneas de inducción envuelve al conductor, siendo entonces de configuración circular, con centro en la sección transversal del mismo, figura 6.19 (b).

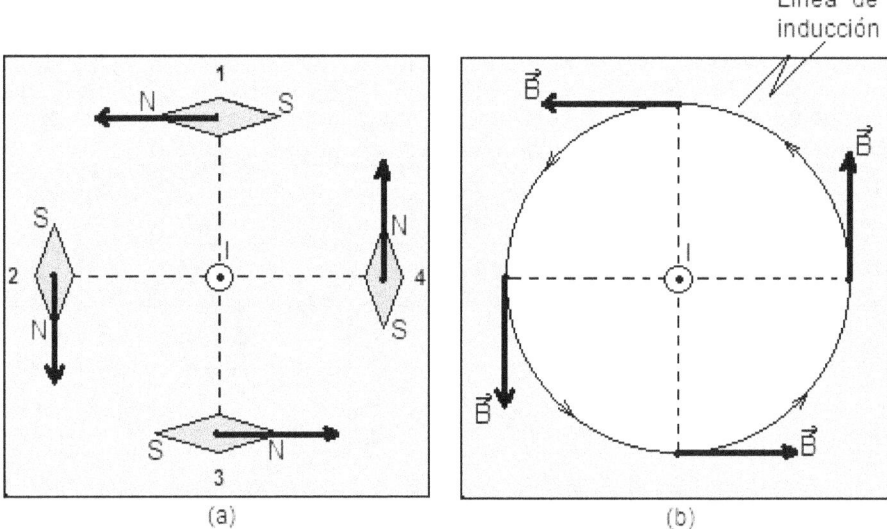

(a)   (b)

Fig. 6.19 El conductor de la figura 6.18, visto ahora de frente. También se observan los vectores $\vec{B}$ del campo que la corriente estable alrededor del campo.

Podemos trazar varías líneas de inducción para representar el campo magnético a diferentes distancias del conductor, como se observa en la figura 6.20

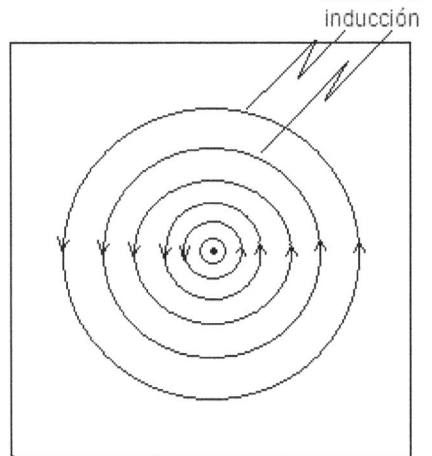

Fig. 6.20 Líneas de inducción del campo magnético establecido por un conductor rectilíneo perpendicular al plano de la figura y saliente de dicho plano.

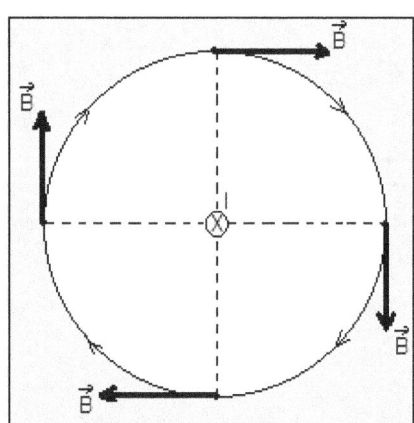

Fig. 6.21 Líneas de inducción de campo magnético producido por la corriente de un conductor rectilíneo, perpendicular al plano de la y entrante en ella.

La figura 6.21 muestra lo que sucede cuando se invierte el sentido de la corriente en el conductor, que ahora es *entrante* en el plano de la ilustración. Se puede observar que en estas condiciones, las líneas de inducción conservan la misma forma, pero no el sentido del vector $\vec{B}$ ya que ha sido cambiado.

6.8.2 Regla práctica para determinar el sentido del vector $\vec{B}$. Como acabamos de observar, las líneas de inducción alrededor del conductor rectilíneo siempre son circulares, pero tenemos que su orientación (la de $\vec{B}$) depende del sentido de la corriente eléctrica en el conductor. Una regla práctica muy utilizada y que se denomina comúnmente *regla de Ampére,* permite determinar con mucha facilidad el *sentido del campo eléctrico* que rodea al conductor.

La figura 6.22 (a) muestra el empleo de esta regla, cuyo enunciado es: *Si se coloca el dedo pulgar de la mano derecha paralelamente al conductor y apuntamos en el sentido de la corriente, y los demás dedos rodeando al mismo, estos últimos apuntarán en el sentido de las líneas de inducción.* En la figura 6.22 (b), se aplica la misma regla de Ampére a una corriente con sentido contrario al de la figura 6.22 (a). Pudiéndose observar que la regla de Ampére en este caso indica que la orientación de las líneas de inducción es contraria a la de la figura 6.22 (a), como ya analizamos anteriormente.

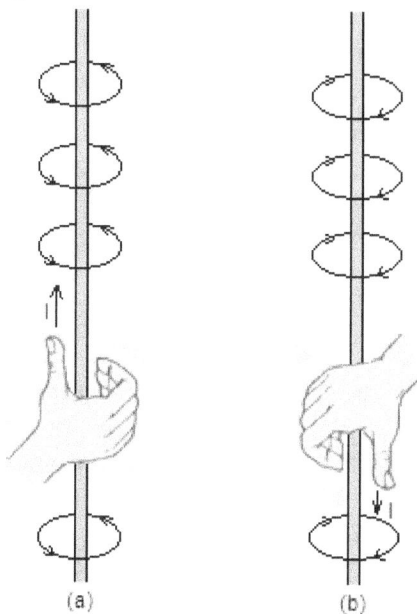

Fig. 6.22 Aplicación de la regla de Ampére para determinar la orientación del campo magnético establecido alrededor de un conductor por el que circula una corriente.

6.8.3 Factores que influyen en la magnitud del vector $\vec{B}$. Una vez que se encontró la forma de determinar la dirección y el sentido del campo magnético originado por un conductor rectilíneo, los científicos realizaron experimentos para obtener información sobre la magnitud de este campo o sea la inducción magnética.

Observando la figura 6.23 podemos llegar a unas series de conclusiones, siendo B la magnitud de la inducción del campo magnético que la corriente I establece a una distancia R del conductor, se tiene que:

➢ B es directamente proporcional a I; o sea que: $B \propto I$
➢ B es inversamente proporcional a R; o sea que: $B \propto 1/R$

De lo explicado tenemos que:

$$B \propto \frac{I}{R} \quad \Rightarrow \quad B = k \cdot \frac{I}{R}$$

Siendo k la constante de proporcionalidad que por conveniencia, se expresa en función de otra constante de forma siguiente:

$$k = \frac{\mu_o}{2\pi}$$

259

Donde μ_o se conoce como constante de permeabilidad.
Sustituyendo en la expresión anterior:

$$B = \left(\frac{\mu_o}{2\pi}\right) \cdot \frac{I}{R} \quad \Rightarrow \quad B = \frac{\mu_o \cdot I}{2\pi \cdot R}$$

Donde en el Sistema Internacional ($S.I.$) el valor de la constante μ_o es:

$$\mu_o = 4\pi \cdot 10^{-7} \, \frac{N}{A^2}$$

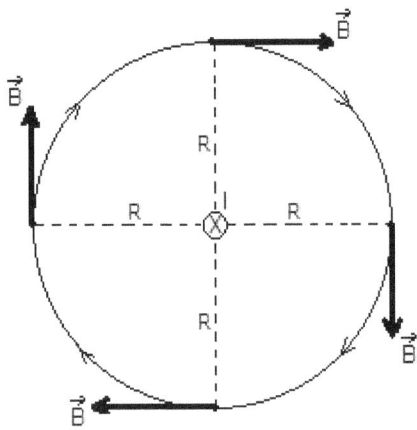

Fig. 6.23 El campo magnético B producido por una corriente I a una distancia R del alambre, es tal que: $B \propto I$ y $B \propto 1/R$.

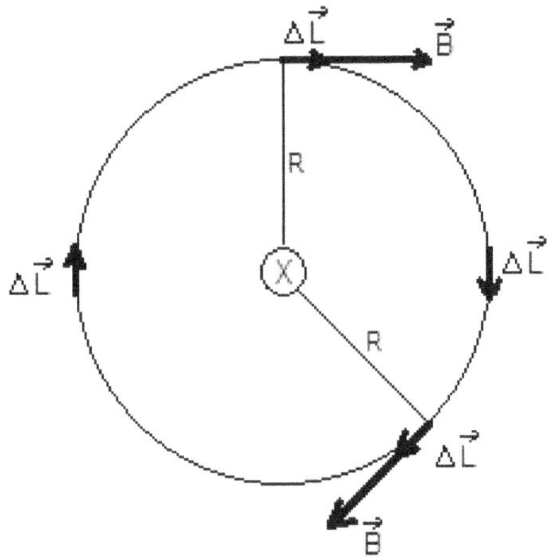

Fig. 6.24 Representa una trayectoria cerrada de radio R alrededor de un conductor rectilíneo por el cual circula una corriente de intensidad I

6.8.4 Ley de Ampére.

La figura 6.24, está representando una trayectoria cerrada de radio R (una línea de campo magnético) alrededor de un conductor rectilíneo por el cual circula una corriente de intensidad I. Tenemos que la trayectoria está dividida en pequeños segmentos $\Delta\vec{L}$ que tienen el mismo sentido de las líneas de campo magnético. Ahora bien tenemos de cualquier punto de la trayectoria los vectores $\vec{B}$ y $\Delta\vec{L}$ tienen la misma dirección y sentido. Entonces, el producto escalar de estos vectores es:

$$\vec{B} \cdot \Delta\vec{L} = B \cdot \Delta L \cdot \cos\theta$$

Como el $\cos\theta = 1$, por ser $\theta = 0°$, entonces:

$$\vec{B} \cdot \Delta\vec{L} = B \cdot \Delta L$$

De acuerdo con este resultado se tiene que la sumatoria de todos los productos escalares $\vec{B} \cdot \Delta\vec{L}$ alrededor de la trayectoria cerrada de radio R es:

$$\sum \vec{B} \cdot \Delta\vec{L} = \sum B \cdot \Delta L = B \sum \Delta L$$

Como la inducción magnética B a una distancia R del conductor permanece constante. Por otra parte tenemos que la longitud de la circunferencia:

$$\sum \Delta L = 2\pi \cdot R$$

Por lo tanto:

$$\sum \vec{B} \cdot \Delta\vec{L} = B \cdot (2\pi \cdot R)$$

Pero tenemos como dijimos anteriormente que:

$$B = \frac{\mu_o \cdot I}{2\pi \cdot R}$$

De donde:

$$B \cdot (2\pi \cdot R) = \mu_o \cdot I$$

Sustituyendo en $\sum \vec{B} \cdot \Delta \vec{L}$, tenemos que:

$$\sum \vec{B} \cdot \Delta \vec{L} = \mu_o \cdot I$$

Esta última expresión constituye la Ley de Ampére, que es válida, en general, para cualquier trayectoria cerrada alrededor de uno o más alambres que conducen corriente, siendo I la intensidad de corriente a través del área limitada por la trayectoria.

6.8.5 Fuerza electromagnética entre dos conductores de corrientes paralelas. En la figura 6.25, se representa dos conductores rectilíneos de longitud indefinida, paralelos entre sí, separados una distancia $MN = d$, por los cuales circulan corrientes de intensidades I_1 e I_2 del mismo sentido.

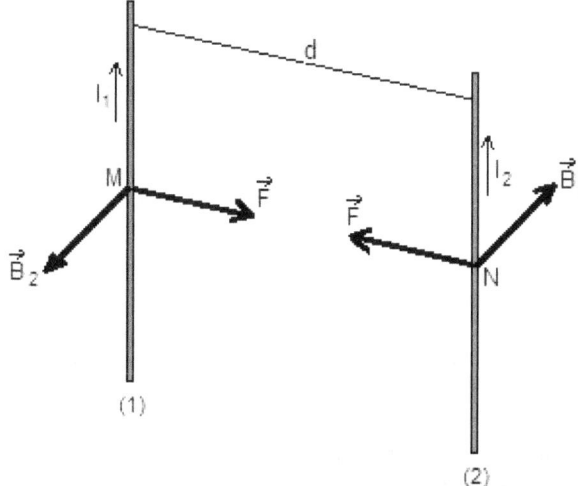

Fig. 6.25 Fuerza electromagnética entre dos conductores de corrientes paralelas.

La corriente que circula por el conductor (1) crea a su alrededor un campo magnético y origina en el punto N, a la distancia d ina inducción magnética B_1 de magnitud:

$$B_1 = \frac{\mu_o \cdot I_1}{2\pi \cdot d}$$

Aplicando la *regla del pulgar* se encuentra que el vector $\vec{B}_1$ penetra en el plano de la figura 6.25. Como el conductor (2) se encuentra en el campo magnético de la corriente I_1, está sometida a una fuerza electromagnética cuya magnitud, para la longitud L del conductor (2) es:

$$F = I_2 \cdot L \cdot B_1 \cdot \operatorname{sen} \theta$$

Ahora bien el vector inducción magnética $\vec{B}_1$ es perpendicular al conductor (2), se tiene que $\theta = 90°$, como el $\operatorname{sen} 90° = 1$ entonces tenemos que la expresión anterior queda:

$$F = I_2 \cdot L \cdot B_1$$

Sustituyendo en la relación la inducción magnética B_1, obtenemos:

$$F = I_2 \cdot L \cdot \left(\frac{\mu_o \cdot I_1}{2\pi \cdot d} \right)$$

De donde:

$$F = \frac{\mu_o \cdot I_1 \cdot I_2 \cdot L}{2\pi \cdot d}$$

Según la *regla de la palma de la mano derecha* esta fuerza apunta hacia la izquierda. Efectuando un razonamiento semejante, la corriente I_2 origina en M a la distancia d una inducción magnética $\vec{B}_2$ que actúa sobre el conductor (1) con una fuerza $\vec{F}$ cuya magnitud está dada por la en la última expresión, pero apunta hacia la derecha.

De lo analizado se concluye que *dos corrientes paralelas y del mismo sentido se atraen; si las corrientes son de sentido opuesto se repelen.*

Tomando en cuenta lo analizado anteriormente podemos dar una **definición de Ampére**; hemos establecido que la fuerza electromagnética entre dos conductores rectilíneos, paralelos, separados la distancia d, por los cuales circulan corrientes de intensidades I_1 e I_2 viene dada por:

$$F = \frac{\mu_o \cdot I_1 \cdot I_2 \cdot L}{2\pi \cdot d} \qquad \Rightarrow \qquad \frac{F}{L} = \frac{\mu_o \cdot I_1 \cdot I_2}{2\pi \cdot d}$$

Si los dos conductores paralelos están separados una distancia $d = 1\,m$ y la fuerza electromagnética de repulsión o de atracción, se ajusta de tal forma que su valor sea $2.10^{-7}\,N/m$, por definición $I_1 = I_2 = 1\,A$. Sustituyendo en la expresión anterior tenemos que:

$$\frac{F}{L} = \frac{4\pi.10^{-7}\frac{N}{A^2} \cdot 1\,A \cdot 1\,A}{2\pi \cdot 1\,m}$$

Efectuando y simplificando concluimos:

$$\frac{F}{L} = 2.10^{-7}\,\frac{N}{m}$$

Entonces tenemos que se puede dar una definición de Ampére:

Un Ampére es la intensidad de la corriente que debe circular por dos conductores rectilíneos, paralelos, de longitud indefinida, separados una distancia de un metro para que se produzca entre dichos conductores una fuerza electromagnética de repulsión o de atracción de $2.10^{-7}\,N/m$.

6.8.6 Campo magnético de un solenoide.

6.8.6.1 Qué se entiende por solenoide. Todo conductor enrollado de manera que forme un cilíndrico de N espiras sucesivas, prácticamente circulares, como el que se observa en la figura 6.26, se denomina *solenoide.* A este dispositivo algunas veces se le llama *bobina,* aunque en realidad *bobina* es un término más general que se leda a cualquier tipo de enrollamiento de un conductor.

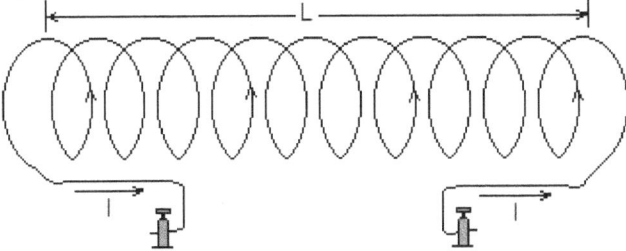

Fig. 6.26 Un solenoide está formado por un conductor dispuesto de manera que forme un rollo de espiras sucesivas.

Ahora bien al conectar el solenoide a una batería, la corriente circulará por sus espiras, estableciéndose un campo magnético en puntos tanto del interior como de la parte exterior de la bobina. En la figura 6.27 se muestran algunas líneas de inducción de este campo magnético. En la figura 6.28 tenemos una foto que se puede observar una materialización de estas líneas de inducción, la cual se obtuvo mediante limaduras de hierro distribuidas en el campo magnético.

Si efectuamos una comparación entre las figuras 6.27 y 6.10 (a), podemos observar que el campo magnético de un solenoide muestra una configuración muy parecida a la de un imán en forma de barra. Por lo consiguiente, un solenoide posee prácticamente las mismas propiedades magnéticas que un imán. Por ejemplo tenemos que un solenoide por

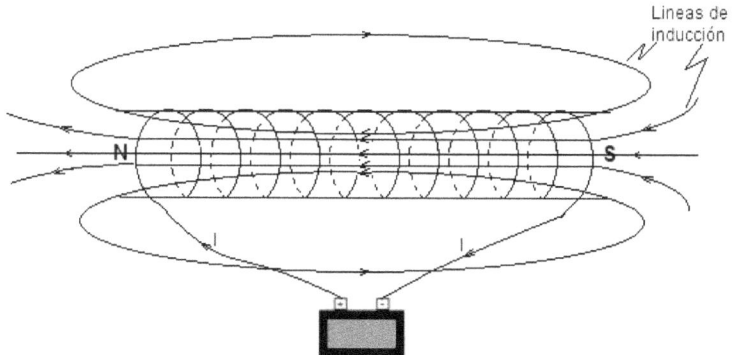

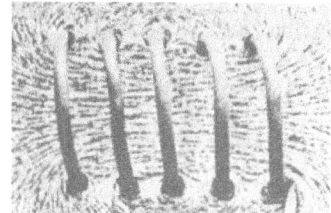

Fig.6.27 Líneas de inducción del campo magnético producido Por una corriente que circula por el solenoide.

Fig. 6.28 Materialización de las líneas de inducción de campo magnético creado por un solenoide, mediante el empleo de limaduras de hierro.

el cual pasa una corriente, y que está colocado de forma que pueda girar libremente, se orientará en la dirección Norte-Sur. Además sus extremos se comportan como los polos de un imán, como se puede observar en la figura 6.27, el extremo del cual emergen las líneas de inducción magnética se comporta como polo Norte y el extremo por el cual regresan al solenoide, funciona como polo Sur. Ahora bien por lo expuesto anteriormente podemos decir que un solenoide es un electroimán, esto quiere decir, un imán obtenido por el paso de una corriente eléctrica en un conductor enrollado helicoidalmente, o como la rosca de un tornillo con diámetro uniforme.

Para finalizar tenemos que el campo magnético en el interior de un solenoide largo, es uniforme, paralelo al eje del solenoide, y orientado según el sentido que se obtiene mediante la regla de Ampére. La magnitud de la inducción magnética B, es proporcional a la intensidad de corriente I en las espiras, y el número N, de estas últimas por unidad de longitud del solenoide; o sea,

$$B \propto N \cdot I$$

6.8.6.2 Inducción magnética en el interior de un solenoide. En la figura 6.29 podemos representar las partes superior e inferior de un solenoide. Las equis en la parte superior indican que la corriente penetra en el plano de la página, y los puntos en la parte inferior que la corriente emerge del plano de la página.

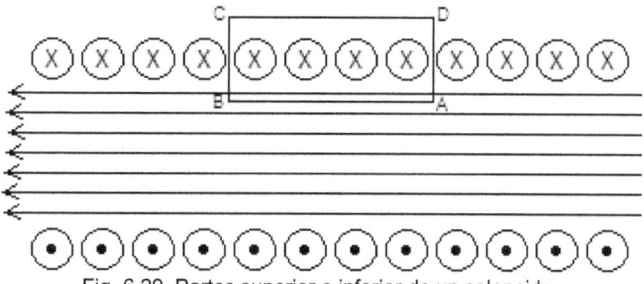

Fig. 6.29 Partes superior e inferior de un solenoide.

Aplicando la Ley de Ampére a la trayectoria rectangular $ABCD$, se tiene:

$$\sum \vec{B} \cdot \Delta \vec{L} = \mu_o \cdot I$$

Determinando la sumatoria del primer separadamente para las trayectorias AB, BC, CD y DA, se tiene que:

Para la trayectoria AB el ángulo que forman $\vec{B}$ y $\Delta \vec{L}$ es cero, por lo tanto:

263

$$\sum_{A}^{B} \vec{B}.\Delta\vec{L} = \sum_{A}^{B} B \cdot \Delta L \cdot \cos 0° = B \sum_{A}^{B} \Delta L = B \cdot L$$

Para la trayectoria BC y DA los vectores $\vec{B}$ y $\Delta\vec{L}$ forman un ángulo de 90°. Por lo tanto:

$$\sum_{B}^{C} \vec{B}.\Delta\vec{L} = \sum_{D}^{A} \vec{B}.\Delta\vec{L} = \sum_{B}^{C} B \cdot \Delta L \cdot \cos 90° = 0$$

Para la trayectoria CD se tiene:

$$\sum_{C}^{D} \vec{B}.\Delta\vec{L} = 0$$

fuera del solenoide y en puntos próximos a la región central la inducción magnética $\vec{B}$ es prácticamente nula. Se tiene así para toda la trayectoria rectangular:

$$\sum \vec{B} \cdot \Delta\vec{L} = B \cdot L$$

Sustituyendo esta última expresión en la primera, obtenemos:

$$B \cdot L = \mu_o \cdot I$$

Según la Ley de Ampére, se tiene que I es la intensidad total de la corriente que atraviesa el área o superficie limitada por la trayectoria cerrada. Por lo tanto, si en la longitud L hay N espiras por las cuales circula una corriente de intensidad I_o, la intensidad total de la corriente a través del área o superficie limitada por la trayectoria cerrada es:

$$I = I_o \cdot N$$

Sustituyendo esta última expresión en la anterior, tenemos que:

$$B \cdot L = \mu_o \cdot I_o \cdot N$$

Despejando la inducción magnética B, tenemos:

$$B = \mu_o \cdot I_o \cdot \frac{N}{L}$$

Esta última expresión es válida para un solenoide ideal, largo, de poco diámetro y con espiras muy pegadas. Pero sin embargo puede ser aplicado a los solenoides que se utilizan en la práctica cuyos resultados sean aceptables.

6.8.7 Ley de Biot-Sarvat. Esta Ley indica el campo magnético creado por corrientes eléctricas estacionarias. Es una de las leyes fundamentales de la magnetostática.

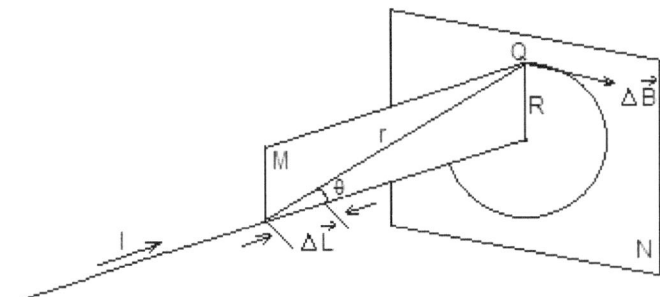

Fig. 6.30 Representación grafica de la Ley de Biot-Sarvat.

Tomando en cuenta la figura 6.30, podemos observar un plano N atravesado por un conductor rectilíneo que lleva una intensidad de la corriente I en el sentido indicado en ella. Ahora considerando una pequeña longitud ΔL del conductor la corriente que pasa a través de ΔL origina en un punto Q situado a la distancia r una inducción magnética elemental $\Delta\vec{B}$ cuya magnitud viene expresada por la siguiente relación, denominada Ley de Biot-Sarvat:

$$\Delta B = \frac{\mu_o}{4\pi} \cdot \frac{I \cdot \Delta L \cdot \operatorname{sen}\theta}{r^2}$$

El sentido del vector $\Delta\vec{B}$ puede determinarse aplicando la *regla del pulgar;* este vector es perpendicular al plano que están determinados por r y ΔL.

Para aplicar la Ley de Biot-Sarvat a un circuito completo el cual se considera dividido en elementos de corriente, cada uno de los cuales origina en un punto determinado Q una inducción magnética elemental de magnitud ΔB que viene dada por la expresión anterior. Determinando la sumatoria de estas inducciones elementales se obtiene la magnitud de la inducción magnética resultante $\vec{B}$.

6.8.8 Campo magnético en el centro de una espira circular.

6.8.8.1 Dirección y sentido del vector $\vec{B}$. Consideremos un conductor al cual se le dio la forma de una circunferencia, estableciendo lo que suele denominarse espira circular.

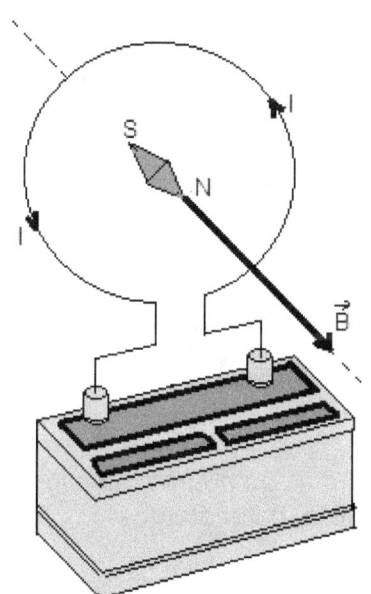

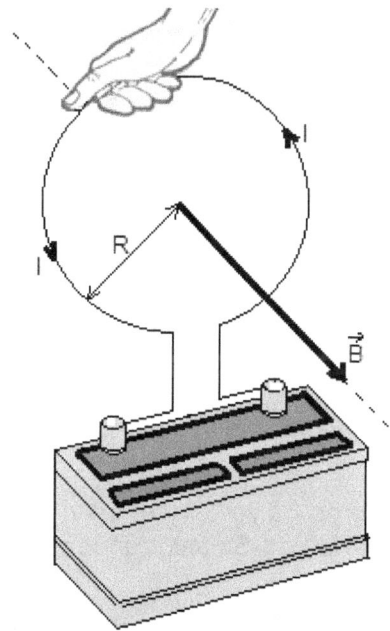

Fig. 6.31 Campo magnético originado en el centro de una espira circular por la cual pasa corriente.

Fig. 6.32 La regla de Ampére puede utilizarse para determinar el sentido de $\vec{B}$.

Si esta espira circular fuese recorrida por una corriente eléctrica, como se muestra en la figura 6.31, como se dijo anteriormente dicha corriente establecerá un campo magnético en el espacio que rodea a la espira, pero por el momento únicamente examinaremos el campo magnético existente en su centro.

Para efectuar este estudio, coloquemos una aguja magnética en el centro de la espira. Observando la orientación de esta aguja se puede comprobar que el vector $\vec{B}$ en este punto es perpendicular al plano de la espira y tiene el sentido que se indica en la figura 6.31.

Si invertimos el sentido de la corriente se podrá comprobar que el vector $\vec{B}$ sigue perpendicular al plano de la espira, aunque ahora su sentido es contrario. La regla práctica de Ampére puede usarse aquí también para determinar el sentido del campo magnético. En la figura 6.32, al emplear la regla de Ampére observamos que proporciona correctamente el sentido del vector $\vec{B}$, que coincide con el indicado en la figura 6.31.

6.8.8.2 Factores que influyen en la magnitud de $\vec{B}$. Al estudiar la magnitud de campo magnético B, en el centro de una espira circular, se pudo comprobar que su magnitud es proporcional a la intensidad de la corriente en la espira, como sucedió en el caso del conductor rectilíneo. También se pudo comprobar que cuanto mayor sea la espira, tanto menor será la magnitud del campo magnético en su centro, o sea, se determino que B es inversamente proporcional al radio R de la espira. Concluyendo tenemos que:

- B es proporcional a I; esto quiere decir que: $B \propto I$
- B es inversamente proporcional a R; o sea: $B \propto 1/R$

Entonces podemos concluir la siguiente relación es válida para la magnitud del campo magnético en el centro de una espira circular:

$$B \propto \frac{I}{R}$$

6.8.8.3 Inducción magnética en el centro de un conductor circular. En la figura 6.32 se muestra un conductor circular de radio R que transporta una corriente de intensidad I en el sentido mostrado en dicha figura. Dividiendo el conductor circular en elementos ΔL, cada uno de ellos origina en el centro del mismo una inducción magnética elemental $\Delta \vec{B}$, cuya magnitud viene dado por la Ley de Biot-Sarvat.

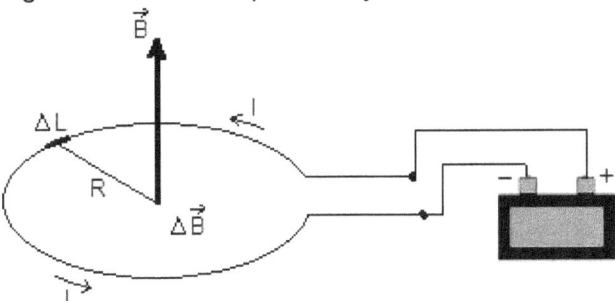

Fig. 6.32 Conductor circular de radio R que transporta una determinada corriente de intensidad I.

Como ΔL y r forman un ángulo de 90° entonces $\operatorname{sen}90° = 1$; aplicando la expresión de la Ley de Biot-Sarvat, donde $r = R$ radio de la circunferencia, obtendremos:

$$\Delta B = \frac{\mu_o}{4\pi} \cdot \frac{I \cdot \Delta L \cdot \operatorname{sen}90°}{R^2} \quad \Longrightarrow \quad \Delta B = \frac{\mu_o}{4\pi} \cdot \frac{I \cdot \Delta L}{R^2}$$

La inducción magnética resultante $\vec{B}$ en el centro del conductor es la sumatoria de todas las inducciones elementales de $\Delta \vec{B}$ que han originado los elementos ΔL en dicho punto. Teniendo presente que I, R y $\mu_o/4\pi$ son constantes, podemos escribir, en magnitud:

$$B = \sum \Delta B = \frac{\mu_o \cdot I}{4\pi \cdot R^2} \cdot \sum \Delta L$$

Como la longitud del conductor circular es:

$$\sum \Delta L = 2\pi \cdot R$$

Sustituyendo en la expresión anterior:

$$B = \frac{\mu_o \cdot I}{4\pi \cdot R^2} \cdot (2\pi \cdot R)$$

Simplificando:

$$B = \frac{\mu_o \cdot I}{2 \cdot R}$$

La dirección del vector $\vec{B}$ es perpendicular al plano determinado por R y ΔL, y su sentido puede determinarse aplicando la regla del pulgar.

6.8.8.4 Inducción magnética en el eje de un conductor circular que transporta corriente. En la figura 6.33, representa un conductor circular que transporta una corriente de intensidad de corriente I con el sentido indicado en dicha figura. El eje ON pasa por el centro del conductor circular, perpendicularmente a su plano; Q es un punto cualquiera de dicho eje situado a la distancia d de O. El radio del conductor circular es R, y la distancia desde un punto cualquiera de la circunferencia al punto Q es r.

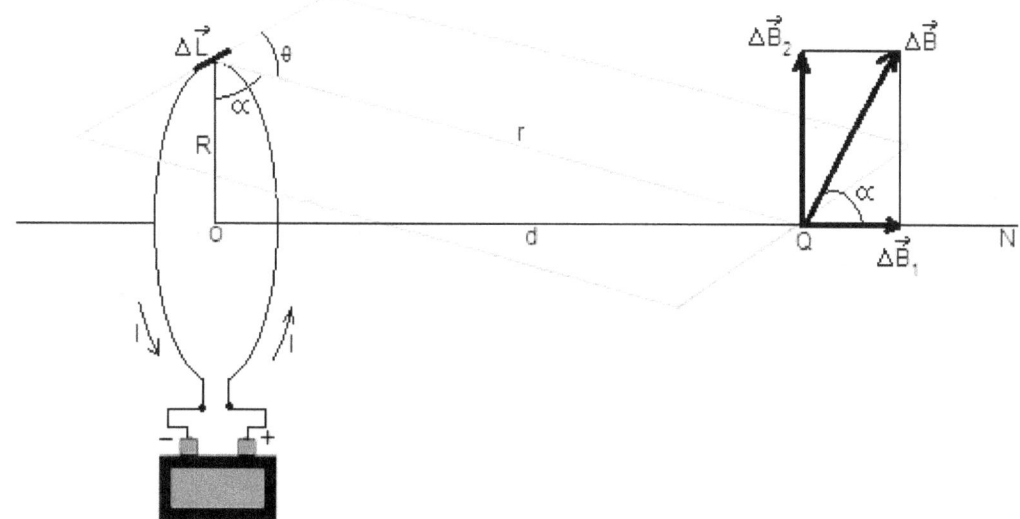

Fig.6.33 Conductor circular que transporta una corriente de intensidad I, con el sentido indicado en la figura.

Dado el conductor circular dividido en elementos ΔL, cada uno de ellos origina en Q una inducción magnética elemental $\Delta\vec{B}$, que es perpendicular al plano determinado por ΔL y r; dibujado en el plano con línea de segmentos.

El vector $\Delta\vec{B}$ puede descomponerse en dos componentes: $\Delta\vec{B}_1 = \Delta\vec{B} \cdot \cos\alpha$ que tiene la misma dirección del eje, y $\Delta\vec{B}_2$ que es perpendicular a la dirección ya mencionada.

La sumatoria de todas las componentes $\Delta\vec{B}_2$ es cero, ya que para cada elemento ΔL puede considerarse la existencia de otro simétrico respecto al punto O. Como conclusión, la inducción magnética resultante $\vec{B}$ en el punto Q es, en magnitud:

$$B = \sum \Delta\vec{B}_1 = \sum \Delta B \cdot \cos\alpha$$

De acuerdo con la Ley de Biot-Sarvat, y que $\theta = 90°$, siendo $\operatorname{sen} 90° = 1$, entonces:

$$\Delta B = \frac{\mu_o}{4\pi} \cdot \frac{I \cdot \Delta L \cdot \operatorname{sen}\theta}{r^2}$$

Donde:

$$\Delta B = \frac{\mu_o}{4\pi} \cdot \frac{I \cdot \Delta L}{r^2}$$

Por otra parte:

$$\cos\alpha = \frac{R}{r}$$

Sustituyendo en la primera expresión, tenemos que:

267

$$B = \sum \frac{\mu_o}{4\pi} \cdot \frac{I \cdot \Delta L}{r^2} \cdot \frac{R}{r} \quad \Rightarrow \quad B = \sum \frac{\mu_o}{4\pi} \cdot \frac{I \cdot \Delta L \cdot R}{r^3}$$

Ahora bien en esta última expresión son constantes: $\mu_o/4\pi$, I, R y r. Por lo tanto tenemos que la expresión quedaría de la forma:

$$B = \frac{\mu_o \cdot I \cdot R}{4\pi \cdot r^3} \cdot \sum \Delta L$$

Como la longitud del conductor circular es:

$$\sum \Delta L = 2\pi \cdot R$$

Sustituyendo en la expresión anterior, obtenemos que:

$$B = \frac{\mu_o \cdot I \cdot R}{4\pi \cdot r^3} \cdot (2\pi \cdot R)$$

Efectuando y simplificando:

$$B = \frac{\mu_o \cdot I \cdot R^2}{2 \cdot r^3}$$

Esta última expresión permite determinar la inducción magnética en un punto cualquiera del eje que pasa perpendicularmente por el centro de un conductor circular que transporta corriente.

Ahora bien, si suponemos que el punto Q coincide con el punto O del conductor circular, se tiene que $R = r$, y entonces la expresión anterior quedaría:

$$B = \frac{\mu_o \cdot I \cdot R^2}{2 \cdot r^3} \quad \Rightarrow \quad B = \frac{\mu_o \cdot I \cdot r^2}{2 \cdot r^3}$$

Simplificando:

$$B = \frac{\mu_o \cdot I}{2 \cdot r}$$

Esta última expresión representa la inducción magnética en el centro de un conductor circular.

Para aumentar la inducción magnética en un punto del eje de un conductor circular que transporta corriente se utiliza un multiplicador, que consta de $N\ espiras$ del mismo diámetro, muy juntas, por los cuales circula una intensidad de corriente I. Para un multiplicador, las dos últimas expresiones se transforman en las siguientes:

$$B = \frac{\mu_o \cdot I \cdot R^2 \cdot N}{2 \cdot r^3} \qquad y \qquad B = \frac{\mu_o \cdot I \cdot N}{2 \cdot r}$$

6.8.9 Influencia del medio en la magnitud del campo magnético. A continuación analizaremos los campos magnéticos creados por conductores de diversas formas, pero refiriéndonos al *medio* en el cual estos alambres conductores se encuentran colocados. Supongamos que un conductor se encuentra inmerso en un medio material, o que un objeto o cuerpo cualquiera es acercado a él. Experimentalmente puede ser comprobado que, en este caso, la magnitud del campo magnético que rodea al conductor es diferente del que existiría si el conductor estuviese solo y colocado en el aire. Por lo explicado, la presencia de un medio material modifica el campo magnético originado por una corriente eléctrica. A continuación efectuaremos un análisis, de dicha modificación.

➢ **Imantación de un material.** Cuando un campo magnético actúa en un medio material cualquiera, este medio sufre una modificación, y decimos que se imanta o simplemente se magnetiza.

Para entender en qué consiste esta imantación tenemos que recordar que en el interior de cualquier sustancia existen corrientes eléctricas elementales, formadas por los movimientos de los electrones en sus átomos. Estas corrientes elementales crean pequeños campos magnéticos, de forma que cada átomo puede considerarse como un pequeño cuerpo magnetizado, o sea, como un imán elemental, figura 6.34.

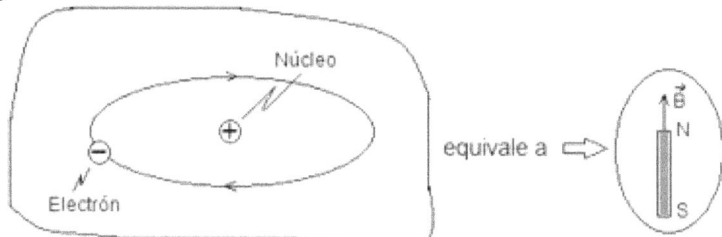

Fig. 6.34 Un átomo puede considerarse como un imán elemental.

En el interior de un material en su estado normal o sea no magnetizado, estos imanes elementales se encuentran orientados completamente al azar, figura 6.35 (a), de forma que los campos magnéticos creados por los átomos de la sustancia tienden a anularse. Siendo nulo el campo magnético resultante establecido por la totalidad de los imanes elementales, la sustancia no presentará ningún efecto magnético.

Fig. 6.35 (a) En una barra no magnetizada, los imanes elementales se encuentran orientados al azar.
(b) Si la barra se coloca en un campo magnético, dichos imanes elementales se orientan en forma paralela al campo.

Pero si colocamos el material dentro de un campo magnético $\vec{B}$, este campo actuaría sobre los imanes elementales tendiendo a orientarlos, como se puede observar en la figura 6.35 (b). Por motivo de esta orientación, los campos magnéticos elementales de los átomos se refuerzan y el material comienza a mostrar efectos magnéticos externos considerables. Ahora bien en estas condiciones decimos que la sustancia está imantada o magnetizada, esto quiere decir, que el material se convierte en un imán, con sus polos norte y sur ubicados en las posiciones que se observan en la figura 6.35 (b). De forma que la transformación de un trozo de hierro común en un imán, ocurre debido simplemente a la orientación uniforme de los imanes elementales formados por los átomos del metal.

Para finalizar diremos que el campo magnético creado por la corriente provoca la imantación del medio material. Por tal motivo, el campo magnético que rodea al conductor pasa a ser una superposición del campo creado por la corriente y el campo originado por el material imantado. Como en el vacío o en el aire, el campo magnético se debe únicamente a la corriente eléctrica, se explica por qué la presencia de un medio material modifica el campo magnético que rodea a un conductor activo.

➤ **Materiales paramagnéticos y diamagnéticos.** Experimentos realizados por científicos han podido demostrar que la presencia de gran parte de las sustancias existente en la naturaleza, produce una alteración muy pequeña en un campo magnético. Esto se debe a que al ser colocadas en tal campo, dichas sustancias se imantan o magnetiza muy débilmente. Materiales como el cobre el papel, el aluminio, el plomo, etc., se comportan de tal forma, siendo éste el motivo por el cual no podemos construir imanes con ellos.

Un análisis más cuidadoso permite comprobar que estas sustancias pueden clasificarse en dos grupos diferentes:

- *Sustancias paramagnéticas:* Son las que en presencia de un campo magnético, se imantan o magnetiza muy débilmente, haciendo que la magnitud del campo magnético sea ligeramente aumentado. Como ejemplos de sustancia paramagnética tenemos el aluminio, el magnesio, el platino, el sulfato de cobre, etc.

- *Sustancias diamagnéticas:* Son las que en presencia de un campo magnético, se imantan o magnetiza también débilmente, pero, sin embargo, hacen que la magnitud del campo magnético se vuelva ligeramente menor. Como ejemplos típicos de sustancias diamagnéticas tenemos el bismuto, el cobre, el agua, la plata, el oro, el plomo, etc.

➢ **Materiales ferromagnéticos.** Un pequeño grupo de sustancias existente en la naturaleza, presentan un comportamiento muy diferente del que acabamos de analizar. Estas sustancias, denominadas *sustancias ferromagnéticas,* se imantan o magnetiza fuertemente al ser colocadas en un campo magnético, de forma que el campo que establecen es muchas *veces más intenso que el campo aplicado.* Puede comprobarse de la existencia de alguna de las sustancias ferromagnéticas, el campo magnético resultante puede volverse centenas, e incluso millares, de veces mayor que el campo magnético inicial.

Las sustancias ferromagnéticas son únicamente *el hierro, el cobalto y el níquel, así como las aleaciones de estos elementos.* Tal propiedad de las sustancias ferromagnéticas es aprovechada para obtener campos magnéticos de valor elevado. El conjunto formado por una bobina y una barra de acero, constituye un electroimán poderoso. A continuación estudiaremos más detalladamente los electroimanes.

6.8.9.1 Electroimanes. El campo magnético creado por una corriente eléctrica puede emplearse para imantar o magnetizar una barra de hierro o de acero. Comúnmente se coloca la barra en el centro de un solenoide durante cierto tiempo: Si la barra es de acero, por ejemplo, cuando cesa de pasar la corriente por el solenoide, conserva cierta cantidad de magnetismo, denominado *magnetismo remanente*, y se conserva en un imán permanente. Si la barra es de hierro dulce, el magnetismo remanente es prácticamente nulo y la barra permanece imantada únicamente mientras pasa la corriente por el solenoide. De esta forma se ha construido un *electroimán*, cuya utilidad es mucho mayor que la de los imames permanentes. De lo dicho anteriormente podemos concluir que *un electroimán es un solenoide con núcleo de hierro dulce.*

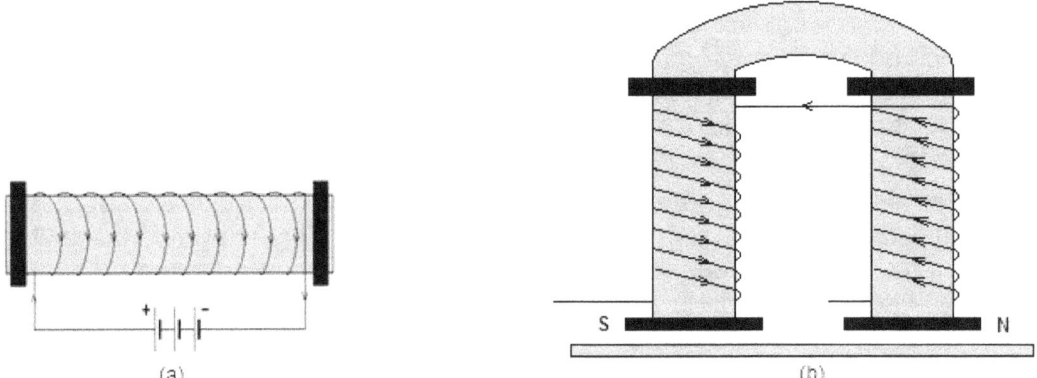

(a) (b)

Fig. 6.36 Representan: (a) Un electroimán rectilíneo y (b) Electroimán construido con un núcleo de hierro dulce en forma de herradura.

La figura 6.36 (a) representa un electroimán rectilíneo, el cual está formado por un carrete o bobina C dentro del cual se encuentra una barra de hierro dulce. Ahora bien cuando la corriente circula en el sentido que indican las flechas se forma un polo Norte en el extremo derecho del núcleo y un polo Sur en el extremo izquierdo. En los electroimanes rectilíneos la inducción magnética es pequeña, ya que las líneas de campo magnético se dispersan en el espacio comprendido entre los polos. Ahora bien, para que la inducción magnética sea mayor los electroimanes se construyen con un núcleo de hierro dulce en forma de herradura, como se observa en la figura 6.36 (b). En los extremos de las dos ramas van los carretes o bobinas C y C', por las cuales pasa la corriente como indican las flechas, esto quiere decir, en la bobina C va en un sentido y en la bobina C' va en sentido opuesto. La pieza de hierro dulce, que es atraído por los dos polos, se llama armadura.

Los electroimanes encuentran una gran variedad de aplicaciones en la ciencia y en la tecnología. Una de ellas se observa en la figura 6.37: una grúa constituida por un potente electroimán, que se emplea para el levantamiento y transporte de cargas muy pesadas de metales férreos. Los electroimanes en forma de herradura se utilizan también para levantar grandes pesos. También tienen aplicación en el telégrafo y timbre eléctrico.

Fig. 6.36 Grúa de electroimán, capaz de elevar y transportar cargas muy pesadas de metal magnetizable.

PROBLEMAS RESUELTOS DE APLICACIÓN DE LA INDUCCIÓN MAGNÉTICA EN LAS PROXIMIDADES DE UNA CORRIENTE RECTILÍNEA, LEY DE AMPÉRE, FUERZA ELECTROMAGNÉTICA ENTRE DOS CORRIENTES PARALELAS, SOLENOIDE, LEY DE BIOT-SARVAT E INDUCCIÓN MAGNÉTICA EN EL CENTRO DE UN CONDUCTOR CIRCULAR.

1. Dos conductores paralelos por los que circulan corrientes de la misma intensidad I, pero de sentido contrario, están separados una distancia D. Encontrar una expresión que permita determinar la magnitud de la inducción magnética B del campo resultante en el punto P situado entre los dos conductores a la distancia d de uno de ellos.

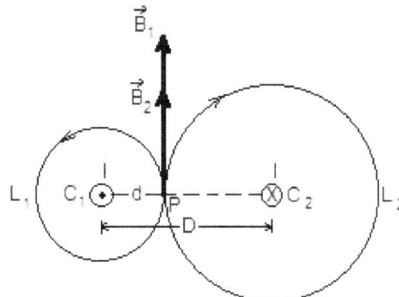

Fig.6.37 Figura del problema 1.

Solución.

En la figura 6.37 se observan dos conductores separados una distancia D con corrientes de una misma intensidad de corriente I, pero de sentido contrario ya que C_1 sale perpendicularmente del plano de la página y en C_2 penetra perpendicularmente del plano de la página. P es un punto entre los dos conductores situado a la distancia d de C_1. Por el punto P pasan las líneas de campo magnético L_1 y L_2, cuyos sentidos se han determinado aplicando la *regla del pulgar*. La inducción del campo magnético en el punto P originada por la corriente que pasa por C_2 es, en magnitud:

$$B_1 = \frac{\mu_o \cdot I}{2\pi \cdot d}$$

La inducción del campo magnético en P originada por la corriente que pasa por C_2 es, en magnitud:

$$B_2 = \frac{\mu_o \cdot I}{2\pi \cdot (D - d)}$$

Como la corriente tienen sentidos, utilizando la *regla del pulgar*, las inducciones de campo magnético $\vec{B}_1$ y $\vec{B}_2$ tienen el mismo sentido y en magnitud, se tiene:

$$B = B_1 + B_2$$

Sustituyendo:

$$B = \frac{\mu_o \cdot I}{2\pi \cdot d} + \frac{\mu_o \cdot I}{2\pi \cdot (D - d)}$$

Sacando factor común:

$$B = \frac{\mu_o \cdot I}{2\pi} \cdot \left(\frac{1}{d} + \frac{1}{D - d}\right)$$

Efectuando:

$$B = \frac{\mu_o \cdot I}{2\pi} \cdot \left[\frac{D - d + d}{d \cdot (D - d)}\right] = \frac{\mu_o \cdot I}{2\pi} \cdot \left[\frac{D}{d \cdot (D - d)}\right] = \frac{\mu_o \cdot I \cdot D}{2\pi \cdot d \cdot (D - d)}$$

Conclusión: La expresión que determina la magnitud de la inducción magnética B del campo resultante en el punto P situado entre los dos conductores a la distancia d de uno de ellos es:

$$B = \frac{\mu_o \cdot I \cdot D}{2\pi \cdot d \cdot (D - d)}$$

2. Un conductor rectilíneo C_1 por el cual circula una corriente $I_1 = 8\,A$ se coloca paralelamente a otro conductor C_2 de longitud $L = 65\,cm$ por la cual circula una intensidad de corriente $I_2 = 1,2\,A$ del mismo sentido. Si la distancia entre los dos conductores es $0,4\,m$. Determinar la magnitud, dirección y sentido de la fuerza electromagnética que actúa sobre el conductor C_2.

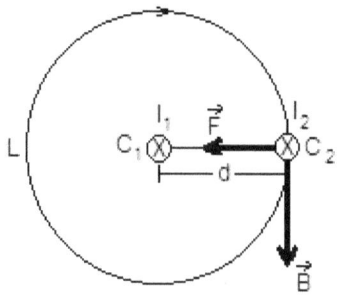

Fig. 6.38 Figura del problema 2.

Solución.

En a figura 6.38 podemos observar los conductores C_1 y C_2, en los cuales las corrientes I_1 y I_2 se ha representado penetrando en la página.

Para determinar la fuerza electromagnética $\vec{F}$ que actúa en el conductor C_2, tenemos que calcular la inducción magnética sobre el conductor C_1 a la distancia d.

Aplicando la *regla del pulgar* se demuestra que una línea de campo magnético L de la corriente que pasa por C_2 tiene el sentido del movimiento de las manecillas del reloj y la inducción magnética $\vec{B}$ tiene la dirección y sentido que se indica en la figura 6.38, la magnitud de $\vec{B}$ la determinamos a continuación:

$$B = \frac{\mu_o \cdot I_1}{2\pi \cdot d} = \frac{4\pi . 10^{-7} \frac{N}{A^2} \cdot 8\,A}{2\pi \cdot 0,4\,m} = \frac{1,6. 10^{-6} \frac{N}{A}}{0,4\,m} = 4. 10^{-6} \frac{N}{A \cdot m} = 4. 10^{-6}\,T$$

Ahora bien aplicando la *regla de la palma de la mano derecha*, se determina que la fuerza electromagnética $\vec{F}$ sobre el conductor C_2 es perpendicular al vector $\vec{B}$ y está dirigido hacia el centro de la circunferencia y la magnitud de $\vec{F}$ es:

$$F = I_2 \cdot L \cdot B \cdot \text{sen}\,\theta$$

Como $\vec{B}$ y L, son perpendiculares tenemos que $\theta = 90°$ y el $\text{sen}\,90° = 1$, entonces:

$$F = I_2 \cdot L \cdot B \cdot \text{sen}\,90° \quad \Longrightarrow \quad F = I_2 \cdot L \cdot B$$

Sustituyendo:

$$F = 1,2\,A \cdot 0,65\,m \cdot 4. 10^{-6}\,T = 1,2\,A \cdot 0,65\,m \cdot 4. 10^{-6} \frac{N}{A.m} = 3,12. 10^{-6}\,N$$

3. Se tiene dos conductores rectilíneos y paralelos de longitud indefinida por los cuales circulan corrientes de intensidades $I_1 = 8\,A$ e $I_2 = 20\,A$.

   a) ¿Cuál debe ser la separación entre dichos conductores para que la fuerza por unidad de longitud sea, en magnitud $3. 10^{-4}\,N/m$?

   b) ¿Cuál es en magnitud, la inducción magnética que cada una de estas corrientes origina a la distancia d?
   Solución.

   a) Tenemos que la fuerza electromagnética entre dos conductores rectilíneos, paralelos, separados una distancia d, por los cuales circulan corrientes de intensidades I_1 e I_2, viene dada por:

   $$F = \frac{\mu_o \cdot I_1 \cdot I_2 \cdot L}{2\pi \cdot d} \quad \Longrightarrow \quad \frac{F}{L} = \frac{\mu_o \cdot I_1 \cdot I_2}{2\pi \cdot d}$$

   Despejando la distancia, tenemos que:

273

$$d = \frac{\mu_o \cdot I_1 \cdot I_2}{2\pi \cdot \dfrac{F}{L}}$$

Sustituyendo, efectuando y simplificando:

$$d = \frac{4\pi.\,10^{-7}\,\dfrac{N}{A^2} \cdot 8\,A \cdot 20\,A}{2\pi \cdot 3.\,10^{-4}\,\dfrac{N}{m}} = \frac{2.\,10^{-7}\,\dfrac{N}{A^2} \cdot 160\,A^2}{3.\,10^{-4}\,\dfrac{N}{m}} = \frac{3,2.\,10^{-5}\,m}{3.\,14^{-4}} = 0,11\,m$$

b) Determinamos la magnitud de la inducción magnética que cada unas de estas corrientes origina a la distancia d:

$$B_1 = \frac{\mu_o \cdot I_1}{2\pi \cdot d} = \frac{4\pi.\,10^{-7}\,\dfrac{N}{A^2} \cdot 8\,A}{2\pi \cdot 0,11m} = 1,45.\,10^{-5}\,\frac{N}{A \cdot m} = 1,45.\,10^{-5}\,T$$

$$B_2 = \frac{\mu_o \cdot I_2}{2\pi \cdot d} = \frac{4\pi.\,10^{-7}\,\dfrac{N}{A^2} \cdot 20\,A}{2\pi \cdot 0,11m} = 3,64.\,10^{-5}\,\frac{N}{A \cdot m} = 3,64.\,10^{-5}\,T$$

4. Un solenoide con una longitud $L_1 = 0,26\,m$ y $N\,espiras$ por las que circula una intensidad de corriente $I_1 = 10\,A$, originando en su centro una inducción magnética $B_1 = 0,8\,T$. Determinar la longitud de otro solenoide con el mismo número de espiras, por la que pasa una corriente $I_2 = 20\,A$, para que la inducción magnética en el centro de este solenoide tenga de magnitud $B_2 = 1\,T$.

   Solución.

   Las inducciones magnéticas en el centro de cada uno de los solenoides esta expresado en magnitud, por:

$$B_1 = \frac{\mu_o \cdot I_1 \cdot N}{L_1} \qquad y \qquad B_2 = \frac{\mu_o \cdot I_2 \cdot N}{L_2}$$

   Despejando N en cada una de las expresiones anteriores:

$$B_1 \cdot L_1 = \mu_o \cdot I_1 \cdot N \quad \Longrightarrow \quad N = \frac{B_1 \cdot L_1}{\mu_o \cdot I_1}$$

$$B_2 \cdot L_2 = \mu_o \cdot I_2 \cdot N \quad \Longrightarrow \quad N = \frac{B_2 \cdot L_2}{\mu_o \cdot I_2}$$

   Como los solenoides tienen el mismo número de espiras N, entonces podemos igualar ambas expresiones anteriores:

$$\frac{B_1 \cdot L_1}{\mu_o \cdot I_1} = \frac{B_2 \cdot L_2}{\mu_o \cdot I_2}$$

   Despejando la longitud del segundo solenoide, obtenemos:

$$B_1 \cdot L_1 \cdot \mu_o \cdot I_2 = \mu_o \cdot I_1 \cdot B_2 \cdot L_2 \quad \Longrightarrow \quad L_2 = \frac{B_1 \cdot L_1 \cdot \mu_o \cdot I_2}{\mu_o \cdot I_1 \cdot B_2}$$

   Simplificando:

$$L_2 = \frac{B_1 \cdot L_1 \cdot I_2}{I_1 \cdot B_2}$$

   Sustituyendo:

$$L_2 = \frac{0,8\,T \cdot 0,26\,m \cdot 20A}{10\,A \cdot 1\,T} = 0,416\,m$$

5. Dos espiras circulares de diámetro $1,2\,m$ por las cuales circulan intensidades de corrientes de $I_1 = 6\,A$ e $I_2 = 12\,A$, están ubicadas de tal forma que sus centros coinciden y sus planos son perpendiculares. Determinar la magnitud de la inducción magnética resultante en el centro común de ambas espiras..

Solución.

Como los planos de las espiras son perpendiculares entre sí y sus centros coinciden; los vectores de inducciones magnéticas $\vec{B_1}$ y $\vec{B_2}$ en el centro de dichas espiras son perpendiculares.

Cada una de las espiras tienen un diámetro de $D = 2 \cdot R$ de donde el radio $R = D/2 = 1,2 \, m/2 = 0,6 \, m$.

Las magnitudes de las inducciones magnéticas B_1 y B_2, se obtienen:

$$B_1 = \frac{\mu_o \cdot I_1}{2 \cdot R} = \frac{4\pi . 10^{-7} \frac{N}{A^2} \cdot 6 \, A}{2 \cdot 0,6 \, m} = \frac{4 \cdot 3,14 . 10^{-7} \frac{N}{A^2} \cdot 6 \, A}{1,2 \, m} = 6,28 . 10^{-6} \frac{N}{A \cdot m}$$

De donde:

$$B_1 = 6,28 . 10^{-6} \, T$$

$$B_2 = \frac{\mu_o \cdot I_2}{2 \cdot R} = \frac{4\pi . 10^{-7} \frac{N}{A^2} \cdot 12 \, A}{2 \cdot 0,6 \, m} = \frac{4 \cdot 3,14 . 10^{-7} \frac{N}{A^2} \cdot 12 \, A}{1,2 \, m} = 1,256 . 10^{-5} \frac{N}{A \cdot m}$$

De donde:

$$B_2 = 1,256 . 10^{\nabla-5} \, T$$

La inducción magnética resultante en el centro de ambas esferas es la suma vectorial: $\vec{B} = \vec{B_1} + \vec{B_2}$

Ahora bien, aplicamos el Teorema de Pitágoras al triángulo formado por $\vec{B_1}, \vec{B_2}$ y $\vec{B}$. Entonces la magnitud del vector $\vec{B}$:

$$B^2 = {B_1}^2 + {B_2}^2$$

Sustituyendo:

$$B = \sqrt{(6,28 . 10^{-6} \, T)^2 + (1,256 . 10^{-5} \, T)^2}$$
$$= \sqrt{3,94384 . 10^{-11} \, T^2 + 1,577536 . 10^{-10} \, T^2}$$
$$= \sqrt{0,394384 . 10^{-10} \, T^2 + 1,577536 . 10^{-10} \, T^2}$$
$$= \sqrt{1,97192 . 10^{-10} \, T^2}$$
$$= 1,404 . 10^{-5} \, T$$

Conclusión la magnitud de la inducción magnética resultante en el centro común de ambas espiras es de $1,404 . 10^{-5} \, T$.

6. Una bobina circular de $N = 60 \, espiras$ de alambre, muy juntas, de tal manera que la longitud de la bobina es despreciable, tiene un radio $R = 0,3 \, m$ y por las espiras pasa una corriente de intensidad $I = 4 \, A$ en el sentido indicado en la figura 6.39. Si $d = 0,4 \, m$. Determinar la magnitud, dirección y sentido de la inducción magnética: (a) en el punto P y (b) en el centro O de la bobina.

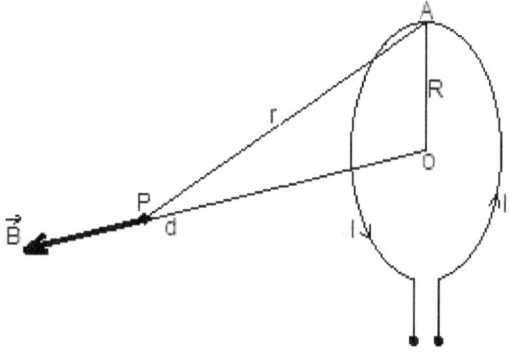

Fig. 6.39 Figura del problema 6.

Solución.

La magnitud de la inducción magnética en el punto P es:

$$B = \frac{\mu_o \cdot I \cdot R^2 \cdot N}{2 \cdot r^3}$$

Aplicando el Teorema de Pitágoras en el triángulo ΔAOP, calculamos r, entonces:

$$r^2 = d^2 + R^2 \implies r = \sqrt{(0{,}4\ m)^2 + (0{,}3\ m\ )^2} = \sqrt{0{,}16\ m^2 + 0{,}09\ m^2} = \sqrt{0{,}25\ m^2}$$

$$r = 0{,}5\ m$$

Sustituyendo en la expresión anterior:

$$B = \frac{4\pi. 10^{-7}\ \frac{N}{A^2} \cdot 4\ A \cdot (0{,}3\ m)^2 \cdot 60}{2 \cdot (0{,}5\ m)^3} = \frac{4 \cdot 3{,}14. 10^{-7}\ \frac{N}{A^2} \cdot 4\ A \cdot 0{,}09\ m^2 \cdot 60}{2 \cdot 0{,}125\ m^3}$$

$$B = \frac{2{,}71296. 10^{-5}\ \frac{N}{A}}{0{,}25\ m} = 1{,}09. 10^{-4}\ \frac{N}{A \cdot m} = 1{,}09. 10^{-4}\ T$$

En el centro O de la bobina $r = R$, por lo que:

$$B = \frac{\mu_o \cdot I \cdot R^2 \cdot N}{2 \cdot r^3} \implies B = \frac{\mu_o \cdot I \cdot R^2 \cdot N}{2 \cdot R^3}$$

Simplificando:

$$B = \frac{\mu_o \cdot I \cdot N}{2 \cdot R}$$

Sustituyendo:

$$B = \frac{4\pi. 10^{-7}\ \frac{N}{A^2} \cdot 4\ A \cdot 60}{2 \cdot 0{,}3\ m} = \frac{4 \cdot 3{,}14. 10^{-7}\ \frac{n}{A^2} \cdot 4\ A \cdot 60}{0{,}6\ m} = 5{,}024. 10^{-4}\ \frac{N}{A \cdot m}$$

$$B = 5{,}024. 10^{-4}\ T$$

La dirección de los vectores es la del eje que pasa perpendicularmente por el centro de la bobina y su sentido el que se muestra, que puede determinarse aplicando la *regla del pulgar*.

7. En la figura 6.40, se tiene que $ABCD$ representa un rombo de la $40\ cm$, cuya diagonal BD mide $48\ cm$. Los conductores rectilíneos que pasan por los vértices A y C, así como el plano del conductor circular que pasa por los vértices D y B son perpendiculares al plano del rombo. Por los conductores circulan corrientes en los sentidos que se indican, y sus intensidades son $I_1 = 30\ A$, $I_2 = 50\ A$ e $I_3 = 22\ A$, respectivamente. Determinar la magnitud de la inducción magnética resultante B_R en el centro del conductor.

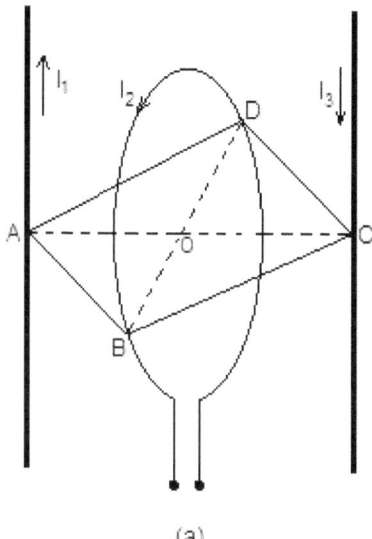
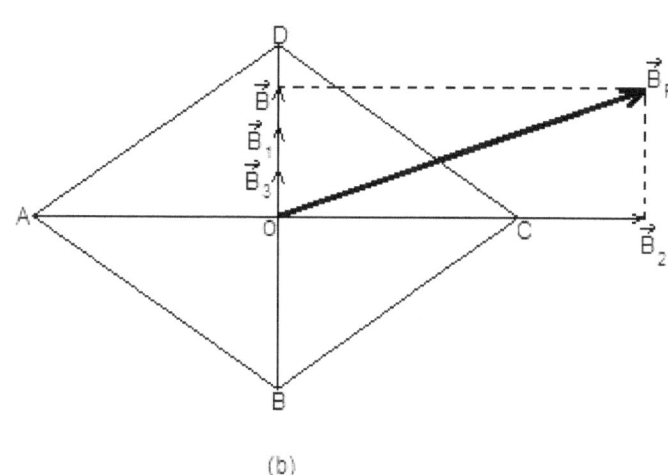

Fig. 6.40 Figura del problema 7.

Solución.

Comenzaremos el problema reduciendo a m la medida del lado del rombo y la diagonal BD, respectivamente:

$$40 \, cm = 40 \, cm \cdot \left(\frac{1 \, m}{10^2 \, cm}\right) = 0,4 \, m$$

$$48 \, cm = 48 \, cm \cdot \left(\frac{1 \, m}{10^2 cm}\right) = 0,48 \, cm$$

En la figura 6.40 (b) tenemos que el rombo $ABCD$ tal como se varía desde la parte superior de la figura. Tenemos que la intensidad de corriente I_1 origina en el punto O un campo magnético cuya inducción esta representada por el vector $\vec{B}_1$, dirigido de O hacia D de acuerdo con la *regla del pulgar*.

En magnitud:

$$B_1 = \frac{\mu_o \cdot I_1}{2\pi \cdot AO}$$

Aplicando el Teorema de Pitágoras al triángulo AOB podemos calcular la distancia AO, entonces:

$$AB^2 = OB^2 + AO^2 \quad \Rightarrow \quad AO^2 = AB^2 - OB^2$$

Antes de sustituir, tenemos que si la diagonal del rombo mide $BD = 48 \, cm$ entonces la distancia $OB = BD/2 = 0,48 \, m/2 = 0,24 \, m$, entonces:

$$AO = \sqrt{AB^2 - OB^2} = \sqrt{(0,4 \, m)^2 - (0,24 \, m)^2} = \sqrt{0,16 \, m^2 - 0,0576 \, m^2}$$
$$= \sqrt{0,1024 \, m^2} = 0,32 \, m$$

Calculando B_1,

$$B_1 = \frac{\mu_o \cdot I_1}{2\pi \cdot AO} = \frac{4\pi . 10^{-7} \frac{N}{A^2} \cdot 30 \, A}{2\pi \cdot 0,32 \, m} = \frac{2. 10^{-7} \frac{N}{A^2} \cdot 30 A}{0,32 \, m} = 1,875. 10^{-5} \frac{N}{A \cdot m}$$

De donde:

$$B_1 = 1,875. 10^{-5} \, T$$

La corriente circular I_2 origina en su centro O un campo magnético cuya inducción está representada por el vector $\vec{B}_2$ que está dirigido de O hacia C de acuerdo con la *regla del pulgar*.

En magnitud:

$$B_2 = \frac{\mu_o \cdot I_2}{2 \cdot OB} = \frac{4\pi.10^{-7} \frac{N}{A^2} \cdot 50\,A}{2 \cdot 0,24\,m} = \frac{2 \cdot 3,14.10^{-7} \frac{N}{A^2} \cdot 50\,A}{0,24\,m} = 1,308.10^{-4} \frac{N}{A \cdot m}$$

De donde:

$$B_2 = 1,308.10^{-4}\,T$$

La corriente I_3 origina en el punto O una inducción de campo magnético representada por el vector $\vec{B}_3$, que está dirigido de O hacia D, de acuerdo con la *regla del pulgar*.

En magnitud:

$$B_3 = \frac{\mu_o \cdot I_3}{2\pi \cdot CO}$$

Como $CO = OA = 0,32\,m$, entonces:

$$B_3 = \frac{4\pi.10^{-7} \frac{N}{A^2} \cdot 22\,A}{2\pi \cdot 0,32\,m} = \frac{2.10^{-7} \frac{N}{A^2} \cdot 22\,A}{0,32} = 1,375.10^{-5} \frac{N}{A \cdot m} = 1,375.10^{-5}\,T$$

Como los vectores $\vec{B}_1$ y $\vec{B}_3$ tienen la misma dirección y sentido, el vector resultante entre ellos, se designa por el vector $\vec{B}$, y tiene por magnitud:

$$B = B_1 + B_3 = 1,875.10^{-5}\,T + 1,375.10^{-5}\,T = 3,25.10^{-5}\,T$$

Finalizando tenemos que la inducción magnética resultante $\vec{B}_R$ en el punto O es la suma vectorial: $\vec{B}_R = \vec{B} + \vec{B}_2$

Aplicando el Teorema de Pitágoras, determinamos la magnitud de $\vec{B}_R$, al triángulo rectángulo formado por los vectores $\vec{B}, \vec{B}_2$ y $\vec{B}_R$. Entonces:

$$B_R{}^2 = B^2 + B_2{}^2$$

Sustituyendo y calculando la raíz cuadrada, tenemos que:

$$\begin{aligned}
B_R = \sqrt{B^2 + B_2{}^2} &= \sqrt{(3,25.10^{-5}\,T)^2 + (1,308.10^{-4}\,T)^2}\\
&= \sqrt{1,05625.10^{-9}\,T^2 + 1,710864.10^{-8}\,T^2}\\
&= \sqrt{0,105625.10^{-8}\,T^2 + 1,710864.10^{-8}\,T^2}\\
&= \sqrt{1,816489.10^{-8}\,T^2}\\
&= 1,35.10^{-4}\,T
\end{aligned}$$

Conclusión: La magnitud de la inducción magnética resultante B_R en el centro del conductor es de $1,35.10^{-4}\,T$.

8. Por una espira circular de radio $R = 0,14\,m$ pasa de una corriente de intensidad $I = 8\,A$ en el sentido indicado en la figura 6.41.

   a) Cuál es en magnitud, dirección y sentido de la inducción magnética $\vec{B}$ en el punto P situado sobre el eje que pasa perpendicularmente por el centro O de la espira a una distancia $d = 0,4\,m$ de dicho centro?

   b) ¿Cuál es la magnitud, dirección y sentido de la fuerza que actúa sobre un electrón, cuya carga es en magnitud $e = 1,6.10^{-19}\,C$, pasa con velocidad de magnitud $v = 4.10^8 \ m/s$ por el punto P en la dirección y sentido que se muestra en la figura 6.41 del problema?

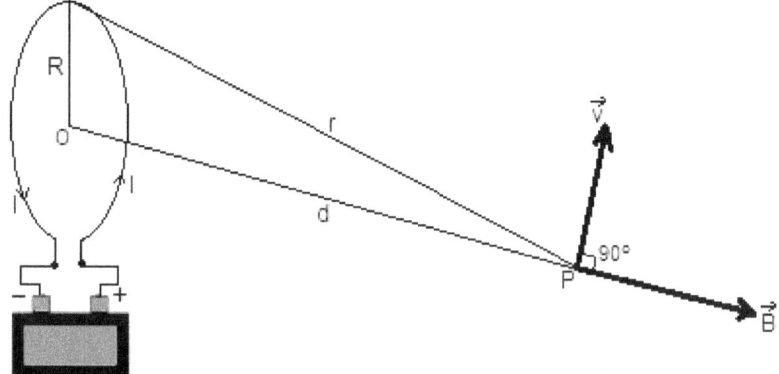

Fig. 6.41 Figura del problema 8.

Solución.

a) Para un punto cualquiera P sobre el eje que pasa perpendicularmente por el centro de la espira, la inducción magnética $\vec{B}$ viene dada en magnitud, por la relación:

$$B = \frac{\mu_o \cdot I \cdot R^2}{2 \cdot r^3}$$

Como R y d son perpendiculares, aplicando el Teorema de Pitágoras se obtiene que r:

$$r^2 = R^2 + d^2 \quad \Longrightarrow \quad r = \sqrt{R^2 + d^2}$$

Sustituyendo, tenemos que:

$$r = \sqrt{(0{,}14\ m)^2 + (0{,}4\ m)^2} = \sqrt{0{,}0196\ m^2 + 0{,}16\ m^2} = \sqrt{0{,}1796\ m^2} = 0{,}42\ m$$

Sustituyendo y efectuando las operaciones en la expresión anterior de B, tenemos que:

$$B = \frac{4\pi.10^{-7}\ \frac{N}{A^2} \cdot 8\ A \cdot (0{,}14\ m)^2}{2 \cdot (0{,}42\ m)^3} = \frac{2 \cdot 3{,}14.10^{-7}\ \frac{N}{A^2} \cdot 8\ A \cdot 0{,}0196\ m^2}{0{,}074088\ m^3}$$

$$= \frac{9{,}84704.10^{-8}\ \frac{N}{A} \cdot m^2}{0{,}074088\ m^3} = 1{,}33.10^{-6}\ \frac{N}{A.m} = 1{,}33.10^{-6}\ T$$

La inducción magnética $\vec{B}$ tiene de dirección la del eje que pasa perpendicularmente por el centro de la espira y el sentido es hacia nuestra derecha; el sentido esta dado por la *regla del pulgar*.

b) La fuerza que actúa sobre el electrón es, en magnitud:

$$F = e \cdot v \cdot B \cdot \operatorname{sen} \theta$$

En donde $\theta = 90°$ entonces $\operatorname{sen} 90° = 1$, teniéndose que:

$$F = e \cdot v \cdot B$$

Sustituyendo:

$$F = 1{,}6.10^{-19}\ C \cdot 4.10^8\ m/s \cdot 1{,}33.10^{-6}\ T$$

$$= 1{,}6.10^{-19}\ A \cdot s \cdot 4.10^8\ m/s \cdot 1{,}33.10^{-6}\ \frac{N}{A \cdot m}$$

$$= 8{,}512.10^{-17}\ N$$

279

La fuerza que actúa sobre el electrón tiene la dirección perpendicular al plano de la página y el sentido alejándose del plano de la página, el sentido está dado por la regla de la *palma de la mano derecha*.

ACTIVIDADES

Responda brevemente las actividades del 1 al 9 dadas a continuación:
1. Considerando la figura del ejercicio:

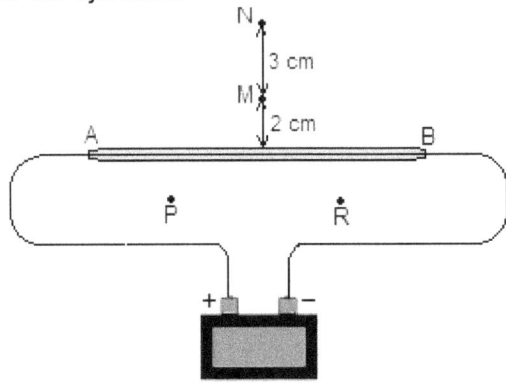

Figura del ejercicio 1

a) Indica la dirección y el sentido del campo magnético producido por la corriente en el conductor AC en los puntos P, R, M y N.

b) Considere que la magnitud del campo magnético en M es $B_M = 5.10^{-4}\,T$. Si suponemos que la intensidad de la corriente en el conductor AC se duplica, cuál será entonces la magnitud del campo magnético en M y en N.

2. La figura mostrada en este ejercicio representa dos conductores rectilíneos horizontales A y C, vistos de frente, y que circulan corrientes $I_1 = 60\,A$ e $I_2 = 30\,A$, con los sentidos indicados.

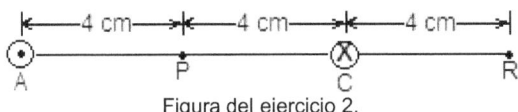

Figura del ejercicio 2.

a) Señale la dirección y el sentido de cada uno de los campos magnéticos $\vec{B}_1$ y $\vec{B}_2$ producidos por los conductores A y C en este punto.

b) Sabiendo que $B_1 = 4.10^{-4}\,T$, ¿cuál será entonces la magnitud de $\vec{B}_2$?

c) Calcular la magnitud, dirección y el sentido del campo magnético resultante $\vec{B}$, establecida por los dos conductores en el punto P.

d) ¿Cuál es la dirección y sentido del vector $\vec{B}_1$ en este punto? ¿Y los del vector $\vec{B}_2$?

e) ¿Cuál es la magnitud del vector $\vec{B}_1$? ¿Y el de $\vec{B}_2$?

f) ¿Cuál es la magnitud, la dirección y el sentido del campo magnético resultante, $\vec{B}$, en el punto R.

3. Una espira circular, colocada sobre una mesa horizontal, está conectada a una batería, como se observa en la figura del ejercicio. Utilizando la regla de Ampére, calcular: (a) La dirección y el sentido del campo magnético en el centro C de la espira.

280

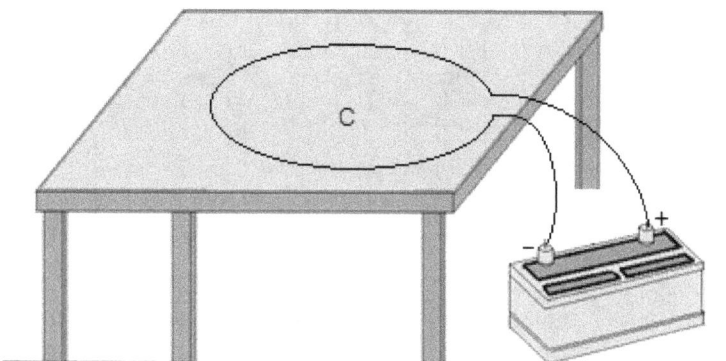

Figura del ejercicio 3.

Supongamos que la magnitud de la inducción magnética en el punto C es $B = 2.10^{-4} T$. (b) ¿Cuál sería entonces la magnitud de esta inducción magnética si la intensidad de la corriente en el conductor se duplica y el radio de la espira se redujera a la mitad?

4. Dos espiras circulares, con el mismo centro C, poseen radios $R_1 = 0,04\,m$ y $R_2 = 0,12\,m$, observar la figura del ejercicio. La espira de radio R_2 es recorrida por una corriente $I_2 = 30\,A$, con el sentido que se muestra en dicha figura.

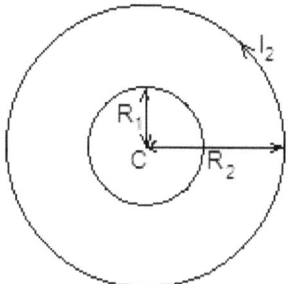

Figura del ejercicio 4.

a) Determinar la intensidad y el sentido de la corriente I_1 que deberá recorrer la espira de radio R_1, para que la inducción del campo magnético resultante, creado por ambas espiras en el punto C, sea nulo.

b) Se sabe que la inducción magnética establecida en C por la espira de radio R_2, tiene la magnitud $B_2 = 1,6.10^{-4} T$. Suponga ahora que el sentido de la corriente I_1 es el mismo que el de la corriente I_2. En estas condiciones, determinar la magnitud, la dirección y el sentido de la inducción magnética resultante, establecido por ambas espiras en el punto C.

5. Dos solenoides, (1) y (2), cada una con 120 espiras y cuyas longitudes son $L_1 = 40\,cm$ y $L_2 = 60\,cm$, se encuentran conectados en serie a los polos de una batería.
   a) La corriente que circula por (1), ¿es menor, mayor o igual a la que pasa por (2)?
   b) La inducción magnética B_1 en el interior del solenoide (1), ¿es menor mayor o igual a la inducción magnética B_2 en el interior del solenoide (2)?
   c) Sabiendo que $B_1 = 8.10^{-3} T$, ¿cuál es la magnitud de B_2?

6. Como sabemos, es posible obtener un electroimán si enrollamos un conductor alrededor de una barra de hierro, y hacemos pasar una corriente continua por él,

en la figura de este ejercicio, que presenta un electroimán obtenido de esta manera.

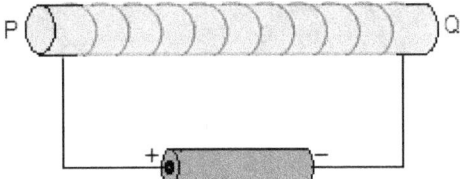

Figura del ejercicio 6.

a) ¿Dónde se localizan en el electroimán los polos norte y sur?
b) Suponga que la barra PQ es retirada del interior del solenoide y aproximada a un clavo común. Diga si la barra atraerá o no al clavo en las situaciones siguientes:
   • PQ es una barra de *hierro dulce o forjado.*
   • PQ es una barra de *acero templado.*

7. Un imán permanente puede perder toda su imantación si se calienta mucho. ¿ Por qué?

8. Un alambre de cobre de $2,54.10^{-3} \, m$ de diámetro, puede transportar una intensidad de corriente de $60 \, A$, sin sobrecalentarse, para esta corriente, ¿cuál es la magnitud de la inducción magnética B en la superficie del alambre.

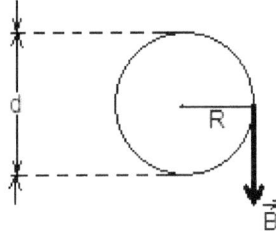

Figura del ejercicio 7.

9. Un alambre recto largo por el cual circula una corriente de $60 \, A$. Un electrón, que lleva una velocidad de magnitud $10^8 \, m/s$, se encuentra a $6.10^{-2} \, m$ del alambre.
   a) ¿Cuál es la magnitud de la inducción magnética B?
   b) ¿Qué fuerza magnética actúa sobre el electrón si la velocidad del mismo está dirigida:
   b.1 - Hacia el alambre.
   b.2 - Paralela al alambre.
   b.3 - Perpendicularmente a la dirección dada por b.1 y b.2.

10. En cada una de las figuras mostradas en la actividad hay una serie de casillas cada una de ellas identificadas por una letra en la que debe colocarse los resultados de los diferentes problemas de la inducción magnética en las proximidades de una corriente rectilínea, Ley de Ampére, fuerza electromagnética entre dos corrientes paralelas, Ley de Biot-Sarvat e inducción magnética en el centro de un conductor circular, según la magnitud física señalada en cada figura y luego en cada caso efectuar las operaciones hasta concluir el resultado dado.
Realizar los problemas en un cuaderno, hojas o block.

+ Dos espiras circulares de diámetro $1,6 \, m$ por las cuales circulan las intensidades de corriente $I_1 = 5 \, A$ e $I_2 = 8 \, A$, están colocadas de tal forma que sus centros coinciden y sus planos son perpendiculares. Calcular la magnitud de la inducción magnética:

(a) $\vec{B}_1$ en el centro de la espira circular 1.

(b) $\vec{B}_2$ en el centro de la espira circular 2.

(c) Resultante en el centro común de las espiras.

✦ Dos conductores paralelos por los que circulan corrientes de la misma intensidad de corriente $I = 32\,A$, pero de sentido contrario, están separadas la distancia $D = 60\,cm$; la distancia del conductor C_1 al punto P es $d = 20\,cm$. Observando la figura 6.42, calcular la magnitud de la inducción magnética:

(d) B_1 en P, originada por la corriente que pasa por C_1.

(e) B_2 en P, originada por la corriente que pasa por C_2.

(f) Resultante B_R en un punto P situado entre los conductores.

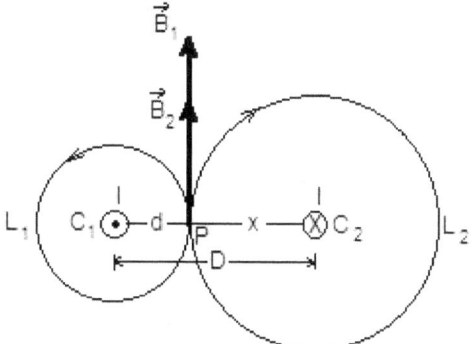

Fig. 6.42 Figura del problema.

✦ Un conductor rectilíneo C_2 por el cual circula una corriente $I_2 = 6\,A$ se coloca paralelamente a otro conductor C_1 de longitud $L = 0,9\,m$ por el cual circula una corriente $I_1 = 0,5\,A$ del mismo sentido. Si la distancia entre los conductores es $d = 0,6\,m$.

(g) ¿Cuál es la magnitud de la inducción magnética originada por el conductor C_2 a la distancia d?

(h) ¿Cuál es la magnitud de la fuerza electromagnética que actúa sobre el conductor C_1?

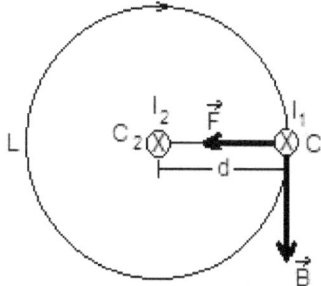

Fig. 6.43 Figura de este problema.

✦ En la figura 6.44, se tiene un triángulo isósceles que tiene de lado $AB = 0,4\,m$ y $AC = BC = 0,6\,m$. Por los vértices A y B, perpendicularmente al plano del triángulo, pasa un conductor circular de diámetro AB que transporta una corriente de intensidad $I_1 = 12\,A$ en el sentido indicado en la figura 6.44. Por el vértice C, también perpendicular al plano del triángulo, pasa un conductor rectilíneo que lleva una corriente $I_2 = 18\,A$ en el sentido indicado en dicha figura.

(i) Determinar la magnitud de la inducción magnética resultante en el centro del conductor circular.

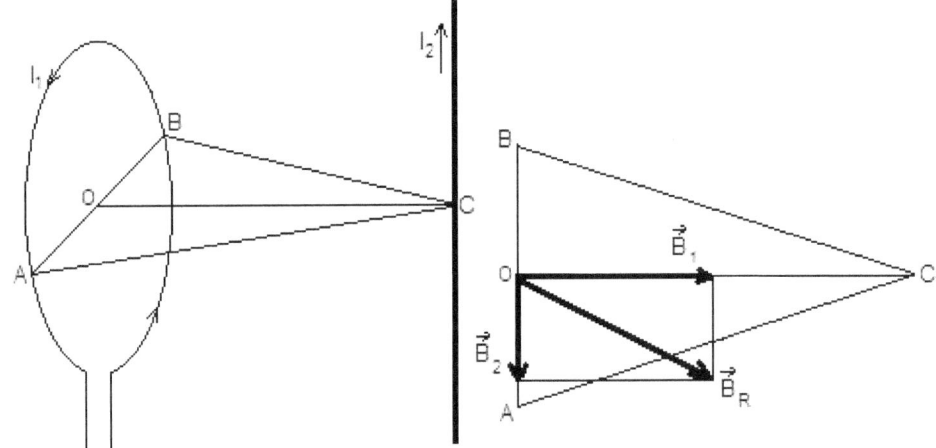

Fig. 6.44 Figura del problema.

+ Dos conductores paralelos de gran longitud distan $d = 50\,cm$ y transportan corrientes $I_1 = 40\,A$ e $I_2 = 30\,A$ del mismo sentido.

(j) ¿Cuál es la fuerza electromagnética resultante sobre una longitud $L = 15\,cm$ de un tercer conductor situado entre los dos anteriores, equidistante de ellos y en el mismo plano, se transporta una corriente $I_3 = 10\,A$ de igual sentido que la transportada por los otros dos conductores?

+ Por una espira circular de radio $R = 10\,cm$ para una intensidad de corriente $I = 5\,A$ en el sentido indicado en la figura 6.45.

(k) ¿Cuál es la magnitud de la inducción magnética $\vec{B}$ en un punto Q situado sobre el eje que pasa perpendicularmente por el centro O de la espira a una distancia $d = 26\,cm$ de dicho centro?

(l) ¿Cuál es la magnitud de la fuerza electromagnética que actúa sobre un electrón, cuya carga es en magnitud $e = 1,6.\,10^{-19}\,C$ si pasa con velocidad de magnitud $v = 1,5.\,10^7\,m/s$ por el punto Q en la dirección y sentido que se observa en la figura 6.45.

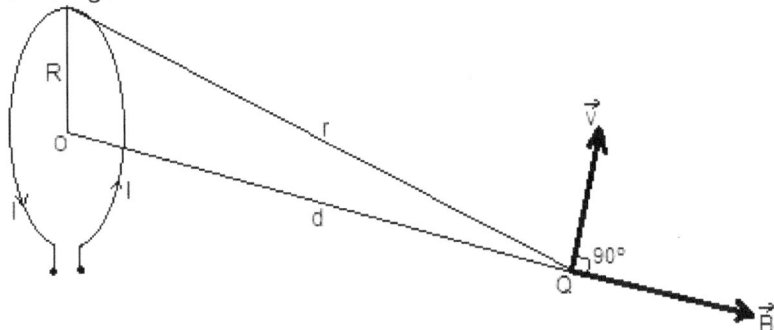

Fig. 6.45 Figura del problema.

+ La figura 6.46 representa un triángulo isorectángulo y sus catetos miden $a = 30\,cm$. Por cada uno de los vértices A, B y C pasan alambres rectos que llevan respectivamente, corrientes $I_A = 20\,A$, $I_B = 30\,A$ e $I_C = 40\,A$ en el sentido que se indica simbólicamente.

(ll) ¿Cuál es la magnitud de la fuerza electromagnética resultante sobre una

284

longitud $L = 10 \ cm$ del conductor que pasa por el vértice A?

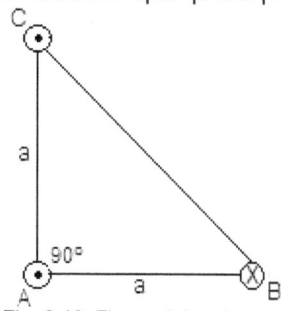

Fig. 6.46 Figura del problema.

+ Por cada uno de los vértices de un cuadrado de lado $a = 0{,}4\sqrt{2} \ m$, perpendicularmente al plano del cuadrado pasan alambres rectos que llevan corrientes de la misma intensidad $I = 20 \ A$ en el sentido que se indica simbólicamente en la figura 6.47.

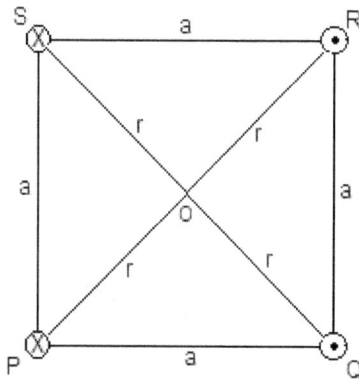

Fig.6.47 Figura del problema.

Una vez que demuestre que la inducción magnética resultante $\vec{B}_R$ en el centro

O del cuadrado viene dada, en magnitud por la siguiente expresión:

$$B_R = \frac{2 \cdot \mu_o \cdot I}{\pi \cdot a}$$

(m) ¿Cuál es la magnitud de la inducción magnética resultante en el centro O del cuadrado?

+ En la figura 6.48, se tiene un triángulo rectángulo en vértice A. Los catetos son iguales y miden $a = 30 \ cm$. Por cada uno de los vértices del triángulo pasan alambres rectos que llevan una corriente $I = 40 \ A$ en el sentido que se indica simbólicamente en dicha figura.

(n) ¿Cuál es la magnitud de la inducción magnética resultante en el vértice A, debido a las corrientes que pasan por los vértices B y C?

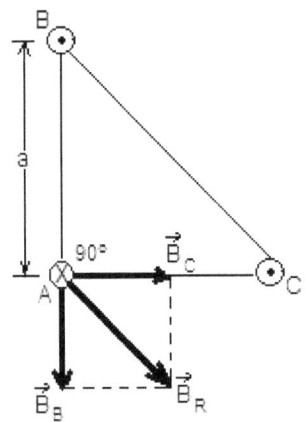

Fig. 6.48 Figura del problema.

Los resultados de cada una de las magnitudes físicas calculadas en los problemas:

Inducción magnética $\left(\vec{B}\right)$ *expresada en Tesla* (T).

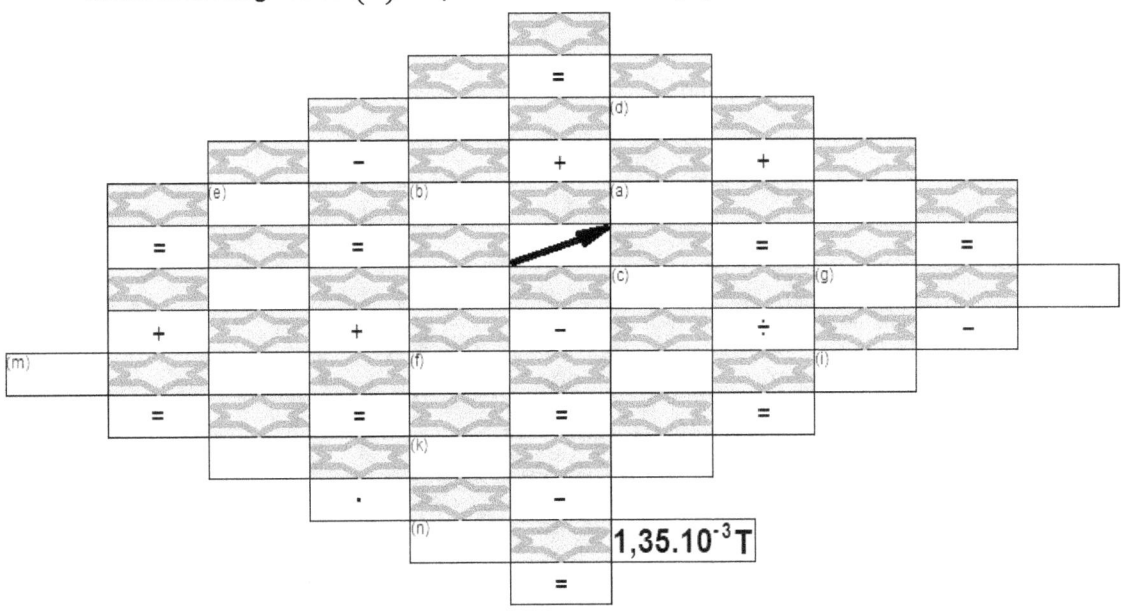

Fuerza electromagnética $\left(\vec{F}\right)$ *expresada en Newton* (N).

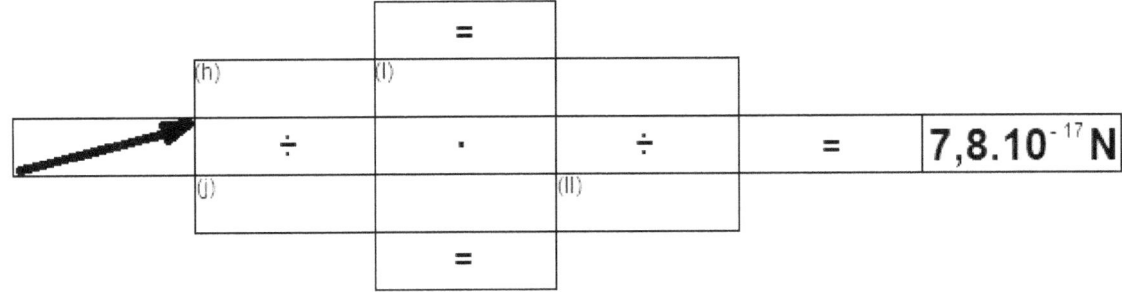

INDUCCIÓN ELECTROMAGNÉTICA

6.10.1 Fuerza electromotriz inducida.

❖ **Conductor en movimiento dentro de un campo magnético.** Dado un conductor metálico que se mueve con una velocidad $\vec{v}$, perpendicularmente a las líneas de inducción magnética $\vec{B}$. La figura 6.49 (a) muestra esta situación: la barra metálica CD está siendo desplazada a través del campo magnético creado por el imán que se observa en la figura 6.49 (a). Ahora bien en la figura 6.49 (b), se presenta una vista en planta de esta misma situación: el vector $\vec{B}$ entrante en el plano, y la barra CD desplazándose hacia la derecha.

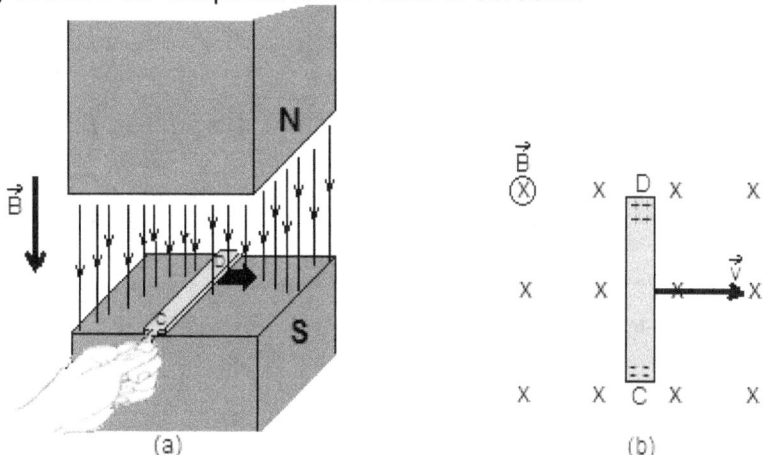

Fig. 6.49 Barra metálica que se desplaza en un campo magnético.

Como se sabe, la barra metálica posee electrones libres, que se encuentran en movimiento, debido a la traslación de la barra, quedando sujetos a la acción de una fuerza magnética ejercida por el campo magnético $\vec{B}$. Podemos comprobar, usando la *regla de la palma de la mano derecha,* en la figura 6.49 (b), que dicha fuerza tiende a desplazar los electrones hacia el extremo C de la barra. Como estos electrones se encuentran libres, se desplazarán en efecto, acumulándose en el extremo C. Por lo tanto, en la barra CD tendremos una separación de cargas; o sea, el extremo D quedará electrizado positivamente, y el extremo C, negativamente, figura 6.49 (b).

Tenemos que mientras la barra se encuentre en movimiento dentro del campo magnético, esta separación de cargas se mantendrá, y por lo tanto, también existirá una diferencia de potencial o tensión entre sus extremos C y D. Concluyéndose así que la barra se comporta como una fuente de fuerza electromotriz. Expresado con otras palabras, equivale a una batería o pila, como

se muestra en la figura 6.50. La diferencia de potencia generada que aparece en la barra de denomina *fuerza electromotriz inducida* y su inducción de debe al movimiento en un campo magnético.

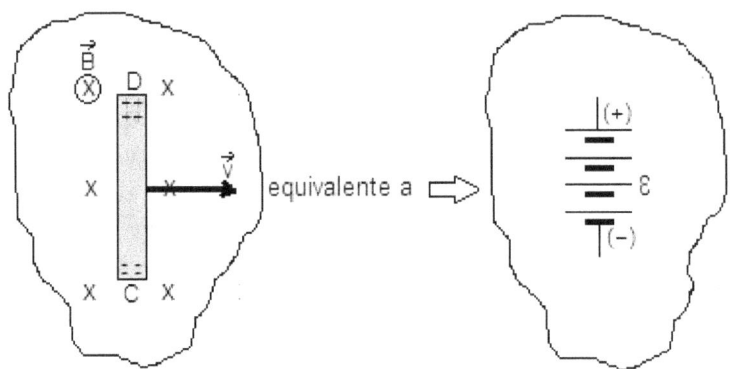

Fig. 6.50 Muestra una barra metálica que al ser desplazada a través de un campo magnético, equivale a una fuente de fuerza electromotriz *(f.e.m.)*.

❖ **Corriente inducida en un circuito.** Dada la barra CD de la figura 6.49 (b), al desplazarse se mantiene apoyada sobre un carril metálico $PMNQ$, como se indica en la figura 6.51. De esta forma tendremos un circuito eléctrico cerrado, constituido por la barra y carril. Debido a la diferencia de potencial que existe entre los extremos de la barra, se establecerá una corriente en dicho circuito en el sentido $CMND$, figura 6.51. Como esta corriente fue establecida por la fuerza electromotriz inducida en la barra, se denomina *corriente inducida.*

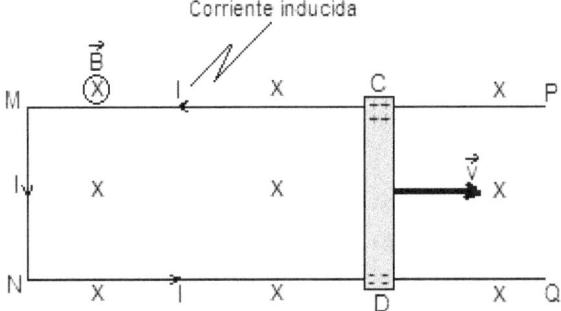

Fig. 6.51 Una corriente inducida, cuyo sentido es el indicado, se establece en el circuito $CMND$, cuando la barra CD se desplaza sobre el carril $PMNQ$ hacia la derecha.

Podemos observar que si la barra CD se desplaza hacia la izquierda, como se indica en la figura 6.52, habría una transposición en la separación de las cargas; esto quiere decir, el extremo D se comportaría como el polo positivo de una pila, y el C, como el polo negativo. La corriente inducida circuiría entonces en el sentido $DNMC$; contrario al de la figura 6.51.

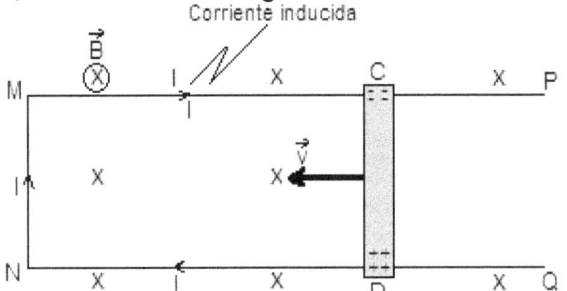

Fig. 6.52 Si la barra CD se desplazara hacia la izquierda, la corriente inducida en el circuito $CMND$ tendría el sentido indicado.

De manera que si movemos la barra alternadamente hacia la derecha y hacia la izquierda, tendremos en el circuito una corriente unas veces en un sentido, y otras en sentido contrario. Una corriente que cambia periódicamente de sentido, es una corriente alterna. Por consiguiente, moviendo la barra a través del campo magnético hacia un lado y luego hacia el otro, tendremos una fuente de fuerza electromotriz alterna.

A continuación daremos otro ejemplo que se observa la aparición de *f.e.m. inducida.* En la figura 6.53, se observa que al acercar el polo de un imán a una espira que se encuentra en reposo, tenemos que surge una corriente en dicha espira, detectada por el amperímetro A. Si se interrumpe el movimiento del imán, la corriente desaparece de inmediato, y si alejamos dicho imán, la corriente vuelve aparecer en ella, pero con sentido contrario al del cas anterior. Si una corriente se produce en la espira, ello se debe a la existencia de una fuerza electromotriz causante de la misma. El hecho de que el imán sea acercado o alejado de la espira, hace que surja una en ella una *f.e.m. inducida.*

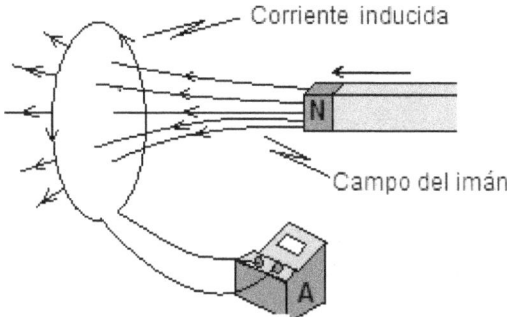

Fig. 6.53 Corriente inducida en una espira circular debido al acercamiento del polo norte de un imán.

❖ **Fuerza electromotriz producida por el movimiento de un conductor en un campo magnético.** Cuando la espira se mueve hacia la derecha, disminuye el flujo de campo magnético (explicación más amplia posteriormente), a través de la superficie o área de la espira, por lo que se produce una corriente inducida I, que tiene el sentido que se indica en la figura 6.54 (a).

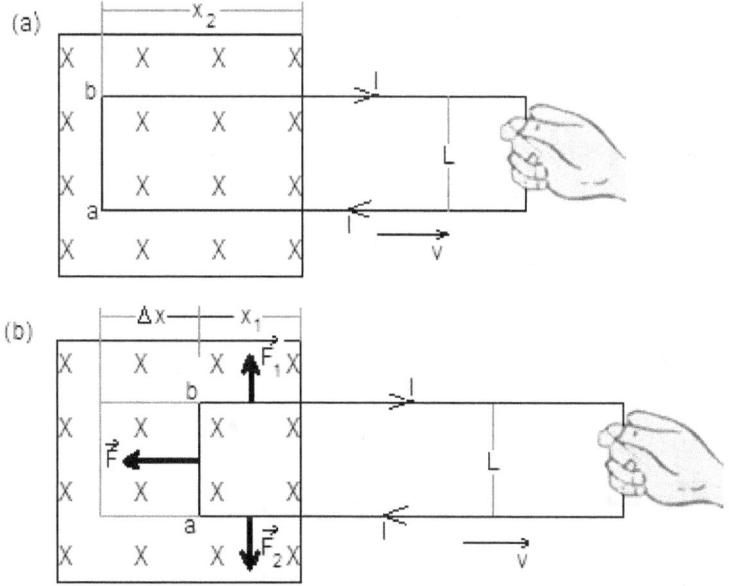

Fig.6.54 Fuerza electromotriz producida por el movimiento de un conductor en un campo magnético.

La aparición de la corriente inducida da origen a que el campo magnético actúe sobre los lados de la espira con fuerzas $\vec{F}$, $\vec{F}_1$ y $\vec{F}_2$, figura 6.54 (b); cuyo sentido puede ser calculado aplicando la *regla de la palma de la mano derecha.*

Las fuerzas $\vec{F}_1$ y $\vec{F}_2$ dan una resultante nula; solo queda actuando la fuerza $\vec{F}$, que se opone al movimiento de la espira, por lo que el agente externo debe realizar un trabajo T para mover dicha espira la distancia Δx. Este trabajo viene dado por la expresión siguiente:

$$T = F \cdot \Delta x$$

Como $F = I \cdot B \cdot L \cdot \operatorname{sen}\theta$, donde $\theta = 90°$, entonces $\operatorname{sen}90° = 1$, quedando la expresión $F = I \cdot B \cdot L$ y $\Delta x = v \cdot \Delta t$, siendo Δt el intervalo de tiempo durante el cual se estuvo moviendo la espira. Al sustituir en la expresión de trabajo, tenemos que:

$$T = (I \cdot L \cdot B) \cdot (v \cdot \Delta t)$$
$$T = I \cdot \Delta t \cdot L \cdot B \cdot v$$

Como $I \cdot \Delta t = q$ siendo q la carga total que se ha desplazado por el circuito en el tiempo Δt, por lo tanto:

$$T = q \cdot L \cdot B \cdot v$$

Siendo:

$$\frac{T}{q} = L \cdot B \cdot v$$

El cociente T/q representa la fuerza electromotriz inducida ε en la espira, pues T es el trabajo total que ha debido realizar el agente externo para producir el desplazamiento de la carga q. Entonces concluimos que:

$$\varepsilon = L \cdot B \cdot v$$

Se puede observar en a figura 6.54, que únicamente el lado ab corta las líneas de campo magnético cuando la espira se desplaza y que es precisamente este lado de la espira el que contribuye a generar fuerza electromotriz, pues su longitud L aparece en la expresión obtenida. Se denomina *fuerza electromotriz de movimiento,* aquella fuerza electromotriz producida por un conductor de longitud L que corta perpendicularmente las líneas de campo magnético cuya inducción es de magnitud B, moviéndose con rapidez constante v. La fuerza electromotriz de movimiento se expresa en el sistema internacional, en voltio, se simboliza por V.

6.10.2 Flujo de campo magnético.

Consideremos una superficie de área S, figura 6.55, dividida en pequeñas superficies elementales de área ΔS. Un elemento de área ΔS puede representarse como un vector $\Delta\vec{S}$, de tal forma que su magnitud sea igual o proporcional al área ΔS, su dirección normal a la superficie y su sentido apunta hacia afuera.

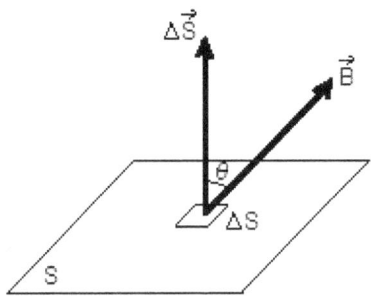

Fig. 6.55 El flujo magnético a través de la superficie o área.

Como $\vec{B}$ es la inducción magnética en el punto donde está ΔS, por analogía con lo explicado anteriormente de flujo de campo eléctrico, se tiene que el *flujo de campo magnético* a través de ΔS que designaremos por Φ_B, y está dado por el producto escalar:

$$\Phi_B = \vec{B} \cdot \Delta\vec{S} = B \cdot \Delta S \cdot \cos\theta$$

siendo θ el ángulo formado por la inducción magnética $\vec{B}$ y el área $\Delta\vec{S}$.

Para toda la superficie S e flujo magnético Φ_B viene dado por la siguiente expresión:

$$\Phi_B = \sum \vec{B} \cdot \Delta\vec{S} = \sum B \cdot \Delta S \cdot \cos\theta$$

Esta expresión nos quiere decir que debe realizarse el producto escalar $\vec{B} \cdot \Delta\vec{S} = B \cdot \Delta S \cdot \cos\theta$ para cada elemento de área en que se ha dividido la superficie de área S, y luego realizar la sumatoria de estos productos escalares. Para el caso especial de un campo magnético uniforme y una superficie plana de área S colocada en el campo se tiene que:

$$\Phi_B = B \cdot S \cdot \cos\theta$$

Siendo θ el ángulo formado por el vector inducción magnética $\vec{B}$ con la normal a la superficie $\vec{S}$.

En el sistema internacional $S.I.$, la unidad de flujo magnético se denomina *weber* (se simboliza Wb) en honor al físico alemán Wilhelm Eduard Weber $(1904 - 1891)$. Entonces, si medimos la inducción magnética en *teslas* (T) y el área o superficie S, en m^2, tendremos que:

$$1\,Weber = 1\,Tesla \cdot 1\,metro\,al\,cuadrado$$
$$1\,Wb = 1\,T \cdot m^2$$

Esto quiere decir que: *Un Weber (Wb) es el flujo de campo magnético Φ_B a través de una superficie o área de un metro al cuadrado (m^2) perpendicularmente a un campo magnético de inducción magnética de un Tesla (T).*

Sabemos que:

$$1\,Tesla\,(T) = \frac{1\,N}{1\,A \cdot 1\,m^2}$$

Pero de acuerdo con la expresión $1\,Wb = 1\,T \cdot 1\,m^2$, tenemos que:

$$1\,T = \frac{1\,Wb}{1\,m^2}$$

Por lo tanto podemos escribir que:

$$1\,T = 1\,\frac{N}{A \cdot m^2} = 1\,\frac{Wb}{m^2}$$

En la resolución de problemas es importante tomar en cuenta estas unidades.

El concepto de flujo magnético a través de una superficie o área puede ser interpretado en términos del número de líneas de inducción que *perforan* tal superficie: cuanto mayor sea el número de líneas de inducción que la atraviesan, tanto mayor será la magnitud de Φ_B. Por ejemplo, en la figura 6.56 tenemos dos superficies de áreas iguales, colocadas en campos magnéticos diferentes. En (a) tenemos un campo magnético más intenso que en (b), porque las líneas de inducción del campo $\vec{B}_1$ se encuentran más cerca unas de otras. Que las líneas del campo $\vec{B}_2$. Lógicamente, el número de líneas que perforan la superficie en (a), es mayor que en (b); esto quiere decir, que la magnitud del flujo Φ_{B_1} es mayor que Φ_{B_2}. Entonces tenemos que este resultado coincide con la expresión $\Phi_B = B \cdot S \cdot \cos\theta$, la cual indica que cuanto mayor sea la magnitud de B, tanto mayor será el flujo Φ_B.

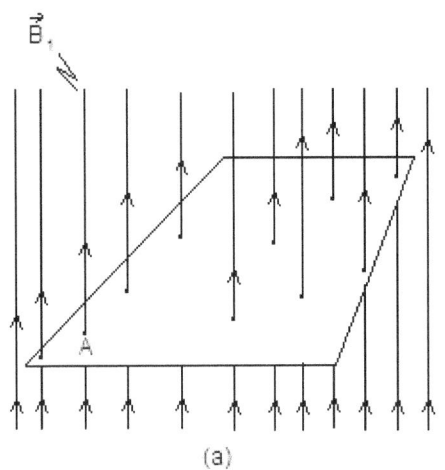
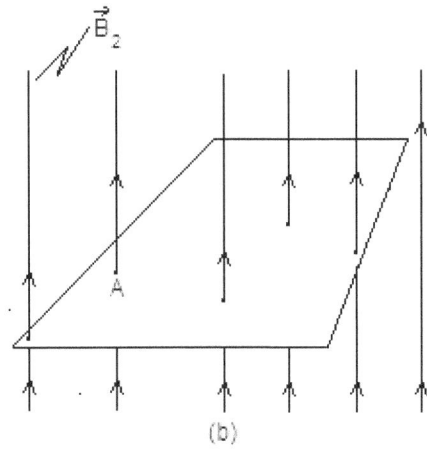

Fig. 6.56 El flujo magnético Φ_{B_1} en (a) es mayor que el flujo magnético Φ_{B_2} en (b).

Podemos darnos cuenta que cuanto mayor sea el área de la superficie colocada en un campo dado $\vec{B}$, tanto más grande será el número de líneas de inducción que perforan la superficie, por lo tanto, magnitud del flujo magnético será mayor. Este resultado también coincide con la expresión $\Phi_B = B \cdot S \cdot \cos\theta$, o sea, cuanto mayor sea S, tanto más grande será Φ_B.

Para finalizar, tenemos que la magnitud de Φ_B depende del ángulo θ, por lo tanto tenemos que el flujo magnético que pasa por una superficie depende de su inclinación con respecto al vector $\vec{B}$. La figura 6.57 muestra este hecho en términos de las líneas de inducción que pasan a través de la superficie, en (a) tenemos que ninguna línea de inducción *atraviesa* la superficie dada, y por lo tanto, $\Phi_B = 0$; en (b), observamos que aumentó la inclinación de la superficie y cierto flujo magnético Φ_B pasa a través de ella; y en (c) observamos que la superficie se encuentra perpendicular a $\vec{B}$, tenemos la máxima magnitud para el flujo magnético Φ_B.

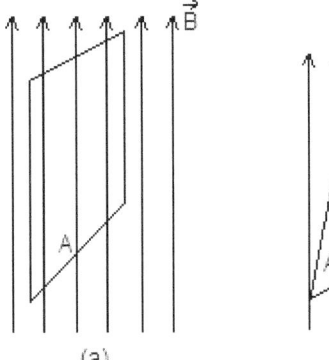
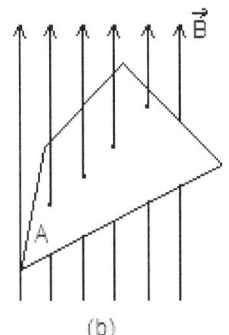
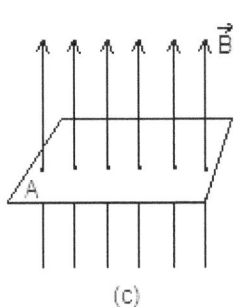

Fig. 6.57 El flujo magnético Φ_B a través de una superficie depende de su inclinación con respecto al vector $\vec{B}$.

❖ **Ley de Lenz.** Consideremos la figura 6.58 (a); cuando un imán se acerca a una espira podemos observar que la corriente inducida en ella aparece con el sentido indicado en dicha figura. Como ya sabemos, esta corriente produce un campo magnético cuyo sentido puede determinarse mediante la *regla de Ampére*. Utilizándose esta última se halla que el campo magnético creado por la corriente inducida tiene, en el interior de la espira, el sentido que se indica en la figura 6.58 (a). Podemos observar que el sentido de este campo es contrario al del campo magnético del imán.

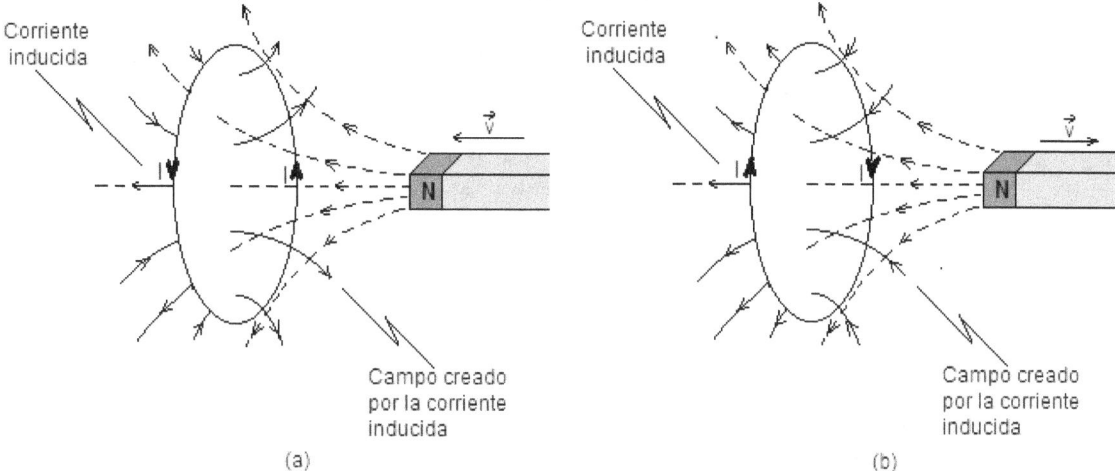

Fig. 6.58 La corriente inducida en la espira tendrá un sentido tal, que el campo magnético que
Produzca tenderá a oponerse a la variación del flujo magnético de dicha espira.

Tomando en cuenta ahora la figura 6.58 (b), es lógico que cuando el imán se aleja de la espira, la corriente inducida circulará en sentido contrario al anterior. Si utilizamos de nuevo la *regla de Ampére,* se advierte que el campo magnético creado por la corriente inducida tiene, es este caso, el mismo sentido que el campo magnético del imán.

Estas observaciones la podemos resumir de la forma siguiente:

- Cuando el flujo magnético que pasa a través de la espira *aumenta*, figura 6.58 (a), la corriente inducida tiene un sentido tal que el campo magnético que produce tiende a hacer *disminuir* el flujo magnético a través de dicha espira, o sea el campo magnético dentro de la espira, tiene así sentido contrario al campo magnético del imán.

- Cuando el flujo magnético que pasa a través de la espira *disminuye,* figura 6.58 (b), la corriente inducida tiene un sentido tal que el campo magnético que produce tiende a *aumentar* el flujo magnético a través de la misma; o sea, el campo de la corriente inducida formado dentro de la espira, tiene el mismo sentido que el campo del imán.

Después de efectuar una serie de experimentos similares a este, Heinrich F. E. Lenz llegó a la conclusión de que tal comportamiento de la corriente inducida se verificaba en todos los casos que se analizaron. Por esta razón, resumió sus observaciones en la forma siguiente, la Ley de Lenz:

"La corriente inducida electromagnéticamente en un circuito aparece siempre con un sentido tal que el campo magnético que produce tiende a oponerse a la variación del flujo magnético que atraviesa dicho circuito".

La ley de Lenz también puede interpretarse de otra manera diferente. Cuando la corriente inducida se establece en virtud de un aumento del flujo magnético, su sentido es tal que el campo magnético que origina tiene sentido contrario al campo magnético existente a través del circuito. Ahora bien, cuando la corriente inducida se establece en virtud de una disminución del flujo magnético, su sentido es tal que el campo magnético que produce tiene el mismo sentido que el campo magnético existe a través del circuito.

❖ **Ley de Faraday.** Como se ha dicho, Faraday logró darse cuenta de la existencia de un hecho común a todas las situaciones en las que aparecía una fuerza electromotriz inducida. Analizando un gran número de experimentos que realizó el mismo, Faraday encontró que siempre que una fuerza electromotriz (f.e.m.) se creaba en un circuito, estaba ocurriendo una variación de flujo magnético a través del mismo.

Tenemos que, en el experimento mostrado en la figura 6.51, debido al movimiento de la barra hacia la derecha, el área del circuito atravesada por el campo magnético, va aumentando De forma que el flujo magnético Φ_B que pasa por tal área se incrementa también y el circuito se crea se crea una fuerza electromotriz inducida. Cuando el movimiento de la barra se interrumpe, aun cuando exista flujo magnético a través del circuito, dicho flujo no estará cambiando, y en tales circunstancia, no habrá fuerza electromotriz ($f.e.m.$) inducida. Observando ahora la figura 6.52, tenemos una disminución del flujo magnético a través del circuito, el área de paso está disminuyendo, y de nuevo, se observa el surgimiento de una fuerza electromotriz ($f.e.m.$) inducida.

De la misma forma, cuando el imán es acercado o alejado de la espira de la figura 6.53, variará el flujo magnético Φ_B que pasa a través de ella, y y de nuevo existirá una fuerza electromotriz inducida.

Por lo tanto la fuerza electromotriz inducida apareció en todos los momentos en que se producía una variación del flujo magnético,. Además, Faraday pudo observar que la magnitud de la fuerza electromotriz inducida era mayor cuanto mayor más rápidamente se produjera la variación del de flujo magnético a través del circuito. Faraday determino que si durante un intervalo de tiempo Δt, el flujo magnético que atraviesa un circuito varia en $\Delta\Phi_B$ en dicho circuito existirá una fuerza electromotriz ε inducida cuya magnitud está determinada por la expresión:

$$\varepsilon = \frac{\Delta\Phi_B}{\Delta t}$$

El fenómeno de la generación de una fuerza electromotriz inducida recibe el nombre de *inducción electromagnética,* y el resultado que acabamos de analizar se conoce como *Ley de Faraday de la inducción electromagnética.*

De acuerdo con la Ley de Lenz, el sentido de la corriente inducida, y por lo tanto, la fuerza electromotriz inducida, se opone a la causa que la produce. En consecuencia, si el flujo de campo magnético *aumenta,* es decir, si $\Delta\Phi_B/\Delta t$ es *positivo*, la fuerza electromotriz inducida ε actúa en sentido *negativo.* Si el flujo de campo magnético disminuye, esto es, $\Delta\Phi_B/\Delta t$ es *negativo,* la fuerza electromotriz inducida ε actúa en sentido *positivo.* Podemos entonces concluir que la fuerza electromotriz inducida en una *espira* es iguala a la rapidez de la variación del flujo magnético con signo menos. Esto quiere decir que:

$$\varepsilon = -\frac{\Delta\Phi_B}{\Delta t}$$

Esta ecuación como ya se dijo recibe el nombre de Ley de la inducción de Faraday o Ley de Faraday de la inducción electromagnética. Si esta ley se aplica a una bobina de $N\ espiras$, la fuerza electromotriz inducida en la bobina viene dada por la siguiente expresión:

$$\varepsilon = -N \cdot \frac{\Delta\Phi_B}{\Delta t}$$

6.10.3 Inducción mutua.

La figura 6.59 representa dos bobina muy juntas. La bobina (C) se encuentra conectada en serie con un interruptor P, un reóstato (componente eléctrico para regular la intensidad de corriente sin necesidad de abrir el circuito y que consiste en una resistencia eléctrica que puede variarse a voluntad por eso se dices que es una resistencia variable) R y una batería. La bobina (D) va conectada a un galvanómetro sensible G.

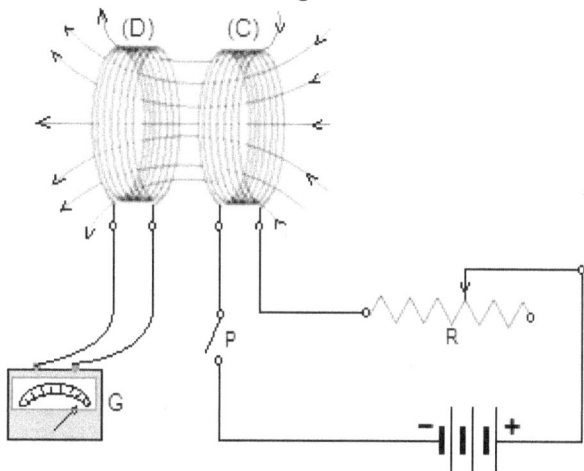

Fig. 6.59 Representa dos bobinas muy juntas, la bobina (C) se encuentra en serie con un interruptor P, un reóstato R y una batería; la bobina (D) va conectada a un galvanómetro.

Al cerrar el circuito con el interruptor P, por la bobina (D) circula una corriente de intensidad I, creando un campo magnético cuyas líneas atraviesan el plano de as espiras de la bobina (D). Si el flujo de campo magnético que atraviesa cada espira de la bobina (D) es Φ_B, y dicha bobina tiene N espiras, el flujo de campo magnético total que la atraviesa es $N \cdot \Phi_B$. Este producto recibe el nombre de *enlace de flujo y también flujo de campo magnético concatenado o enlazado con la bobina* (D).

Si se hace variar con reóstato la intensidad de corriente I que pasa por la bobina (C), la inducción magnética que dicha corriente origina una variación en la misma proporción. De esta forma se concluye que el flujo de campo magnético enlazado con la bobina (D) es directamente proporcional a la intensidad de la corriente I. Esto quiere decir que:

$$N \cdot \Phi_B = I$$

Puede expresarse, entonces:

$$N \cdot \Phi_B = M \cdot I$$

Teniendo que M es un coeficiente de proporcionalidad que recibe el nombre de *inductancia mutua* o tan solo *inductancia de los dos conductores*.

De acuerdo con la expresión anterior, si en un instante, la intensidad de corriente en la bobina (C) es I_1, el flujo de campo magnético concatenado con la bobina (D) es:

$$N \cdot \Phi_{B_1} = M \cdot I_1$$

Si en otro instante t_2 la intensidad de la corriente en la bobina (C) es I_2, el flujo de campo magnético concatenado con la bobina (D) es:

$$N \cdot \Phi_{B_2} = M \cdot I_2$$

Restando miembro a miembro estas dos últimas expresiones:

$$N \cdot \Phi_{B_2} - N \cdot \Phi_{B_1} = M \cdot I_2 - M \cdot I_1$$

Sacando factor común en cada miembro:

$$N \cdot \left(\Phi_{B_2} - \Phi_{B_1} \right) = M \cdot (I_2 - I_1)$$

Como $\Phi_{B_2} - \Phi_{B_1}$, es la variación de flujo magnético $\Delta\Phi_B$ a través de cada espira de la bobina (D), e $I_2 - I_1$ es la variación de la intensidad ΔI de la corriente en la bobina (C). Por lo tanto:

$$N \cdot \Delta\Phi_B = M \cdot \Delta I$$

Como la variación de intensidad de corriente ΔI de la corriente en la bobina (C) se ha producido en un intervalo de tiempo $\Delta t = t_2 - t_1$, al dividir por Δt la relación anterior, se obtiene:

$$\frac{N \cdot \Delta\Phi_B}{\Delta t} = \frac{M \cdot \Delta I}{\Delta t}$$

En el primer miembro de la relación anterior con signo $(-)$ mide la magnitud media de la fuerza electromotriz inducida en la bobina (D). En consecuencia, el segundo miembro con signo $(-)$ también mide la magnitud media de la fuerza electromotriz inducida en la bobina (D) y puede expresarse:

$$\varepsilon = -\frac{M \cdot \Delta I}{\Delta t}$$

Despejando M en esta última expresión, obtenemos:

$$M = -\frac{\varepsilon}{\Delta I / \Delta t}$$

Esta última expresión permite define la *inducción mutua o inductancia de los dos circuitos:* "*La inductancia mutua o inductancia de dos circuitos es una magnitud que se mide por el cociente entre la fuerza electromotriz inducida en uno de ellos y la variación de la corriente por unidad de tiempo en el otro*".

En el sistema internacional *S.I.* la unidad de inducción mutua o inductancia de dos circuitos se denomina *Henry*.

$$1\,Henry = \frac{1\,Voltio}{1\,Ampére/segundo} \qquad o\ sea \qquad 1\,Henry = \frac{1\,V}{1\,A/s}$$

"*Un Henry es la inductancia mutua o inductancia de dos circuitos cuando la fuerza electromotriz en uno de los circuitos es de un voltio y la intensidad de la corriente en el otro circuito varía a razón de un Ampére por segundo.*"

La inductancia mutua o inductancia de dos circuitos también puede ser definida a partir de la expresión $N \cdot \Phi_B = M \cdot I$, como el cociente entre el flujo de campo magnético concatenado con un circuito y la intensidad de la corriente que pasa por el otro circuito. En este caso tenemos que:

$$1\,Henry = \frac{1\,Weber}{1\,Ampére} \qquad o\ sea \qquad 1\,Henry = \frac{1\,Wb}{1\,A}$$

6.10.4 Autoinducción.

En la figura 6.60, representa una bobina conectada en serie con un interruptor P y un reóstato y una batería. Al cerrar el circuito con el interruptor P, por la bobina circularuna corriente de intensidad I, creando un campo magnético que atraviesa el plano de las espiras de la bobina.

Mediante el reóstato R se hace aumentar la intensidad de la corriente I, el campo magnético originado por dicha corriente aumenta y, por lo tanto, aumenta el flujo del campo magnético Φ_B a través de las espiras de la bobina y se produce en el circuito una corriente inducida cuyo sentido, según la Ley de Lenz, es contrario al de corriente del generador, pues de esta forma se opone al aumento de flujo de campo magnético a través de las espiras de la bobina.

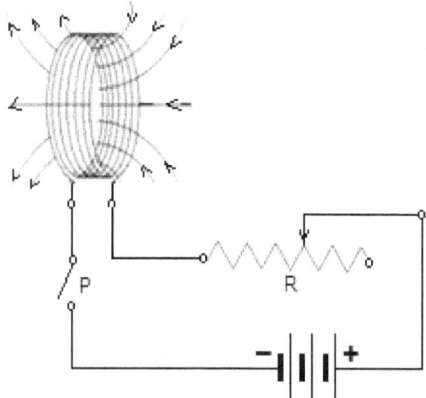

Fig. 6.60 Representa una bobina conectada en serie con un interruptor P, un reóstato y una batería.

Ahora disminuyendo la intensidad de la corriente I mediante el reóstato, disminuye el flujo de campo magnético Φ_B a través de las espiras de la bobina, y se produce una corriente inducida del mismo sentido de la corriente del generador, la cual tiende a oponerse a la disminución de flujo de campo magnético.

Estas corrientes inducidas que se producen en un circuito debido a la variación de la intensidad de corriente ΔI en mismo circuito, se denominan como *corrientes de autoinducción*.

Si en un momento dado el flujo de campo magnético que atraviesa cada espira de la bobina es Φ_B, y esta bobina tiene $N \, espiras$, el flujo total de campo magnético que atraviesa es $N \cdot \Phi_B$. Este producto se denomina *enlaces de flujo* o *flujo de campo magnético concatenada con la bobina*.

Variando con el reóstato la intensidad de la corriente I que pasa por la bobina, la inducción magnética que el campo origina varia en la misma proporción; entonces se puede concluir que el flujo de campo magnético Φ_B concatenado con la bobina es proporcional a la intensidad de la corriente. Esto quiere decir que:

$$N \cdot \Phi_B \propto I$$

Entonces podemos escribir que:

$$N \cdot \Phi_B = L \cdot I$$

Donde L es un coeficiente de proporcionalidad que se denomina *autoinductancia* del circuito.

Como la variación de intensidad de corriente ΔI de la corriente en la bobina se ha producido en un intervalo de tiempo $\Delta t = t_2 - t_1$, al dividir por Δt la relación anterior, se obtiene:

$$\frac{N \cdot \Delta\Phi_B}{\Delta t} = \frac{L \cdot \Delta I}{\Delta t}$$

En el primer miembro de la relación anterior con signo $(-)$ mide la magnitud media de la fuerza electromotriz inducida en la bobina. En consecuencia, el segundo miembro con signo $(-)$ también mide la magnitud media de la fuerza electromotriz inducida en la bobina y puede expresarse:

$$\varepsilon = -\frac{L \cdot \Delta I}{\Delta t}$$

Despejando L en esta última expresión, obtenemos:

$$L = -\frac{\varepsilon}{\Delta I/\Delta t}$$

Esta última expresión permite definir la *autoinductancia* del circuito:

"la autoinductancia de un circuito es una magnitud que se mide por el cociente entre la fuerza electromotriz autoinducida en el circuito y la variación de la intensidad de la corriente por unidad de tiempo en el mismo circuito.

En el sistema *S.I.* la unidad de autoinductancia se denomina *Henry* al igual que la de la inductancia mutua.

PROBLEMAS RESUELTOS DE APLICACIÓN DE FUERZA ELECTROMOTRIZ INDUCIDA, FLUJO DE CAMPO MAGNÉTICO, LEY DE FARADAY, LEYDE LENZ, INDUCCIÓN MUTUA Y AUTOINDUCCIÓN

1. Un carrete de 80 espiras de radio $5\,cm$ está situado en un campo magnético uniforme cuya magnitud de la inducción magnética es de $0,6\,T$ de tal manera que el plano de las espiras sea perpendicular al campo.

   a) ¿Cuál es la fuerza electromotriz inducida media en el carrete si en $0,02\,s$ el plano de la espira forma un ángulo de $30°$ con el campo?

   b) ¿Qué resistencia tiene el carrete si la intensidad media de la corriente inducida es de $0,2\,A$?

   Solución.

   a) El flujo de campo magnético a través de cada espira es inicialmente:

   $$\Phi_{B_1} = B \cdot S \cdot \cos\theta$$

   Como $\theta = 0°$ y el $\cos 0° = 1$ entonces:

   $$\Phi_{B_1} = B \cdot S = B \cdot \pi \cdot r^2$$

   Sustituyendo:

   $$\Phi_{B_1} = 0,6\,T \cdot 3,14 \cdot (0,05\,m)^2 = 0,6\,\frac{Wb}{m^2} \cdot 3,14 \cdot 2,5.\,10^{-3}\,m^2 = 4,71.\,10^{-3}\,Wb$$

   Cuando el plano de las espiras forman un ángulo de $30°$ con el campo, la normal al plano de las espiras forma con el campo un ángulo de $60°$ y el flujo de campo magnético es:

   $$\Phi_{B_2} = B \cdot S \cdot \cos 60° = B \cdot \pi \cdot r^2 \cdot \cos 60°$$

   Sustituyendo:

   $$\Phi_{B_2} = 0,6\,T \cdot 3,14 \cdot (0,05\,m)^2 \cdot \frac{1}{2} = 0,6\,\frac{Wb}{m^2} \cdot 3,14 \cdot 2,5.\,10^{-3}\,m^2 \cdot \frac{1}{2}$$

   de donde:

   $$\Phi_{B_2} = 2,355.\,10^{-3}\,Wb$$

   La variación de flujo de campo magnético a través de cada espira es:

   $$\Delta\Phi_B = \Phi_{B_2} - \Phi_{B_1} = 2,355.\,10^{-3}\,Wb - 4,71.\,10^{-3}\,Wb = -2,355.\,10^{-3}\,Wb$$

   El signo $(-)$ indica que hubo una disminución de flujo de campo magnético, ahora bien aplicando la fuerza electromotriz inducida media en el carrete es:

   $$\varepsilon = -N \cdot \frac{\Delta\Phi_B}{\Delta t}$$

   Sustituyendo:

   $$\varepsilon = -80 \cdot \frac{-2,355.\,10^{-3}\,Wb}{0,02\,s} = +9,42\,V$$

   El signo $(+)$ indica que la fuerza electromotriz inducida media actúa en sentido positivo oponiéndose a la disminución de flujo de campo magnético.

b) La resistencia del carrete es:

$$R = \frac{\varepsilon}{I}$$

Sustituyendo:

$$R = \frac{9,42\,V}{0,2\,A} = \frac{9,42\,\Omega \cdot A}{0,2\,A} = 47,1\,\Omega$$

2. Se tiene una espira de resistencia $R = 5\,\Omega$ situada en un campo magnético a través de la espira varía de $\Phi_{B_1} = 2,1.10^{-3}\,Wb$ a $\Phi_{B_2} = 4.10^{-4}\,Wb$ en $\Delta t = 0,4\,s$.
   a) ¿Cuál es la intensidad media de la corriente inducida?
   b) ¿Cuál es la carga eléctrica media que ha circulado?
   Solución.
   a) Para determinarla intensidad media de la corriente inducida I, es necesario conocer la fuerza electromotriz inducida media en a espira. Según la Ley de Faraday, tenemos que:

$$\varepsilon = -N \cdot \frac{\Phi_B}{\Delta t}$$

En este caso $N = 1\,espira$ y la variación de flujo de campo magnético es:
$\Delta\Phi_B = \Phi_{B_2} - \Phi_{B_1} = 4.10^{-4}\,Wb - 2,1.10^{-3}\,Wb = 0,4.10^{-3}\,Wb - 2,1.10^{-3}\,Wb$
De donde:

$$\Delta\Phi_B = -1,7.10^{-3}\,Wb$$

El signo $(-)$ indica que hubo una disminución de flujo de campo magnético, entonces utilizando la expresión de fuerza electromotriz inducida media ε:

$$\varepsilon = -1 \cdot \frac{-1,7.10^{-3}\,Wb}{0,4\,s} = +4,25 \cdot 10^{-3}\,V$$

El signo $(+)$ indica que la fuerza electromotriz inducida media actúa en sentido positivo, oponiéndose a la disminución de flujo de campo magnético.
   Entonces como $\varepsilon = I \cdot R$, despejando la intensidad media de la corriente inducida tenemos que:

$$I = \frac{\varepsilon}{R} = \frac{4,25 \cdot 10^{-3}\,V}{5\,\Omega} = \frac{4,25 \cdot 10^{-3}\,A \cdot \Omega}{5\,\Omega} = 8,5.10^{-4}\,A$$

   b) Como:

$$I = \frac{q}{\Delta t}$$

Despejando la carga eléctrica que ha circulado, tenemos:

$$q = I \cdot \Delta t = 8,5.10^{-4}\,A \cdot 0,4\,s = 8,5.10^{-4}\,\frac{C}{s} \cdot 0,4\,s = 3,4.10^{-4}\,C$$

3. Una bobina de $N = 400\,espiras$ de radio $2\,cm$ se coloca dentro de un campo magnético uniforme cuya inducción magnética es de magnitud $B = 2.10^{-5}\,T$, de tal forma que el plano de las espiras sea perpendicular al campo. Si la resistencia de la bobina es $R = 40\,\Omega$. Determinar la carga media que circula por ella cuando da una rotación rápida de $180°$.
   Solución.
   Tenemos que conocida la resistencia R de la bobina, la fuerza electromotriz media viene expresada por $\varepsilon = I \cdot R$, siendo I la intensidad media de la corriente. Por otra parte, si la carga q circula en un intervalo de tiempo Δt, se tiene que $I =$

$q/\Delta t$, sustituimos la intensidad de corriente en la expresión de la fuerza electromotriz, entonces:

$$\varepsilon = I \cdot R \quad \Longrightarrow \quad \varepsilon = \frac{q}{\Delta t} \cdot R$$

Según la Ley de Faraday, sin tomar en cuente el signo, la fuerza electromotriz inducida viene dada por:

$$\varepsilon = N \cdot \frac{\Delta \Phi_B}{\Delta t}$$

Donde:

$$\frac{q}{\Delta t} \cdot R = N \cdot \frac{\Delta \Phi_B}{\Delta t}$$

Despejamos la carga q y simplificamos la variación del tiempo:
$$q \cdot R \cdot \Delta t = \Delta t \cdot N \cdot \Delta \Phi_B$$

$$q = \frac{\Delta t \cdot N \cdot \Delta \Phi_B}{R \cdot \Delta t}$$

$$q = \frac{N \cdot \Delta \Phi_B}{R}$$

Ya que conocemos N y R; calculando $\Delta \Phi_B$ tenemos que:
Inicialmente el flujo de campo magnético a través de una espira de la bobina es:

$$\Phi_{B_1} = B \cdot S \cdot \cos \theta$$

Como $\theta = 0°$ entonces $\cos 0° = 1$ y $S = \pi \cdot r^2$; entonces:

$$\Phi_{B_1} = B \cdot S = B \cdot \pi \cdot r^2$$

En la rotación de 90°, el plano de las espiras es paralelo al campo y el flujo de campo magnético es:

$$\Phi_{B_2} = B \cdot S \cdot \cos 90°$$

Como el $\cos 90° = 0$, entonces concluimos que:

$$\Phi_{B_2} = 0$$

Se tiene entonces que la variación de flujo de campo magnético para una rotación de 90° es, sin tomar en cuenta el signo:

$$\Delta \Phi_B = B \cdot \pi \cdot r^2$$

Para una rotación de 180° la variación del flujo de campo magnético es:

$$\Delta \Phi_B = 2 \cdot B \cdot \pi \cdot r^2$$

Sustituyendo $\Delta \Phi_B$ en la expresión que se concluyo de q; efectuando operaciones y simplificando las unidades:

$$q = \frac{N \cdot \Delta \Phi_B}{R} = \frac{N \cdot 2 \cdot B \cdot \pi \cdot r^2}{R}$$

$$q = \frac{400 \cdot 2 \cdot 2.10^{-5} \, T \cdot 3,14 \cdot (0,02 \, m)^2}{40 \, \Omega} = \frac{400 \cdot 2 \cdot 2.10^{-5} \, \frac{Wb}{m^2} \cdot 3,14 \cdot 4.10^{-4} \, m^2}{40 \, \Omega}$$

$$= \frac{2,0096.10^{-5} \, Wb}{40 \, \Omega} = 5,024.10^{-7} \, \frac{V \cdot \Delta t}{\frac{V}{A}} = 5,024.10^{-7} \, \Delta t \cdot A = 5,024.10^{-7} \, \Delta t \cdot A$$

$$= 5,024.10^{-7} \, \Delta t \cdot \frac{C}{\Delta t} = 5,024.10^{-7} \, C$$

Conclusión la carga media que circula por ella cuando da una rotación rápida de $180°$, es de $5,024.10^{-7}\,C$.

4. En la figura 6.61 se representa un conductor GH de longitud $L = 0,16\,m$ que se mueve sobre dos grúas metálicas JG y KH con rapidez constante $v = 30\,m/s$ perpendicularmente a un campo magnético uniforme originándose en el conductor una fuerza electromotriz inducida media de $14,4\,V$. Determinar:
a) La magnitud de la inducción magnética B.
b) El flujo de campo magnético Φ_B a través del área o superficie barrida por el conductor en un intervalo de tiempo $\Delta t = 0,3\,s$.
c) El trabajo realizado en el tiempo $\Delta t = 0,3\,s$ si la magnitud media de la intensidad de la corriente es $I = 6\,A$.

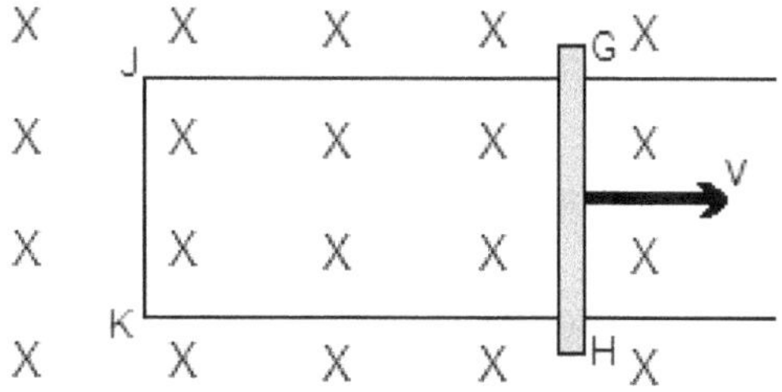

Fig. 6.61 Figura del problema 4.

Solución.
a) Dado que el conductor de longitud L se mueve con rapidez contante v cortando perpendicularmente las líneas de campo magnético, la fuerza electromotriz inducida ε viene expresada por:
$$\varepsilon = L \cdot B \cdot v$$
Despejando la inducción de campo magnético B:
$$B = \frac{\varepsilon}{L \cdot v} = \frac{14,4\,V}{0,16\,m \cdot 30\,m/s} = \frac{14,4\,\dfrac{Wb}{s}}{4,8\,\dfrac{m^2}{s}} = 3\,\frac{Wb \cdot s}{m^2 \cdot s} = 3\,\frac{Wb}{m^2} = 3\,T$$

b) En un intervalo de tiempo $\Delta t = 0,5\,s$ el conductor recorre una distancia:
$$d = v \cdot \Delta t = 30\,\frac{m}{s} \cdot 0,3\,s = 9\,m$$
Tenemos que el área o superficie barrida por el conductor en este intervalo de tiempo, es:
$$S = L \cdot d = 0,16\,m \cdot 9\,m = 1,44\,m^2$$
El flujo de campo magnético a través de área o superficie S, es:
$$\Phi_B = B \cdot S \cdot \cos\theta$$
Como $\theta = 0°$ entonces $\cos 0° = 1$, concluyendo que:
$$\Phi_B = B \cdot S = 3\,T \cdot 1,44\,m^2 = 3\,\frac{Wb}{m^2} \cdot 1,44\,m^2 = 4,32\,Wb$$

c) El trabajo realizado viene dado por la expresión:
$$T = F \cdot d$$
Como $F = I \cdot B \cdot L$, entonces:
$$T = I \cdot B \cdot L \cdot d = 6\,A \cdot 3\,T \cdot 0,16\,m \cdot 9\,m = 6\,A \cdot 3\,\frac{N}{A \cdot m} \cdot 1,44\,m^2 = 25,92\,N \cdot m$$
De donde:
$$T = 25,92\,J$$

5. Se tienen dos bobinas (G) y (H) de 120 y $80\,espiras$ respectivamente, colocadas una frente a la otra. Si por la bobina (G) se hace circular una corriente de $4\,A$, cada

una de las espiras de la bobina (H) es atravesada por un flujo de campo magnético de 2.10^{-3} Wb. Calcular:

a) La inductancia mutua de los dos circuitos.
b) La fuerza electromotriz inducida media en la bobina (H) si la intensidad de corriente en la bobina (G) se anula en 0.08 s.
Solución.
a) El flujo concatenado con la bobina (H) es directamente proporcional a la intensidad de la corriente que pasa por la bobina (G). Por lo tanto si M es la inductancia o inducción mutua, se tiene que:
$$N_H \cdot \Phi_B = M \cdot I$$
De donde:
$$M = \frac{N_H \cdot \Phi_B}{I}$$
Sustituyendo:
$$M = \frac{80 \cdot 2,6.10^{-3}\ Wb}{4\ A} = 5,2.10^{-2}\ Henry$$
b) La fuerza electromotriz inducida media en la bobina (H) viene expresada por:
$$\varepsilon = -\frac{M \cdot \Delta I}{\Delta t}$$
Como la intensidad de la corriente en la bobina (G) se anula en un intervalo de tiempo $\Delta t = 0,08\ s$, se tiene que dicha corriente pasa de la magnitud inicial $I_G = 4\ A$ a la magnitud final $I_H = 0$. Por lo tanto:
$$\Delta I = I_H - I_G \quad \Longrightarrow \quad \Delta I = -4\ A$$
Se tiene entonces que:
$$\varepsilon = -\frac{5,2.10^{-2}\ Henry \cdot (-4\ A)}{0,08\ s} = -\frac{5,2.10^{-2}\ \frac{V}{A} \cdot (-4\ A)}{0,08\ s} = \frac{0,208\ V \cdot s}{0,08\ s} = 2,6\ V$$

6. Se tiene un solenoide de 50 cm de longitud, con 600 $espiras$ de radio 3 cm por las cuales circula una corriente de 3 A. Determinar la:
a) Magnitud de la inducción magnética B dentro del solenoide.
b) Autoinductancia o autoinducción del circuito.
c) Fuerza electromotriz autoinducida si la corriente se anula en $0,5$ s.
Solución.
Comenzaremos haciendo a reducción a metro (m), la longitud del solenoide y radio por las cuales circula la corriente:
$$50\ cm = 50\ cm \cdot \left(\frac{1\ m}{10^2\ cm}\right) = 5.10^{-1}\ m$$
$$3\ cm = 3\ cm \cdot \left(\frac{1\ m}{10^2\ cm}\right) = 3.10^{-2}\ m$$
a) La magnitud de la inducción magnética dentro del solenoide viene dada por la expresión:
$$B = \mu_o \cdot \frac{I \cdot N}{l} \qquad (l = longitud\ del\ solenoide)$$
$$B = 4\pi.10^{-7}\ \frac{N}{A^2} \cdot \frac{3\ A \cdot 600}{5.10^{-1}\ m} = 4 \cdot 3,14.10^{-7}\ \frac{N}{A^2} \cdot \frac{1800\ A}{5.10^{-1}\ m} = 4,52.10^{-3}\ \frac{N}{A \cdot m}$$
de donde:
$$B = 4,52.10^{-3}\ T$$

b) El flujo concatenado $N \cdot \Phi_B$ con el solenoide es directamente proporcional a la corriente I que circula por el mismo. Por lo tanto, si L es la autoinducción o autoinductancia, tenemos que:

$$N \cdot \Phi_B = L \cdot I$$

Despejando la autoinductancia o autoinducción L, obtenemos:

$$L = \frac{N \cdot \Phi_B}{I}$$

Como las espiras del solenoide tienen de radio $r = 3.10^{-2}\ m$, el flujo de campo magnético que las atraviesa es:

$$\Phi_B = B \cdot S \cdot \cos\theta$$

Donde $\theta = 0°$ y el $\cos 0° = 1$, entonces:

$$\Phi_B = B \cdot S = B \cdot \pi \cdot r^2$$

$$\Phi_B = 4,52.10^{-3}\ T \cdot 3,14 \cdot (3.10^{-2}\ m)^2 = 4,52.10^{-3}\ \frac{Wb}{m^2} \cdot 3,14 \cdot 9.10^{-4}\ m^2$$

$$= 1,28.10^{-5}\ Wb$$

Sustituyendo en L:

$$L = \frac{N \cdot \Phi_B}{I} = \frac{600 \cdot 1,28.10^{-5}\ Wb}{3\ A} = 2,56.10^{-3}\ Henry$$

c) La fuerza electromotriz autoinducida viene dada por:

$$\varepsilon = -L \cdot \frac{\Delta I}{\Delta t}$$

Como la corriente se anula en un intervalo de tiempo $\Delta t = 0,5\ s$, se tiene que dicha corriente pasa de la magnitud inicial $I_1 = 3\ A$ a magnitud final $I_2 = 0$. Entonces:

$$\Delta I = I_2 - I_1 = 0 - 3\ A = -3\ A$$

Sustituyendo en la expresión anterior de la fuerza electromotriz autoinducida ε:

$$\varepsilon = -2,56.10^{-3}\ Henry \cdot \frac{-3\ A}{0,5\ s} = -2,56.10^{-3}\ \frac{V}{\frac{A}{s}} \cdot \frac{-3\ A}{0,5\ s} = 1,536.10^{-2}\ V$$

7. Dos bobinas (H) y (Q) con $N_H = 600\ espiras$ y $N_Q = 1800\ espiras$ están colocadas una frente a la otra. Si por la bobina (H) pasa una corriente de intensidad $I = 8\ A$, el flujo de campo magnético a través de cada espira de la bobina (H) es $\Phi_{B_H} = 8,5.10^{-4}\ Wb$ y a través de cada espira de la bobina (Q) es $\Phi_{B_Q} = 4,2.10^{-4}\ Wb$. Determinar la:

a) Autoinductancia o autoinducción de la bobina (H).
b) Inductancia o inducción mutua de los dos circuitos.
c) Fuerza electromotriz inducida media en la bobina (Q) cuando la corriente en la bobina (H) pasa de la magnitud $I_H = 8\ A$ a la magnitud $I_Q = 0$ en un intervalo de tiempo $\Delta t = 1,2\ s$.

Solución.

a) El flujo de campo magnético concatenado con la bolina (H) en $N_H \cdot \Phi_{B_H}$. Este flujo de campo magnético es directamente proporcional a la intensidad de la corriente I que pasa por dicha bobina. Por lo tanto, si L es la autoinductancia de (H), se tiene:

$$N_H \cdot \Phi_{B_H} = L \cdot I$$

Despejando L:
$$L = \frac{N_H \cdot \Phi_{B_H}}{I} = \frac{600 \cdot 8,5. \, 10^{-4} \, Wb}{8 \, A} = \frac{0,51 \, Wb}{8 \, A} = 6,375. \, 10^{-2} \, Henry$$

b) El flujo de campo magnético concatenado con la bobina (Q)es $N_Q \cdot \Phi_{B_Q}$. Este flujo de campo magnético es directamente proporcional a la intensidad de la corriente que pasa por la bobina (H). Por lo tanto, si M es la inductancia o inducción mutua de (H) y (Q) , teniendo que:
$$N_Q \cdot \Phi_{B_Q} = M \cdot I$$

Despejando M:
$$M = \frac{N_Q \cdot \Phi_{B_Q}}{I} = \frac{1800 \cdot 4,2. \, 10^{-4} \, Wb}{8 \, A} = \frac{0,756 \, Wb}{8 \, A} = 9,45. \, 10^{-2} \, Henry$$

c) La fuerza electromotriz inducida media en la bobina (Q)viene dada por:
$$\varepsilon = -M \cdot \frac{\Delta I}{\Delta t}$$

Pero tenemos que: $\Delta I = I_Q - I_H = 0 - 8 \, A = -8 \, A$

Sustituyendo en la expresión anterior:
$$\varepsilon = -9,45. \, 10^{-2} \, Henry \cdot \frac{-8 \, A}{1,2 \, s} = -9,45. \, 10^{-2} \, \frac{V}{\frac{A}{s}} \cdot \frac{-8 \, A}{1,2 \, s} = 0,63 \, V$$

8. Por una bobina de espesor despreciable con $N_1 = 350 \, espiras$ de radio $r_1 = 3,5 \, cm$ pasa una corriente de intensidad $I = 2,5 \, A$. En el centro de la bobina se encuentra un carrete de radio $r_2 = 1,5. \, 10^{-2} \, m$ y $N_2 = 45 \, espiras$; determinando la inductancia o inducción mutua de los circuitos, ¿cuál es la fuerza electromotriz inducida en el carrete cuando la corriente en la bobina varía a razón de $5 \, A$ por segundo?

Solución.

Para determinar la fuerza electromotriz inducida media en el carrete, se utiliza la expresión:
$$\varepsilon = -M \cdot \frac{\Delta I}{\Delta t}$$

Tenemos que la inducción magnética en el centro de la bobina viene dada por la expresión:
$$B = \frac{\mu_o \cdot I \cdot N_1}{2 \cdot r_1}$$

Sustituyendo en la expresión:
$$B = \frac{4\pi. \, 10^{-7} \, \frac{N}{A^2} \cdot 2,5 \, A \cdot 350}{2 \cdot 3,5. \, 10^{-2} \, m} = \frac{4 \cdot 3,14. \, 10^{-7} \, \frac{N}{A^2} \cdot 875 \, A}{7. \, 10^{-2} \, m} = 1,57. \, 10^{-2} \, \frac{N}{A \cdot m}$$

de donde:
$$B = 1,57. \, 10^{-2} \, T$$

El flujo de campo magnético a través de cada espira del carrete es:
$$\Phi_B = B \cdot S \qquad como \qquad S = \pi \cdot r^2$$

Entonces:
$$\Phi_B = B \cdot \pi \cdot r^2$$
$$\Phi_B = 1,57. \, 10^{-2} \, T \cdot 3,14 \cdot (1,5. \, 10^{-2} \, m)^2 = 1,57. \, 10^{-2} \, \frac{Wb}{m^2} \cdot 3,14 \cdot 2,25. \, 10^{-4} \, m^2$$
$$= 1,109. \, 10^{-5} \, Wb$$

El flujo de campo magnético concatenado con el carrete $N_2 \cdot \Phi_B$, es:

$$N_2 \cdot \Phi_B = 45 \cdot 1,109.\,10^{-5}\ \text{Wb} = 4,991.\,10^{-4}\ \text{Wb}$$

La inductancia o inducción mutua de los dos circuitos viene dada por:

$$M = -\frac{N_2 \cdot \Phi_B}{I} = -\frac{4,991.\,10^{-4}\ \text{Wb}}{2,5\ A} = 1,996.\,10^{-4}\ Henry$$

Utilizando la primera expresión del problema tenemos:

$$\varepsilon = -M \cdot \frac{\Delta I}{\Delta t} = -1,996.\,10^{-4}\ Henry \cdot 5\,\frac{A}{s} = -1,996.\,10^{-4}\ \frac{V}{\frac{A}{s}} \cdot 5\,\frac{A}{s} = -9,99.\,10^{-4}\ V$$

Conclusión: la fuerza electromotriz inducida $\varepsilon = -9,99.\,10^{-4}\ V$ en el carrete, el signo negativo $(-)$ significa que este actúa en sentido negativo, oponiéndose al aumento de flujo de campo magnético.

ACTIVIDADES

Responda brevemente las actividades del 1 al 6 dadas a continuación:

1. Tomando en cuenta una barra metálica GH que se desplaza con una velocidad $\vec{v}$ a través de un campo magnético $\vec{B}$, *saliente* del plano de la ilustración, observar la figura siguiente:

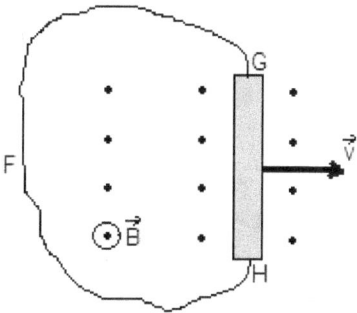

Figura del ejercicio 1.

a) Determinar el sentido de la fuerza magnética que actúa sobre los electrones libres de esta barra.

b) Entonces, cuál de los extremos de la barra quedará electrizado positivamente, y cuál quedará con carga negativa.

c) Al conectar H y G mediante un conductor, como se indica en la figura, ¿cuál será el sentido de la corriente inducida en el conductor?

2. Si suponemos que se interrumpe el movimiento de la barra CD, mostrado en la figura 6.49 (b). ¿Se mantendrá la separación de cardas en la barra? Explique brevemente.

3. Si la barra CD, figura 6.49 (a), se desplaza verticalmente hacia arriba, ¿existirá en ella una separación de carga? Justifique la respuesta.

4. En la figura de este ejercicio tenemos la representación de una espira rectangular $MNOS$ que gira alrededor del eje EE', en el sentido indicado por la flecha curva (en el instante que se indica, MN está *entrando*, y OS está *saliendo* de la página).La

espira que gira dentro de un campo magnético $\vec{B}$, orientado de izquierda a derecha. Considerando el instante señalado en la figura, conteste a las siguientes presuntas:

a) ¿Cuál de los extremos del lado MN será negativo y cuál, positivo?

b) ¿Cuál de los extremos del lado OS será negativo y cuál, positivo?

c) En estas condiciones, los lados MN y OS equivalen a dos baterías. ¿Dichas fuentes se encuentran conectadas en serie o en paralelas?

d) Entonces, determine el sentido de la corriente inducida que pasa por la resistencia R conectado a los extremos de la espira.

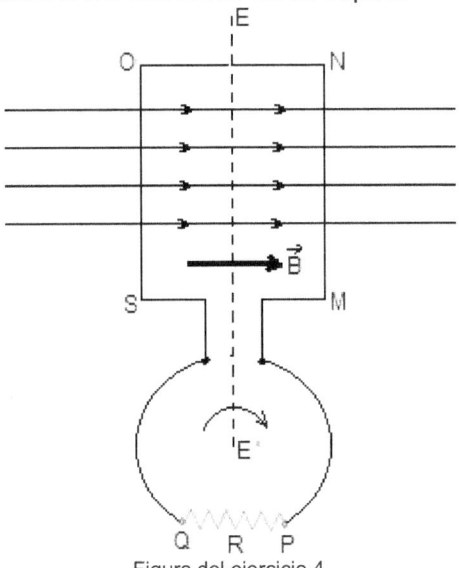

Figura del ejercicio 4.

5. Si en la figura 6.57 (c) consideramos la magnitud de la inducción magnética $B = 4,5. 10^{-2} \, T$, y que la superficie mostrada tiene un área $S = 80 \, cm^2$.

a) Determine la magnitud del ángulo formado por el vector $\vec{B}$ con la normal a la superficie, dicha normal está orientada hacia arriba.

b) Calcular la magnitud del flujo magnético Φ_B a través de la superficie mostrada.

6. Observar la figura 6.53 y suponiendo que tanto el imán como la espira se encuentran en reposo. Tomando en cuenta lo dicho:

a) ¿Hay flujo magnético a través de la espira?

b) ¿Existe variación de flujo magnético a través de dicha espira?

c) ¿Se tendrá entonces una fuerza electromotriz inducida en la espira?

7. En cada una de las figuras mostradas en la actividad hay una serie de casillas cada una de ellas identificadas por una letra en la que debe colocarse los resultados de los diferentes problemas de fuerza electromotriz inducida, flujo de campo magnético, Ley de Faraday, Ley de Lenz, inducción mutua y autoinducción, según la magnitud física señalada en cada figura y luego en cada caso efectuar las operaciones hasta concluir el resultado dado.
Realizar los problemas en un cuaderno, hojas o block.

+ Una bobina de $N = 250 \, espiras$ tiene al frente un imán recto; alejando el imán de la bobina, el flujo de campo magnético que atraviesa cada una de las espiras varía de la magnitud $\Phi_{B_1} = 8.10^{-4}\,Wb$ a la magnitud $\Phi_{B_2} = 5.10^{-4}\,Wb$ en el intervalo de tiempo $\Delta t = 0,06\,s$.

(a) ¿Cuál es la magnitud media de la fuerza electromotriz inducida en la bobina?

(b) ¿Cuál es la intensidad media de la corriente inducida si la resistencia de la bobina es $R = 10\,\Omega$?

✦ Un carrete de $260\,espiras$ está situado en un campo magnético uniforme cuya magnitud de inducción magnética es de $2\,T$; el área o superficie de cada espira es de $40\,cm^2$ y las líneas de campo magnético son perpendiculares a sus planos. Determinar la:

(c) Fuerza electromotriz inducida media en el carrete si el eje de éste gira un ángulo de $45°$ en $0,2\,s$.

(d) Intensidad media de la corriente inducida si la resistencia R del carrete es de $6\,\Omega$.

✦ Se tiene una espira de resistencia $R = 20\,\Omega$ situada en un campo magnético. Si el flujo de campo magnético a través de la espira varía de $\Phi_{B_1} = 1,9.10^{-3}\,Wb$ a $\Phi_{B_2} = 5.10^{-4}\,Wb$ en un intervalo de tiempo $\Delta t = 0,8\,s$.

(e) ¿Cuál es la magnitud de la fuerza electromotriz inducida media en la espira?

(f) ¿Cuál es la intensidad de la corriente inducida?

✦ Un carrete de $400\,espiras$ de radio $2.10^{-2}\,m$ está situado en un campo magnético uniforme cuya magnitud de la inducción magnética es de $0,3\,T$ de la forma que el plano de las espiras sea perpendicular al campo. Determinar la:

(g) Fuerza electromotriz inducida media en el carrete si en $0,05\,s$ el plano de la espira forma un ángulo de $30°$ con el campo.

(h) Intensidad media de la corriente inducida si la resistencia del carrete es $0,8\,\Omega$.

✦ Si en la figura del problema se representa un conductor GH de longitud $0,6\,m$ que se mueve sobre dos grúas metálicas JG y KH con rapidez constante de $2\,m/s$ perpendicularmente a un campo magnético uniforme originándose con el conductor una fuerza electromotriz inducida media de $2,4\,V$. Determinar:

(i) La magnitud de la inducción magnética B.

(j) El flujo de campo magnético Φ_B a través de la superficie barrida por el conductor en un intervalo de tiempo $\Delta t = 0,8\,s$.

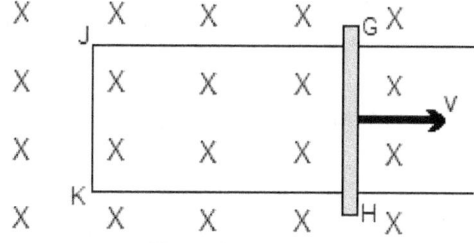

Figura del problema.

✦ Un carrete de $250\,espiras$ cada una de las cuales y tiene una superficie de $16\,cm^2$ esta situado en un campo magnético uniforme de tal manera que el plano de las espiras sea perpendicular al campo. Si el eje del carrete gira un ángulo de $60°$ en un intervalo de tiempo de $0,2\,s$ la fuerza electromotriz inducida en el carrete es de $0,5\,V$. Calcular la:

(k) Variación de flujo de campo magnético $\Delta\Phi_B$..

(l) Magnitud de inducción magnética B.

+ Una bobina de resistencia $R = 26\,\Omega$ con $N = 600\,espiras$ área o superficie $S = 0,05\,m^2$ esta colocada dentro de un campo magnético uniforme de tal forma que el plano de las espiras es perpendicular al campo. Si la bobina se retira bruscamente del campo, el flujo de campo magnético a través de cada espira

disminuye desde una magnitud máxima Φ_B hasta la magnitud cero en un intervalo de tiempo $\Delta t = 0,04\,s$, originándose una corriente inducida de intensidad media $I = 0,6\,A$. Determinar:
(ll) El flujo magnético a través de cada espira Φ_B.
(m) La magnitud de la inducción magnética B.

+ Por el centro de una bobina de espesor despreciable que tiene $N = 200\,espiras$, pasa un solenoide de longitud $L_1 = 0,4\,m$ y $N_1 = 900\,espiras$ de área o superficie $S_1 = 2.10^{-3}\,m^2$. Calcular la:
(n) Magnitud de la inducción magnética B, dentro del solenoide y la inductancia o inducción mutua de los dos circuitos cuando por el solenoide pasa una corriente $I = 10\,A$.
(ñ) Fuerza electromotriz inducida media en la bobina cuando la corriente en el solenoide varía de $6\,A$ a $9\,A$ en $0,4\,s$.

+ Un circuito está formado por un solenoide de $500\,espiras$ de radio $0,06\,m$. Si la longitud del solenoide es de $0,4\,m$ y la corriente que pasa por él es de $6\,A$. Determinar la:
(o) Magnitud de la inducción magnética dentro del solenoide.
(p) Autoinductancia o autoinducción del circuito.
(q) Fuerza electromotriz autoinducida si la corriente se anula en $0,06\,s$.

+ Dos bobinas (1) y (2) con $N_1 = 200\,espiras$ y $N_2 = 800\,espiras$ están colocadas una frente a la otra. Si por la bobina (1) pasa una corriente de intensidad $I = 2\,A$, el flujo de campo magnético a través de cada espira de la bobina (1) es $\Phi_{B_1} = 3,75.10^{-4}\,Wb$ y a través de cada espira de la bobina (2), $\Phi_{B_2} = 1,6.10^{-4}\,Wb$. Calcular la:
(r) Autoinductancia o autoinducción de la bobina (1).
(s) Inductancia o inducción mutua de los dos circuitos.
(t) La fuerza electromotriz inducida media en la bobina (2) cuando la corriente en la bobina (1) pasa de magnitud $I_1 = 4\,A$ a la magnitud $I_2 = 0$ en un intervalo de tiempo $\Delta t = 0,25\,s$.

+ Una bobina con $N = 300\,espiras$ de área o superficie $3.10^{-3}\,m^2$ y con una resistencia total $R = 5\,\Omega$ está colocada dentro de un campo magnético uniforme de tal manera que el plano de la espira sea perpendicular al campo. Si en un intervalo de tiempo $\Delta t = 0,06\,s$ el campo se anula, la intensidad media de la corriente en la bobina es $I = 1,5\,A$. Determine:
(u) El flujo del campo magnético inicial.
(v) La magnitud de la inducción magnética inicial.
(w) La magnitud media de la fuerza electromotriz inducida.

+ Por una bobina de espesor despreciable con $N_1 = 400\,espiras$ de radio $r_1 = 4\,cm$ pasa una corriente de intensidad $I = 3\,A$. En el centro de la bobina se encuentra un carrete de radio $r_2 = 0,5\,cm$ y $N_2 = 40\,espiras$. Determinar:
(x) La magnitud de la inducción magnética en el centro de la bobina.

(y) El flujo de campo magnético a través de cada espira del carrete.

(z) La inductancia o inducción mutua de los dos circuitos y la fuerza electromotriz inducida en el carrete cuando la corriente en la bobina varía a razón de $6\,A$ por segundo.

Los resultados de cada una de las magnitudes físicas calculadas en los problemas:

Fuerza electromotriz inducida (ε) expresada en Voltio (V).

7,55 V

		=	(ñ)		−	=
(q)		=	(c)			(z)
=	+			+	=	+
	(e)	=	(a)	(g)		
−	(t)	=			−	=
				+	(w)	

Corriente inducida (I) expresada en Ampére (A).

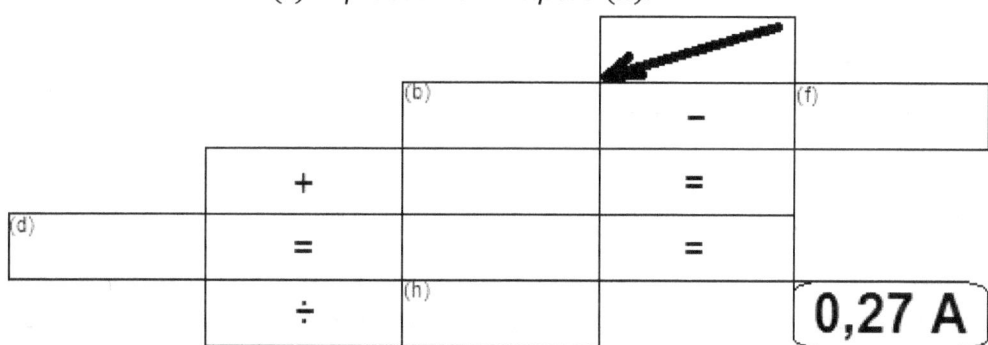

(b)		(f)
	−	
+	=	
(d) =	=	
÷	(h)	

0,27 A

Flujo de campo magnético (Φ_B) y variación de flujo campo magnético ($\Delta\Phi_B$) expresado en Weber (Wb).

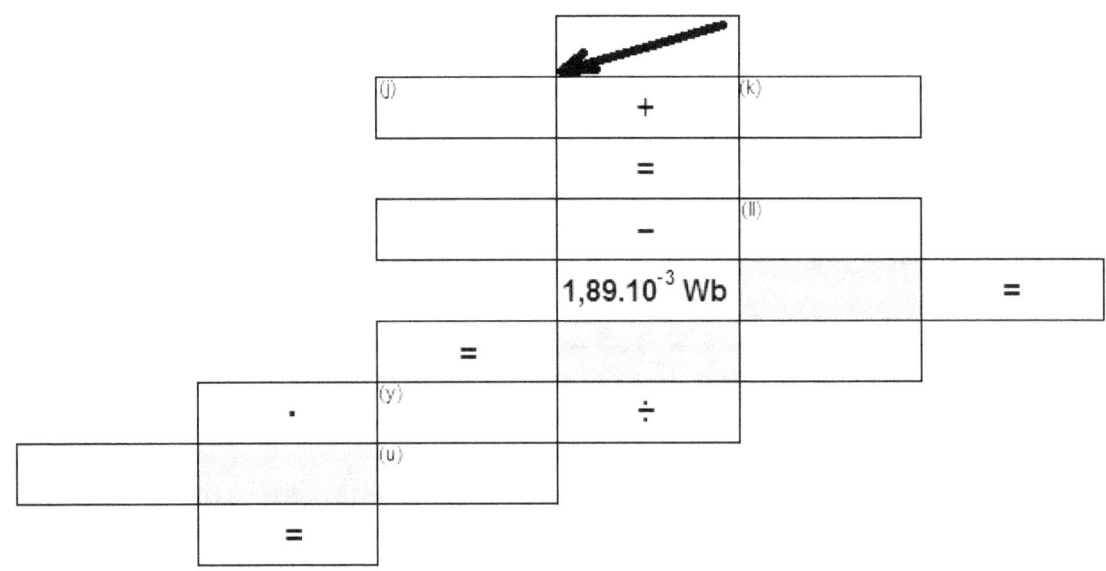

Inducción magnética (B) expresada en Tesla (T).

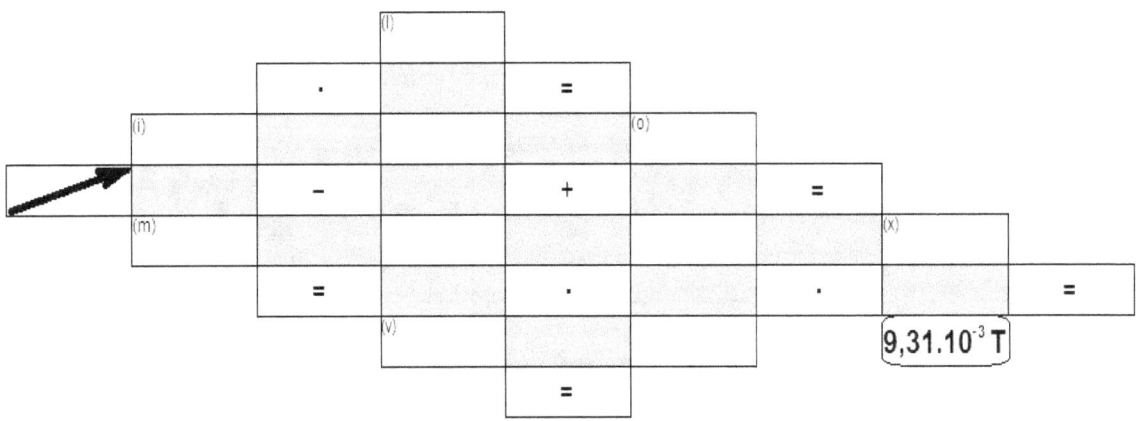

Inductancia o inducción mutua (M) y autoinductancia o autoinducción (L) expresados en Henry

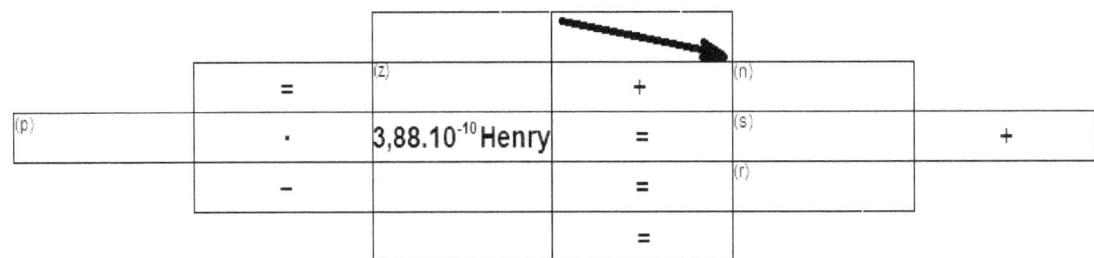

6.11 El generador de corriente alterna.

En lo analizado anteriormente nos dimos cuenta que una fuerza electromotriz es inducida en un circuito siempre que varía el flujo magnético que lo atraviesa, Ley de Faraday. Pero ahora estudiaremos cómo se utiliza este principio básico en la construcción de *generadores eléctricos,* esto quiere decir, de máquinas que pueden producir grandes cantidades de energía eléctrica por *inducción electromagnética rotacional.* Efectuando un análisis de la figura 6.62, entenderemos cómo se logra esto.

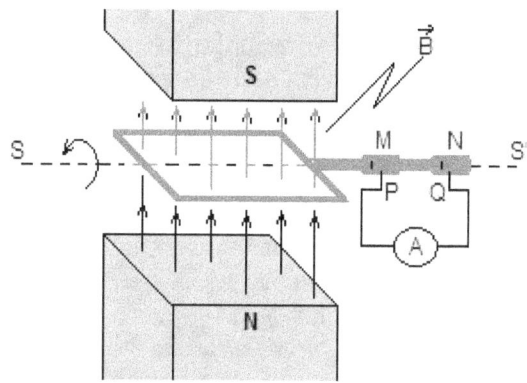

Fig. 6.62 Una espira que está girando en un campo magnético produciendo una fuerza
electromotriz alterna, y por tanto una corriente alterna en el circuito conectado.

Un generador funciona, simplemente, como una espira que gira dentro de un campo magnético. En la figura 6.62 podemos observar una espira metálica girando alrededor del

eje SS' entre los polos de un imán. En los extremos de la espira tenemos dos anillos colectores M y N que se deslizan sobre los contactos P y Q, que conectan la espira a cualquier circuito externo. En el caso de la figura 6.62, dicho circuito externo es tan solo un amperímetro, que se utiliza para indicar la existencia de una corriente inducida.

Tenemos que mientras la espira está en rotación, es posible tener una variación del flujo magnético a través de ella, esto se debe a que la inclinación de la espira con respecto al vector $\vec{B}$, varías continuamente. De forma que una fuerza electromotriz es inducida en dicha espira, generando así una corriente inducida que el amperímetro señalará. Durante media vuelta de la espira, aumenta el flujo magnético que pasa a través de ella, y en media hora siguiente, el flujo disminuirá. Por tal razón, la corriente inducida en el circuito circulará unas veces en un sentido, y otras, en sentido contrario. Por lo tanto, toda espira que gire dentro de un campo magnético producirá una *corriente alterna* $(C.A.)$, como se puede observar por la indicación del amperímetro.

La gráfica de la figura 6.63, muestra como la corriente alterna generada en una espira, varía en el tiempo a medida que gira en el interior de un campo magnético.

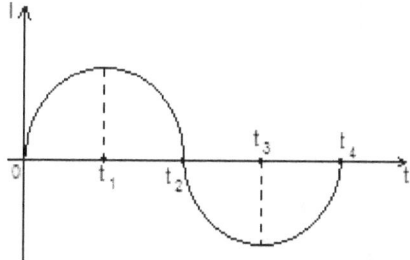

Fig. 6.63 Este esquema muestra cómo varía en el tiempo la intensidad
de la corriente alterna generada en la espira.

Los grandes generadores de corriente alterna $(C.A.)$ que encontramos en las plantas o estaciones hidroeléctricas, funcionando forma similar a la que acabamos de reseñar. La energía de una caída de agua que se emplea para poner en rotación los generadores de $C.A.$ mediante turbinas hidráulicas, transformando de esta manera grandes cantidades de energía mecánica en energía eléctrica.

La corriente que se utiliza en nuestras casas es una corriente alterna; no es posible observar fluctuación alguna en el brillo de las lámparas. Esto se debe a que la corriente alterna que proporcionan las compañías de electricidad es de frecuencia relativamente alta. En la mayoría de las ciudades, dicha frecuencia es de $60\,Hz$ o $60\,ciclos/s$, esto quiere decir que, la corriente cambia de sentido 120 $veces\ en\ cada\ segundo$. Entonces tenemos que como las fluctuaciones en el brillo de una lámpara son muy rápidas, y nuestros ojos no pueden percibirlas, y se tiene la sensación de que la luminosidad es uniforme.

6.12 El transformador.

En muchas instalaciones eléctricas e incluyendo las de nuestras viviendas, muchas veces es necesario aumentar o disminuir el voltaje que proporciona la compañía suministradora de electricidad. El dispositivo que permite resolver este problema se denomina transformador eléctrico. Entonces tenemos que un transformador es un *dispositivo que permite aumentar o disminuir el voltaje de una corriente alterna, es decir una corriente cuyo sentido e intensidad varían alternadamente.*

El transformador es un aparato muy sencillo, que se puede representar esquemáticamente en la figura 6.64; está formado por una pieza de hierro, denominada núcleo del transformador, alrededor de la cual se colocan dos bobinas, como se observa en la figura 6.64 (a). A una de de dichas bobinas se le aplica el voltaje V_1 que deseamos transformar, es decir, que se quiere aumentar o disminuir. Esta bobina se denomina *enrollamiento primario*, o simplemente *primario*, del transformador. Como observamos luego, otro voltaje V_2, después de la transformación, se establecerá entre los terminales de la otra bobina, el cual se denomina *enrollamiento secundario*, o simplemente secundario, del transformador. En los diagramas de circuitos eléctricos, un transformador se representa como se muestra en la figura 6.64 (b).

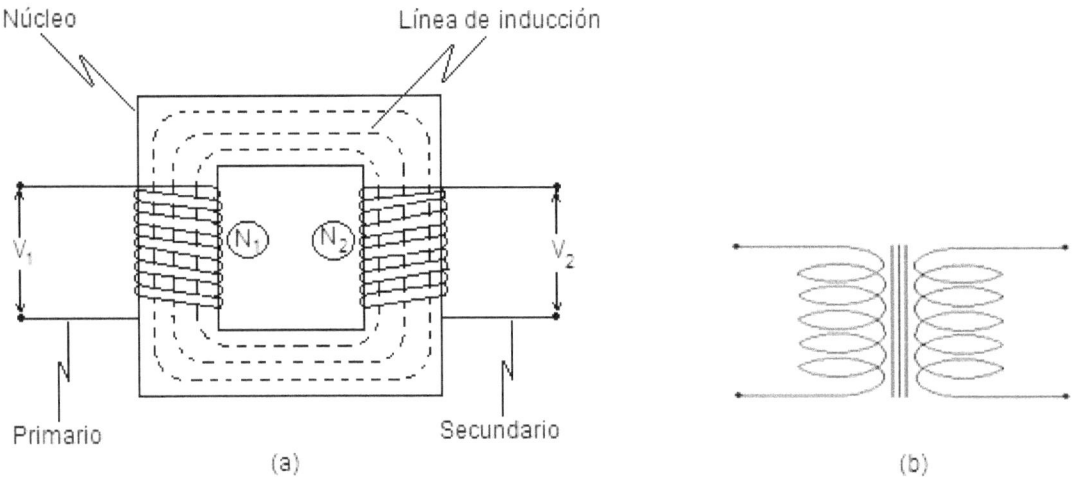

Fig. 6.64 Esquema de un transformador simple (a), y símbolo que se utiliza en un diagrama de circuito eléctrico (b).

Tomando en cuenta la figura podemos decir sobre el funcionamiento de un transformador lo siguiente: cuando una tensión o diferencia de potencial V_1 se aplica al primario de un transformador, el flujo magnético que atraviesa el secundario también será constante, no habiendo por lo tanto tensión inducida en esta bobina. Cuando la tensión o diferencia de potencial aplicada al primario es variable, un flujo magnético también variable atravesará las espiras del secundario, y una tensión inducida V_2 aparecerá en los extremos de esta bobina.

> **Relación entre los voltajes primario y secundario.** Hasta el momento hemos descrito el transformador y su funcionamiento, pero en ningún momento hemos explicado por qué puede emplearse para aumentar o disminuir un voltaje de corriente alterna.

La variación de flujo campo magnético $\Delta\Phi_B$ a través de las espiras del primario y del secundario en la misma, ya que todas las espiras son atravesadas por el mismo flujo. En consecuencia, si designamos por N_1 el número de espiras en el primario, y por N_2, el número de espiras en el secundario, al aplicar la Ley de Faraday se tiene que:

$$\varepsilon_1 = - N_1 \cdot \frac{\Delta\Phi_B}{\Delta t} \quad ; \quad \varepsilon_2 = - N_2 \cdot \frac{\Delta\Phi_B}{\Delta t}$$

Dividiendo miembro a miembro ambas expresiones:

$$\frac{\varepsilon_1}{\varepsilon_2} = \frac{- N_1 \cdot \dfrac{\Delta\Phi_B}{\Delta t}}{- N_2 \cdot \dfrac{\Delta\Phi_B}{\Delta t}} \quad \Rightarrow \quad \frac{\varepsilon_1}{\varepsilon_2} = \frac{N_1}{N_2}$$

En los transformadores ordinarios el voltaje en los terminales de las bobinas difiere de la fuerza electromotriz inducida en un porcentaje muy pequeño, para generalizar en forma práctica, se puede expresar:

$$\frac{V_1}{V_2} = \frac{N_1}{N_2}$$

Por medio de esta última expresión es fácil concluir que si el número de espiras en el secundario fuese mayor que en el primario, es decir, si $N_2 > N_1$, entonces $V_2 > V_1$. En esta forma, el transformador se estaría empleando para elevar un voltaje. Por otra parte tenemos que si $N_2 < N_1$, tendríamos $V_2 < V_1$, esto quiere decir que el transformador se estaría usando para reducir un voltaje.

De aquí que las diferencias de potencial en el primario y el secundario son directamente proporcionales de los números de espiras.

Como un transformador no crea energía, la potencia de la corriente que llega al primario debe ser igual a la potencia de la corriente que sale por el secundario. Por lo tanto, si las intensidades de la corriente en el primario y en el secundario son respectivamente I_1 e I_2 se tiene que:

$$V_1 \cdot I_1 = V_2 \cdot I_2$$

De aquí que:

$$\frac{V_1}{V_2} = \frac{I_2}{I_1}$$

Esto quiere decir que las diferencias de potencial primario son inversamente proporcionales a las intensidades de la corriente.

De acuerdo con la expresión $V_1/V_2 = N_1/N_2$, para obtener un transformador elevador de voltaje, el secundario debe tener mayor número de espiras que el primario. Lo contrario debe ocurrir para obtener un transformador reductor de voltaje.

- Ejemplo: Un transformador se construyó con un primario formado por una bobina de $500\ espiras$, y un secundario con $2100\ espiras$. Al primario se te aplica una tensión alterna de $220\ V$.

a) Determinar la tensión que se obtendrá en el secundario.

El voltaje V_2 en el secundario se podrá obtener mediante la relación $V_1/V_2 = N_1/N_2$. Como $N_1 = 500\ espiras$; $N_2 = 2100\ espiras$ y $V_1 = 220\ V$. Entonces tenemos que:

$$\frac{V_1}{V_2} = \frac{N_1}{N_2}$$

Despejando V_2, obtenemos:

$$V_2 = \frac{V_1 \cdot N_2}{N_1} = \frac{220\,V \cdot 2100}{500} = 924\,V$$

Resultando que la tensión en el secundario es $V_2 = 924\,V$.

b) Supongamos ahora que dicho transformador se emplea para alimentar una lámpara fluorescente conectada a su secundario. Sabiendo que la corriente del primario es $I_1 = 2,1\,A$. ¿Cuál es la magnitud de la corriente I_2 que pasa por la lámpara (suponga que no hay disipación de energía en el transformador)?

Como ya se sabe que, la potencia desarrollada en un aparato eléctrico recorrido por una corriente I, y sometido a un voltaje V, está dada por la expresión $P = V \cdot I$. Entonces tenemos que la potencia P_1 proporcionada al primario es $P_1 = V_1 \cdot I_1$, y la potencia P_2 obtenida en el secundario (en la carga) es $P_2 = V_2 \cdot I_2$. Como no hay disipación de energía (se considera un transformador ideal), debemos tener que $P_2 = P_1$. Entonces:

$$V_2 \cdot I_2 = V_1 \cdot I_1$$

Despejando I_2, obtenemos:

$$I_2 = \frac{V_1 \cdot I_1}{V_2} = \frac{220\,V \cdot 2,1\,A}{924\,V} = 0.5\,A$$

Entonces la magnitud de la corriente I_2 que pasa por la lámpara es de $0,5\,A$.

Podemos observar que si un transformador se emplea para elevar una tensión, la corriente en su secundario forzosamente será menor que la corriente en su primario. Por lógica, lo contrario sucede con un transformador que reduce la tensión.

6.13 Ondas electromagnéticas.

❖ El trabajo más importante en el campo del *Electromagnetismo* fue realizado hace muchos años atrás por el destacado físico escocés James Clerk Maxwell (1831 – 1879) cuyo destacado papel en el estudio de la electricidad y del magnetismo fueron muy destacados en la física. Basándose en las Leyes experimentadas por Coulomb, Ampére y Faraday, y agregando a ellas nuevos conceptos creados por él mismo, este científico desarrollo un conjunto de ecuaciones que actualmente se conoce como *ecuaciones de Maxwell*, en las cuales se utilizan todos los conocimientos adquiridos acerca de los fenómenos electromagnéticos hasta aquella época. Se puede decir que las ecuaciones de Maxwell en la electricidad, cumple el mismo papel que las Leyes de Newton en la mecánica.

Las ecuaciones de Maxwell que son un conjunto de cuatro ecuaciones que describen como ya dijimos por completo los fenómenos del electromagnetismo, tenemos que la consecuencia más importante a que se llegó mediante esas ecuaciones fue la previsión de la existencia de las *ondas electromagnéticas,* que actualmente se conocen ampliamente y son utilizadas en alto grado en la Ciencia y la Tecnología. Mostraremos a continuación de manera muy simplificada como llegó James Clerk Maxwell a esta conclusión y cómo, más tarde, sus conceptos fueron verificados en forma experimental.

❖ **Campo eléctrico inducido.** Se observa en la figura 6.65, una espira circular colocada en un campo magnético $\vec{B}$ entrante en la página.

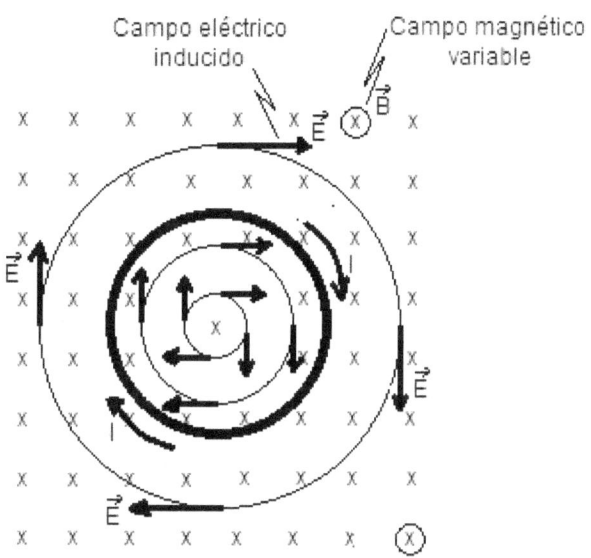

Fig. 6.65 Se muestra cuando un campo magnético $\vec{B}$ existente en cierta región, experimenta una variación en el tiempo, en tal región aparecerá un campo eléctrico inducido $\vec{E}$.

Al provocar una variación en este campo, el flujo magnético que pasa por la espira cambiará también, entonces en la espira circular se establecerá una corriente inducida, esto quiere decir que los electrones libres que existen en la espira y que inicialmente se encuentran en reposo, entrarán en movimiento. De lo dicho podemos concluir que *un campo eléctrico actuó sobre dicho electrones poniéndose en movimiento y que dicho campo magnético sólo pudo haber surgido a consecuencia de la variación del campo magnético.* En la figura 6.65 se muestran algunas líneas de fuerza de este campo eléctrico creado por la variación del campo magnético, y que recibe el nombre de *campo eléctrico inducido.* En base a la conclusión anterior, podemos afirmar que: *si un campo magnético existente en cierta región del espacio, sufre una variación en el tiempo, tal variación hará aparecer en esa región, un campo eléctrico inducido.*

Este hecho establece uno de los principios básicos del *Electromagnetismo* y entonces tenemos que campo eléctrico puede ser producido no únicamente por una carga eléctrica en reposo, sino también por un campo magnético variable.

Podemos observar que no es necesaria la existencia de una espira metálica, como en la figura 6.65, para que aparezca el campo eléctrico. La espira simplemente muestra que dicho campo en realidad se halla presente, pues, si no existiera, no habría corriente inducida en la espira.

El físico James Clerk Maxwell, predijo que el campo eléctrico inducido alrededor de un campo magnético variable existente en el espacio vacío (sin la espira circundante) y está formado por líneas de campo eléctrico circulares; está predicción fue comprobada experimentalmente.

❖ **Campo magnético inducido.** Al efectuar un análisis de los hechos que acabamos de describir, Maxwell tuvo la idea de que a lo mejor, el fenómeno inverso podría verificarse. O sea, Maxwell propuso la hipótesis de que *un campo eléctrico variable podría a su vez originar un campo magnético.*

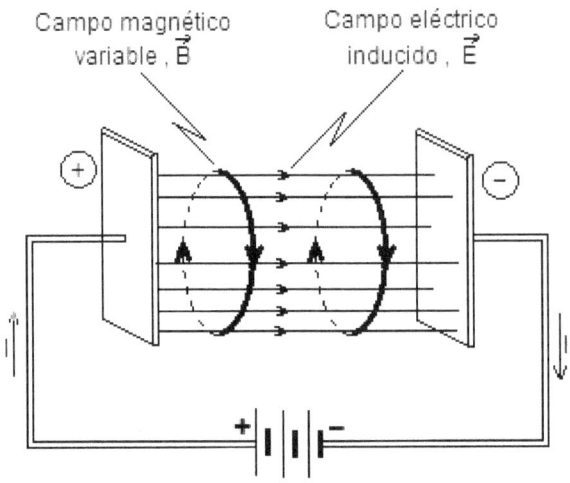

Fig. 6.66 Cuando un campo eléctrico $\vec{E}$ existente en cierta región, sufre variaciones
en el tiempo, aparece en ella un campo magnético inducido $\vec{B}$.

A continuación aclararemos el significado de la idea, señalada anteriormente; tomemos en cuenta dos placas metálicas, separadas cierta distancia en el aire y conectadas a una batería, como podemos observar en la figura 6.66; efectuando una conexión, la placa conectada al polo positivo de la batería va adquiriendo carga positiva, mientras que la otra placa se va cargando negativamente. Como ya sabemos, las cargas de las placas crean un campo

eléctrico $\vec{E}$ en el espacio que existe entre ellas, ahora bien mientras va aumentando la magnitud de la carga en las placas, la intensidad de este campo eléctrico $\vec{E}$, también se aumenta: esto quiere decir que, entre las placas hay un campo eléctrico variable $\vec{E}$ en el tiempo. Según estas condiciones, de acuerdo con Maxwell, en la región entre las placas aparecerá un campo magnético denominado *campo magnético inducido $\vec{B}$.* En la figura 6.66 se muestran algunas líneas del campo eléctrico variable $\vec{E}$ y del campo magnético inducido $\vec{B}$ en virtud de la variación del campo eléctrico $\Delta\vec{E}$.

Ahora bien, la hipótesis de Maxwell dice que: *Si un campo eléctrico existente en cierta región del espacio, sufre una variación en el tiempo, tal variación hará aparecer en esa región, un campo magnético inducido.*

De aquí que conforme a las ideas propuestas por Maxwell, un campo magnético puede ser producido no únicamente por una corriente eléctrica I (carga eléctrica en movimiento), sino también por un campo eléctrico variable $\vec{E}$.

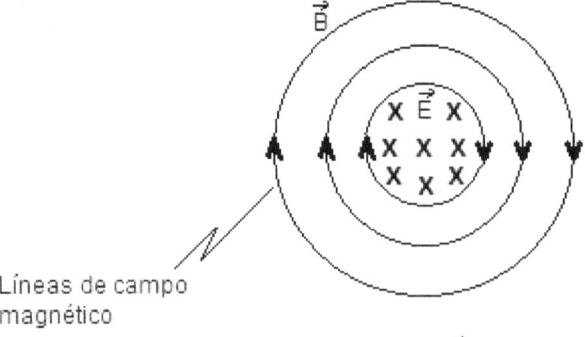

Fig. 6.67 Representación simbólica del campo eléctrico $\vec{E}$ perpendicular al plano de la página
dirigida hacia dentro y ocupando una región cilíndrica del espacio.

316

En a figura 6.67 se representa simbólicamente el campo eléctrico $\vec{E}$ perpendicular al plano de la página dirigida hacia adentro y ocupando una región cilíndrica del espacio. Al variar el campo eléctrico $\vec{E}$ se origina a su alrededor un campo magnético $\vec{B}$ formado por líneas de campo magnético circulares. Este campo es semejante al que se forma alrededor de un alambre recto que conduce una corriente eléctrica, por cuya razón Maxwell llamó al campo eléctrico variable $\vec{E}$ *corriente eléctrica equivalente.*

❖ **Qué se entiende por onda electromagnética.** A continuación analizaremos una de las consecuencias más importante de las ideas de Maxwell que, como ya estudiamos, consistió en prever la existencia de de las *ondas electromagnéticas.*

Suponiendo que en cierta región del espacio existe un campo magnético $\vec{B}$, variable en el tiempo. Analicemos, por ejemplo, el campo que existe entre los polos de un electroimán, cuyas espiras son alimentadas por un generador de corriente alterna de alta frecuencia, como se muestra en la figura 6.68. El campo magnético $\vec{B}$, al ser generado por una corriente alterna I, será un campo oscilante, esto quiere decir, que su magnitud y su sentido varían en forma periódica en el transcurso del tiempo. De aquí que, como hay variación de campo magnético $\vec{B}$ en los alrededores del electroimán aparecerá un campo eléctrico inducido $\vec{E}$; a su vez, este campo variará en el tiempo, y de acuerdo

con la hipótesis de Maxwell, originará un campo magnético inducido $\vec{B}$. Este último campo, también variable, originará otro campo eléctrico inducido $\vec{E}$, y así sucesivamente. De forma que se puede tener la propagación, en el espacio, de una perturbación constituida por los campos variables $\vec{E}$ y $\vec{B}$, y que es radiada en todas direcciones desde el electroimán. En la figura 6.68 se muestra la radiación de estos campos, observándose también los vectores $\vec{E}$ y $\vec{B}$ en un punto determinado, y la velocidad $\vec{v}$ con la cual se propagan a través del espacio.

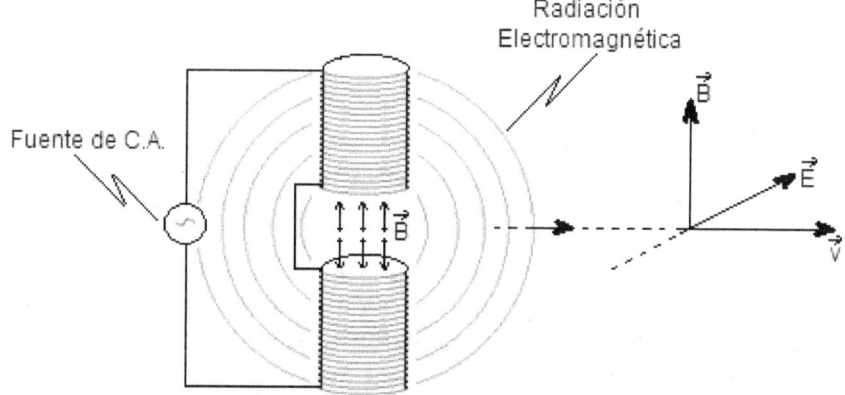

Fig. 6.68 Se representa la propagación en el espacio, de una perturbación constituida por los campos variables $\vec{E}$ y $\vec{B}$, denominándose *onda electromagnética.*

Maxwell demostró, por medio de sus ecuaciones que esta perturbación electromagnética, al propagarse deberían, presentar todas las características de un movimiento ondulatorio. Entonces, de acuerdo con Maxwell, dicha radiación electromagnética experimentará reflexión, refracción, difracción e interferencia, exactamente como sucede con todas las ondas. Ahora bien, la perturbación formada por la propagación de campos eléctricos y magnéticos ha recibido el nombre de *ondas electromagnéticas.*

En la figura 6.69 se representa una onda electromagnética que se propaga hacia la derecha, dicha onda está constituida por los campos $\vec{E}$ y $\vec{B}$ que oscilan en forma periódica, de forma semejante a los puntos de una cuerda en la cual se propaga una onda mecánica. Como observamos en la 6.69 los vectores $\vec{E}$ y $\vec{B}$ son perpendiculares entre sí y ambos normales a la dirección de propagación de la onda.

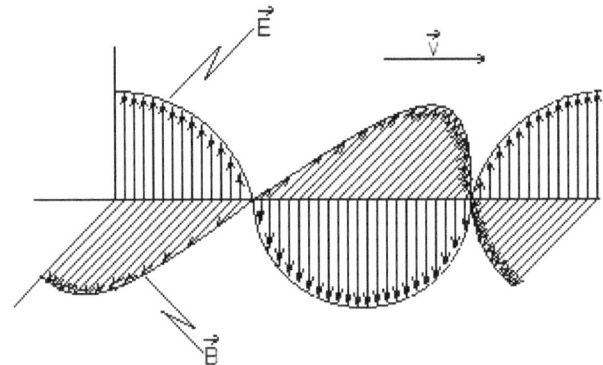

Fig. 6.69 Onda electromagnética que se propaga hacia la derecha.

Uno de los resultados de mayor repercusión obtenido por Maxwell a partir de sus ecuaciones, fue la determinación del valor de la velocidad de propagación de una onda electromagnética; sus cálculos demostraron que en el vacío o en el aire, esta onda se propaga con una velocidad v que tiene una magnitud:

$$v = 3.\,10^{-8}\ m/s$$

Como nos podemos dar cuenta este resultado es muy importante ya que su magnitud coincide con el de la velocidad de propagación de la luz en el vacío. Esta coincidencia llevó a Maxwell a sospechar que la luz era una onda electromagnética.

Actualmente sabemos que la sospecha de Maxwell era justificada: *la luz en realidad es una onda electromagnética.*

Debido a la muerte prematura, en 1879, a los 48 años de edad, Maxwell no alcanzó a ver la confirmación de sus postulados. La existencia de las ondas electromagnéticas sólo pudo ser comprobada en forma experimental años después de su muerte por el físico alemán Heinrich Hertz. Este científico logró obtener en su laboratorio, ondas electromagnéticas con todas las propiedades previstas por Maxwell. Los experimentos de Hertz, además de confirmar las hipótesis de Maxwell, contribuyeron a establecer que la luz es, en efecto, una onda electromagnética.

Las diferentes clases de ondas electromagnéticas se caracterizan por su *frecuencia* que se mide en *ciclos/s* (*Hertz*), pero todas se propagan en el vacío con la rapidez de $3.\,10^{3}\ m/s$.

Después de la época de Maxwell hasta nuestros días se ha producido un gran avance en los conocimientos relacionados con las ondas electromagnéticas. Actualmente sabemos que existen que existen varios tipos de estas ondas; las cuales, a pesar de ser todas de la misma naturaleza (formadas por los campos $\vec{E}$ y $\vec{B}$ que oscilan en el tiempo y se propagan en el espacio, presentan en ocasiones características muy diferentes. Tenemos que tener claro, que siempre que una carga eléctrica es acelerada, radia cierto tipo de ondas electromagnéticas, lo cual depende del valor de la aceleración de la carga.

Un diagrama en el cual se expresan los diferentes tipos de ondas electromagnéticas con el orden de magnitud de sus respectivas frecuencias y longitudes de onda se llama **espectro electromagnético**, figura 6.70.

Para entender mejor la figura 6.70, para la medida de longitudes de ondas inferiores de $1\ cm$ se utilizan frecuentemente las siguientes unidades:

$$1\ micra\ (\mu) = 10^{-6}\ m$$
$$1\ milimicra\ (m\mu) = 10^{-9}\ m$$
$$1\ Angstrom\ \left(\mathring{A}\right) = 10^{-10}\ m$$
$$1\ Unidad\ X\ (U.X.) = 10^{-13}\ m$$

A continuación analizaremos algunas ondas que constituyen el *espectro electromagnético*.

- Ondas de radio: En la figura 6.70 vemos que las ondas electromagnéticas que presentan las frecuencias más bajas – hasta de $10^{-12}\ Hz$. Las radiaciones cuya longitud de onda son superiores a la del infrarrojo se denominan *ondas de radio*; estas se clasifican ondas cortas ($10^{-3}\ a\ 10\ m$), ondas normales ($10^{9}\ m$) y ondas largas ($hasta\ 10^{7}\ m$).

Las ondas electromagnéticas que emplean las **emisiones de televisión** tienen las mismas características que las radioondas, sus frecuencias son mas elevadas que las que normalmente utilizan las emisoras de radio.

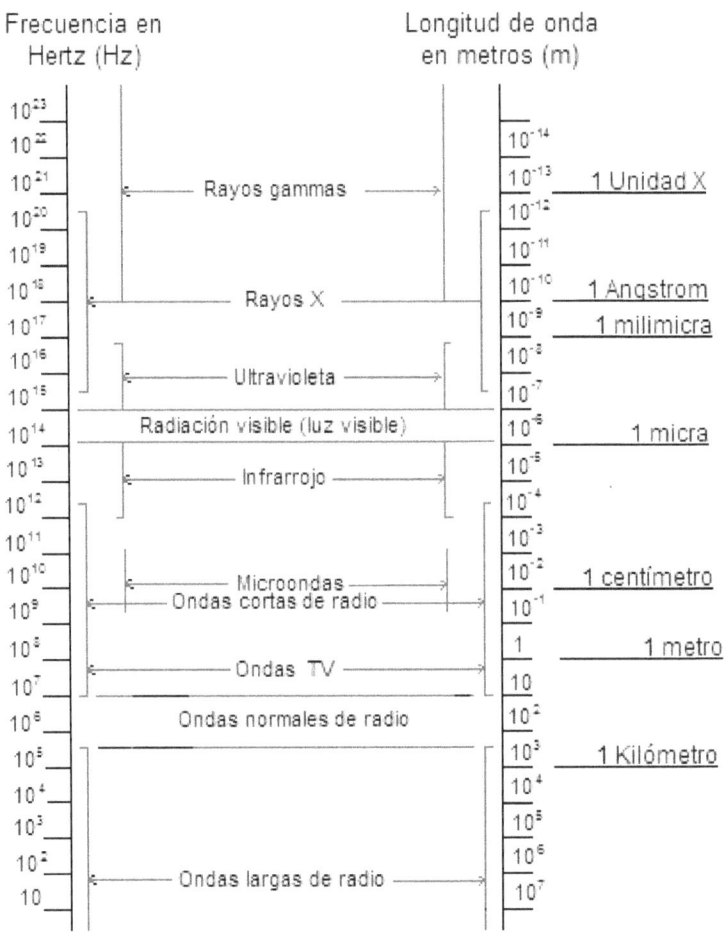

Fig. 6.70 Los diversos tipos de radiaciones u ondas electromagnéticas
que constituyen el espectro electromagnético.

- Microondas: Al considerar frecuencias más elevadas que las ondas de radio.
Se llega a las ondas electromagnéticas denominadas *microondas*
aproximadamente, entre $10^8 \, Hz$ y $10^{12} \, Hz$, su longitud de ondas son del orden
aproximado de $1 \, m$ a $10^{-3} \, m$. La microondas se utiliza mucho en la
telecomunicación, para transportar señales de TV, o bien, transmisiones
telefónicas. Las transmisiones de *TV vía satélite*, de un país a otro, también se
llevan a cabo con el empleo de este tipo de ondas.

- Radiación infrarroja: La región del espectro electromagnético está formada
por las *ondas infrarrojas*, que son ondas electromagnéticas con frecuencia
aproximadamente $10^{12} \, Hz$ a $10^{14} \, Hz$.

La radiación infrarroja es emitida en gran cantidad por lo átomos de los
cuerpos calientes, los cuales se encuentran en una constante e intensa
vibración. El calor que sentimos cuando estamos cerca de un metal candente se
debe en gran parte a los rayos infrarrojos que emite y que son absorbidos por
nuestro cuerpo.

Las radiaciones cuyas longitudes de onda son inmediatamente superiores s
la del color rojo se llama *radiaciones infrarrojas;* sus longitudes de onda son del

orden de 10^{-3} a $10^{-4} \, m$. Este proceso de transmisión de calor, recibe asimismo
el nombre de *radiación térmica* o *calorífica*.

320

- Radiaciones ultravioletas: Las ondas electromagnéticas con frecuencia inmediatamente superiores a los de la región visible se denominan *ondas ultravioletas,* la región ultravioleta alcanza frecuencias hasta de $10^{18}\,Hz$ y tienen longitudes de onda del orden de $10^{-7}\,m = 0,1\,\mu$.

- Radiación visible o luz visible: Las ondas electromagnéticas cuyas frecuencias están comprendidas entre $4,6.10^{14}\,Hz$ y $6,7.10^{14}\,Hz$ y está constituida por radiaciones cuyas longitudes de onda de $10^{-6}\,m = 1\mu$. En realidad la longitud de onda de la luz depende de su color, variando aproximadamente entre $0,8\,\mu$ para el rojo y $0,4\,\mu$ para el violeta. Esta radiación es capaz de estimular la visión humana, pues se trata de *ondas luminosas o luz.*

- Rayos X y rayos gamma $(o\,\gamma)$: Dichos rayos son radiaciones electromagnéticas cuyas longitudes de onda son inferiores a la de las radiaciones ultravioletas.

En la actualidad, los rayos X, tienen un campo muy amplio de aplicaciones, además de su empleo en las radiografías, pues se utilizan también en el tratamiento médico del cáncer, la investigación de la estructura cristalina de los sólidos en pruebas industriales, y en muchos otros c ampos de la Ciencia y Tecnología. A los científicos y técnicos que trabajan en laboratorios donde existen radiaciones gammas $(o\,X)$ se le obliga a utilizar sistemas especiales para protegerse contra dosis excesivas de exposición de estas radiaciones.

ACTIVIDADES

Responda brevemente las actividades dadas a continuación:

1. Supongamos que una batería de una camioneta se encuentra conectada al primario de un transformador:
   a) ¿Existirá flujo magnético a través de las espiras del secundario?
   b) ¿Este flujo será variable o constante? ¿Por qué?
   c) Entonces, ¿existirá una tensión en los extremos de la bobina?

2. El primario de un transformador se conecta a un tomacorriente de una casa.
   a) ¿Existirá flujo magnético a través de la espira del secundario?
   b) ¿Este flujo será variable o constate? Explique.
   c) Entonces, ¿existirá una tensión en los extremos de la bobina secundaria?

3. Un transformador se construyó con un primario formado por una bobina de 200 espiras o vueltas, y un secundario con $1000\,espiras$. Al primario se le aplica una tensión alterna de $60\,V$.
   a) ¿Qué tensión se obtendrá en el secundario?
   b) Supongamos que tal transformador se emplea para alimentar una pequeña lámpara fluorescente conectada a su secundario. Sabiendo que la corriente del primario es $I_1 = 0,5\,A$. Determinar la magnitud de la corriente I_2 que pasa por la pequeña lámpara (suponga que no hay disipación de energía en el transformador).
   c) Suponga que a tensión de $60\,V$ se aplica a la bobina de $1000\,espiras$; entonces, en este caso:
      ▪ ¿Cuál de los enrollamientos sería el primario del transformador? ¿Y cuál su secundarito?
      ▪ Determine el voltaje que aparecerá en la bobina del secundario.

4. Suponga figura 6.65, que la magnitud del campo magnético $\vec{B}$ aumenta en el tiempo. Sabiendo esto, conteste:

   a) ¿Existirá un campo eléctrico $\vec{E}$ en esa región?

   b) Utilizando la Ley de Lenz, determinar el sentido de la corriente inducida en la espira.

   c) Ahora bien, ¿cuál es el sentido de las líneas de fuerza del campo eléctrico inducido?

5. La figura de este ejercicio muestra dos placas metálicas con cargas de la misma magnitud, pero de signos contrarios.

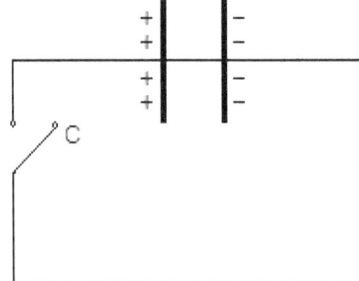

Figura de ejercicio 5.

Tomando en cuenta que el interruptor C permanece abierto:

   a) ¿Existirá un campo eléctrico $\vec{E}$ en el espacio entre las placas?

   b) ¿Este campo eléctrico $\vec{E}$ hará aparecer entre las placas un campo magnético inducido $\vec{B}$?

   Considerando ahora el circuito del ejercicio, inmediatamente después de haber cerrado C.

   c) ¿La magnitud de la carga en cada placa aumenta, disminuye o no se altera?

   d) ¿La magnitud del campo eléctrico $\vec{E}$ entre las placas aumenta, disminuye o no cambia?

   e) ¿Existirá un campo magnético inducido $\vec{B}$ en la región entre las placas?

6. Una fuente de tensión alterna se conecta a los extremos P y R de una antena metálica, como se observa en la figura del ejercicio. Podemos establecer que entre P y R existe un campo eléctrico $\vec{E}$ que oscila periódicamente en el tiempo.

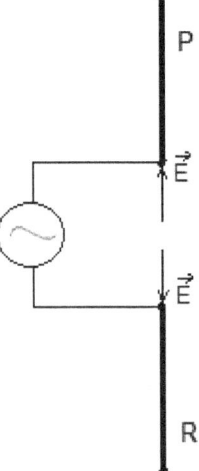

Figura del ejercicio 6.

a) ¿Existirá un campo magnético inducido $\vec{B}$ en las cercanías de la antena?

b) Por similitud con la figura 6.68, diga qué sucede en el espacio alrededor de esta antena.

7. Ubique en orden creciente de frecuencias de las siguientes radiaciones electromagnéticas: rayos gamma, microondas, rayos X, rayos ultravioletas, ondas cortas de radio, ondas TV, ondas de radio normales y luz azul.

8. Al medir la longitud de onda de una radiación electromagnética que se propaga en el vacío se encontró el valor $\lambda = 7,5.\,10^{-8}\ m$. Determine qué clase de onda electromagnética sería esta radiación.

9. Se sabe de los rayos láser, que estas radiaciones son ondas electromagnéticas cuyas frecuencias se sitúan entre los $4,6.\,10^{14}$ y $6,7.\,10^{14}\ Hz$. Diga ¿ en cuál región del espectro de ondas electromagnéticas que se indica en la figura 6.70, podría clasificar usted a los rayos laser?

ACTIVIDADES PRÁCTICAS

Primer experimento.

Es de nuestro conocimiento que para determinar los puntos cardinales, basta colocarse de forma que el lado derecho de uno esté dirigido hacia el lugar por donde sale el Sol, es decir, hacia el oriente o este. En estas condiciones, el lado izquierdo indica el poniente u oeste, el frente estará vuelto hacia el norte, y el sur se hallará a la espalda. Teniendo una brújula y un imán que no tenga identificados los polos, efectúa, efectúa lo siguiente:

- Siguiendo el método explicado, determine el norte y el sur del lugar donde usted vive.
- Utilice una pequeña brújula y observe la orientación adquirida por su aguja magnética; señale entonces en qué extremo se localiza el polo norte de la aguja.
- Utilizando un imán cuyos polos no están identificados, acérquelo a la aguja de la brújula, y determine cuál de los polos del imán es su polo norte, y cuál su polo sur.

Segundo experimento.

Teniendo limaduras de hierro o acero, una hoja de papel o cartulina, un imán en forma de barra y un imán en forma de U. Utilizando adecuadamente este material, usted podrá obtener fácilmente la configuración de las líneas de inducción de un campo magnético, como por ejemplo, la que se observa en la siguiente fotografía:

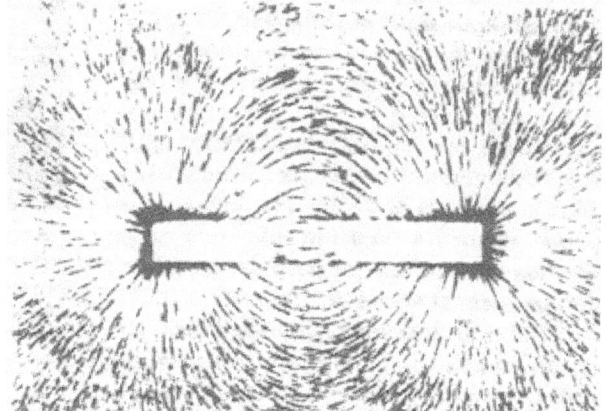

Fig. Fotografía de las líneas de inducción del campo magnético cread por un imán en forma de barra.

323

Para ello, coloque una hoja de papel o de cartulina sobre un imán en forma da barra. Ahora extendemos con mucho cuidado las limaduras de hierro sobre la hoja de papel o cartulina, sacudiendo ésta ligeramente; observe la configuración que se obtiene con este procedimiento, y compárale con la figura de la fotografía.

Utilizando ahora el imán en forma de U, trate de configurar las líneas de inducción de su campo magnético, utilizando el mismo procedimiento.

Tercer experimento.

En el punto estudiado de fuerza magnética sobre un conductor, vimos que un conductor recorrido por una corriente y colocado en un campo magnético, queda sujeto a la acción de una fuerza perpendicular a él.

Este hecho puede ser comprobado con el montaje siguiente: coloque un conductor de alambre muy delgado horizontalmente entre los polos de un imán o ponerlo en contacto con uno de los polos de un imán fuerte y conecte uno de sus extremos a uno de los terminales de una *pila seca,* monte el experimento observando la figura. Haga contacto con el otro extremo del conductor usando el otro terminal de la pila, a fin de establecer en el mismo una corriente eléctrica.

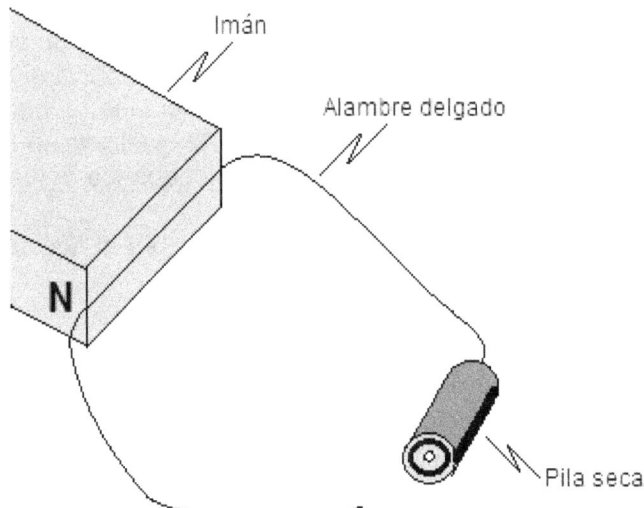

Figura del tercer experimento.

Sobre el alambre actuará una fuerza magnética, y podemos observar que se desplaza hacia arriba o hacia abajo debido a la acción de dicha fuerza. Compruebe si el desplazamiento que observa coincide con el indicado por la *regla de la palma de la mano derecha.* Que ya hemos estudiado en esta unidad.

Trate de predecir mediante dicha regla cuál deberá ser el sentido del desplazamiento del conductor, si fuese invertido el sentido de I corriente que pasa por él. Repita el experimento invirtiendo la polaridad de la pila, y compruebe si su predicción fue correcta.

Cambiando ahora el sentido del campo magnético $\vec{B}$, o sea intercambiando las posiciones de los polos del imán, establezca el sentido con base de la *regla de la mano derecha*, y comprueba esto experimentalmente.

Cuarto experimento.

En este experimento se repetirán las observaciones efectuadas por Hans Christian Oersted, acerca de la desviación de una aguja magnética cuando es colocada cerca de una corriente eléctrica. Para poder pronosticar sobre el sentido de la desviación de dicha aguja, empleará la *regla de Ampére*.

❖ Coloque un conductor sobre una brújula, paralelamente a su aguja, y conecte uno de sus extremos a uno de los terminales de una pila, monte el experimento como se observa en la figura.

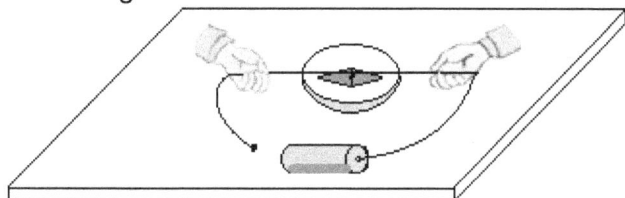

Figura del cuarto experimento.

❖ Al suponer que el extremo libre del conductor es conectado al otro borne de la pila (no efectúe esto por ahora). En estas condiciones, responda:

a) Utilizando la regla de Ampére, ¿cuál sería el sentido del campo magnético producido por la corriente en el conductor, en el lugar donde se encuentra la brújula?

b) ¿Ahora bien, hacia qué lado se desviará el polo norte de la aguja al cerrar el circuito?

Cierre el mismo y compruebe si sus pronósticos fueron correctos.

❖ Repita los procedimientos anteriores, pero invirtiendo el sentido de la corriente. ¿La desviación de la aguja concuerda con sus previsiones?

❖ Realice lo mismo colocando en esta ocasión la brújula sobre el conductor. ¿La aguja se desvió en el sentido que usted había previsto?

Quinto experimento.

Para comparar el campo magnético de un imán de barra con el campo magnético creado por una bobina (solenoide), proceda de la siguiente forma:

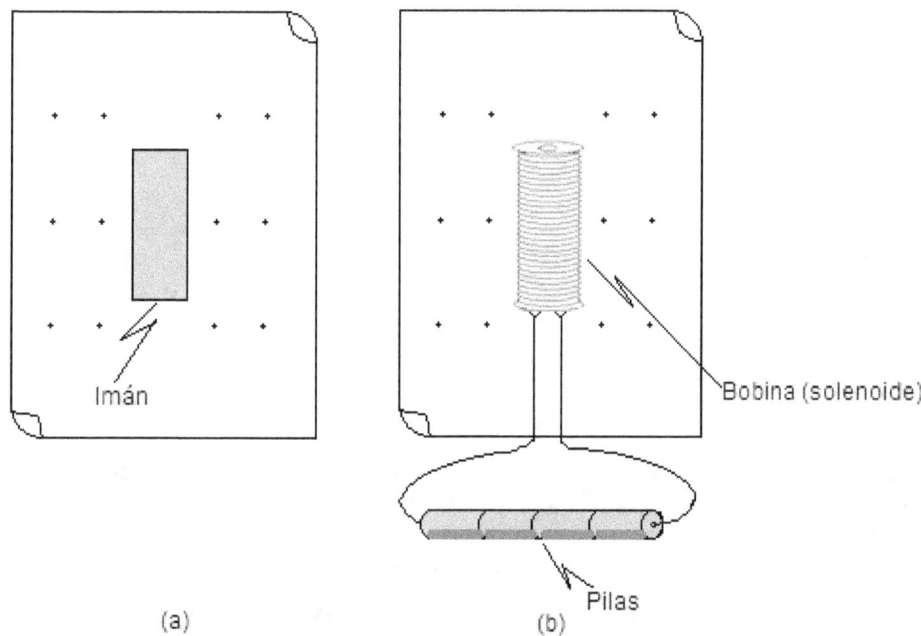

(a)   (b)
Figura del quinto experimento.

➢ Coloque el imán sobre una hoja de papel, y dibuje en esta hoja algunos puntos situados aproximadamente en las posiciones que se indican en la figura (a) del experimento. Ponga una brújula sucesivamente en cada uno de estos puntos.

Observando la orientación de la aguja magnética, indique el vector $\vec{B}$ creado por el imán en los puntos indicados.

➢ Tome ahora una bobina que tenga unas $105\ o\ más$ espiras, conectada a una batería de *tres o más* pilas secas. Coloque la bobina (solenoide) sobre la hoja de papel, y señale en la hoja varios puntos, de forma similar a lo que realizo en el caso del imán. Observe (b) en la figura de este experimento. Con la utilización de una brújula, señale el vector $\vec{B}$ producido por la bobina o solenoide en cada uno de los puntos.

Compare las direcciones y los sentidos de los vectores $\vec{B}$ obtenidos en las dos partes de este experimento. Los campos magnéticos producidos por una bobina o solenoide y por un imán, ¿realmente son semejantes, como estudiamos anteriormente en la unidad, en el objetivo de campo magnético de un solenoide?

Sexto experimento.

Para efectuar este experimento necesitamos los siguientes materiales: un alambre fino forrado o esmaltado, un clavo grande de hierro, tres o cuatro pilas secas, pequeños objetos de hierro o acero entre ellos tenemos alfileres, tachuelas, clips, alfileres, agujas, etc. y un objeto de acero por ejemplo una pequeña llave de tuercas.

❖ Enrolle un alambre fino (forrado o esmaltado) alrededor de un clavo grande de hierro, a manera de formar una bobina de unas *cincuentas espiras*. Conecte los extremos del conductor a los polos de tres o cuatro pilas; como se observa en la figura de este experimento. De esta forma, usted habrá construido un electroimán con núcleo de hierro.

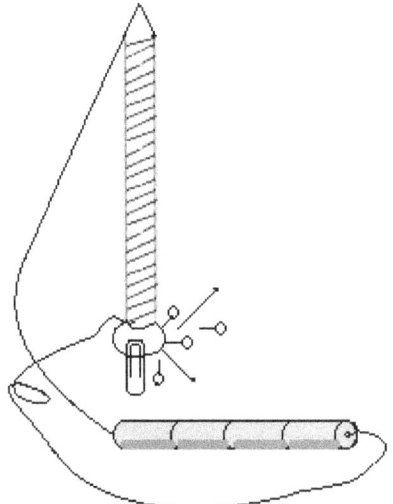

Figura del sexto experimento.

❖ Aproxime a uno de los extremos del electroimán, que usted acaba de construir, pequeños objetos de hierro o acero, como alfileres, tachuelas, clips, agujas, etc.. Observe la atracción del clavo imantado sobre dichos objetos. Corte la corriente que pasa por el electroimán y describa lo que sucede con dicha atracción.

❖ Repita el experimento sustituyendo el clavo de hierro (núcleo del electroimán) por un objeto de acero por ejemplo una pequeña llave de tuercas que se encuentre previamente imantado.

Ahora bien, tomando en cuenta lo que sucede en cada uno de los casos cuando se corta la corriente del electroimán, conteste: ¿cuál de los dos materiales (el hierro común o el acero) presenta una histéresis (tendencia de un material a conservar una de sus propiedades, en ausencia del estimulo) más acentuada?

Séptimo experimento.

Dados los materiales siguientes: un imán potente, un microamperímetro sensible, un conductor, un electroimán, una bobina y un trozo de madera.

Realizar un montaje como el que se muestra en la figura de este experimento, utilizando como se puede ver un imán potente, un microamperímetro sensible y un conductor.

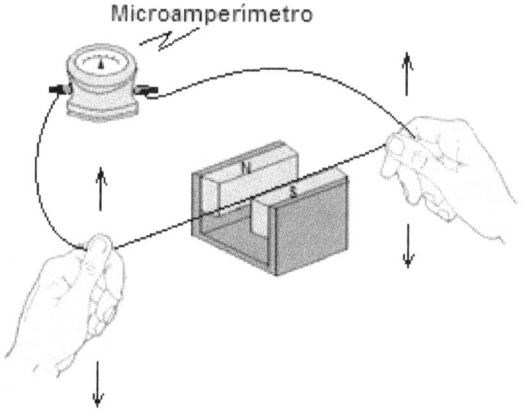

Figura del séptimo experimento.

Al mover el conductor entre los polos del imán, se establece en él una fuerza electromotriz ($f.e.m.$) inducida, como observamos en la sección referente a la fuerza electromotriz inducida. Esta fuerza electromotriz dará lugar a una corriente inducida, que será indicada por el microamperímetro. Al mover el conductor hacia arriba y hacia abajo, como se observa en la figura del experimento, el microamperímetro indicará una corriente una vez en un sentido y otra en sentido contrario, como es de esperar por la Ley de Lenz.

Ahora bien tenemos que la corriente inducida en el conductor sólo podrá observase si el campo magnético es muy intenso. Si no tiene un imán lo suficientemente poderoso, podrá utilizar un electroimán construido con un núcleo de hierro y una bobina de muchas espiras.

Octavo experimento.

Observando la figura siguiente:

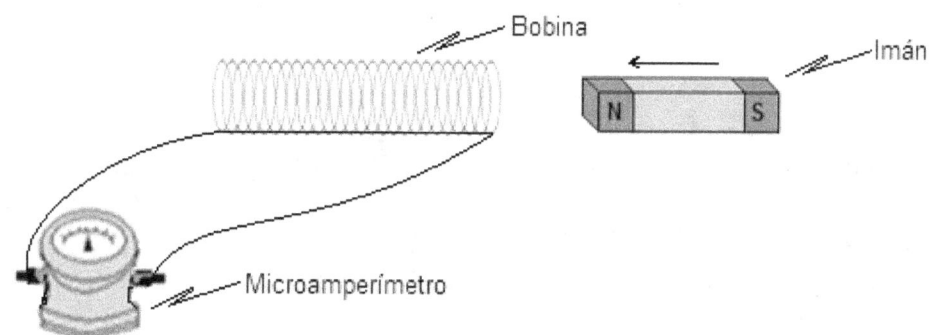

Figura del octavo experimento.

Conecte los extremos de una bobina qué tengan una $300\ o\ más\ espiras$ a un microamperímetro sensible. Entonces:

❖ Uno de los polos del imán acérquelo rápidamente a la bobina. Debido a la variación de flujo magnético a través de la bobina, habrá en ella una corriente inducida (por la ley de Faraday). Observe que el microamperímetro indica el paso de la corriente.

❖ Proceda a mantener el imán *inmóvil* en el interior de la bobina. En estas condiciones:
- ¿Hay flujo magnético a través de la bobina?
- ¿Estará variando este flujo?

Observe si el microamperímetro indica el pase de la corriente.

❖ Ahora aleje rápidamente el imán de la bobina. Observe en el microamperímetro, si el sentido de la corriente se invirtió, en relación con el sentido observado en la primera parte.

❖ Repita el experimento acercando y alejando de la bobina el otro polo del imán. Observe las desviaciones de la aguja en el medidor de corriente y compare con sus observaciones anteriores.

Noveno experimento.

Material utilizado en este experimento: Dos bobinas, tres o más pilas secas y un miliamperímetro.

Monte el experimento como se observa en la figura, las dos bobinas de este experimento deben tener 310 *o más espiras* cada una. Conecte uno de los extremos de la bobina G a uno de los polos de las pilas conectadas. La bobina H debe conectarse a un microamperímetro sensible. Coloque ambas bobinas cerca una de la otra en la forma que se indica en la figura del experimento.

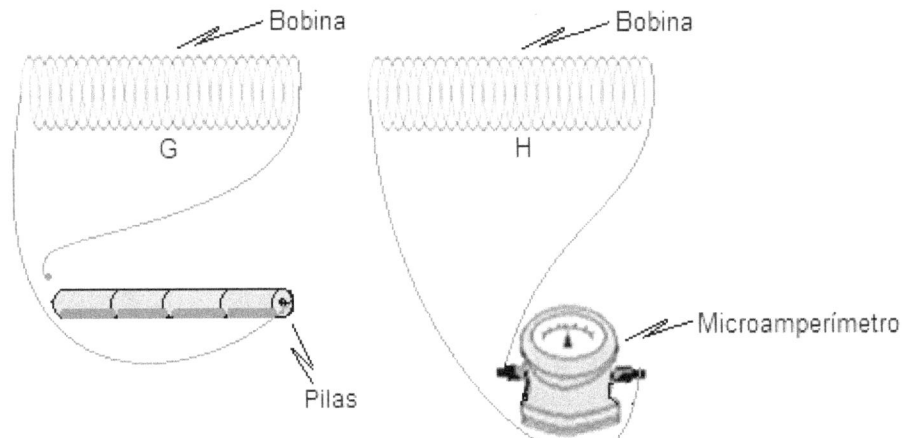

Figura del noveno experimento.

➢ Conecte el extremo libre de la bobina G al otro extremo de las pilas conectadas, cerrando el circuito de esta bobina. Observe que en este instante, el microamperímetro indica paso de corriente en la bobina H. Explique este hecho según lo estudiado anteriormente.

➢ Mantenga cerrado el circuito de la bobina G. En estas condiciones:
- ¿Hay flujo magnético a través de la bobina H?
- ¿Está variando este flujo?

Observe si el microamperímetro indica el paso de corriente inducida en la bobina H.

328

➢ Desconecte el circuito de la bobina G y compruebe en el microamperímetro, que en la bobina H aparecerá nuevamente una corriente inducida. ¿Está corriente posee el mismo sentido o sentido contrario al de la corriente que se observó en la primera parte.

Décimo experimento.
Este experimento consta de dos partes:

✦ **Primera parte.**
La primera figura de este experimento muestra un pequeño motor de corriente continua, muy sencillo, y algunos detalles que deben observarse en su montaje. Guiándose con la figura y utilizando el material indicado en ella, trate de construir un motor de este tipo. Para crear el campo magnético, podrá emplear imanes del tipo utilizado para cerrar las puertas de los gabinetes de cocina o armarios. Haciendo pasar corriente por tal motor mediante tres o más pilas, vera que entrará en rotación muy rápidamente.

Primera figura del experimento, como construir el motor:

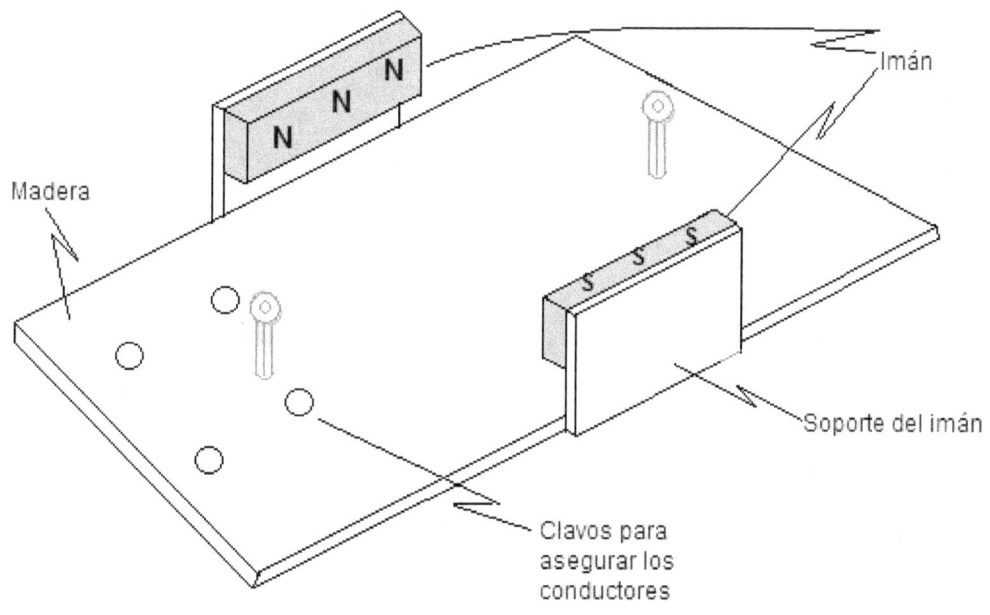

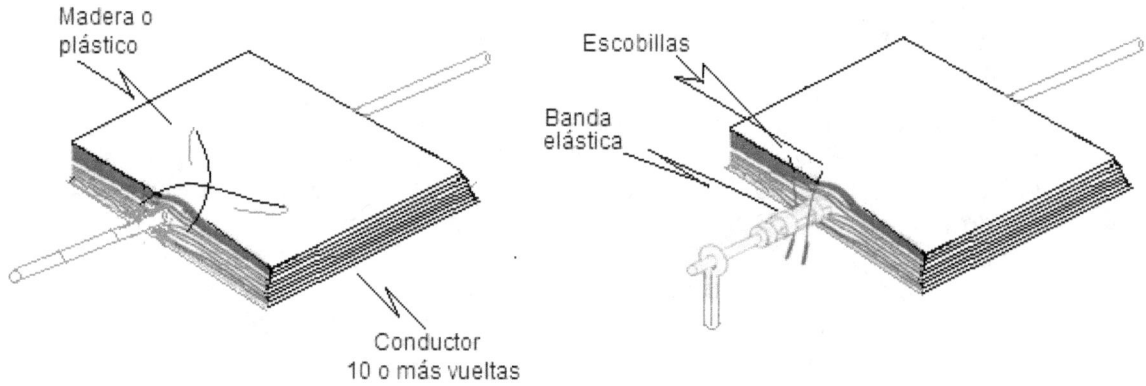

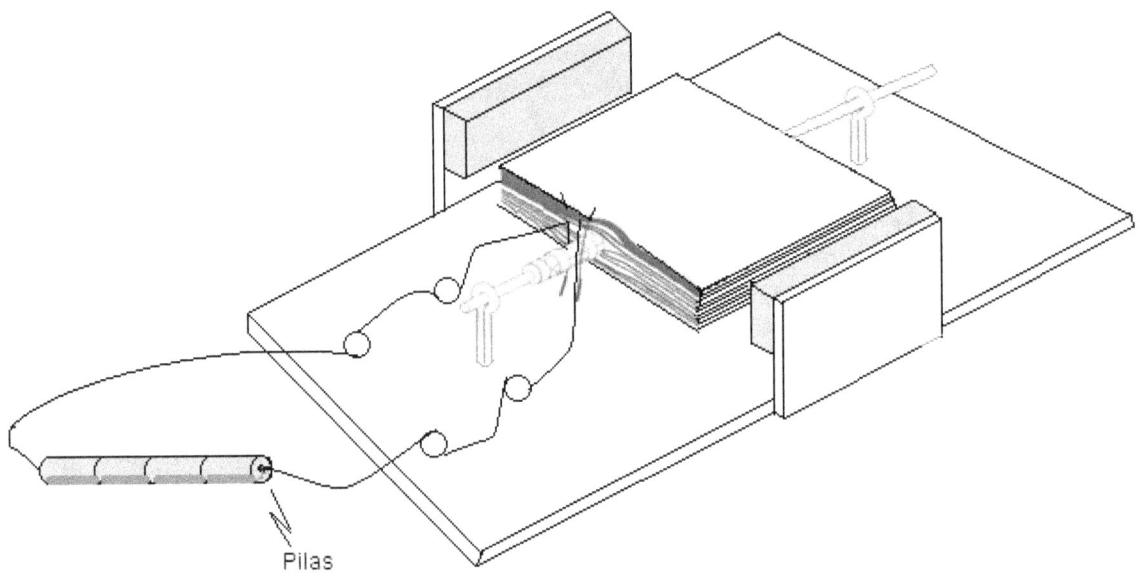

EL MOTOR YA TERMINADO

+ **Segunda parte.**

El motor que construyó en la primera parte de este experimento, se puede utilizar como un pequeño dinamo, es decir, como un generador de corriente continua. Para ello, desconecte las pilas del motor y conéctalo a un microamperímetro sensible, como se observa en la figura de la parte dos.

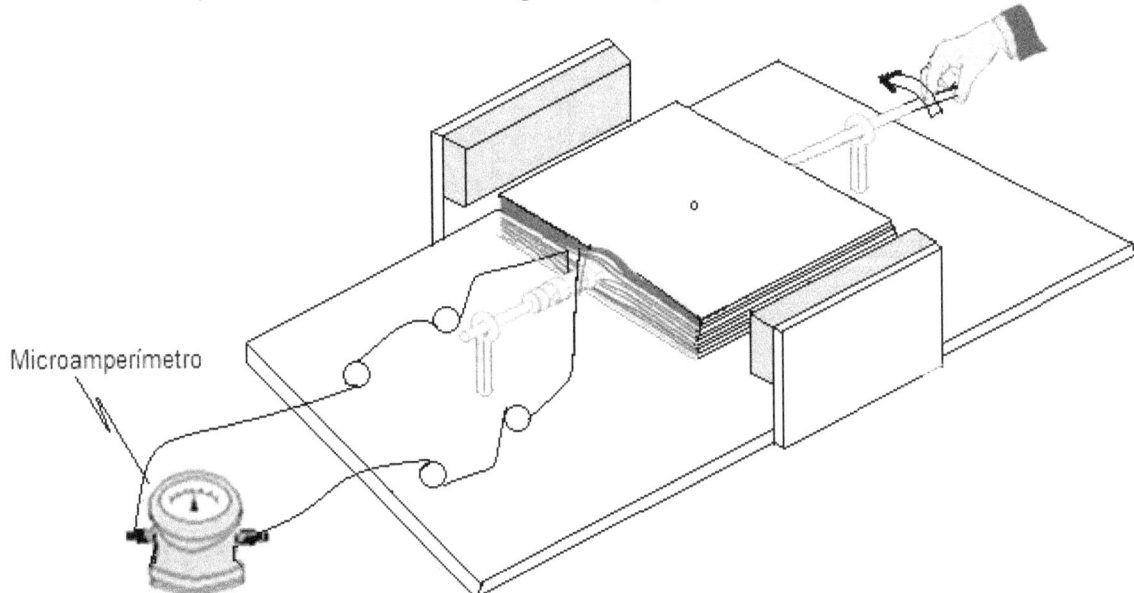

Haga girar las espiras del rotor en un sentido determinado, usando sus propias manos. Mientras gira el rotor, el flujo magnético a través de las espiras estará variando continuamente, y por lo tanto, se puede establecer en el circuito una corriente inducida. Observe que el microamperímetro indica el paso de la corriente.

Ahora bien, produzca la rotación en sentido contrario al anterior. Observe lo que sucede al sentido de la corriente inducida por el microamperímetro.

❖❖❖❖❖❖❖❖❖❖❖❖❖❖❖❖❖❖❖❖❖❖❖❖❖❖❖

❖ EFECTÚA EL SIGUIENTE CRUCIGRAMA ELECTROMAGNÉTICO (CRUCIELECTROMAGNÉTICO)

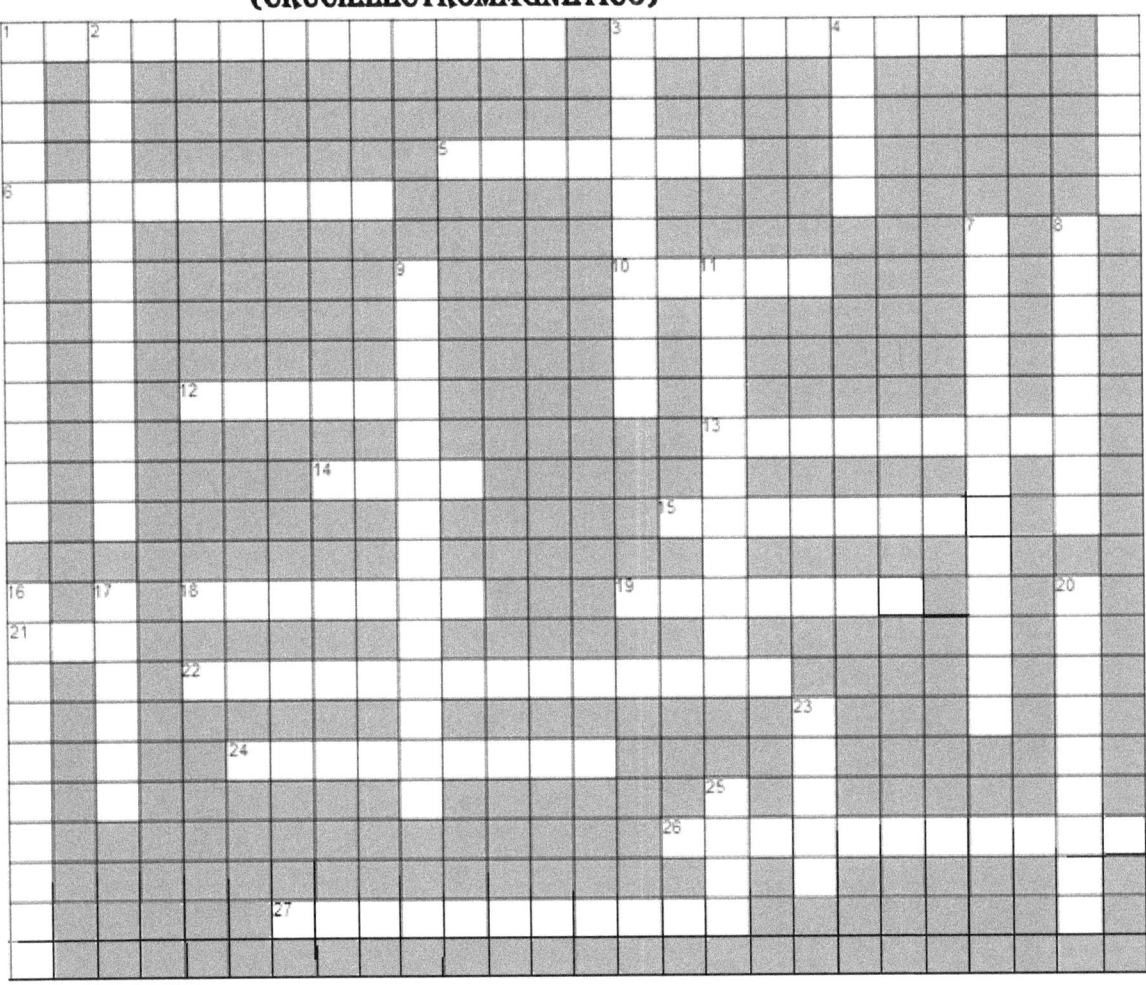

HORIZONTALES

1. Aparato que se utiliza para detectarla presencia de cargas eléctricas e identificar dichas cargas.

3. Mecanismo que permite acelerar partículas con carga positiva, generalmente protones o deutrones.

5. A qué Ley corresponde el enunciado: "La fuerza de atracción o de repulsión entre dos cargas eléctricas es directamente proporcional al producto de los valores absolutos de las cargas e inversamente proporcional al cuadrado de las distancias que las separa.

6. Denominaremos a la energía eléctrica de un sistema formado por una carga fuente y una carga de prueba que es una magnitud que se mide por el trabajo que debe realizar un agente externo para desplazar la carga de pruebe con rapidez constante desde una distancia infinita hasta una distancia de la de la carga fuente.

10. Unidad de la capacidad eléctrica de un conductor aislado cuya carga es de 1 Coulomb cuando su potencial es de 1 Voltio.

12. Unidad correspondiente a la diferencia de potencial entre dos puntos de un campo eléctrico cuando un agente externo realiza un trabajo de 1Joule para transportar con velocidad constante la carga de 1 Coulomb entre dichos puntos.

332

13. Dispositivo físico capaz de crear un campo magnético sumamente uniforme e Intenso en su interior y muy débil en el exterior consiste en un alambre arrollando la hélice por el cual circula una corriente eléctrica.
14. A qué Ley corresponde el enunciado: "La corriente inducida tiene un sentido tal, que se opone a la causa que lo produce"
15. En qué energía un motor eléctrico transforma la energía eléctrica.
18. Qué sucede con la carga en las placas al duplicar el valor del voltaje aplicado a un conductor.
19. Tipo de magnitud del potencial eléctrico.
21. Unidad de la resistencia de un conductor cuando la diferencia de potencial aplicada en sus extremos de 1 Voltio y la intensidad de la corriente que circula por el conductor es de 1 Amper.
22. Denominación de las resistencias que en presencia de un campo magnético, se imantan muy débilmente, haciendo que el valor del campo magnético sea ligeramente aumentado.
24. Corriente originadas por la variación (aumenta o disminuye), del flujo de campo magnético a través del área o superficie de un circuito cerrado.
26. Denominación en un conductor a la magnitud que se mide por el cociente entre la diferencia de potencial aplicada a sus extremos y la intensidad de la corriente que por él circula.
27. Dispositivo formado por dos conductores aislados próximos con cargas iguales y de signo contrario, que permite almacenar una gran cantidad de carga eléctrica, y por lo tanto energía con un pequeño potencial.

VERTICALES
1. Superficie en la cual todos los puntos tienen el mismo potencial eléctrico por lo que el trabajo realizado para transportar una carga eléctrica de un punto a otro sobre dicha superficie es nulo.
2. Denominamos a la fuerza de un generador de corriente continua cuya magnitud se mide por el trabajo o energía que debe suministrar el generador para transportar una unidad de carga eléctrica a través de todo circuito.
3. En qué energía es transformada en una resistencia, la energía potencial eléctrica procedente de una fuente de fuerza electromotriz
4. Unidad de inducción magnética en un punto cuando se ejerce la fuerza de 1 Newton sobre la carga móvil de 1 Coulomb 1 metro por segundo.
7. Como queda cargado un átomo que ha perdido uno o más electrones.
8. Como están conectadas varias resistencias, si el inverso de la resistencia equivalente es igual a la suma de los inversos de las resistencias que forman el circuito.
9. Qué define en un circuito la magnitud que se mide por rl cociente entre la fuerza electromotriz autoinducida en el circuito y la variación de la intensidad de la corriente por unidad de tiempo en el circuito.
11. Magnitud en un conductor que se mide por el cociente entre la diferencia de Potencial aplicada a sus extremos y la intensidad de la corriente que por él circula.
16. Instrumento que se utiliza para medir la diferencia de potencial entre dos puntos de un circuito eléctrico.
17. Unidad de intensidad de corriente eléctrica.
20. Denominación del módulo de la inducción de un punto cuya magnitud que se mide por el cociente entre el módulo de la fuerza que actúa sobre una carga móvil que pasa por el punto y el producto de dicha carga por la componente de la velocidad

perpendicular al vector inducción.

23. Cómo están conectados varios condensadores, si el inverso de la capacidad equivalente es igual a la suma de los inversos de las capacidades de los condensadores.

25. Unidad del flujo de campo magnético a través de una superficie de 1 metro cuadrado perpendicular a un campo magnético de inducción magnética 1 Tesla.

❖ RESULTADOS CRUZADOS ELECTROMAGNÉTISMO.

Efectúa los problemas de interacciones electromagnéticas, completa el esquema donde se van a cruzar los resultados expresados en letras y colocar las unidades en los círculos correspondientes que provienen de dichos resultados obtenidos en los problemas. (Los resultados la parte numérica se escribirán por ejemplo: veinte, veinticuatro, cuarenticinco, etc.)

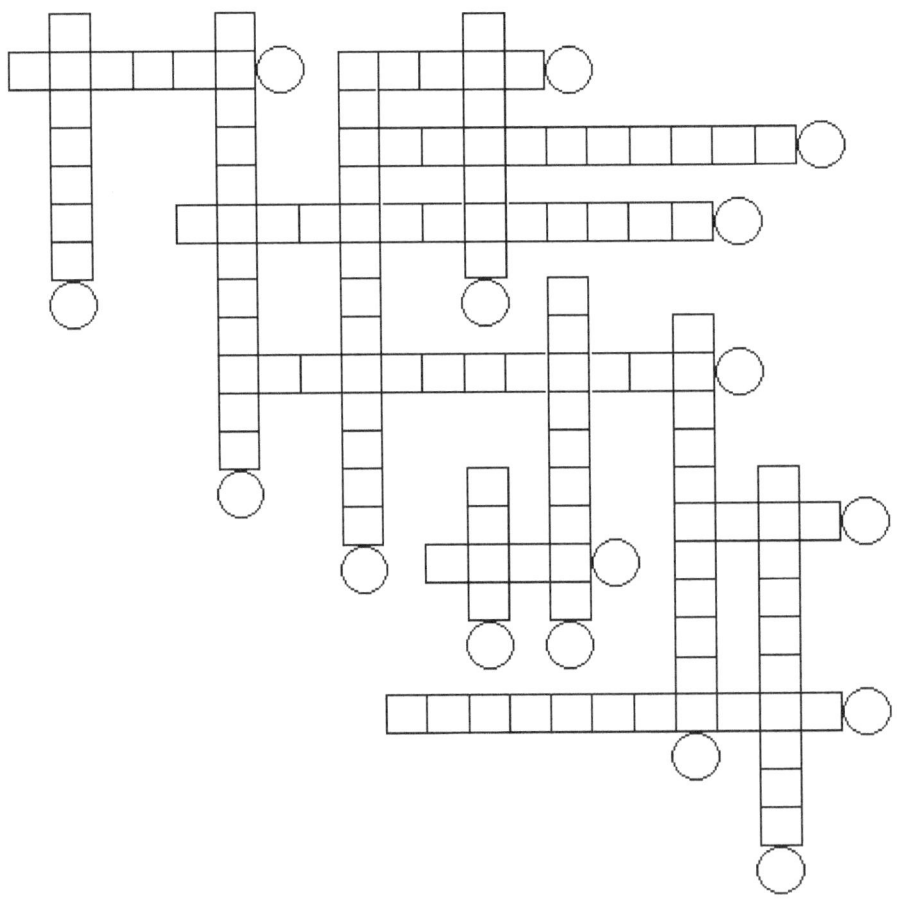

334

1	2	3	4	5	6	7	8	9	10	11	12	13	14	15	16	17	18	19	20	21	22	23	24	25
T	D	I	E	C	I	N	U	E	V	E	O	R	T	A	U	C	I	T	N	E	R	A	U	C
R	R															I	N							U
E		E														N								A
I		I							T	R	E	I	N	T	I	C	U	A	T	R	O			R
N							D	I	E	C	I	O	C	H	O	U								E
T																E								N
I																N		O						T
S											T	R	E	I	N	T	I	C	U	A	T	R	O	A
E	S	E	S	E	N	T	I	T	R	E	S					A		H						I
I		C														I		E	O	O				D
S		U														T		N	C	R				O
T	R	E	I	N	T	I	O	C	H	O						R		T	H	T				S
		R														E		I	E	A				
		A														S		S	N	U				E
					S	E	S	E	N	T	I	S	I	E	T	E		I	T	C				V
																		E	A	I				E
																		T	I	T				U
T	R	E	I	N	T	I	D	O	S									E	S	N				N
		N																	I	E				I
		T																	E	U				T
		A	S				N	O	V	E	N	T	I	C	I	N	C	O	T	C				N
		I																	E					I
S												C	U	A	R	E	N	T	I	O	C	H	O	T

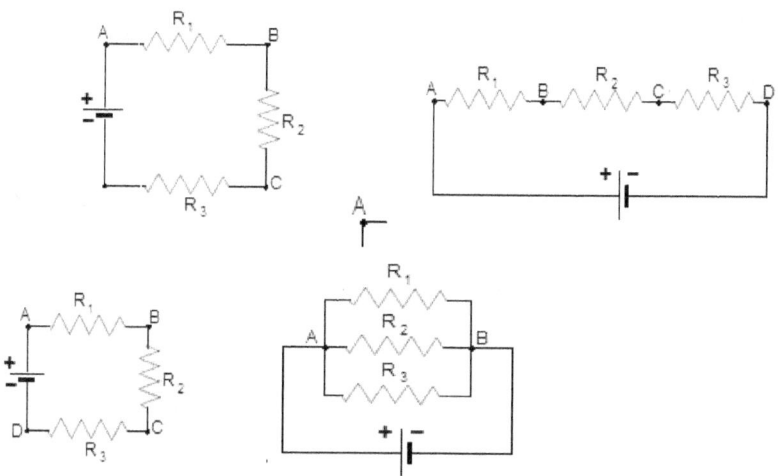

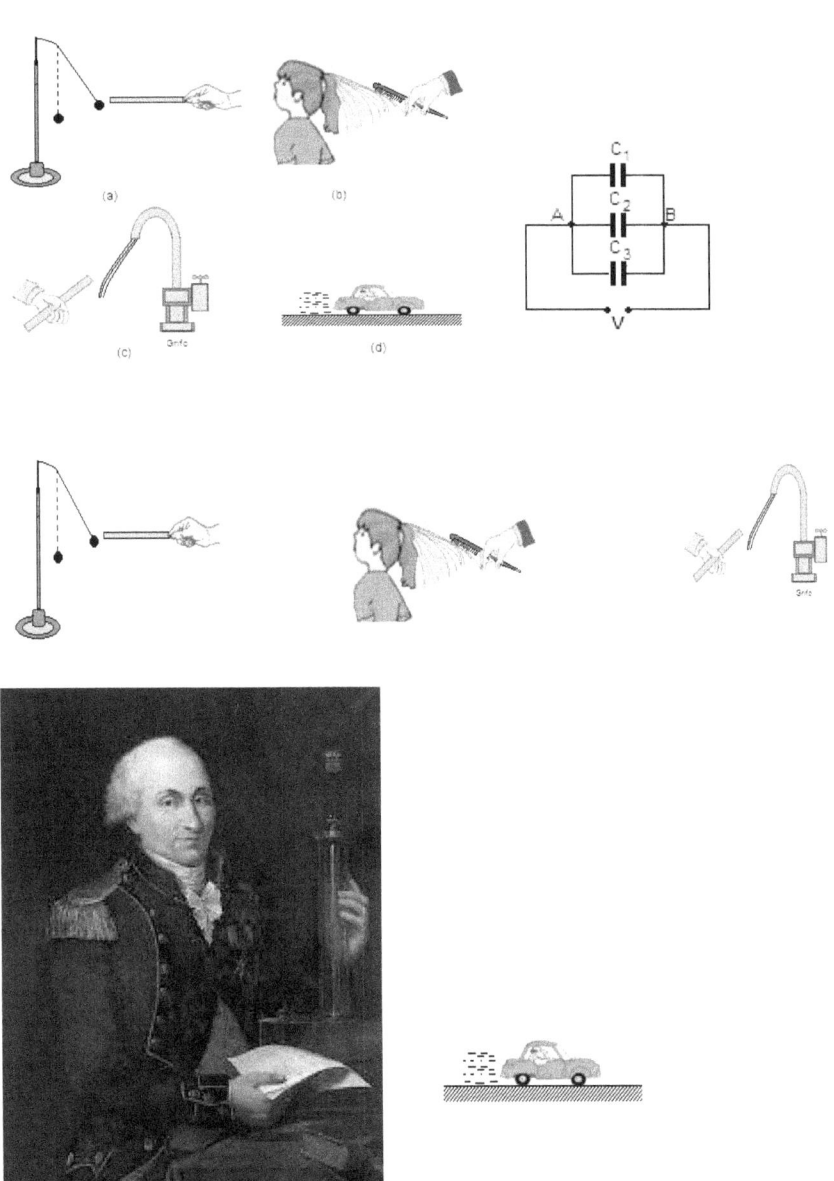

Charles-Augustin de Coulomb

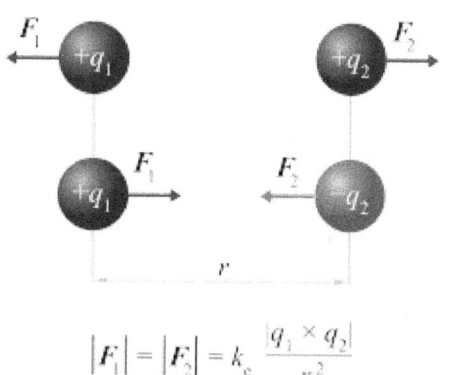

$$\left| F_1 \right| = \left| F_2 \right| = k_e \, \frac{\left| q_1 \times q_2 \right|}{r^2}$$

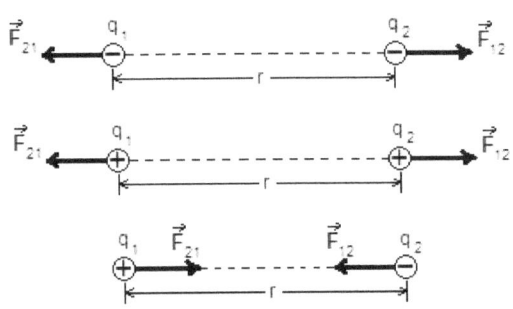

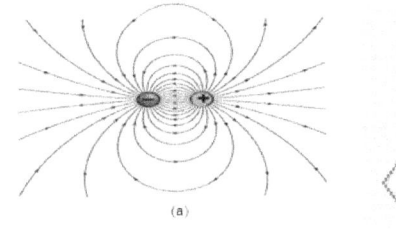
(a)

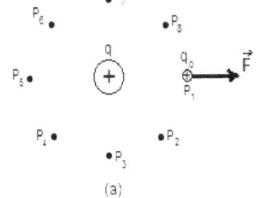
(a)

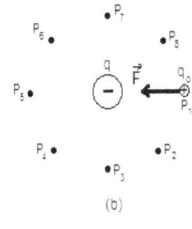
(b)

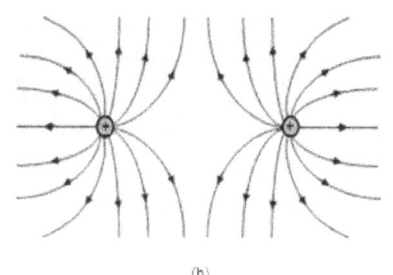
(b)

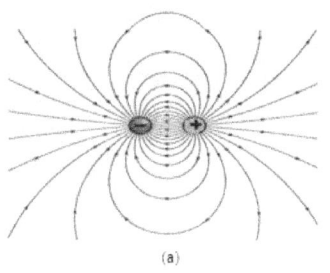
(a)

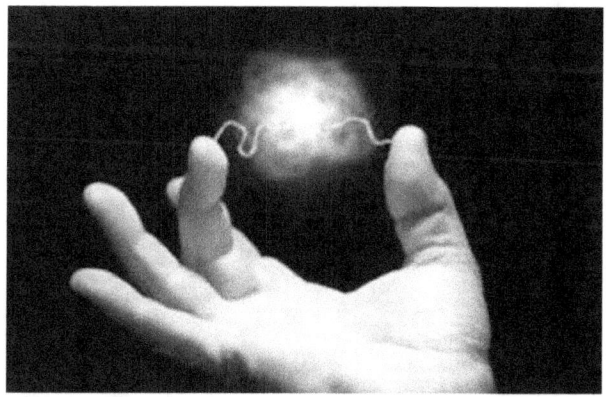

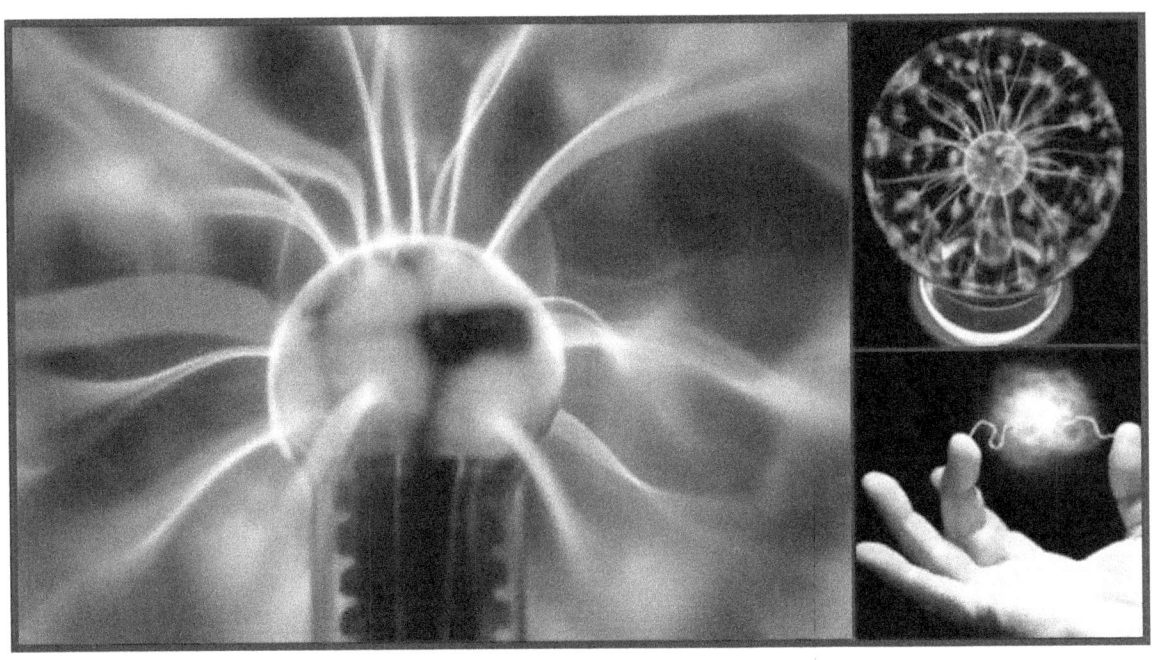